全栈开发

Django实战

Python Web典型模块与项目开发

张晓 / 著

人民邮电出版社

北京

图书在版编目（CIP）数据

Django实战 : Python Web典型模块与项目开发 / 张晓著. -- 北京 : 人民邮电出版社, 2020.10
ISBN 978-7-115-54020-1

Ⅰ. ①D… Ⅱ. ①张… Ⅲ. ①软件工具－程序设计
Ⅳ. ①TP311.561

中国版本图书馆CIP数据核字(2020)第083087号

内容提要

本书结合样例，介绍 Django 的基础知识、主要模块的开发以及权限管理等高级内容，并且通过图书管理系统、博客系统、车费管理系统 3 个项目的开发实战，使读者既能掌握 Django 的重要开发技术，又能对这些知识在项目中的综合应用有深入了解。

本书共有 16 章，分为 3 篇，准备篇介绍了 Web 框架以及 Django 的基本知识；入门篇详细讲解了路由系统、模板系统等 5 个主要模块的开发过程，并通过图书管理系统和博客系统的开发综合应用这些知识；进阶篇介绍了 AJAX、中间件、权限管理等内容，并完成了车费管理系统的项目开发。

本书讲解详细，内容通俗易懂，案例丰富，适合 Python 进阶读者或 Django 开发入门读者阅读，也可以作为 Web 开发人员或编程爱好者的自学参考。

◆ 著　　张　晓
责任编辑　张天怡
责任印制　王　郁　马振武

◆ 人民邮电出版社出版发行　　北京市丰台区成寿寺路 11 号
邮编　100164　　电子邮件　315@ptpress.com.cn
网址　https://www.ptpress.com.cn
北京七彩京通数码快印有限公司印刷

◆ 开本：800×1000　1/16
印张：30　　2020 年 10 月第 1 版
字数：688 千字　　2024 年 12 月北京第 10 次印刷

定价：108.00 元

读者服务热线：(010)81055410　印装质量热线：(010)81055316
反盗版热线：(010)81055315
广告经营许可证：京东市监广登字 20170147 号

前言 FOREWORD

Django 是什么

Django 是基于 Python 的一款非常成熟的 Web 开发框架，它功能强大，开发便捷。很多知名网站都是利用 Django 开发的。Django 可插拔式模块的思想及前/后端内容分离的机制，使它具有简单灵活、开箱即用的特点，应用 Django 使设计、开发、测试、应用等变得便捷高效。

随着互联网技术和 Python 的发展，Django 的功能也与时俱进、越来越“热”，国内将会有更多的企业和程序员选择 Django 来提高 Web 开发效率，利用 Django 开发的大型网站也会越来越多。

笔者的使用体会

Django 是一个开放源代码的 Web 开发框架，开源可以让程序员在实践中解决一些开发中遇到的痛点、难点，并且不断提供优秀的解决方案，不断优化代码结构。这种开放、基于实践的基调让 Django 持续发展、迅速成长。Django 为程序员提供了较好的体验，它负责处理网站开发中较麻烦的部分，使程序员可以专注于编写应用程序业务逻辑代码，而无须重新开发 Web 应用的通用功能，即所谓的“不重复造轮子”。

笔者刚接触 Django 时，就有一种相见恨晚的感觉，它的开发语言 Python 那么简洁、直观，近似于自然语言。使用 Django 开发更如“行云流水”，只要配置好路由，找一个好的模板文件，然后在视图函数中按需求写代码，一个安全、“优雅”的网站就诞生了，不用管服务器如何接收请求，也不用管服务器如何把结果发回浏览器。当然你还可以精进，深入学习研究，开发出管理复杂事务、功能更加强大的系统，这些 Django 都为你想到了。

难道只有这些特点？不，Django 可以无限扩充，它可以让你写的组件、第三方模块或组件融入应用系统中，让你开发的系统功能丰富且强大；它可以帮你实现 Web 系统中几乎所有的功能，如果有些功能你暂时写不出来，那可以借鉴他人写的组件来实现；并且 Django 开发的应用项目在当今主流操作系统上都能顺畅运行。

写作目的

阅读本书可以让读者尽快掌握 Django，以便能将其应用到开发工作中。程序员的工作和学习经验告诉我，一本讲解计算机程序开发的书如果只是把各种知识罗列出来，“一本正经”地介绍语法，没有突出重点，没有介绍知识的应用场景，就会让各种知识变得散乱且难以记忆。这样的书读过之后如“水过地皮湿”，到了开发实战中根本不知道如何灵活应用。

作为一名程序员，我知道应如何向程序员讲授 Django 的理念、知识和应用，本书把技术细节放在每个应用场景与开发样例中，力求使 Django 变得易于理解和掌握。

每一名程序员都要有不断接受新技术并进行终身学习的勇气与习惯，本书会尽力告诉你需要学习什么才能快速、全面地掌握 Django 的知识。如果你可以快速、轻松地阅读本书，最后逐渐喜欢上 Django 开发，那将使我感到非常荣幸。

本书内容

按照 Django 学习路线，我们把全书分为 3 篇，共 16 章。

准备篇：简要介绍 Python 和 Web 开发框架的原理，介绍 Django 的主要特点、安装部署，对 Django 的 MTV 设计模式进行简析，最后对 Django 基本开发流程进行了说明。这主要是让读者对 Django 有整体印象。

入门篇：对 Django 中几个重要的开发技术进行讲述，包括 Django 的 ORM、路由系统、视图、模板系统、Form 组件等内容。在介绍这些技术时，以开发样例为主线，结合样例进行知识点的讲解。学完这些技术，读者便有能力构建和部署一个简单的网站。此外，介绍了图书管理系统和博客系统的开发过程。

进阶篇：介绍分页组件的设计、Django 调用 AJAX 编程的方法、中间件代码编写方式和运行顺序。第 13 章和第 14 章介绍实现权限管理的两种方式。一种是基于 Django 认证系统建立的权限管理，这种方式可以充分利用 Django 原生的管理后台和认证系统的资源，减少开发工作量。另一种是基于 RBAC 的通用权限管理，这个是完全自定义开发，优点是可定制性强、应变能力强。然后第 15 章介绍了车费管理系统的设计开发，第 16 章介绍了应用项目在生产环境中的部署过程。

注：书中的邮箱为虚拟的邮箱地址。

目录　CONTENTS

第一篇　准备篇

第二篇　入门篇

第三篇 进阶篇

Django

第一篇 准备篇

本篇包括两章，简要介绍 Python 和 Web 开发框架，并介绍 Django 的主要特点和安装部署，对 Django 的 MTV 设计模式进行简析，最后对 Django 基本开发流程进行了说明。本篇主要让读者对 Django 有整体印象，并能根据介绍搭建开发环境。

Django

第1章

Python 和 Web 开发框架

Django是一个开放源代码的Web开发框架，完全用Python开发。它对常用的Web开发模式进行了高度封装，为常见的编程任务提供了捷径；通过减少重复的代码，使程序员能够专注于Web 应用上的关键性的业务开发。因此使用 Django 能在较短的时间内构建并维护质量上乘的Web应用。Django必须运行在Python环境中，可见二者密不可分。

1.1 Python简介

Python由吉多·范罗苏姆（Guido van Rossum）创造，Python被设计成一种跨平台的计算机程序设计语言，是一种面向对象的动态类型语言。自20世纪90年代初Python诞生至今，它已广泛应用于系统管理的任务处理和Web编程。

Python的设计理念是“优雅”“明确”“简单”，它是一种功能强大的编程语言，主要有以下特点。

- Python具有解释型、交互式、面向对象这3个特征。
- Python有极其简单、明确的语法，关键字较少，结构简单。
- Python可跨平台，在Linux、Windows和macOS等操作系统中都能很好地运行。
- Python提供所有主流的商业数据库的接口。
- Python提供了一个很好的结构，支持大型程序开发。
- Python是自由/开放源码的软件之一。

1.2 Web开发框架基本知识

Web开发框架是用于Web开发的成套软件架构。Web开发框架会为Web应用提供成套的功能支持，即一套开发和部署网站的方案。使用Web开发框架，程序员可以只关注业务逻辑代码的编写，其他功能使用框架已有的功能即可，这减少了程序员的代码编写量。

Web服务本质上是由socket（socket是一种通信机制，通过绑定IP地址和端口产生一个通信链，实现计算机间的通信）服务端向socket客户端提供HTTP响应，而浏览器就是一个socket客户端，它向Web发出请求。Django本身是一个Web开发框架，它连接socket两端（服务端、客户端）进行数据交换，当然这种交换按照指定的协议进行，也就是HTTP（HyperText Transfer Protocol，超文本传输协议）。

1.2.1 Web应用本质

网络中不同的计算机间进行通信必须经过IP地址和端口。为了降低网络通信开发的复杂度，人们在TCP/IP 4层结构中的应用层与传输层之间加了一层，这个层就是socket层。它把复杂的TCP/IP进行了封装，并提供了一组服务的接口。

网络中服务器主机会提供一种或多种服务，每一种服务打开一个socket，并绑定到一个端口上，也就是说不同的端口对应于不同的服务（如Web服务一般用到80端口），客户端向那个端口发送请求，就会得到相应的服务。

当用户在浏览器地址栏中输入网址（URL，即 Uniform Resource Locator，统一资源定位符）并按下 Enter 键，这个动作称为发送 Web 请求，在网络上会有一台与网址相对应的服务器按用户请求做出响应，把请求资源发送给用户。这台接收 Web 请求并做出响应的服务器称为 Web 服务器，它把用户请求的资源以 HTML（Hyper Text Markup Language，超文本标记语言）文件的形式传递到用户的浏览器中，用户就看到网页了。

如上所述，Web 应用主要做的事情就是发送 HTML 文件到浏览器，其核心功能则通过 socket 服务完成。因此，Web 服务器本质上是一个 socket 服务端，而浏览器本质上是一个 socket 客户端。

以下用代码来简单说明 Web 开发框架的运行方式。

```
# 导入 socket 模块
import socket
# 建立 socket 服务
sk=socket.socket()
# 绑定 IP 与端口号，这是绑定本机端口
sk.bind(('127.0.0.1',8000))
# 进行监听
sk.listen()
print('socket 服务开始运行……')
while True:
    # 接收 socket 客户端连接
    conn,addr=sk.accept()
    # 接收 socket 客户端数据
    data=conn.recv(1024)
    # print(data)
    # 向客户端发送消息，字符串前加字母 b 表示以字节形式传递
    conn.send(b"HTTP/1.1 200 OK\r\n\r\n")
    # 向客户端发送消息，bytes()函数把字符串转换成字节形式
    conn.send(bytes("我是 socket 服务端，我已接到你的请求。",encoding='utf-8'))
```

以上代码主要实现如下过程。

（1）建立 socket 服务，绑定 IP 与端口号，并启动监听进程，这样就把本地计算机设置成 socket 服务端。

（2）服务启动后，通过循环语句，持续接收浏览器（socket 客户端）发送的信息。

（3）socket 服务端与浏览器以字节形式在网络上传递消息，在发送字符串前必须将其转化成字节形式。

（4）socket 服务端与浏览器的消息传递必须依照 HTTP 格式，conn.send(b"HTTP/1.1 200 OK\r\n\r\n")这句代码把字符串按照 HTTP 格式向浏览器传递，主要格式为 HTTP/1.1 200 OK，字符串后面跟两对回车符和换行符“\r\n\r\n”，这样其后的字符串就能显示在浏览器中。

在命令行终端输入 python test1.py 运行代码启动 socket 服务，如图 1.1 所示。

```
E:\testpy\test_web>python test1.py
socket服务开始运行·····
```

图1.1 启动socket服务

这时在浏览器中输入 http://127.0.0.1:8000/，socket 服务端收到请求后，返回相关信息。由于是按照 HTTP 格式返回信息，所以信息能显示在浏览器上，如图 1.2 所示。

我是socket服务端，我已接到你的请求。

图1.2 浏览器显示socket服务端发回的信息

1.2.2 Web 开发框架核心功能

1.2.1 节中的代码没有实现根据浏览器地址栏中的 URL 不同而做出不同响应，本节我们对代码进行改进与完善，实现 Web 开发框架核心功能，完善后的代码如下。

```
import socket
def index(url):
    # 读取文件，并对占位符进行替换
    # with 用法：在退出 with 代码块后自动关闭 with 打开的文件
    with open('index.html', 'r',encoding='utf-8') as f:
        rd = f.read()
        rd = rd.replace("$@index$@", "首页")
    # 替换后的文本以字节形式返回
    return bytes(rd,encoding='utf-8')
def test(url):
    with open('test.html', 'r',encoding='utf-8') as f:
        rd = f.read()
        rd = rd.replace("$@test$@", "测试")
    return bytes(rd,encoding='utf-8')
def fun404(url):
    ret = "<h1>not found!</h1>"
    return bytes(ret, encoding='utf-8')
# 定义变量 url_func，建立了 URL 与函数名的对应关系
url_func=[
    ("/index/",index),
    ("/test/",test),
]
```

```
# 建立 socket 服务
sk=socket.socket()
# 绑定 IP 与端口号，这里是绑定本机端口
sk.bind(('127.0.0.1',8000))
# 进行监听
sk.listen()
print('socket 服务开始运行……')
while True:
    # 接收 socket 客户端连接
    conn, addr = sk.accept()
    """
    下面语句中 data 变量接收 socket 客户端（浏览器）数据，这个数据有固定格式
    数据是 HTTP 请求数据格式，第一行格式为 GET /index/  HTTP/1.1\r\n
    该行以\r\n 结尾，各字符串以空格分隔
    """
    data = conn.recv(1024)
    # 输出 socket 服务端接收的浏览器发来的消息格式
    print(data)
    if not data:
    # 如果客户端没有发送新的数据，就重新开始，不再向下执行
    # 防止后面语句对空字符进行操作而抛出异常
       continue
    # 把收到的数据由字节形式转换成字符串，一般用到的编码格式为 utf-8
    data_str = str(data, encoding='utf-8')
    # 以\r\n 分隔每一行
    line = data_str.split("\r\n")
    # print(line[0])
    # 取出第一行字符串(line[0])，然后用空格再次分隔字符串
    # 提示：在 Django 中的索引从 0 开始
    v1 = line[0].split()
    # 取出路径，路径字符串在第 2 个位置上（以空格分隔）
    url = v1[1]
    """
    向客户端发消息，字符串前加字母 b 表示以字节形式传递
    在 HTTP/1.1 200 OK\r\n\r\n 之后的内容以 HTTP 格式显示在浏览器中
    """
    conn.send(b"HTTP/1.1 200 OK\r\n\r\n")
    func=None
    """
    用 for 循环取出 url_func 中的每一项，它是由 URL 和函数名组成的元组向客户端发消息
    """
```

```
        for i in url_func:
            if i[0] == url:
                    # 取出对应函数名
                    func = i[1]
                    break
        if func:
            func = func
        else:
            func = fun404
        # 函数名加上括号，表示执行函数
        rep = func(url)
        # 把函数返回的值向客户端发送
        conn.send(rep)
        conn.close()
```

上述代码的相关说明如下。

（1）以上代码定义了两个函数——index()和test()，还定义了一个列表类型的变量，列表中每项都是元组，其列出 URL 与函数名的对应关系。程序流程主要是：根据传入的参数（URL），读取相应的 HTML 文件，并根据占位符（本例中用两个$@包含一个变量名表示一个占位符，形如$@index$@）进行替换实现网页动态显示。

（2）index()函数和 test()函数读取相应的 HTML 文件并进行占位符替换，同时以字节形式返回替换后的文本，进行替换的 HTML 文件 index.html 所含代码如下，请注意占位符$@index$@的位置。

```
<!DOCTYPE html>
<html lang="en">
<head>
<meta charset="UTF-8">
<title>index 页面</title>
</head>
<body>
  <h1>$@index$@</h1>
</body>
</html>
```

test.html 的代码与 index.html 的代码相似，此处不再列举。

（3）代码还增加了一个 fun404()函数来处理无对应关系的路径。

（4）在 while True 代码块中增加了对浏览器（socket 客户端）传来的消息的处理，解析出浏览器地址栏中 URL 的路径，要正确解析路径必须了解浏览器传给 socket 服务端的消息格式。这里以在浏览器地址栏中输入 http://127.0.0.1:8000/index/为例，通过 print 语句可以看到 socket 服务端收到的消息格式如下。

```
GET /index/  HTTP/1.1\r\n
Host: 127.0.0.1:8000\r\n
Connection: keep-alive\r\n
User-Agent: Mozilla/5.0 (Windows NT 6.1; WOW64) AppleWebKit/537.36 (KHTML, like Gecko)
Chrome/63.0.3239.132 Safari/537.36\r\n
Accept-Encoding: gzip, deflate, br\r\n
Accept-Language: zh-CN,zh;q=0.9\r\n\r\n
```

可以看到消息格式以\r\n 分隔每行，每行中各项再以空格进行分隔，通过这个格式即可理解代码是如何解析路径的。

运行 python test2.py 以进行测试，实现了针对不同请求进行响应的过程，如图 1.3 所示。

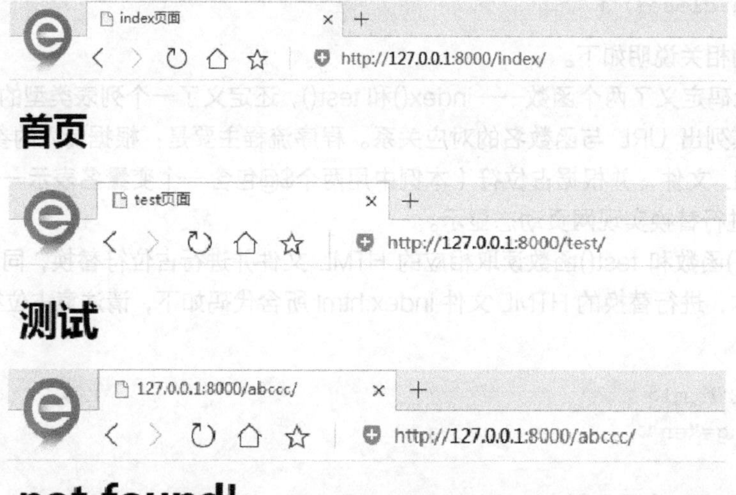

图1.3　socket服务端对浏览器的不同请求做出不同响应

1.2.3　HTTP 简单介绍

为了使读者能有效地理解代码，这里有必要简单介绍一下 HTTP。HTTP 就是浏览器（客户端）与 Web 服务器交流的语言，它是一种双方都认可的格式或规则，也就是这种语言是双方都能“听得懂”的语言，因此协议就是一种格式，这种格式让双方都知道对方想表达什么意思、想做什么事。

HTTP 消息格式有请求和响应两种，HTTP 请求和响应都包含 Header 和 Body 两部分，其中 Body 是可选的。

1.2.4 HTTP请求消息格式

HTTP请求（Request）消息包含请求头（Header）和请求体（Body）。请求头每行以“\r\n”结尾，请求头第一行以空格分隔的字符串分别代表请求方法、路径、HTTP等信息。第二个字符串就是路径，是一个较为重要的字符串，由此可推知浏览器地址栏中的URL。请求头从第二行开始都是“头字段名:值\r\n”的形式。请求头与请求体之间以“\r\n”分隔，请求体可以有也可以没有。以下是HTTP请求消息格式的示意代码。

```
请求方法 路径 HTTP/1.1\r\n  # 请求方法包括GET、POST等
头字段名:值\r\n
头字段名:值\r\n
…
头字段名:值\r\n
\r\n
请求体  # 请求体可以有，可以没有
```

以下是实例代码，其中，GET表示请求方式，请求的路径是/index/，应用的协议是HTTP，协议的版本是1.1。

```
GET /index/  HTTP/1.1\r\n
Host: 127.0.0.1:8000\r\n
Connection: keep-alive\r\n
User-Agent: Mozilla/5.0 (Windows NT 6.1; WOW64) AppleWebKit/537.36 (KHTML, like Gecko)
Chrome/63.0.3239.132 Safari/537.36\r\n
Accept-Encoding: gzip, deflate, br\r\n
Accept-Language: zh-CN,zh;q=0.9\r\n
\r\n
… # 请求体可以有，可以没有
```

1.2.5 HTTP响应消息格式

HTTP响应（Response）消息包含响应头（Header）和响应正文（Body）。响应头每行以“\r\n”结尾，响应头第一行包含代表HTTP、状态码和状态描述符等信息的3个字符串，这3个字符串以空格作为分隔符。响应头从第二行开始都是“头字段名:值\r\n”的形式。响应头与响应正文之间以“\r\n”分隔，响应正文就是显示在浏览器中的HTML格式的内容。以下是HTTP响应消息格式的示意代码。

```
HTTP/1.1 状态码 状态描述符\r\n
头字段名:值\r\n
头字段名:值\r\n
…
```

```
头字段名:值\r\n
\r\n
响应正文 # 响应正文，就是 HTML 格式的内容
```

以下是实例代码，其中，HTTP/1.1 表示 HTTP 的版本是 1.1，状态码 200 表示响应正常，OK 是响应成功的描述字符串，另外还有服务器信息 Server、响应时间 Date 等内容。

```
HTTP/1.1 200 OK\r\n
Server: openresty/1.9.15.1\r\n
Date: Fri, 05 Jul 2019 07:58:16 GMT\r\n
Content-Type: text/html; charset=utf-8\r\n
Transfer-Encoding: chunked\r\n
\r\n
… # 响应正文
```

1.3 Python Web 开发框架

1.2 节我们用 Python 代码的形式解释了如何用 socket 来实现 Web 开发框架的流程，Web 开发框架的本质就是用 HTTP 实现 socket 服务端与浏览器的通信功能。这些功能可以概括为 3 步。

（1）socket 服务端与客户端（浏览器）收/发 socket 消息，按照 HTTP 来解析消息。

（2）建立 URL 与要执行的函数的对应关系，这里的函数包含业务逻辑代码。

（3）载入 HTML 文件当作模板，对其中特殊符号标识的字符串进行替换并发给浏览器显示。

不理解或看不懂本章关于 Web 开发框架的代码对于 Django 开发影响不太大，读者不用担心。对该代码的理解有利于从 Web 开发本质与原理层面理解 Django，会提高 Django 开发效率。

Python 中的 Web 框架一般实现 3 种核心功能。

- 收发消息（socket 功能）。
- 根据用户不同路径执行不同的函数。
- 从 HTML 文件中取出内容，并且完成字符串的替换。

目前主流的 Python Web 开发框架主要有 Django、Tornado 和 Flask 这 3 种。

① Django 是目前最流行的 Web 开发框架之一，该框架包含以上 3 种核心功能中的第二、第三种功能，这两种功能可以很容易地通过编写代码或配置来实现，第一种功能使用第三方工具实现。Django 是 Python 中最全能的 Web 开发框架之一，功能完备，在可维护性和开发速度上具有优势。

② Tornado 包含以上 3 种核心功能，但需要开发人员通过代码实现。该框架最大的特点是采用异步处理，是非阻塞式、高并发处理框架，性能强大，可以每秒处理数以千计的连接。Tornado 是实现实时 Web 服务的理想框架。其缺点是相比于 Django，诸多内容需要开发人员自己去编写。随着项目越来越大，Tornado 将有越来越多的功能需要开发人员来实现。

③ Flask 可实现以上 3 种核心功能中的第二种功能，第一、第三种功能使用第三方工具实现，是轻量级的开发框架。Flask 的特点是使用简单的核心，并使用插件扩展其他功能，因此 Flask 是一个面向简单需求和小型应用的微框架。

1.4 小结

本章简单介绍了 Python 的特点，并介绍了 Web 开发框架基本知识、HTTP 以及常见的 Python Web 开发框架，使读者对 Django 的原理有所了解。

Django

第2章

初识 Django

Django 由美国堪萨斯州劳伦斯市的一个 Web 开发团队用 Python 写成，是一个开放源代码的 Web 应用框架。Django 主要用于简便、快速地开发数据库驱动的网站，它主要有以下特点。

- Django 采用了 MTV 设计模式，即模型 Model、模板 Template 和视图 View。
- Django 强调代码复用，注重组件的重用性和“可插拔性”，注重敏捷开发和 DRY (Don't Repeat Yourself) 法则。
- Django 有许多功能强大的第三方插件，具有很强的可扩展性。
- Django 使开发复杂的、数据库驱动的网站变得简单。

本章首先介绍 Django 的安装，然后介绍 Django 的一些基本知识，最后讲解 Django 开发基本流程。

2.1 Django 安装

大多数程序员在开发过程中使用 Windows，不管程序将来是部署在 Windows 上，还是 Linux 上，在开发阶段，大家还是习惯在 Windows 上进行开发、测试，因此本节将主要介绍 Django 在 Windows 上的开发环境配置。

Django 完全依赖 Python 环境，而且由于 Django 版本、模块、插件多且复杂，有时还需要在虚拟环境中进行开发。因此常规安装有 3 步：第一步是安装 Python，第二步是安装 Python 虚拟环境，第三步是安装 Django。

2.1.1 安装 Python

Python 是一个跨平台的语言，在各种操作系统上都能使用，而且在某个操作系统上开发的 Python 程序，在其他操作系统上也能运行，这里我们主要讲解在 Windows 上的 Python 安装。

Python 安装环境一般要求 Windows 7 以上版本，安装时需要确定计算机上的 Windows 是 64 位还是 32 位，然后访问 Python 官方网站，单击 Download Python 3.x.x 按钮，进入下载页面，选择与操作系统相匹配的安装程序。下载完成后，双击安装程序文件就开始安装了。安装过程与其他软件安装过程相似，要注意的是选择自定义安装，并选中“Add Python 3.x to PATH”，安装结束后，在命令行终端输入命令 python，如果出现以下字符，说明安装成功。

```
Microsoft Windows [版本 6.1.7601]
版权所有 (c) 2009 Microsoft Corporation。保留所有权利。

C:\Users\Administrator>python
Python 3.6.3 (v3.6.3:2c5fed8, Oct  3 2017, 18:11:49) [MSC v.1900 64 bit (AMD64)]
 on win32
Type "help", "copyright", "credits" or "license" for more information.
>>>
```

2.1.2 安装 Python 虚拟环境

在软件开发与运行时，每个程序都要依赖某些软件环境，依赖各种操作系统设置，如环境变量、软件版本等。如果在开发某个新软件时，修改了其他软件依赖的环境，可能导致其他软件无法运行。例如，你以前用 Django 1.10 开发了一些软件项目，后来又用 Django 2.1.2 进行开发，如果删除 Django 1.10，可能导致原来开发的项目无法运行。如果你既想让原来项目在 Django 1.10 中运行，又想让新项目在 Django 2.1.2 上正常运行，只有通过建立 Python 虚拟环境来解决这个问题。虚拟环境能帮我们从操作系统的 Python 环境中复制一个全新的 Python 环境出来，同时这个环境独立于原来的环境。

安装 Python 虚拟环境非常简单，在命令行终端输入以下命令。

```
pip install virtualenv
```

然后等待软件下载完成后开始安装配置，这些过程都是自动进行的。

提示：pip 是 Python 的软件包管理工具，是 Python 自带的工具软件。

安装好 virtualenv 之后，输入下述命令创建一个虚拟环境。

```
virtualenv newenv_dir
```

newenv_dir 是虚拟环境的目录，运行以上命令后，会在当前目录下生成一个 newenv_dir 目录。

虚拟环境已经创建好了，在命令行终端进入 newev_dir 目录，再到 Scripts 文件夹下，运行 activate 程序激活虚拟环境。

```
activate
```

你会发现命令提示符变了，如下所示。

```
(newenv_dir) E:\newev_dir\Scripts>
```

命令提示符的开头（newenv_dir）是提示正在虚拟环境中。虚拟环境激活后，它与其他软件环境是隔离开的，因此开发程序时不会影响系统中的其他软件，这样你就可以安装其他版本的 Django 或者其他软件，开始新的软件开发、测试等工作。

2.1.3 安装 Django

安装 Django 非常简单，在命令行终端输入以下命令，等待安装自动完成。

```
pip install django
```

也可以指定安装版本，如下所示，本书中我们指定用 Django 2.1.4 进行开发。

```
pip install django==2.1.4
```

如果在激活的虚拟环境中安装，那么这些版本的 Django 也只在虚拟环境中运行，不会影响其他软件，也不会与其他版本 Django 冲突。

提示：如果退出虚拟环境，在虚拟环境中安装的软件、配置的环境是不能用的，它们像不存在一样。

2.1.4 测试安装效果

如果是在虚拟环境中安装的 Django，请先激活虚拟环境，再执行命令。如果未在虚拟环境中安装，则直接执行命令。在命令行终端输入 python 命令，启动 Python 交互式解释器，试着用 import django 导入 Django，如下所示。

```
E:\envs\virtualenv_dir\Scripts>python
Python 3.6.3 (v3.6.3:2c5fed8, Oct  3 2017, 18:11:49) [MSC v.1900 64 bit (AMD64)]
 on win32
Type "help", "copyright", "credits" or "license" for more information.
>>> import django
>>> django.get_version()
'2.1.4'
>>>
```

如果能够导入 Django 并能运行相关命令，说明安装成功。

2.2 Django 基本知识

Django 可自动实现 Web 应用的通用功能，减少程序员编码工作量，“不重复造轮子”是该框架的设计理念。

2.2.1 Django 的开发优势

Django 是一个非常优秀的 Web 开发框架，可以快速构建高性能、安全、可维护、界面优秀的网站，Django 负责处理网站开发中麻烦的部分，使程序员可以专注于编写应用程序业务逻辑代码，而无须重新开发 Web 应用的通用功能，这就是所谓的“不重复造轮子”。

Django 的开发优势是非常明显的，总结如下。

（1）功能完备：Django 提供了“开箱即用”的功能，这些功能可以无缝结合在一起，并遵循一致性设计原则，对开发人员来说非常重要。Django 有完善的 ORM、强大的路由映射功能、完善的视图模板的实现、强大的缓存支持等。

（2）通用：Django 可以构建多种类型的网站，可以与许多客户端框架一起工作，支持并且可以提供多种格式的内容，如 HTML、RSS（Really Simple Syndication，简单信息整合）、JSON（JavaScripe Object Notation，JavaScript 对象简谱）、XML（Extensible Markup Language，可扩展标记语言）等格式的内容。

（3）安全：Django 能够自动保护网站，避免许多常见的安全错误。例如要将 session 放在 cookie 中这种易受攻击的方式改变为一种安全的方式，就让 cookies 只包含一个密钥，实际数据存储在数据库中；并用 hash()函数加密用户密码。默认情况下，Django 可以防范许多漏洞，包括 SQL（Structur Query Language，结构查询语言）注入、跨站脚本、CSRF（Cross-Site Request Forgery，跨站请求伪造）、单击劫持等。

（4）可移植：Django 是用 Python 编写的，Python 能在许多操作系统上运行，因此用 Django 开发的程序不受特定服务器操作系统的限制，可以在 Linux、Windows、macOS 等操作系统上正常运行。

（5）自助管理后台：Django 拥有一个强大的 Django Admin 管理后台，用户几乎不用写代码就拥有一个完整的后台管理页面。

2.2.2 Django 的 MTV 设计模式简介

MVC（Model-View-Controller）设计模式的概念存在时间长，也比较流行，所谓的 MVC 就是把 Web 应用分为模型（Model）、视图（View）和控制器（Controller）3 层，它们之间以松耦合的方式连接在一起。MVC 的通用解释是采用透明的数据存取方式，然后单独划分一层来显示数据，并且加上一个控制它的层，如下。

（1）模型代表数据存取层，它提供数据获取的接口，使模型从数据库中获取数据时，无须了解不同数据库取得数据的方式。模型通常会为数据库提供一层抽象与封装，这样无须更改代码就能使用不同的数据库。

（2）视图代表界面，是模型的表现层，决定在应用中显示什么和怎么显示。

（3）控制器负责业务逻辑，通过程序逻辑判断模型决定从数据库中获取什么信息，以及把什么信息传给视图。

Django 也称得上遵守 MVC 设计模式，但它还有自己的特点，它的设计模式常被称作 MTV 设计模型，M 指的是数据模型（Model），T 指的是模板文件（Template），V 指的是视图函数（View）以及与它有密切关系的 URL 配置，现介绍如下。

（1）模型：用来定义数据结构的类，并提供数据库表管理机制，主要用来定义字段的名称、类型、字段最大值、默认值、约束条件等。

下面列举一段数据模型的代码，给大家一个初步印象。

```
from django.db import models
# 在此处编写数据模型代码
# 员工数据模型（员工数据表）
class employee(models.Model):
    # 员工姓名
    name=models.CharField(max_length=32,verbose_name='姓名')
    # 员工邮箱
    email=models.EmailField(verbose_name='邮箱')
```

这段代码展示了一个非常简单的 Django 数据模型，从代码中可以看到，数据模型类必须继承于 models.Model，它在类中定义了两个属性 name 和 email，这两个属性相当于数据库表的字段，它们为字符类型，代码还设置了字段的一些约束，如最大长度、字段显示名称等。

（2）模板文件：一般是 HTML 格式，用于定义文件的结构或布局，并使用占位符表示相关内容，通过视图函数提取数据模型的数据填充 HTML 文件的占位符，可以创建动态页面。

下面列举一段模板文件的代码。

```
<!DOCTYPE html>
<html lang="en">
<head>
    <meta charset="UTF-8">
    <title>Title</title>
</head>
<body>
{{ hello }}
</body>
</html>
```

模板文件输出指定文档的结构，占位符用于表示在生成页面时填充的数据。在以上代码中，{{ hello }}称为模板变量，是一个占位符，视图函数可以用 render()把变量 hello 传过来，在页面上显示时会用变量的实际值替换{{ hello }}。

（3）MTV 的 V 包含视图函数以及与它有密切关系的 URL 配置。

视图函数：是一个处理 Web 请求的函数，它接收 HTTP 请求，经过一番处理，返回 HTTP 响应。也就是视图函数接收请求后，到数据模型里拿到客户端需要的数据，把数据以一定的格式传递给模板文件，然后 Django 把模板文件以 HTTP 响应格式发送给浏览器。

下面列举一段视图函数的代码。

```
# 导入 HTTP 相关模块
from django.http import HttpResponse
def hello(request):
    # 前面可以有向数据模型请求数据的代码
    # 返回响应
    return HttpResponse('Hello World!')
```

视图函数要求必须接收一个 HttpRequest 对象作为参数并返回 HttpResponse 对象，以上代码只是返回了一个字符串。

提示：在 Django 中模块指的是函数库，就是存放多个函数的一个文件。如果我们要在代码中使用某个函数，就导入这个模块。例如以上代码，通过 from django.http import HttpResponse 导入了 HttpResponse，就可以在视图函数中使用 HttpResponse()函数了。

URL 配置：建立 URL 与视图函数对应关系，相当于 URL 映射器，主要作用是根据浏览器（客户端）的 URL，将 HTTP 请求重定向到相应的视图函数进行处理。

下面列举一段 URL 配置的代码。

```
from django.contrib import admin
from django.urls import path
from . import views
urlpatterns = [
    path('admin/', admin.site.urls),
    path('hello/',views.hello),
    ]
```

URL 配置一般存储在名为 urls.py 的文件中。在以上代码示例中，urlpatterns 定义了特定 URL 表达式和相应视图函数之间的映射列表，如果接收到具有与指定模式匹配的 URL 的 HTTP 请求，则将调用相关联的视图函数（例如 views.hello）并传递请求。

2.2.3 Django 的其他功能

2.2.1 节介绍了 Django 的主要功能，除此之外，Django 还提供了其他的功能或模块，列举如下。

- 表单：Django 通过表单进行数据验证和处理。
- 用户身份验证和权限：Django 有一个强大的、安全性很高的用户身份验证和权限系统。
- 序列化数据：Django 可以轻松地将数据序列化，并支持 XML 或 JSON 格式。
- 管理后台：Django Admin 管理后台使系统管理员能够轻松创建、编辑和查看网站中的任何数据模型，这个管理后台是 Django 默认包含的。
- 缓存机制：Django 提供灵活的缓存机制，可以存储部分页面，提高网页响应速度。

2.2.4 Django 的主要文件

Django 按照 MTV 设计模式以松耦合的方式把不同功能分配到各个文件，这些文件“各司其职”，通过代码或配置的方式完成独立功能，并与其他文件进行协作。

（1）urls.py 是进行 URL 配置的文件，是网址入口，建立 URL 表达式与视图函数的对应关系，也就是建立“访问网址就是调用函数”的机制。

（2）views.py 是视图函数存放模块，处理用户发出的请求。用户请求从 urls.py 中的配置项映射过来，逻辑代码分析用户请求后，从数据库中提取数据，向 templates 文件夹中的模板文件传递数据。

（3）models.py 是数据模型，定义数据表结构，是数据库操作的基础。

（4）forms.py 是 Django 表单定义文件，通过表单及字段属性设置，生成页面文本框，对用户提交的数据进行验证。

（5）templates 文件夹中的文件是模板文件，这些文件是视图函数渲染改造的对象，一般是 HTML 文件，它与视图函数共同生成具有动态内容的网页。

（6）admin.py 是管理后台配置文件，经过简单的配置代码，就能让后台对数据库数据进行管理。

（7）settings.py 是 Django 配置文件，在文件中可设置应用程序模块、数据库类型、中间件等，可以让各应用程序共享配置内容。

（8）apps.py 是应用程序本身的配置文件。

（9）tests.py 是用来编写单元测试代码的文件。

2.3 Django 基本开发流程

Django 开发环境搭建好后，就可以进入开发流程了。开发的主要工作包括部署开发环境，创建项目和应用程序，编写业务逻辑代码，建立 URL 与视图函数的对应关系，根据项目实际情况在 settings.py 文件中进行设置，做好数据库连接与操作，根据需要启动 Django 后台管理等。

2.3.1 部署开发环境

由于 Windows 普及率高，图形界面较为友好，因此本节在 Windows 7、Python 3.6.3 环境中讲解 Django 开发环境部署，在命令行终端输入以下命令安装 Django。

```
pip install django
```

安装完成后，找到 python 安装目录，如果在目录下的/Python36/Scripts 文件夹中有一个 django-admin.exe 文件，就说明 Django 已安装成功。把 scripts 文件夹的路径（形如×:/Python/Python36/ Scripts;）加入操作系统的环境变量 Path 中，这样就可以直接在命令行终端输入 Django 命令。

2.3.2 创建项目

选择一个目录放置我们的项目，这里假设放在 test_django 目录下。在命令行终端输入以下命令。

```
cd test_django
django-admin startproject myproject
```

第二句命令建立项目 myproject，进入 test_django 目录就会发现新增了一个 myproject 目录，即项目 myproject 的根目录，这个目录的结构如下。

```
manage.py              # 简单的命令文件封装文件，可以通过这个文件生成应用程序
myproject/             # 一个目录，与项目名称一样，称为项目目录
    __init.py__        # 一个空文件，用来告诉 Python 这是 myproject 目录的一个模块
    settings.py        # 项目配置文件，包含一些初始化设置
    # 存放 URL 表达式的文件，这里定义的每一个 URL 都对应一个视图函数，这个文件称为路由文件
    urls.py
```

```
    # 服务器程序和应用程序的一个协议接口，规定了使用的接口和功能，这个文件不需修改，Django 已为项目配置好
    wsgi.py
```

2.3.3 创建应用程序

在一个项目下可以有多个应用程序并实现不同功能，Django 可以根据需求建立多个应用程序模块，各个应用程序模块共享项目的配置环境，本节中建立的应用程序模块会共享/myproject/myproject 目录中 settings.py、url.py 的配置。

生成应用程序非常简单，在命令行终端输入以下命令即可。

```
cd myproject
python manage.py startapp myapp
```

第二行命令生成应用程序模块，运行完成后在/myproject 下会多一个目录 myapp，该目录的结构如下。

```
myapp/
    __init__.py
    admin.py       # 配置管理后台，写少量代码就可以启用 Django Admin 管理后台
    apps.py:       # 存放当前应用程序的配置
    models.py      # 存放数据库相关的内容
    tests.py       # 可在这个文件写测试代码以对当前应用程序进行测试
    views.py       # 存放业务请求功能的代码
    migrations/    # 这个文件夹中的文件保存该应用程序的数据库表与变化的相关内容
```

2.3.4 编写业务逻辑代码

业务逻辑代码按照 Django 的约定一般要写在 views.py 文件中，换句话说就是要在 views.py 文件中生成一个视图函数并在其中编写代码。打开/myproject/myapp/views.py，输入以下命令。

```
from django.shortcuts import HttpResponse
# 在此处编写视图函数代码
def index(request):
    return HttpResponse('<h1>hello world</h1>')
```

第一行命令导入 HttpResponse 函数，这个函数把传入参数的内容显示在网页上。在 views.py 文件中可以通过函数编写代码实现业务逻辑，这些函数被称为视图函数。以上代码中的 index()函数就是一个视图函数，它实现了在网页上显示 hello world 的功能。

2.3.5 建立 URL 与视图函数的对应关系

按照 Django 的约定，URL 与视图函数的对应关系要放在 urls.py 文件中，对应关系以 URL 配置

项形式放在文件中的一个列表变量中。打开路由文件 urls.py，在 urlpattens 列表中增加 “path('index/', views.index),” 建立 URL 与视图函数的对应关系。path()的第一个参数是 URL 表达式，用来匹配网址；第二个参数 views index 指的是 views.py 文件中的函数。

提示：URL 表达式路径只匹配网址中域名后面的部分。如 index/可以匹配 http://127.0.0.1:8000/index/ 这个网址，其中 “http://127.0.0.1:8000/” 这部分自动被忽略。

urls.py 文件代码如下。

```
from django.contrib import admin
from django.urls import path
# 导入视图函数
from myapp import views
urlpatterns = [
    path('admin/', admin.site.urls),
    # 指定 URL 与视图函数的对应关系
    path('index/',views.index),
    path('test/', views.test),
]
```

以上代码要用到 views.py 中的 index()函数和 test()函数，因此要在代码头部引用包含这两个函数的文件，引用语句为 from myapp import views。

到现在为止，我们实际上已经开发了一个简单的网页程序，可以通过命令启动程序，在命令行终端输入以下命令。

```
python manage.py runserver
```

等程序启动完成后，就可以进行测试了，Django 运行程序默认用到端口 8000，在浏览器上输入 http://127.0.0.1:8000/index/进行测试，程序运行情况如图 2.1 所示。

hello world

图2.1 程序测试页面

2.3.6 动态加载 HTML 页面

前面几小节仅生成了一个简单页面，没有用 HTML 代码展现页面，仅是一个样例，本小节我们将介绍如何动态加载 HTML 页面。

在项目根目录/myproject/下新建文件夹，名称为 templates（这个名字约定不要修改）。然后在 templates 文件夹下新建一个 HTML 文件作为测试模板文件，名字为 test.html，其代码如下。

```
<!DOCTYPE html>
<html lang="en">
<head>
    <meta charset="UTF-8">
    <title>测试模板</title>
</head>
<body>
    <div align="center">
        <h1>{{ hi }}</h1>
        <hr>
         <h2>{{ test }}</h2>
    </div>
</body>
</html>
```

这个 HTML 文件的代码非常简单，主要是用于测试，代码中双花括号包括一个变量，称为模板变量，形如{{ 变量名 }}，注意变量名与双花括号之间前后都有空格。Django 模板引擎会用传入的值替换这些变量，传值的代码写在/myproject/myapp/views.py 文件中，代码如下。

```
from django.shortcuts import HttpResponse,render
…
def test(request):
    hi='你好，世界是美好的'
    test='这是一个测试页，动态页面正常显示，测试成功！'
    return render(request,'test.html',{'hi':hi,'test':test})
```

上述代码的相关说明如下。

（1）向 HTML 文件传递参数，一般用 render()函数，代码首先要导入 render。

（2）最后一行代码，通过 render()函数向 test.html 传递模板变量（第 3 个参数），参数是字典类型，注意字典的 key 的名字一定与 HTML 文件中模板变量名一致，并用单引号括起来。

模板文件 HTML 文件写好后，要让 Django 知道文件位置，需要在 setttings.py 中设置一下。打开/myproject/myproject/setttings.py，找到 TEMPLATES 代码块，修改 DIRS 值，代码如下。

```
# 在本项目中可推导出 BASE_DIR 值为/myproject/
BASE_DIR = os.path.dirname(os.path.dirname(os.path.abspath(__file__)))
…
TEMPLATES = [
    {
        'BACKEND': 'django.template.backends.django.DjangoTemplates',
        # 添加路径到 DIRS 列表中
```

```
        'DIRS': [os.path.join(BASE_DIR,'templates')],
        'APP_DIRS': True,
        'OPTIONS': {
            'context_processors': [
                'django.template.context_processors.debug',
                'django.template.context_processors.request',
                'django.contrib.auth.context_processors.auth',
                'django.contrib.messages.context_processors.messages',
            ],
        },
    },
]
```

在 settings.py 中 BASE_DIR 值为/myproject/，因此 DIRS 的值为/myproject/templates/，test.html 文件正是在这个目录下。

在命令行终端输入 python manage.py runserver 命令进行测试，运行情况如图 2.2 所示。

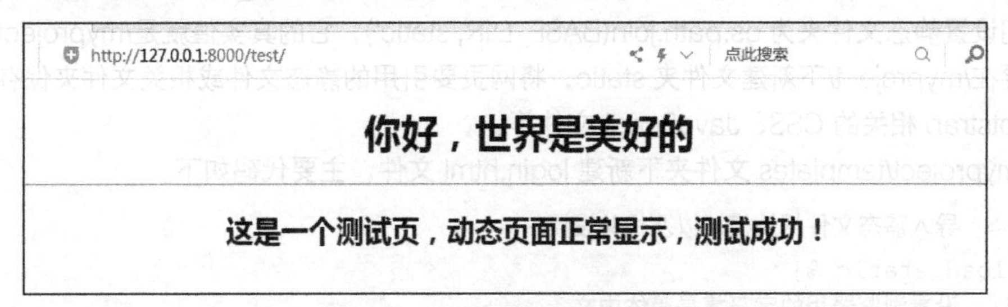

图2.2 HTML文件载入浏览器显示

2.3.7 配置静态文件存放位置

网页可以引用图像、音/视频、CSS、JavaScript 等形式的文件，使网页更生动，我们把这些文件存放在一个文件夹中，即静态文件夹。与 2.3.6 节同理，要让 Django 找到这些文件必须进行设置，首先在 setttings.py 文件的 INSTALLED_APPS 代码块中要有“django.contrib.staticfiles',”这一行代码，如下所示。

```
INSTALLED_APPS = [
…
        'django.contrib.staticfiles',
]
```

然后在 setttings.py 文件中增加以下代码。

```
STATIC_URL = '/static/'
STATICFILES_DIRS=(
```

```
    os.path.join(BASE_DIR,'static'),
)
```

STATIC_URL 是静态文件夹前缀，STATICFILES_DIRS 中的是静态文件目录列表。我们以下面的配置为例做出解释。

```
STATIC_URL = '/static/'
STATICFILES_DIRS=(
    'c:/test1/static1/',
    'c:/test2/static2/',
    'c:/test3/static3/',
)
```

假如 HTML 文件中有<script src="/static/jquery-2.2.0.min.js"></script>这一句引用 JavaScript 文件的语句，这个语句中 src 以/static/开头。Django 在查找 jquery-2.2.0.min.js 这个文件时，会在 c:/test1/static1/、c:/test2/static2/、c:/test3/static3/这 3 个文件夹中去查找。所以说 STATIC_URL 的值/static/是一个路径前缀，可以理解为一个别名，它代表着 STATICFILES_DIRS 中列出的文件夹。

我们设置静态文件夹为 os.path.join(BASE_DIR,'static')，它的真实值就是/myproject/ static/。因此需要在/myproject/下新建文件夹 static，将网页要引用的静态文件或相关文件夹保存在这里，如与 Bootstrap 相关的 CSS、JavaScript 文件等。

在/myproject/templates 文件夹下新建 login.html 文件，主要代码如下。

```
<!--  导入静态文件相关模块以及相关设置  -- >
{% load static %}
<!--  设置浏览器用的字符集是简体中文  -- >
<html lang="zh-CN">
<head>
  …
    <title>登录页面</title>
    <link href="{% static 'bootstrap/css/bootstrap.min.css' %}" rel="stylesheet">
    <link href="{% static 'sigin.css' %}" rel="stylesheet">
    <link rel="stylesheet" href="{% static 'fontawesome/css/font-awesome.min.css' %}">
    <script src="{% static 'jquery-3.3.1.js' %}"></script>
    <script src="{% static  'bootstrap/js/bootstrap.min.js' %}"></script>
</head>
<body>
<div class="container">
   <form class="form-signin" method="post" action="">
    {% csrf_token %}
    <h2 class="form-signin-heading">请登录</h2>
       <p></p>  <p></p>
```

```
            <label for="username" class="sr-only">用户名</label>
            <input type="text" id="username" name="username" class="form-control"
placeholder="用户" required autofocus>
          <p></p><p></p>
            <label for="password" class="sr-only">密  码</label>
            <input type="password" id=password" name="password" class="form-
control" placeholder="密码" required>
             <button class="btn btn-lg btn-primary btn-block" type="submit">登录</button>
                 </form>
    </div> <!-- /container -->
    </body>
    </html>
```

上述代码的相关说明如下。

（1）{% name %}这种形式的标签称为模板标签，可以实现与函数、代码语句相似的功能，后续章节将详细介绍。

（2）{% load static %}表示 HTML 文件要加载静态文件的相关设置。例如<link href= "{% static 'bootstrap/css/bootstrap.min.css' %}" rel="stylesheet">这句代码会被 Django 渲染成<link href="/static/bootstrap/css/bootstrap.min.css" rel="stylesheet">形式，这样就指向静态文件的位置，而渲染后路径中的/static/是个前缀，与 settings.py 中 STATICFILES_DIRS 变量结合起来形成要查找的路径。

（3）{% csrf_token %}涉及防止跨站请求伪造以及中间件的相关内容，这些 Django 都为我们设计好了，可直接使用，后续章节将详细介绍。

（4）<form class="form-signin" method="post" action="">的重点在 method 属性，这涉及网页提交的方式，最常用的有 get 和 post 两种。简单地说，get 一般用于请求数据，post 一般用于表单提交数据。

接下来编写登录页面业务逻辑代码，打开/myproject/myapp/views.py，增加以下代码。

```
from django.shortcuts import HttpResponse,render,redirect
…
def login(request):
    if request.method == "GET":
    # 打开 login.html 页面
        return render(request, "login.html")
    else:
        # 从表单提取用户名
        username = request.POST.get('username')
        # 从表单提取密码
        password = request.POST.get('password')
```

```
        if (username=='test' and password=='123'):
        # 用户名与密码都正确时，定向到 test.html 渲染的页面
            return redirect('/test/')
        else:
            return render(request, "login.html", {'error': '用户名或密码错误！'})
```

上述代码的相关说明如下。

（1）由于要对载入的 HTML 文件进行渲染并且要用到页面重定向功能，代码首先导入 render 和 redirect 模块。

（2）代码通过 if request.method == "GET"判断提交方式。如果是 GET，就显示登录页面；如果是 POST，就接收提交数据并判断正误，如果正确就定向到测试页面。

（3）注意在 HTML 文件中 method 值（如 post、get）可以是小写形式，在 views.py 的代码中 method 值必须大写形式。

（4）如果用户名与密码都正确，网页定向到测试页面，用 return redirect('/test/')实现。

最后一步添加路由，加上 URL 与视图函数的对应关系，在/myproject/myproject/urls.py 文件中编写如下代码。

```
from myapp.views import index,test,login
urlpatterns = [
…
    path('login/',login),
]
```

由于用到 views.py 中的 login()函数，第一行代码导入了 login()函数。

最后测试成果，进入/myproject/目录，通过 python manage.py runserver 启动程序。在浏览器上输入地址进行测试，将得到一个较美观的登录页面，如图 2.3 所示。

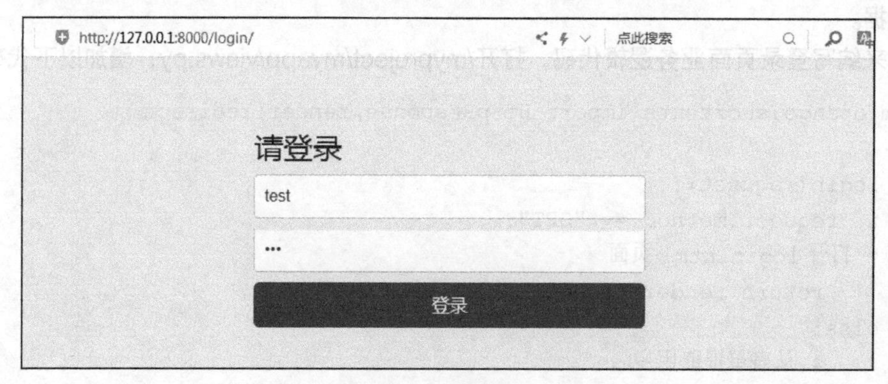

图2.3　登录页面

正确输入用户名与密码，页面进入测试页面（如图 2.2 所示），就表明程序运行正常。

2.3.8　连接数据库

Django 可以称作面向数据的开发框架，用命令生成项目与应用程序后，项目根目录下会生成一个默认的数据库 db.sqlite3，在 settings.py 文件中有这个数据库的默认连接，代码如下。

```
DATABASES = {
    'default': {
        # 数据库引擎，指明数据库类型
        'ENGINE': 'django.db.backends.sqlite3',
        # 指明数据库所在位置，本项目中数据库位置：/myproject/db.sqlites
        'NAME': os.path.join(BASE_DIR, 'db.sqlite3'),
    }
}
```

提示：Django 可以生成数据库表，不能生成数据库，生成数据库要用到数据库原生命令。

以 MySQL 为例讲解数据库连接，MySQL 数据库安装本书不作介绍，请参考其他相关资料，我们假设 MySQL 数据库已安装完成。

第一步，安装 Django 的 MySQL 模块，在命令行终端上输入以下命令。

```
pip install pymysql
```

第二步，在 MySQL 中建立数据库，通过 root 用户登录，进入 MySQL 数据库管理界面，用 create database mytest 命令建立数据库 mytest。

第三步，在 settings.py 中设置 DATABASES 代码块，代码如下。

```
DATABASES = {
    # 'default': {
    #     'ENGINE': 'django.db.backends.sqlite3',
    #     'NAME': os.path.join(BASE_DIR, 'db.sqlite3'),
    # }
    'default': {
        'ENGINE': 'django.db.backends.mysql',  # 数据库引擎，指明数据库类型
        'HOST': '127.0.0.1',    # 数据库存储在本机
        'PORT': '3306',         # 端口号
        'NAME': mytest',        # 数据库名称
        'USER': 'root',         # 数据库用户名
        'PASSWORD': 'root',     # 数据库密码
    }
}
```

第四步，在/myproject/myapp/models.py 中建立数据表，在 models.py 文件中每个类生成一个数据表，这里生成一个用户信息表 UserInfo，代码如下。

```
from django.db import models
# 在此处编写数据模型代码
class UserInfo(models.Model):
    user=models.CharField(max_length=32,verbose_name='姓名')
    email=models.EmailField(verbose_name='邮箱')
    def __str__(self):
        return self.user
```

上述代码的相关说明如下。

（1）第一行代码导入 models 模块。

（2）通过建立 UserInfo 类建立 UserInfo 数据表。

（3）__str__返回模型对象的描述，可以理解为 UserInfo 类的实例对象的别名。

第五步，models.py 中有了代码，它所属的应用程序必须在 settings.py 的 INSTALLED_APPS 代码块中注册，代码如下。

```
INSTALLED_APPS = [
    …
    # 注册应用程序 myapp
    'myapp',
]
```

第六步，在项目目录/myproject/myproject/__init__.py 中编写以下代码，指明以 pymysql 模块代替 MySQLdb 模块，这里要十分注意字母的大小写。

```
import pymysql
pymysql.install_as_MySQLdb()
```

运行命令生成数据表，在命令行终端输入以下命令。

```
python manage.py makemigrations
python manage.py migrate
```

登录 MySQL 数据库管理界面，可以看到已经生成数据表，即图 2.4 所示的 myaap_userinfo。

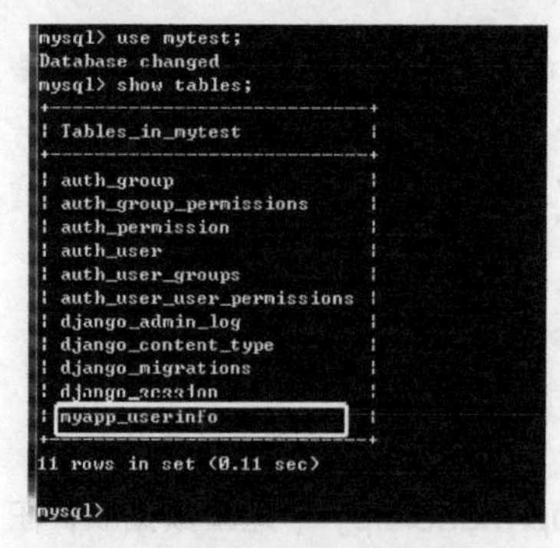

图2.4　在MySQL中生成的数据表

提示：Django 生成数据表时会把 models.py 中的类名转成小写，然后在前面加上应用程序的名字和下划线，如“myapp_userinfo”。

以 auth_和 django_开头的数据表是 Django 自动生成的系统表，后台管理系统会用到这些表。

2.3.9　Django 后台管理

本小节内容比较重要，本小节展示了仅用少量代码迅速建立一个功能全面的后台管理系统。由此可认识 Django 强大的功能。

注册数据库表，在/myproject/myapp/admin.py 中注册 models.py 生成的数据表，代码如下。

```
from django.contrib import admin
from .models import UserInfo
# 注册数据库表
# 自定义数据模型在管理后台的显示样式
class UserInfoAdmin(admin.ModelAdmin):
    # 指明在 Django Admin 管理后台列表模式下显示哪几个字段
    list_display=('user','email')
admin.site.register(UserInfo,UserInfoAdmin)
```

上述代码的相关说明如下。

（1）list_display 表示数据列表展示时，显示哪些字段。

（2）admin.site.register()函数表示：如果只有一个参数，以默认方式在后台显示或管理数据表；如果有第二个参数，就按第二个参数传入的类定制的方式显示和管理数据表。

为了使后台管理系统用中文显示，需要在 settings.py 中修改 LANGUAGE_CODE、TIME_ZONE 两个变量，修改的值如下。

```
LANGUAGE_CODE = 'zh-hans'      # 语言格式
TIME_ZONE = 'Asia/Shanghai'   # 设置时区
```

创建后台管理超级用户，需在命令行终端输入 python manage.py createsuperuser 命令，按提示输入用户名、电子邮箱地址、密码等相关信息，如图 2.5 所示。

```
(virtualenv_dir) E:\envs\test_django\myproject>python manage.py createsuperuser
用户名 (leave blank to use 'administrator'): admini
电子邮箱地址: admini@163.com
Password:
Password (again):
Superuser created successfully.
```

图2.5　建立后台管理超级用户

最后就是验证成果了，在命令行终端输入 python manage.py runserver，用新建的超级用户的用户名和密码登录，如图 2.6 所示，进入后台管理系统。

进入后台管理系统后，就可以对数据表进行各类操作与管理，如图 2.7 所示。

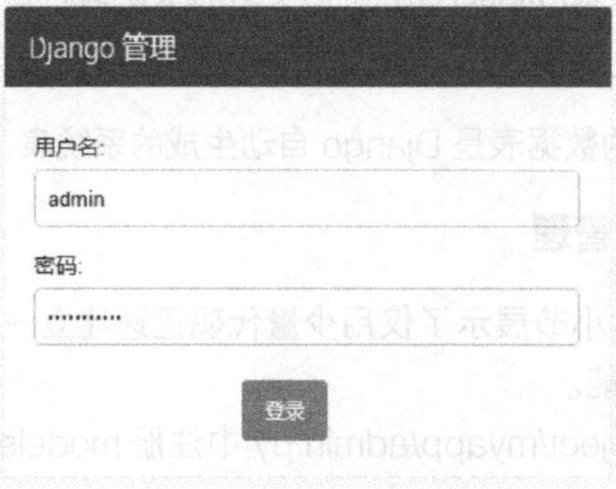

图2.6　登录后台管理系统

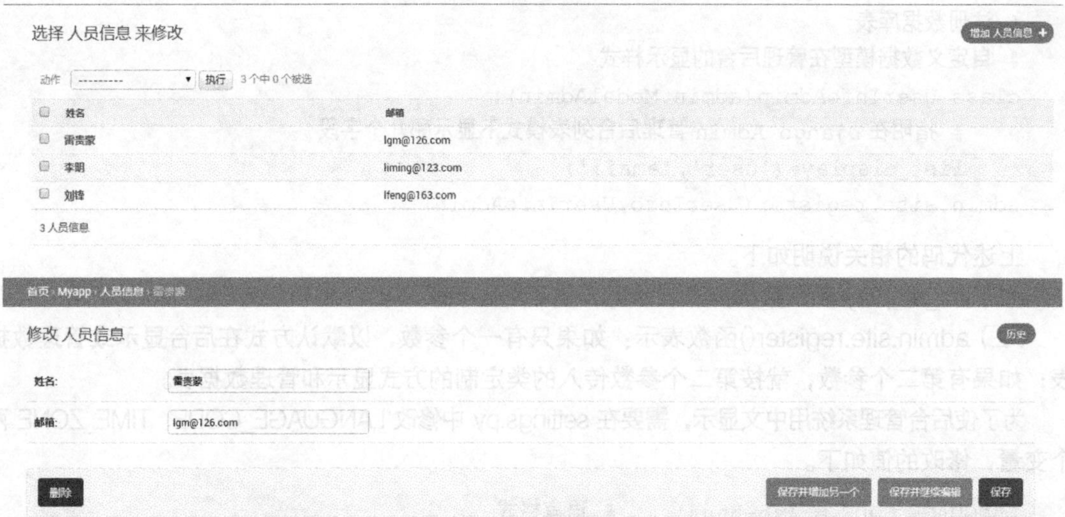

图2.7　后台管理系统

经过简单配置与少量的代码就建立了功能完善的后台管理系统。大家可以按照以上步骤建立一个系统，体验一下 Django 的强大功能。

2.4　小结

本章首先简要介绍了 Django 安装过程和 Django 的 MTV 设计模式。接着介绍了 Django 基本开发流程，让读者对 Django 开发有整体的、初步的认识。阅读本章后，读者可基本了解 Django，并能够成功部署 Django 开发环境。

Django

第二篇
入门篇

入门篇包含第 3 章至第 9 章，首先对 Django 中几个重要的开发技术进行了讲述，包括 Django 的 ORM、路由系统、视图、模板系统、Form 组件等内容。本书在介绍这些技术时，以开发样例为主线，结合样例进行知识点的讲解。学完这些技术，读者便有能力构建和部署一个简单的网站。然后，入门篇还介绍了图书管理系统和博客系统的开发过程，带领读者综合应用第 3 章至第 7 章介绍的内容。

Django

第 3 章

Django ORM

Django 有一个显著的特点就是应用 ORM 理念处理数据，这使 Django 与其他开发语言或框架明显区别开。ORM（Object Relational Mapping）的意思是对象关系映射，Django ORM 描述 Django 数据模型类和数据库之间的映射关系，通俗地讲就是让一个类和一个数据库表进行对应，这使 ORM 在数据库层和业务逻辑层之间起到了桥梁的作用。

Django 通过类代码描述数据表字段、表间关系等内容，并通过相应命令把类所描述的内容持久化到数据库。

3.1 Django ORM 的特点

软件开发会涉及数据库操作，目前主流的数据库还是关系型数据库，操作这些数据库必然用到结构化查询语言 SQL，因此程序员在软件开发过程中，会在业务逻辑代码中写很多 SQL 语句，许多 SQL 语句的增、删、改、查代码重复率很高。Django ORM 对数据库表进行映射，提供了通过类对象操作数据库的方式。

3.1.1 Django ORM 的优点

不同程序员写 SQL 语句的水平参差不齐，写出的 SQL 语句执行效率不一致，导致系统运行速度快慢不一，运行状态时好时坏。Django ORM 通过统一格式的业务逻辑代码操作数据库，把 SQL 语句统一转换成较为固定的 Django 语法结构。

Django ORM 能避免一些重复、简单的劳动，在 ORM 模式下开发人员不用写 SQL 语句，更不需要在 SQL 语句优化上下功夫，可以只专注于业务逻辑的处理，从而提高开发效率。

3.1.2 Django ORM 的缺点

Django ORM 操作数据库的语法与 SQL 语句差别很大，需要记住很多特殊语句，程序员在编写代码时有一个适应和学习过程。

Django ORM 本质上是对 SQL 语句的功能进行封装，最终还是转化成 SQL 语句来操作数据库。这些 SQL 语句必然是统一格式的，有时会在一定程度上牺牲执行效率。

3.1.3 Django ORM 的模式特征

Django ORM 与数据库映射的关系表现为 Django 中的一个数据模型（Model）映射一个数据库表。其基本情况是：类（django.db.models.Model）映射到数据库表，类的属性映射为数据库表字段，类的实例对象则映射为数据行。

Django ORM 能实现的功能：一是生成数据库表，如数据库表的创建、修改、删除；二是操作数据库表的数据行，如数据行的增、删、改、查。Django ORM 不能创建数据库，需要在数据库管理系统中手工创建。

Django ORM 使用步骤主要有如下 5 步。

（1）在项目使用的数据库管理系统中建立数据库。

（2）在项目的配置文件 settings.py 中设置数据库的连接字符。

（3）在应用程序的 models.py 文件中编写继承于 models.Model 的数据模型。

（4）运行 python manage.py makemigrations、python manage.py migrate 两个命令生成数据库表。

（5）使用 Django ORM 操作数据库表。

3.2 Django ORM 的用法

Django ORM 几乎可以完成对数据库表的所有操作，如建立数据模型，建立数据模型的关联关系，对数据库表的增、删、改、查，数据的分类汇总等。其主要优点是屏蔽了不同数据库之间的差异，实现了对数据库表操作的代码一致性。

3.2.1 数据库连接

本章我们以 MySQL 数据库为例讲解 Django ORM 的用法，这里我们假定在 MySQL 中已创建 test_orm 数据库，如图 3.1 所示。

连接 test_orm 数据库，我们需在配置文件 setttings.py 中修改 DATABASES 代码块。针对 MySQL 数据库特点，主要包括指明数据库类型（数据库引擎）、数据库服务器 IP、端口号、数据库名称、数据库用户名、数据库密码等内容。

图3.1 MySQL中创建的test_orm数据库

```
DATABASES = {
    'default': {
        'ENGINE': 'django.db.backends.mysql', # 数据库引擎，指明数据库类型
        'HOST': '127.0.0.1',# 数据库安装在本机
        'PORT': '3306',# 端口号
        'NAME': 'test_orm',# 数据库名称
        'USER': 'root',# 数据库用户名
        'PASSWORD': 'root',# 数据库密码
    }
}
```

提示：Django 3.6 以后的版本只支持 MySQL 5.7 及更高版本。

3.2.2 创建数据模型

本节创建一个 group 模型，这个模型有两个属性，即 user 和 email。在应用程序目录下的 models.py

文件中输入以下代码，假设在项目中有一个应用程序名称为 employee。

```
# 必须导入数据模型相关的模块
from django.db import models
# 数据模型一定要继承于models.Model
class Group(models.Model):
    # group_name 为团体名称，CharField 为类型，max_length 设置最大字符数
    # verbose_name 设置在 Django Admin 管理后台页面上显示的字段名
    group_name=models.CharField(max_length=32,verbose_name='团体名称')
    # 团体备注说明
    group_script=models.CharField(max_length=60,verbose_name='备注')
```

group_name 和 group_script 可以称作模型字段，每个字段在类中表现为一个类属性，根据映射关系，每个类属性映射为一个数据表字段。

在命令行终端输入以下命令，在 MySQL 中生成数据表。

```
python manage.py makemigrations
python manage.py migrate
```

登录 MySQL 数据库管理系统，可以看到已经生成数据表 employee_group，说明如下。

（1）Django 生成数据表时，会把 models.py 中的类名转成小写，然后在前面加上应用程序的名称和下划线作为数据表名，如“employee_group”。

（2）employee_group 数据表中有 id、group_name、group_script 等 3 个字段，多出的 id 字段是自动添加的，它作为 employee_group 数据表的主键使用，如图 3.2 所示。

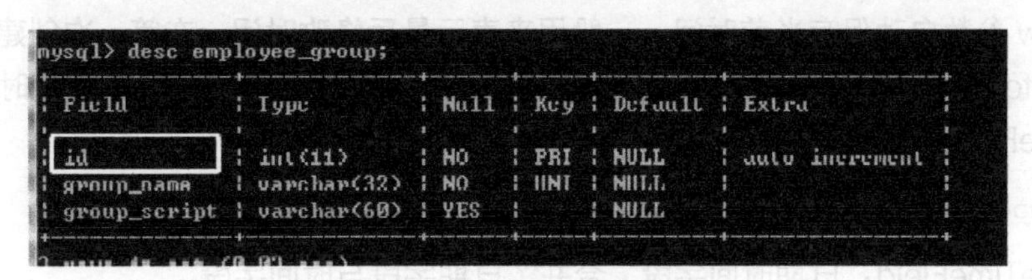
mysql> desc employee_group;

Field	Type	Null	Key	Default	Extra
id	int(11)	NO	PRI	NULL	auto_increment
group_name	varchar(32)	NO	UNI	NULL	
group_script	varchar(60)	YES		NULL	

图3.2 employee_group数据表的结构

3.2.3 Django ORM 字段

Django ORM 字段在 models.py 中创建，按照固定格式在数据模型类中建立，主要包括指定字段名的字段类型、字段属性等。

1. 常用字段类型

代码 user=models.CharField(max_length=32,verbose_name='姓名')中的 CharField 是字段类型，指明该字段的类型为字符型，括号内是设置字段属性的参数。下面列举一部分常用字

段类型。

（1）CharField：字符类型，必须提供 max_length 参数，max_length 表示字符长度。

```
from django.db import models
# 员工数据模型（员工数据表）
class employee(models.Model):
    # name：员工姓名字段，字符类型，最大长度为 32
    name=models.CharField(max_length=32,verbose_name='姓名')
```

verbose_name 在 Django Admin 管理后台是字段的显示名称，可理解为字段别名，verbose_name 在 SQL 层面没有具体的体现，也就是说加不加 verbose_name 对数据库中的字段没影响。

（2）EmailField：邮箱类型，实际上是字符类型，只是提供了邮箱格式检验。

```
email=models.EmailField(verbose_name='邮箱')# 员工的邮箱
```

（3）TextField：文本类型，存储大段文本字符串。字符串如果超过 254 个字符建议使用 TextField。

```
descript=models.TextField(verbose_name="简介")
```

（4）IntegerField：整数类型。

```
int= models.IntegerField()
```

（5）DateField：日期字段。

```
date=models.DateField(auto_now=True, auto_now_add=False)
```

auto_now 参数自动保存当前时间，一般用来表示最后修改时间。在第一次创建记录的时候，Django 将 auto_now_add 字段值自动设置为当前时间，用来表示记录对象的创建时间。

（6）TimeField：时间字段。

```
time= models.TimeField(auto_now=False, auto_now_add=False)
```

（7）DateTimeField：日期时间字段，合并了日期字段与时间字段。

```
datetime=models.DateTimeField(auto_now=False, auto_now_add=False)
```

（8）FileField：实际上是字符串类型，用来把上传的文件的路径保存在数据库中。文件上传到指定目录，主要参数 upload_to 指明上传文件的保存路径，这个路径与 Django 配置文件的 MEDIA_ROOT 变量值有关。

```
filetest =models.FielField (upload_to = 'test/')
```

如果 MEDIA_ROOT = os.path.join(BASE_DIR, 'upload/')这句代码设定 MEDIA_ROOT 值为 /test_orm/upload/，假设在数据表中 filestest 值是 test.txt，那么文件路径为/test_orm/ upload/test/test.txt。

（9）ImageField：实际上是字符串类型，用来把上传的图片的路径保存在数据库中。图片文件上传到指定目录，主要参数 upload_to 指明上传图片文件的保存路径，与 FileField 中 upload_to 相同。

```
picture = models.ImageField(upload_to = 'pic/')
```

2. 常用字段属性

Django ORM 字段在定义时，还需要传递参数指明字段属性，这里介绍常用的字段属性。

（1）db_index：db_index=True 表示设置此字段为数据库表的索引。

```
title = models.CharField(max_length=32, db_index=True)
```

（2）unique：unique=True 表示该字段在数据库表中不能有重复值。

（3）default：设置字段默认值，如 default='good'。

（4）auto_now_add：DatetimeField、DateField、TimeField 这 3 种字段的独用属性，auto_now_add=True 表示把新建该记录的时间保存为该字段的值。

（5）auto_now：DatetimeField、DateField、TimeField 这 3 种字段的独用属性，auto_now= True 表示每次修改记录时，把当前时间存储到该字段。

3.2.4 Django ORM 基本数据操作

数据库表操作基本上就是增、删、改、查，Django ORM 的数据库操作采用代码的形式，主要通过数据模型的 objects 属性来提供数据操作的接口，现介绍如下。

（1）增加记录。

```
# 第一种方式
new_emp= models. employee.objects.create(name= "tom",email="tom@163.com",dep_id=66)
# 第二种方式，必须调用 save()函数
new_emp= models.employee (name= "tom",email="tom@163.com",dep_id=66)
new_emp.save()
```

（2）删除记录，用 filter()过滤出符合条件的记录后调用 delete()删除。

```
# 删除符合条件的数据
models. employee.objects.filter(name= "张三").delete()
```

（3）修改记录。

```
# 将指定条件的记录更新，并更新指定字段的值
models.employee.objects.filter(name='tom').update(email="tom2@163.com")
# 修改单条数据
obj = models.employee.objects.get(id=66)
obj.email = "tom2@sina.com"
obj.save()
```

（4）查询。

```
# 获取全部
Emp_list= models.employee.objects.all()
# 获取单条数据，数据不存在则报错
Emp=models.employee.objects.get(id=123)
# 获取指定条件的记录集
Emp_group=models. employee.objects.filter(name= "张三")
```

3.2.5 Django ORM 数据操作常用函数

下面列举的 5 个函数的返回值都是 QuerySet 对象集。

提示：Django 的 QuerySet 对象集本质上是对应于数据库表的记录集合，QuerySet 有一个特性就是“惰性”，即返回值为 QuerySet 的函数不会立即去数据库操作数据。当我们用到 QuerySet 的值时，它才会去数据库中获取数据，如遍历 QuerySet、打印 QuerySet、判断 QuerySet 是否有值时，它才会到数据库表中获取数据。

（1）all()函数，返回符合条件的全部记录。

```
objects = models.employee.objects.all()
```

（2）filter()函数，返回指定条件的记录。filter 后面的括号内为过滤条件，类似于 SQL 中语句 where 后面的条件语句。

```
objects = models.employee.objects.filter(name='tom')
```

filter 后面的括号内存放的是过滤条件，针对数据表的字段过滤一般用“字段名+双下划线+条件名词”，括号内的过滤条件可以有多个，这些条件之间是“与”关系也就是 and 关系，条件名词在 Django ORM 中主要包括 contains、icontains、in、gt、lt、range、startswith、endswith、istartswith、iendswith 等，部分用法如下。

```
# 获取 name 字段包含“Tom”的记录
models. employee.objects.filter(name__contains="Tom")
# 获取 name 字段包含“tom”的记录,icontains 忽略大小写
models.employee.objects.filter(name__icontains="tom")
# 获取 employee 数据表中 id 等于 10、20、66 的数据
models. employee.objects.filter(id__in=[10, 20, 66])
# 获取 employee 数据表中 id 不等于 10、20、66 的记录，因为前面用的是 exclude
models. employee.objects.exclude(id__in=[10, 20, 66])。
# 获取 employee 数据表中 id 大于 1 且 小于 10 的记录，两个过滤条件的关系等价于 SQL 的 and
models. employee.objects.filter(id__gt=1, id__lt=10)
# 获取 employee 数据表中 id 在范围 1～66 内的记录，等价于 SQL 的 id bettwen 1 and 66
```

```
models. employee.objects.filter(id__range=[1, 66])
# 获取 employee 数据表中 birthday 字段中月份为 9 月的记录，birthday 为日期格式
models. employee.objects.filter(birthday__month=9)
```

（3）exclude()函数，返回不符合括号内条件的记录，与 filter()函数具有相反的意义。

```
objects = models.employee.objects.exclude(name='tom')
```

（4）order_by()函数，按照 order_by 后面括号中的字段排序。

```
objects = models.employee.objects.exclude(name='tom').order_by('name','id')
```

字段名中加“-”，表示按该字段倒序排列。如下代码表示，按 name 字段倒序排列列表。

```
objects = models.employee.objects.order_by('-name')
```

（5）distinct()函数，去掉记录集合中完全一样的记录（重复记录），然后返回这个记录集。

```
objects = models.employee.objects.filter (name='tom').distinct()
```

以下 3 个函数返回其他数据类型，可以理解为特殊的 QuerySet 类型。

（1）values()函数，返回一个字典类型序列。

```
objects = models.employee.objects.values('id','name','email')
print( objects)
```

返回的数据类型输出结果如下。

```
<QuerySet
[{'id': 1, 'name': '刘大华', 'email': 'ldh@163.com'}, {'id': 2, 'name': '古连田', 'email': 'glt@123.com'}, {'id': 4, 'name': '张三', 'email': 'zs@sina.com'}]
>
```

（2）values_list()函数，返回一个元组类型序列。

```
objects = models.employee.objects.values_list('id','name','email')
print( objects)
```

返回的数据类型输出结果如下。

```
<QuerySet
[(1, '刘大华', 'ldh@163.com'), (2, '古连田', 'glt@123.com'), (4, '张三', 'zs@sina.com')]
>
```

（3）get()、first()、last()返回单个对象，可以理解为返回数据表中的一条记录。

```
# 返回 id 为 1 的记录，括号内是过滤条件
object1 = models.employee.objects.get(id=1)
# 返回数据集的第一条记录
```

```
object2 = models.employee.objects.first()
# 返回数据集的最后一条记录
object3 = models.employee.objects.last()
# 返回数据集的个数
object4= models.employee.objects.count()
```

3.3 样例 1：数据库表操作

数据库表生成后，可以通过编写程序的方式操作数据库表，基本的操作方式不外乎增、删、改、查。本节我们通过一个简单的样例，说明如何通过编程操作数据库表。

3.3.1 准备工作

（1）我们先建立一个 test_orm 项目。输入命令 django-admin startproject test_orm，生成项目，这样生成的 test_orm 目录就是项目的根目录。用 cd test_orm 命令进入该目录，可以看到如下结构。

```
test_orm/      # 项目目录，与项目名称相同
    manage.py  # 一个 Python 文件，包含生成 Django 应用程序、数据库表等命令集
```

（2）在命令行终端输入命令 python manage.py startapp employee，生成一个名称为 employee 的应用程序。

（3）样例 1 用 MySQL 作为后台数据库，数据库名称为 test_orm。登录 MySQL 数据库管理系统，输入 create database test_orm;，生成数据库。

（4）如果没有安装 pymysql 模块，可以在命令行终端输入 pip install pymysql 进行安装。然后在/test_orm/test_orm/__init__.py 文件中输入如下代码，使用 pymysql 模块来代替 Django MySQL 客户端模块。

```
import pymysql
pymysql.install_as_MySQLdb()
```

（5）在/test_orm/test_orm/settings.py 中修改配置。一是在 INSTALLED_APPS 代码块中加入“'employee',”，这主要是让 Django 知道已生成一个叫 employee 的应用程序模块，代码如下。

```
INSTALLED_APPS = [
…
    'employee',
    ]
```

二是在 DATABASES 代码块中把数据库配置为 MySQL 类型，代码如下，可参考前面的介绍进行配置。

```
DATABASES = {
    'default': {
        'ENGINE': 'django.db.backends.mysql',  # 数据库引擎，指明数据库类型
        'HOST': '127.0.0.1',  # 数据库安装在本机
        'PORT': '3306',  # 端口号
        'NAME': 'test_orm',  # 数据库名称
        'USER': 'root',  # 数据库用户名
        'PASSWORD': 'root',  # 数据库密码
        }
    }
```

（6）在/test_orm/employee/models.py 中输入数据模型代码，代码如下。

```
from django.db import models
# 在此处编写数据模型代码
# 员工数据模型（员工数据表）
class employee(models.Model):
    # 员工姓名
    name=models.CharField(max_length=32,verbose_name='姓名')
    # 员工邮箱
    email=models.EmailField(verbose_name='邮箱')
    # 员工部门，Foreignkey 类型，与 department 表中记录形成多对一的关系
    # on_delete= models.CASCADE 表示如果外键所关联的 department 表中的一条记录被删除
    # 本表中与这条记录有关联的记录将全被删掉
    dep=models.ForeignKey(to="department",on_delete=models.CASCADE)
    # 员工加入的团体，多对多关系，即一个员工可以加入多个团体，一个团体有多个员工
    group=models.ManyToManyField(to="group")
    # 薪水，数值类型
    salary=models.DecimalField(max_digits=8,decimal_places=2)
    # 员工补充信息，一对一关系
    info = models.OneToOneField(to='employeeinfo',on_delete=models.CASCADE,null=True)
# 部门数据模型（部门数据表）
class department(models.Model):
# 部门名称
dep_name=models.CharField(max_length=32,verbose_name='部门名称')
# 部门备注
dep_script=models.CharField(max_length=60,verbose_name='备注')
# 团体数据模型（团体数据表）
class group(models.Model):
    # 团体名称
    group_name=models.CharField(max_length=32,verbose_name='团体名称')
```

```
        # 团体备注
        group_script=models.CharField(max_length=60,verbose_name='备注')
    # 员工补充信息模型（员工补充信息数据表）
    class employeeinfo(models.Model):
        # 电话号码
        phone = models.CharField(max_length=11)
        # 地址
        address = models.CharField(max_length=50)
```

- 以上代码生成 4 个数据模型：员工数据模型、部门数据模型、团体数据模型、员工补充信息模型。
- 一个部门可以有多名员工，因此在员工表中建立外键（ForeignKey）dep 字段。这里要明确的是，有外键的表是“多”，外键关联的表是“一”，也就是有外键的数据库表有多条记录对应外键关联的数据库表的一条记录；数据模型中的外键在数据库表中以“外键名_id”形式命名字段，如数据模型 employee 中的 dep，在数据库表中字段名为 dep_id。
- 一个员工可以加入多个团体，一个团体可以有多个员工，因此在员工表建立了多对多键（ManyToManyField）group 字段。
- 一个员工对应一条补充信息，因此在员工表中建立一对一键（OneToOneField）info 字段，info 在数据库表中的字段名为 info_id。

（7）在 MySQL 的 test_orm 数据库中生成数据表，需在命令行终端输入以下命令。第一行命令对数据模型代码进行检查，出错时在命令行终端返回相关信息；第二行命令真正建立数据表。

```
python manage.py makemigrations
python manage.py migrate
```

3.3.2 建立路由与视图函数对应关系

Django 是在 urls.py 中设立路由（URL）与视图函数的对应关系。用户在浏览器地址栏中输入网址，Django 通过 URL 配置关系找到对应函数，这个函数接收请求，运行其中的逻辑代码，并生成响应发回浏览器，从而完成一次用户业务访问过程。

为了层次清晰，我们建立两级 URL 配置文件。先建一级配置文件，打开项目目录/test_orm/test_orm 下的 urls.py 文件，输入以下代码。

```
from django.contrib import admin
# 导入 URL 配置相关的模块
from django.urls import path,include
urlpatterns = [
    path('admin/', admin.site.urls),
    # 用 include()函数把二级配置包含进来
    path('test_orm_old/',include('employee.urls')),
```

上述代码的相关说明如下。

（1）include()函数中的参数是一个字符串，这个字符串指定二级 URL 配置文件的位置，与文件的路径有点相似，只是用“.”作为分隔符，并且最后的文件名不包含扩展名。

（2）如果 URL 配置文件分级，那么在匹配 URL 时，要把各级配置文件中 URL 表达式合并成一个完整的 URL 表达式进行匹配。

在/test_rom/employee 文件夹下新建一个 urls.py 文件，输入以下代码。

```
from django.urls import path,include
# 导入视图函数，*代表所有
from employee.views import *
urlpatterns = [
    # 操作员工数据表（employee）相关 URL 配置项
    path('list_employee_old/',list_employee_old),
    path('add_employee_old/',add_employee_old),
    path('edit_employee_old/<int:emp_id>/',edit_employee_old),
    path('del_employee_old/<int:emp_id>/',delete_employee_old),
    # 操作部门数据表（department）相关 URL 配置项
    path('add_dep_old/',add_dep_old),
    path('list_dep_old/',list_dep_old),
    path('del_dep_old/<int:dep_id>/',del_dep_old),
    path('edit_dep_old/<int:dep_id>/',edit_dep_old),
    # 操作团体数据表（group）相关 URL 配置项
    path('add_group_old/',add_group_old),
    path('list_group_old/',list_group_old),
    path('del_group_old/<int:group_id>/',del_group_old),
    path('edit_group_old/<int:group_id>/',edit_group_old),
    # 操作员工补充信息数据表（employeeinfo）相关 URL 配置项
    path('add_employeeinfo_old/', add_employeeinfo_old),
    path('list_employeeinfo_old/', list_employeeinfo_old),
    path('del_employeeinfo_old/<int:info_id>/', del_employeeinfo_old),
    path('edit_employeeinfo_old/<int:info_id>/', edit_employeeinfo_old),
]
```

上述代码的相关说明如下。

（1）以上代码分别建立了员工、部门、团体、员工补充信息的增、删、改、查配置项。path()的两个参数中的一个用来匹配路径，被称作 URL 表达式，它匹配网址的方式类似于正则表达式；另一个参数是视图函数名，视图函数在 views.py 中定义。

（2）我们在配置项中的 URL 表达式和视图函数名后都加了“_old”，因为这是代码的初始版本，旨在讲解 Django ORM 的内容，没有对页面进行美化等，后续会有一个新样例来进行界面的美化。

提示：Django 中的路径指的是网页地址去掉域名或 IP 地址、端口号以及参数剩余的部分，如 http://127.0.0.1:8000/test_orm_old/add_group_old/?name1= value1&b=value2 中的路径部分就是/test_orm_old/add_group_old/。

3.3.3 编写视图函数

在 urls.py 文件中通过 path()建立了对应关系后，还需建立相应的视图函数，函数名与 path()的第二个参数相同。

打开项目应用程序 employee 目录/test_orm/employee/下的 views.py 文件，编写相应的视图函数。以下是第一段代码，实现对部门数据表 department 进行列表查询。

```
# views.py 第一段代码
from django.shortcuts import render,redirect,HttpResponse
from .models import employee,department,group,employeeinfo
# 在此处编写视图函数代码
# 部门数据表的增、删、改、查
def list_dep_old(request):
    # 取得数据库表全部记录
    dep_list=department.objects.all()
    return render(request,'test_orm_old/list_dep_old.html',{'dep_list':dep_list})
```

上述代码的相关说明如下。

（1）代码首先导入 Django 响应的 3 个模块 render、redirect、HttpResponse，然后导入前面建立的 4 个数据模型：employee、department、group、employeeinfo。这里必须要注意 Django ORM 操作一般都是以“models.”开头，如 models.department.objects.all()。而在这个视图函数中直接以数据模型开头，如 department.objects.all()。这是因为开头已经用 from .models import employee,department, group,employeeinfo 导入数据模型；用 from .import models 时，就要以 models.开头操作数据。

（2）list_dep_old()函数通过 Django ORM 的数据操作命令取出所有记录，并将其保存在变量 dep_list 中，然后通过 render()函数发送给 list_dep.html。其中 render()函数有 3 个参数：第一个参数 request 是固定的；第二个参数是 HTML 文件；第三个参数是字典类型，这个参数传值给 HTML 文件，在网页中以模板变量形式放置在相应的位置。

下面是 list_dep_old.html 文件的代码，这个文件存放在/test_orm/templates/test_orm_old 文件夹中。

```
<!DOCTYPE html>
<html lang="en">
<head>
    <meta charset="UTF-8">
```

```
    <title>部门列表</title>
</head>
<body>
<div align="center">
    <h1>部门列表</h1>
    <hr>
    <div><a href="/test_orm_old/add_dep_old/">增加一条记录</a></div>
    <table border="1">
        <thead>
        <tr>
            <td>部门名称</td>
            <td>备注说明</td>
            <td colspan="2">操作</td>
        </tr>
        </thead>
        <tbody>
    <!--#dep_list 即为视图函数 list_dep_old()中 render()的传入参数//-->
        {% for dep in dep_list %}
        <tr>
            <td>{{ dep.dep_name }}</td>
            <td>{{ dep.dep_script }}</td>
            <td><a href="/test_orm_old/del_dep_old/{{ dep.id }}/">删除</a></td>
            <td><a href="/test_orm_old/edit_dep_old/{{ dep.id }}/">修改</a></td>
        </tr>
        {% empty %}
           <tr>
            <td colspan="4">无相关记录! </td>
        </tr>
        {% endfor %}
        </tbody>
    </table>
</div>
</body>
</html>
```

上述代码的相关说明如下。

（1）视图函数传入的变量 dep_list 是一个 Django QuerySet 对象，它是一个数据集，实际包含数据表中一行一行的记录，所以在 HTML 文件中用“{% for dep in dep_list %}”取出每行记录存在 dep 中，然后通过{{ dep.字段名}}（如{{ dep.dep_name }}）取出每个字段的值。

提示：{% for ×× in ××_list %}…{% endfor %}是模板标签，是一个循环语句代码块，与 Python 语法相似。

（2）HTML 文件中用{{ }}、{% %}包括字符串的形式，是模板语言语法，在后面章节中将详细介绍。

（3）<td><a href="/test_orm_old/del_dep_old/{{ dep.id }}/">删除</a></td>中的{{ dep.id }}获取 department 数据表记录的 id 值。/test_orm_old/del_dep_old/{{ dep.id }}/这个 URL 分两部分，/test_orm_old/与一级 URL 配置文件/test_orm/tes_orm/urls.py 中 path('test_orm_old/',include('employee.urls'))配置项有关联，它匹配 path()函数的第一个参数；del_dep_old/{{ dep.id }}/与二级 URL 配置文件/test_orm/employee/urls.py 中 path('del_dep_old/<int:dep_id>/',del_dep_old)配置项有关联，它匹配 path()函数的第一个参数。可以理解为单击这个<a>标签，Django 会调用 views.py 中 del_dep_old()视图函数，这个函数由 path()的第二个参数指定。同理，<td><a href="/test_orm_old/edit_dep_old/{{ dep.id }}/">修改</a></td>中的链接也是通过匹配调用相应视图函数，实现相应的功能。

实现以上功能的简单过程：需要在 urls.py、views.py 中编写代码，还需要建立一个 HTML 文件，我们以实现部门列表显示为例介绍。

- 在一级配置文件的 urls.py 中加入 path('test_orm_old/',include('employee.urls'))配置项。
- 在二级配置文件的 urls.py 中加入 path('list_dep_old/',list_dep_old)配置项。
- 在 views.py 中建立视图函数 def list_dep_old(request)，编写逻辑代码。
- 在 templates/test_orm_old 文件夹中建立页面文件 list_dep_old.html。

测试一下效果，在命令行终端，进入项目根目录/test_orm/，输入 python manage.py runserver 命令，在地址栏中输入 http://127.0.0.1:8000/test_orm_old/list_dep_old/并回车，浏览器会显示部门列表页面，如图 3.3 所示。

部门列表

增加一条记录

部门名称	备注说明	操作	
经营部	经营、考核	删除	修改
资产管理中心	资产管理	删除	修改
审计部	审计管理 1	删除	修改
信息部	信息管理	删除	修改
供电部	供电管理	删除	修改
行政部	行政管理	删除	修改
财务部	财务管理	删除	修改
机电部	机电管理、设备管理	删除	修改

图3.3　浏览器中显示部门列表页面

增加部门视图函数 add_dep_old()的代码如下。

```
# views.py 第二段代码
def add_dep_old(request):
    # 判断请求方式，如果是 POST，说明前端页面要提交数据
    if request.method=='POST':
        dep_name=request.POST.get('dep_name')
        dep_script=request.POST.get('dep_script')
        if dep_name.strip()=='':
            return render(request, 'test_orm_old/add_dep_old.html', {'error_
info': '部门名称不能为空！'})
        try:
            # 用 create()函数新建一条记录，这条记录会自动保存，不用调用 save()函数
            p=department.objects.create(dep_name=dep_name,dep_script=dep_script)
            return redirect('/test_orm_old/list_dep_old/')
        except Exception as e:
            return render(request, 'test_orm_old/add_dep_old.html',{'error_
info':'输入部门名称重复或信息有错误！'})
        finally:
            pass
    return render(request,'test_orm_old/add_dep_old.html')
```

上述代码的相关说明如下。

（1）提交数据一般用 POST，通过 request.POST.get 取得 HTML 文件中 form 的<input>标签中的值，request.POST.get()函数中的参数就是 HTML 文件中<input>标签的 name 属性。

（2）代码把 request.POST.get 取得的值，传递给 Django ORM 的 create()函数，生成一条数据记录。代码中 p=department.objects.create(dep_name=dep_name,dep_script=dep_script)也可用以下两种方式代替。

```
# 第一种方式
obj = department(dep_name=dep_name,dep_script=dep_script)
obj.save()
# 第二种方式，用字典类型传值，注意键名与字段名要一致
dic = {"dep_name":dep_name,"dep_script":dep_script}
department .create(**dic)
```

（3）在生成新的记录后，通过 return redirect('/test_orm_old/list_dep_old/')重新定向到部门列表页面；redirect()函数的参数是一个字符串，注意这个字符串匹配的是 URL 配置项，不是 HTML 文件名。也就是 return redirect('/test_orm_old/list_dep_old/')语句执行 views.py 中 list_dep_old()视图函数，这个函数是由 URL 配置项中 path()函数的第二个参数指定的。

（4）try...except...finally 是 Python 处理异常的语法结构，一般把可能出现异常的代码放在 try 代码块中，except 代码块中放置处理异常情况的代码，finally 中放置的代码无论是否出现异常都要执行。在视图函数代码中，try 代码块新增加一条记录，并跳转到部门列表页面；如果 try 代码块中任何一个语句出现错误或异常则执行 except Exception as e 代码块，即重新定向到 add_dep_old.html；finally 代码块最后执行，这里用的是 pass，即什么也不做。

（5）如果判断出不是 POST 请求，表示当前用户是第一次请求增加部门页面，则执行代码最后一条语句，直接用 return render(request,'test_orm_old/add_dep_old.html')在浏览器上打开 add_dep_old.html 文件，并显示增加部门页面，如图 3.4 所示。

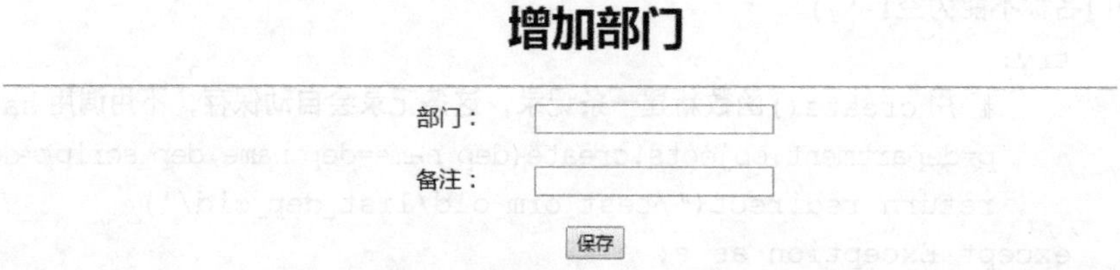

图3.4　增加部门页面

当用户在页面上填写相关信息后，单击“保存”按钮就会通过 POST 请求提交数据。代码判断请求方式是 POST，就取出相应的数据，增加记录。

前端页面能发送 POST 请求是因为在 HTML 文件中有相应的设置，以下是 add_dep_old.html 的部分代码。

```
<div align="center">
    <h1>增加部门</h1>
    <hr>
  <!--  设置<form>表单的method="post",当单击“保存”按钮时，向后端发送post 请求 // -- >
    <form action="" method="post">
        <!--  Django 安全机制，防止 CSRF // -- >
        {% csrf_token %}
        <input type="hidden" name="id" id="id" value="{{ department.id }}" >
        <div>
            <label>部门：</label>
              <!-- <input 标签>的 name 属性必须设置，后端通过 name 属性取值 // -- >
                <input type="text" name="dep_name" id="dep_name" >
        </div>
        <br>
        <div>
            <label>备注：</label>
                <input type="text" name="dep_script" id="dep_script" >
```

```
            </div>
            <br>
            <div><input type="submit" value="保存"></div>
        </form>
        <!--错误信息显示在这里 // -- >
        {{ error_info }}
    </div>
```

上述代码的相关说明如下。

（1）在 HTML 文件中建立一个<form action="" method="post">标签，method 属性设置请求方式为 post。

提示：在 HTML 文件中的 post 可以是小写形式，而在 Django 中必须是全大写形式。

action 属性设置处理请求的地址（URL），这个地址要和匹配文件 urls.py 文件中配置项一致。

（2）<form>标签中每个<input>标签中的输入的值会随着 POST 请求传给视图函数，视图函数通过 request.POST.get('×××')形式取得输入的值，×××是<input>标签中属性 name 的值。

（3）<form>标签中的{% csrf_token %}是 Django 为了防止 CSRF 所做的保护，是一种安全机制。

下面是删除部门记录的视图函数。根据传入参数，获取 id 字段等于参数值的记录对象，然后删除这个记录对象。视图函数 del_dep_old()的第二个参数是在 urls.py 文件配置项的 path()函数中定义的。而 path('del_dep_old/<int:dep_id>/',del_dep_old)中的<int:dep_id>，int 指明数据类型，dep_id 指明传入视图函数 del_dep_old()的第二个参数名称。参数值来自部门列表文件 list_dep_old.html 中的{{ dep.id }}，具体内容请参考前面的讲解。

```
# views.py 第三段代码
def del_dep_old(request,dep_id):
    # 通过 get()函数取得一条记录
    dep_object=department.objects.get(id=dep_id)
    # 删除部门记录
    dep_object.delete()
    return redirect('/test_orm_old/list_dep_old/')
```

视图函数 edit_dep_old()实现修改功能。代码首先判断请求方式是不是 POST 请求，如果是 POST 请求，通过 dep_object=department.objects.get(id=id)取出数据表记录，然后给每一个字段赋值，这些值是 POST 请求传递过来的，最后通过 dep_object.save()保存数据到数据表中。如果不是 POST 请求就推断出是第一次请求页面，首先根据参数 dep_id（来自部门列表文件 list_dep_old.html 中的{{ dep.id }}）取出记录放到变量 dep_object 中，通过 render()函数传递到 edit_dep_old.html 文件中，代码如下。

```
# views.py 第四段代码
def edit_dep_old(request,dep_id):
   # 判断请求方式
    if request.method=='POST':
        id=request.POST.get('id')
        # 获取前端页面提交的数据
        dep_name=request.POST.get('dep_name')
        dep_script=request.POST.get('dep_script')
        dep_object=department.objects.get(id=id)
        # 给字段赋值
        dep_object.dep_name=dep_name
        dep_object.dep_script=dep_script
        # 保存数据到数据库表
        dep_object.save()
        return redirect('/test_orm_old/list_dep_old/')
    else:
        dep_object=department.objects.get(id=dep_id)
        return render(request,'test_orm_old/edit_dep_old.html',{'department':dep_object})
```

视图函数 edit_dep_old()通过 return render(request,'test_orm_old/edit_dep_old.html',{'department':dep_object})传递参数给 edit_dep_old.html 文件，这个文件的部分代码如下。

```
<div align="center">
    <h1>修改部门</h1>
    <hr>
    <form action="" method="post">
        {% csrf_token %}
<!--   用一个type="hidden"的<input>标签保存id值，为视图函数修改记录时，提供主键值//-- >
        <input type="hidden" name="id" id="id" value="{{ department.id }}" >
        <div>
            <label>部门：</label>
                <input type="text" name="dep_name" id="dep_name" value="{{
department.dep_name }}">
        </div>
        <br>
        <div>
            <label>备注：</label>
                 <input type="text" name="dep_script" id="dep_script" value=
"{{ department.dep_script }}">
        </div>
        <br>
```

```
        <div><input type="submit" value="保存"></div>
    </form>
    {{ error_info }}
</div>
```

上述代码的相关说明如下。

（1）以上代码与 add_dep_old.html 中的代码相似，只是在<input>标签中给 value 属性进行了赋值，形如 value="{{ xxx }}"。

（2）在<form>标签中增加一个隐含的<inptut>标签（<input type="hidden" name="id" id="id" value="{{ department.id }}" >），用于保存数据库表记录主键（id）的值，并提供给视图函数修改记录。

以上是部门数据库表增、删、改、查功能的实现，采用了较为固定的模式写代码，思路清晰简单，总结如下。

- 在 urls.py 中建立 URL 与视图函数的一一对应关系。
- 在 views.py 中建立函数，实现业务逻辑，传递变量给 HTML 文件。
- 在 HTML 文件中设计网页结构，接收视图函数传递变量，通过模板语言进行渲染，形成用户所需的页面。

group 团体数据库表增、删、改、查视图函数代码列举如下，供读者参考。可参阅 department 部门数据库表的增、删、改、查的讲解来帮助理解。

```
# views.py 第五段代码
# 团体数据表的增、删、改、查
def list_group_old(request):
    group_list=group.objects.all()
    return render(request,'test_orm_old/list_group_old.html',{'group_list':group_list})

def add_group_old(request):
    if request.method=='POST':
        group_name=request.POST.get('group_name')
        group_script = request.POST.get('group_script')
         # 团体名称 group_name 为空时，向网页传递错误信息
        if group_name.strip()=='':
            return render(request, 'test_orm_old/add_group.html', {'error_
            info': '团体名称不能为空！'})
        try:
            group.objects.create(group_name=group_name,group_script=group_script)
            return redirect('/test_orm_old/list_group_old/')
        except Exception as e:
            return render(request, 'test_orm_old/add_group_old.html',{'error_
            info':'输入团体名称重复或信息有错误！'})
```

```
        finally:
            pass
    return render(request, 'test_orm_old/add_group_old.html')

def del_group_old(request,group_id):
    group_object=group.objects.get(id=group_id)
    group_object.delete()
    return redirect('/test_orm_old/list_group_old/')

def edit_group_old(request,group_id):
    if request.method=='POST':
        id=request.POST.get('id')
        group_name=request.POST.get('group_name')
        group_script=request.POST.get('group_script')
        group_object=group.objects.get(id=id)
        group_object.group_name=group_name
        group_object.group_script=group_script
        group_object.save()
        return redirect('/test_orm_old/list_group_old/')
    else:
        group_object=group.objects.get(id=group_id)
        return render(request,'test_orm_old/edit_group_old.html',{'group':group_object})
```

以下是 list_group_old.html 的部分代码。

```
<div align="center">
    <h1>团体列表</h1>
    <hr>
    <div><a href="/test_orm_old/add_group_old/">增加一条记录</a></div>
    <table border="1">
        <thead>
        <tr>
            <td>团体名称</td>
            <td>备注说明</td>
            <td colspan="2">操作</td>
        </tr>
        </thead>
        <tbody>
        {% for group in group_list %}
        <tr>
            <td>{{ group.group_name }}</td>
```

```
            <td>{{ group.group_script }}</td>
            <td><a href="/test_orm_old/del_group_old/{{ group.id }}/">删除</a></td>
            <td><a href="/test_orm_old/edit_group_old/{{ group.id }}/">修改</a></td>
        </tr>
        {% empty %}
           <tr>
            <td colspan="4">无相关记录! </td>
        </tr>
        {% endfor %}
        </tbody>
    </table>
</div>
```

以下是 add_group_old.html 的部分代码。

```
    <div align="center">
    <h1>增加团体</h1>
    <hr>
    <form action="/test_orm_old/add_group_old/" method="post">
        {% csrf_token %}
        <div>
            <label>团体: </label>
                <input type="text" name="group_name" id="group_name">
        </div>
        <br>
        <div>
            <label>备注: </label>
                <input type="text" name="group_script" id="group_script">
        </div>
        <br>
        <div><input type="submit" value="增加"></div>
    </form>
   <div style="color:red;">{{ error_info }}</div>
</div>
```

以下是 edit_group_old.html 的部分代码。

提示：<form>标签中 action=""设置本网页地址对应的视图函数为处理 form 提交请求的视图。

```
    <div align="center">
    <h1>修改部门</h1>
    <hr>
```

```
        <form action="" method="post">
            {% csrf_token %}
            <input type="hidden" name="id" id="id" value="{{ department.id }}" >
            <div>
                <label>部门：</label>
           <input type="text" name="dep_name" id="dep_name" value="{{ department.
dep_name }}">
            </div>
            <br>
            <div>
                <label>备注：</label>
           <input type="text" name="dep_script" id="dep_script" value="{{ department.
dep_script }}">
            </div>
            <br>
            <div><input type="submit" value="保存"></div>
        </form>
        {{ error_info }}
    </div>
```

employeeinfo 员工补充信息数据表增、删、改、查视图函数代码列举如下，供读者参考。可参阅 department 部门数据表的增、删、改、查的讲解来辅助理解。

employee 和 employeeinfo 两表有一对一关系，实际上相当于一个表分到两个地方，这样做的原因主要是表的字段访问频率不同，因此把访问频率高的字段放在一个表中，访问频率低的字段放在一个表中。

```
    # views.py 第六段代码
    # employeeinfo 增、删、改、查
    # 员工补充信息列表
    def list_employeeinfo_old(request):
        info_list=employeeinfo.objects.all()
        return render(request,'test_orm_old/list_employeeinfo_old.html',{'info_
        list':info_list})
    # 增加一条员工补充信息记录
    def add_employeeinfo_old(request):
        if request.method=='POST':
            phone=request.POST.get('phone')
            address = request.POST.get('address')
            if phone.strip()=='':
                return render(request, 'test_orm_old/add_employeeinfo_old.html',
```

```
            {'error_info': '电话号码不能为空！'})
        try:
            employeeinfo.objects.create(phone=phone,address=address)
            return redirect('/test_orm_old/list_employeeinfo_old/')
        except Exception as e:
            return render(request, 'test_orm_old/add_employeeinfo_old.html',
            {'error_info':'信息有错误！'})
        finally:
            pass
    return render(request, 'test_orm_old/add_employeeinfo_old.html')
# 删除一条员工补充信息记录
def del_employeeinfo_old(request,info_id):
    info_object=employeeinfo.objects.get(id=info_id)
    info_object.delete()
    return redirect('/test_orm_old/list_employeeinfo_old/')
# 修改一条员工补充信息记录
def edit_employeeinfo_old(request,info_id):
    if request.method=='POST':
        id=request.POST.get('id')
        phone = request.POST.get('phone')
        address = request.POST.get('address')
        info_object=employeeinfo.objects.get(id=id)
        info_object.phone=phone
        info_object.address=address
        info_object.save()
        return redirect('/test_orm_old/list_employeeinfo_old/')
    else:
        info_object=employeeinfo.objects.get(id=info_id)
        return render(request,'test_orm_old/edit_employeeinfo_old.html',
        {'info':info_object})
```

以下是 list_employeeinfo_old.html 的部分代码。

```
<div align="center">
    <h1>员工联系信息列表</h1>
    <hr>
    <div><a href="/test_orm_old/add_employeeinfo_old/">增加一条记录</a></div>
    <table border="1">
        <thead>
        <tr>
            <td>电话号码</td>
```

```
                <td>家庭住址</td>
                <td colspan="2">操作</td>
            </tr>
            </thead>
            <tbody>
            {% for info in info_list %}
            <tr>
                <td>{{ info.phone }}</td>
                <td>{{ info.address }}</td>
                <td><a href="/test_orm_old/del_employeeinfo_old/{{ info.id }}/">删除
</a></td>
                <td><a href="/test_orm_old/edit_employeeinfo_old/{{ info.id }}/">修改
</a></td>
            </tr>
            {% empty %}
               <tr>
                <td colspan="4">无相关记录！</td>
            </tr>
            {% endfor %}
            </tbody>
        </table>
    </div>
```

以下是 add_employeeinfo_old.html 的部分代码。

```
    <div align="center">
        <h1>增加员工联系信息</h1>
        <hr>
        <form action="/test_orm_old/add_employeeinfo_old/" method="post">
            {% csrf_token %}
            <div>
                <label>电话号码：</label>
                    <input type="text" name="phone" id="phone">
            </div>
            <br>
            <div>
                <label>家庭住址：</label>
                    <input type="text" name="address" id="address">
            </div>
            <br>
            <div><input type="submit" value="增加"></div>
```

```
    </form>
    <div style="color:red;">{{ error_info }}</div>
</div>
```

以下是 edit_employeeinfo_old.html 的部分代码。

```
<div align="center">
    <h1>修改员工联系信息</h1>
    <hr>
    <form action="" method="post">
        {% csrf_token %}
        <input type="hidden" name="id" id="id" value="{{ info.id }}" >
        <div>
            <label>电话号码：</label>
                <input type="text" name="phone" id="phone" value="{{ info.phone }}">
        </div>
        <br>
        <div>
            <label>家庭住址：</label>
                <input type="text" name="address" id="address" value="{{ info.address }}">
        </div>
        <br>
        <div><input type="submit" value="保存"></div>
    </form>
    {{ error_info }}
</div>
```

3.3.4 employee 数据模型的操作

employee 数据模型中有外键、多对多键、一对一键，对它的数据操作有个别不同之处，所以本节单独进行介绍。

以下列出员工数据表的删除操作的视图函数，代码与前面相似。

```
# views.py 第七段代码
def list_employee_old(request):
# 取出 employee 数据表中全部记录
    emp=employee.objects.all()
    return render(request,'test_orm_old/list_employee_old.html',{'emp_list':emp})
def delete_employee_old(request,emp_id):
    # 取出主键值等于 emp_id 的记录对象
```

```
    emp=employee.objects.get(id=emp_id)
    # 删除记录对象
    emp.delete()
    return redirect('/test_orm_old/list_employee_old')
```

以上代码给出了 list_employee_old()和 delete_employee_old()两个视图函数，它们的语法简单，此处不再详细介绍。

视图函数 list_employee_old()取得数据库表中的记录，保存到一个变量中，然后通过 return render(request,'test_orm_old/list_employee_old.html',{'emp_list':emp})将变量传递给 list_employee_old.html 文件，其部分代码如下。

```
<div align="center">
    <h1>员工列表</h1>
    <hr>
    <div><a href="/test_orm_old/add_employee_old/">增加一条记录</a></div>
    <table border="1">
        <thead>
        <tr>
            <td>姓名</td>
            <td>邮箱</td>
            <td>薪水</td>
            <td>地址</td>
            <td>部门</td>
            <td>团体</td>
            <td colspan="2">操作</td>
        </tr>
        </thead>
        <tbody>
    <!--  通过 for 循环取每条记录对象//-- >
        {% for emp in emp_list %}
        <tr>
            <td>{{ emp.name }}</td>
            <td>{{ emp.email }}</td>
             <td>{{ emp.salary }}</td>
            <!-- #一对一关系取值方式//-- >
            <td>{{ emp.info.address }}</td>
            <!-- #外键关系取值方式//-- >
            <td>{{ emp.dep.dep_name }}</td>
            <td>
                <!-- 多对多关系取值方式，通过 emp.group.all 取得本记录关联的 group 对象//-- >
```

```
                {% for gp in emp.group.all %}
                {% if forloop.last %}
                 {{ gp.group_name }}
                {% else %}
                {{ gp.group_name }},
                {% endif %}
                {% endfor %}
            </td>
            <td><a href="/test_orm_old/del_employee_old/{{ emp.id }}/">删除</a></td>
            <td><a href="/test_orm_old/edit_employee_old/{{ emp.id }}/">修改</a></td>
        </tr>
        {% empty %}
           <tr>
            <td colspan="7">无相关记录! </td>
        </tr>
        {% endfor %}
        </tbody>
    </table>
```

上述代码的相关说明如下。

（1）emp_list 是视图函数传过来的变量，它是一个 Django QuerySet 对象集，用{% for emp in emp_list %}取出每一个对象放到 emp 中。这样 emp 对象成为 employee 数据模型的实例化对象，外键 dep、多对多键 group、一对一键 info 这些关联关系也包含在 emp 对象中，因为 Django ORM 会自动把关联关系也放在 QuerySet 对象中。

（2）在模板语法{{ emp.dep }}中可以通过 dep 这个外键取得与它关联的 department 数据表中的一条记录，{{ emp.dep.dep_name }}自然可以取得 department 数据表中相关联的 dep_name 字段的值。

（3）同理{{ emp.group }}通过 group 这个多对多键可以取得 group 数据表中相关联的记录，由于是多对多关系，这些关联记录不只一条，所以需要用{% for gp in emp.group.all %}把记录一条条取出来放在 gp 中，这样{{ gp.group_name }}就可以显示团体的名称了。

（4）在模板语法{ emp.info }}中可以取得 employeeinfo 数据表中与 info 一对一键有关联关系的记录，{{ emp.info.address }}自然可以取得 employeeinfo 数据表中关联的 address 字段的值。

（5）<a href="/test_orm_old/del_employee_old/{{ emp.id }}/">删除</a>中的 del_employee_old/{{ emp.id }}/匹配urls.py文件的配置项path('del_employee_old/<int:emp_id>/', delete_employee_old)语句中 path()函数的第一个参数；<a href="/test_orm_old/edit_employee_old/ {{ emp.id }}/">修改</a>中的 edit_employee_old/{{ emp.id }}/匹配 urls.py 文件的配置项 path('edit_employee_old/<int:emp_id>/',edit_employee_old)中 path()函数的第一个参数。

增加员工记录视图函数的代码如下。

```
# views.py 第八段代码
    def add_employee_old(request):
        if request.method=="POST":
            name=request.POST.get("name")
            email=request.POST.get("email")
            dep=request.POST.get("dep")
            info = request.POST.get("info")
            salary = request.POST.get("salary")
            # 取得多个值
            groups=request.POST.getlist("group")
            new_emp=employee.objects.create(name=name,email=email,
            salary=salary,dep_id=dep,info_id=info)
            # 给多对多键字段赋值
            new_emp.group.set(groups)
            return redirect('/test_orm_old/list_employee_old/')
        dep_list=department.objects.all()
        group_list=group.objects.all()
        info_list = employeeinfo.objects.all()
        return render(request,'test_orm_old/add_employee_old.html',
         {'dep_list':dep_list,'group_list':group_list,'info_list':info_list})
```

上述代码的相关说明如下。

（1）employee 数据模型（数据库表）有个多对多键 group，也就是说 group 对应的 group 数据库表中的记录可能有多条，因此不能用 request.POST.get 取值，要用 getlist()才能取出多个值。

（2）数据模型在生成数据表时，外键在数据表中产生的字段名为“外键名_id”。在生成数据表时，employee 数据模型中的外键 dep 在表中的字段名为 dep_id；同理，employee 数据表中的一对一键在表中的字段名为 info_id，因此在 new_emp=employee.objects.create(name=name,email=email,salary=salary,dep_id=dep,info_id=info)语句中可以直接把变量值赋给 dep_id 和 info_id。

（3）多对多键 group 涉及多个值，因些在生成一条记录 new_emp 后，需通过 new_emp.group.set(groups)进行赋值。

（4）如果是第一次打开网页，这时需要将 dep_list、group_list、info_list 变量传递给 HTML 文件，3 个变量分别保存着 department、group、employeeinfo 这 3 个数据库表的所有记录，通过 render()函数传到网页，通过模板语言把相关的值放到<select>标签中以供用户选择使用。

视图函数传递变量给 add_employee_old.html 文件，以下是该文件的部分代码。

```
<div align="center">
    <h1>增加员工</h1>
    <hr>
```

```
    <form action="/test_orm_old/add_employee_old/" method="post">
        {% csrf_token %}
        <div>
            <label>姓名：</label>
                <input type="text" name="name" id="name">
        </div>
        <br>
        <div>
            <label>邮箱：</label>
                <input type="text" name="email" id="email">
        </div>
        <br>
         <div>
            <label>薪水：</label>
                <input type="text" name="salary" id="salary">
        </div>
        <br>
        <div>
            <label>联系信息：</label>
            <select name="info" id="info">
                {% for info in info_list %}
                <option value="{{ info.id }}"> {{ info.phone }}||{{ info.address }}</option>
                {% endfor %}
            </select>
        </div>
        <br>
        <div>
            <label>部门：</label>
            <select name="dep" id="dep">
                {% for dep in dep_list %}
                <option value="{{ dep.id }}"> {{ dep.dep_name }}</option>
                {% endfor %}
            </select>
        </div>
        <br>
        <div>
            <label>团体：</label>
                <!-- 字段group是多对多键，设置<select>标签属性multiple="true"，允许多选//-- >
            <select name="group" id="group"   multiple="true" >
                {% for group in group_list %}
```

```
                    <option value="{{ group.id }}"> {{ group.group_name }}</option>
                    {% endfor %}
                </select>
            </div>
            <br>
            <div><input type="submit" value="增加"></div>
        </form>
    </div>
```

上述代码的相关说明如下。

（1）add_employee_old.html 文件接收视图函数 add_employee_old()中 render()函数传入的 dep_list 变量，通过{% for dep in dep_list %}循环给<select>标签的<option>赋值。

（2）add_employee_old.html 文件接收 info_list 变量，并通过{% for info in info_list %}循环给<select>标签的<option>赋值。

（3）同理 add_employee_old.html 文件接收 group_list 变量，并通过{% for group in group_list%}循环给<select>标签的<option>赋值。这里<select>标签设置属性 multiple="true"，实现多选，满足多对多关系。

修改员工信息视图函数 edit_employee_old()代码如下，代码与增加员工记录的相似。不同之处在于修改员工信息视图函数是依照 employee 表记录的 id 取出数据进行修改的，还要注意 get 与 getlist 的用法不同。

```
# views.py 第九段代码
def edit_employee_old(request,emp_id):
    if request.method=="POST":
        id=request.POST.get('id')
        name=request.POST.get("name")
        email=request.POST.get("email")
        dep=request.POST.get("dep")
        info=request.POST.get("info")
        groups=request.POST.getlist("group")
        emp=employee.objects.get(id=id)
        emp.name=name
        emp.email=email
        emp.dep_id=dep
        emp.info_id=info
        emp.group.set(groups)
        emp.save()
        return redirect('/test_orm_old/list_employee_old/')
    emp=employee.objects.get(id=emp_id)
    dep_list = department.objects.all()
```

```
        group_list = group.objects.all()
        info_list = employeeinfo.objects.all()
        return render(request, 'test_orm_old/edit_employee_old.html',
        {'emp':emp,'dep_list':dep_list,'group_list':group_list,'info_list':info_list})
```

视图函数 edit_employee_old()通过 render()将变量传递给 edit_employee_old.html，以下是部分代码。

```
    <div align="center">
        <h1>修改员工信息</h1>
        <hr>
        <form action="" method="post">
            {% csrf_token %}
            <input type="hidden" name='id' id='id' value={{ emp.id }}>
            <div>
                <label>姓名：</label>
                    <input type="text" name="name" id="name" value={{ emp.name }}>
            </div>
            <br>
            <div>
                <label>邮箱：</label>
                    <input type="text" name="email" id="email" value={{ emp.email }}>
            </div>
            <br>
            <div>
                <label>联系信息：</label>
        <!-- 对于这里的<select>标签中的<option>，由for 循环取出相关值赋给它的value 属性 //-- >
                <select name="info" id="info">
                    {% for info in info_list %}
        <!-- emp.info_id 与 info.id 相同，说明员工一对一键字段值与员工补充信息记录主键值相
同，设置<option>标签为 selected  //-- >
                      {% if emp.info_id == info.id %}
                    <option value="{{ info.id }}"  selected > {{ info.phone }}||
{{ info.address }}</option>
                    {% else %}
                    <option value="{{ info.id }}"> {{ info.phone }}||{{ info.
address }}</option>
                    {% endif %}
                    {% endfor %}
                </select>
```

```
            </div>
            <br>
            <div>
                <label>部门：</label>
                <select name="dep" id="dep">
                    {% for dep in dep_list %}
                    {% if emp.dep_id == dep.id %}
                    <option value="{{ dep.id }}"  selected > {{ dep.dep_name }}</option>
                    {% else %}
                    <option value="{{ dep.id }}"  > {{ dep.dep_name }}</option>
                    {% endif %}
                    {% endfor %}
                </select>

            </div>
            <br>
            <div>
                <label>团体：</label>
             <!-- 字段 group 是多对多键，设置<select>标签属性 multiple="true" //-- >
                <select name="group" id="group"   multiple="true" >
                      {% for group   in group_list %}
             <!-- 如果团体 group 记录对象在 employee 当前记录多对多键关联团体记录对象的集
合中，设置当前<option>标签为 selected  //-- >
                    {% if group in emp.group.all %}
                    <option value="{{ group.id }}" selected> {{ group.group_name }}
</option>
                    {% else %}
                      <option value="{{ group.id }}"> {{ group.group_name }}</option>
                    {% endif %}
                    {% endfor %}
                </select>

            </div>
            <br>
            <div><input type="submit" value="保存"></div>
        </form>
    </div>
```

上述代码的相关说明如下。

（1）{% for info in info_list %}代码块中，通过循环取出 employeeinfo 数据表中的记录对象，

存放在 info 变量中。然后用 info.id 与员工记录中的 info_id 比较，如果相同就设置<select>标签中的<option>标签为 selected。

（2）在{% for dep in dep_list %}循环中，通过{% if emp.dep_id == dep.id %}判断员工记录的外键值与 department 数据表记录的 id 值是否一样，如果一样就设置<select>标签中<option>标签为 selected。

（3）由于 employee 的 group 多对多键可以和多条 group 数据表记录关联，首先要设置<select>标签 multiple="true"，然后要在循环中通过{% if group in emp.group.all %}语句判断 group 数据表记录是否存在于多对多键 employee.group 关联的记录中，如在其中就设置<select>标签中<option>标签为 selected。

启动程序后，修改员工信息页面如图 3.5 所示。

修改员工信息

姓名：张三

邮箱：zhangsan@163.com

联系信息：1356666||上海市

部门：资产管理中心

团体：登山团队 游泳队 自行车队 跑酷

保存

图3.5　修改员工信息页面

3.4 Django ORM 跨表操作

Django 中的数据模型关联关系主要是由外键、多对多键、一对一键形成的关联关系，Django 数据模型的实例对象中保存着关联关系相关的信息，这样在跨表操作过程中，我们可以根据一个表的记录的信息查询另一个表中相关联的记录，充分利用关系型数据库的特点。

3.4.1 与外键有关的跨表操作

1. ForeignKey 字段

在数据模型中一般把 ForeignKey 字段设置在“一对多”中“多”的一方，ForeignKey 可以和其他表做关联关系，也可以和自身做关联关系。

ForeignKey 字段一般在 models.py 文件的数据模型类中定义，其形式如下。

```
# 员工的部门，外键，形成一对多的关系
dep=models.ForeignKey(to="department",to_field="id",related_name="dep_related",
on_delete=models.CASCADE)
```

ForeignKey 字段主要有 4 个属性，如下。

（1）to 用来设置要关联的表，形如 to="tname"，其中 tname 就是要关联的数据模型。

（2）to_field 用来设置要关联的字段，形如 to_field="id"，Django 默认使用被关联对象的主键，一般不用设置。

（3）related_name 是在反向操作时使用的名字，用于代替原反向查询时的“表名_set”，形如 related_name="dep_related"，如果这样定义，dep_obj.employee_set.all()就要被 dep_obj.dep_related.all()代替。

提示：如果使用了 related_name，在反向操作中就不能用“表名_set”。

（4）属性 on_delete=models.CASCADE 用来删除关联数据，与之关联的数据也要删除。这是该属性的常规设置，另外还可将其设置成 models.DO_NOTHING、models.PROTECT、models.SET_NULL、models.SET_DEFAULT，这些设置不常用，在此不作介绍，感兴趣的读者可自行查阅资料。

2. 外键跨表关联操作

首先介绍一下数据操作的常规说法，正向操作是指由存在外键的表通过外键查找关联的数据库表，反向操作指的是由关联表查找存在外键的数据库表。

以前面定义的 employee 数据表与 department 数据表为例，正向操作是通过 employee 的一条记录的外键查找与之关联的 department 的记录，代码如下。

```
emp=employee.objects.get(id=2)
dep=emp.dep.dep_name
```

用 emp.dep.dep_name 取得员工所在部门的名称，其中 emp 是保存 employee 的一条记录对象的变量，dep 为外键名字。

而反向操作是通过 department 的一条记录查找 employee 中关联的记录，用“表名_set”，其中表名用的是含有外键字段的表的名称，代码如下。

```
dep_obj=department.objects.get(id=8)
emp_list=dep_obj.employee_set.all()
```

通过 dep_obj.employee_set.all()取得一个部门的所有员工名，dep_obj 是存储 department 的一条记录对象的变量，“employee_set”就是“表名_set”的形式。

3. 外键跨表操作的样例

我们以一个小例子说明如何通过外键操作关联表。首先在/test_orm/employee/urls.py 文件中加入以下语句，建立路径与视图函数的对应关系，这样网址与视图函数就联系在一起了。

```
path('test_foreign/',test_foreign),
```

接着在/test_orm/employee/views.py 中编写 test_foreign 代码。

```
def test_foreign(request):
    # 取出 employee 的一条记录
    emp=employee.objects.get(id=16)
    # 正向操作，通过外键值 dep 关联到 department 数据表的一条记录，然后取得该记录的 dep_name 字段
    dep_name=emp.dep.dep_name
    dep_obj=department.objects.get(id=6)
    # 反向操作，通过 employee_set 关联到 employee 数据表，然后用 all()函数取得其全部记录
    emp_list=dep_obj.employee_set.all()
    emp_names=[emp.name for emp in emp_list]
     return HttpResponse("1. 正向关联：员工名称：{0},所在部门名称：{1} <br> 2. 反向查找：部门名称：{2},部门员工：{3}".format(emp.name,dep_name,dep_obj.dep_name,emp_names))
```

上述代码的相关说明如下。

（1）正向操作流程：通过 get()函数取得 employee 的一条记录并存入 emp 变量，通过 emp 这个变量代表的对象的外键就可以取得 employee 关联的 department 的一条记录（用 emp.dep 取得 department 的记录），取得这条记录的 dep_name 语句是 emp.dep.dep_name。

（2）反向操作流程：通过 get()函数取得 department 的一条记录 dep_obj，通过"表名_set"进行反向查询，这里取得 dep_obj 对象所关联的一条或多条记录对应的语句形式为 dep_obj.employee_set.all()，然后用列表表达式[emp.name for emp in emp_list]把每一条记录的 name 字段值放在列表变量 emp_names 中。

（3）通过 HttpResponse 把 HTTP 格式的内容直接显示在当前网页上。

在命令行终端输入命令 python manage.py runserver，在浏览器中输入网址，运行结果如图 3.6 所示。

```
1. 正向查找：员工名称：刘明,所在部门名称:资产管理中心
2. 反向查找：部门名称:资产管理中心,部门员工:['sales', '张三', 'tom', '刘明', '李乐居']
```

图3.6 外键跨表关联操作运行结果

4. 外键跨表查询字段

查询字段的值也分正向操作与反向操作两种形式。

（1）正向操作查询字段值，取得字段值的形式为“外键+双下划线+关联表的字段名”，如下所示。

```
emp=models.employee.objects.values_list('name',"dep__dep_name","dep__dep_script")
print(emp)
emp2=models.employee.objects.values('name',"dep__dep_name","dep__dep_script")
print(emp2)
```

values_list()和 values()函数传入的参数：name 取的是 employee 数据表中的字段；dep__dep_name 是“外键+双下划线+关联表的字段名”的形式，它通过 employee 外键 dep 关联到 department 数据表，然后获取 dep_name 的值；dep__dep_script 也通过外键取得关联表的 dep_script 字段的值。

提示：values_list()返回的是元组（由字段值组成）列表，所以 print(emp)返回的值如下所示。

```
<QuerySet
[('李立', '财务部', '财务管理'), ('sales', '经营部', '经营、考核'), ('张好人',
'经营部', '经营、考核'), ('张三', '资产管理中心', '资产管理'), ('tom', '资产管理中心',
'资产管理'), ('刘七云', '审计部', '审计管理 1')]
>
```

values()返回的值是字典列表，列表每一项为字典型、键名是字段名、值为字段值，如下所示。

```
<QuerySet
[{'name': '李立', 'dep__dep_name': '财务部', 'dep__dep_script': '财务管理'},
{'name': 'sales', 'dep__dep_name': '经营部', 'dep__dep_script': '经营、考核'},
{'name': '张好人', 'dep__dep_name': '经营部', 'dep__dep_script': '经营、考核'},
{'name': '张三', 'dep__dep_name': '资产管理中心', 'dep__dep_script': '资产管理'},
{'name': 'tom', 'dep__dep_name': '资产管理中心', 'dep__dep_script': '资产管理'},
{'name': '刘七云', 'dep__dep_name': '审计部', 'dep__dep_script': '审计管理 1'}
]>
```

（2）反向操作查询字段值，取得字段值的形式为“表名+双下划线+字段名”，表名是有外键字段的表的名称，如下所示。

```
dep_emp=models.department.objects.values_list("employee__name")
print(dep_emp)
```

第二行代码 print()返回一个元组（由字段值组成）列表。

```
<QuerySet
 [('张好人', 'zhangsan@163.com'), ('刘七云', 'lqy@126.com'), ('sales',
'sales@163.com'),('李立', 'll@163.com'), ('张三', 'zhangsan@163.com'), ('tom',
'tom@163.com')]
>
```

提示：如果在外键字段定义了 related_name 属性，就必须用 related_name 指定的名字取字段，形式如"related_name 值+双下划线+字段名"，举例如下。

```
# 员工的部门、外键，形成一对多的关系，定义了 related_name='dep_related'
dep=models.ForeignKey(to="department",to_field="id",related_name='dep_related',on_delete=models.CASCADE)
```

以上外键 dep 定义了 related_name 属性，取字段值用以下代码。

```
dep_emp=models.department.objects.values_list("dep_related__name","dep_related__email")
```

3.4.2 与多对多键有关的跨表操作

1. ManyToManyField 字段

ManyToManyField 字段一般在 models.py 文件的数据模型类中定义，其形式如下。

```
# 员工加入的团体，多对多关系，即一个员工可以加入多个团体，一个团体可以有多个员工
group=models.ManyToManyField(to="group",related_name="group_related")
```

ManyToManyField 字段主要有 to 和 related_name 两个属性，这两个属性与 ForeignKey 字段的同名属性意义相同，这里不再叙述。

提示：如果使用了 related_name，在反向操作中就不能用"表名_set"。

2. 多对多键跨表关联操作

这里也涉及正向操作与反向操作，正向操作指的是从有多对多键的表查找关联表，反向操作指的是从关联表查找有多对多键的表。跨表操作主要用函数进行。

（1）create()函数，创建一个新的记录并保存在数据库表中，最后将它添加到关联对象集（记录集）之中。

```
# 正向操作
models.employee.objects.first().group.create(group_name='搏击',group_script='搏击也是健身项目')
# 反向操作
models.group.objects.first().employee_set.create(name='tom',email='wy@163.com',dep_id='11')
# 反向操作
models.group.objects.get(id=4).employee_set.create(name='john',email='lm2@163.com',dep_id='11')
```

正向操作先通过 models.employee.objects.first()等形式的查询语句取出 employee 数据表中

的记录，再通过 group 这个多对多键把 create()新生成的 group 记录关联到从 employee 中取出的表记录，并且将生成的一条 group 记录自动存到数据表中。

反向操作先通过 models.group.objects.first()或 models.group.objects.get(id=4)等形式的查询语句取出 group 数据表中的记录，且通过 employee_set（表名_set）把 create()新生成的 employee 记录关联到从 group 中取出的记录，并且将生成的一条 employee 记录自动存到数据表中。

（2）add()函数取出数据库表中的记录，然后将其添加到关联数据表的记录集。

```
group_list=models.group.objects.filter(id__lt=6)
models.employee.objects.first().group.add(*group_list)
```

第一行代码先把 group 的记录取出来放到变量 group_list 中，第二行代码把取出的记录通过 group.add(*group_list)关联到 models.employee.objects.first()取出的记录上，注意变量前要加“*”号。同理可以通过 id 值进行关联，以下代码是把 group 中 id 值为 1、2、6 的记录关联到 employee 表的第一条记录上，注意列表变量前要加“*”号。

```
models.employee.objects.first().group.add(*[1,2,6])
```

（3）set()函数，更改数据库表中记录的关联记录，不管该记录以前关联任何记录，用新的关联替换。下面代码用 group 数据表中 id 值为 4、5、6 的记录关联 employee 数据表中 id 值为 11 的记录，注意列表变量前不加“*”号。

```
models.employee.objects.get(id=11).group.set([4,5,6])
```

（4）remove()函数，从记录对象中删除一条关联记录，参数为关联数据库表的 id。下面代码是从 employee 数据表中取出第一条记录，然后删除这条记录关联的 group 数据表中 id 值为 4 的记录。

```
obj_list = models.employee.objects.all().first()
obj_list.group.remove(4)
```

（5）clear()函数，从记录对象中删去一切关联记录。以下代码将删去 employee 数据表中最后一条记录与 group 数据表中关联的一切记录。

```
models.employee.objects.last().group.clear()
```

3. 多对多关联跨表查询字段值

多对多关联跨表查询字段值也分正向操作与反向操作两种形式。

（1）正向操作查询字段值，取得字段值的形式为“多对多键+双下划线+关联表的字段名”，如下所示。

```
emp_m2m=models.employee.objects.values_list("id","name","group__group_name")
print(emp_m2m)
```

id和name为employee数据表中字段，group__group_name可以取group数据表中的group_name字段的值，返回值emp_m2m是元组格式，形式如下。

```
<QuerySet
 [(1, '李立', '登山团队'), (1, '李立', '游泳队'), (1, '李立', '自行车队'), (2, 'sales', '登山团队'), (2, 'sales', '游泳队'), (2, 'sales', '自行车队'), (3, '张好人', '游泳队'), (3, '张好人', '自行车队'), (10, '刘七云', '登山团队'), (10, '刘七云', '游泳队'), (10, '刘七云', '自行车队'), (13, '张三', '登山团队'), (13, '张三', '游泳队'), (13, '张三', '自行车队'), (13, '张三', '跑酷'), (14, 'tom', '登山团队'), (14, 'tom', '游泳队')]
>
```

可以看到如果一条记录关联多个值，这条记录将形成多条元组。

（2）反向操作查询字段值，取得字段值的形式为“表名+双下划线+字段名”，表名用的是存在多对多键字段的表的名称，如下所示。

```
emp_m2m=models.group.objects.values("group_name","employee__name","employee__email")
print(emp_m2m)
```

运行第二行代码，返回的一个字典列表，因为第一行代码使用的是values()函数。

```
<QuerySet
 [{'group_name': '游泳队', 'employee__name': '李立', 'employee__email': 'll@163.com'}, {'group_name': '游泳队', 'employee__name': 'sales', 'employee__email': 'sales@163.com'},
…
{'group_name': '登山团队', 'employee__name': '李立', 'employee__email':'ll@163.com'}, {'group_name': '登山团队', 'employee__name': 'sales', 'employee__email': 'sales@163.com'},{'group_name': '自行车队', 'employee__name': '李立', 'employee__email': 'll@163.com'},
…
{'group_name': '跑酷', 'employee__name': '张三', 'employee__email': 'zhangsan@163.com'}]
>
```

提示：如果在多对多键字段中定义了related_name属性，就必须用related_name指定的值取字段，形式如“related_name值+双下划线+字段名”。

3.4.3 与一对一键有关的跨表操作

1. OneToOneField字段

一对一的关联关系把本来可以存储在一个表的字段拆开分别放置在两个表中，将查询次数多的字段放在一个表中，将查询次数较少的字段放在另一个表中，然后为两个表建立一对一的关联关系。

OneToOneField 字段一般在 models.py 文件的数据模型类中定义。代码如下所示，我们建立了一个数据模型类 employeeinfo。

```
class employeeinfo(models.Model):
    phone = models.CharField(max_length=11)
    address = models.CharField(max_length=50)
```

employeeinfo 与 employee 中的每条记录都是一一对应关系。employee 数据模型类有一个字段 info，字段类型是 OneToOneField，通过它与 employeeinfo 产生一对一关联关系。

```
# 员工数据模型（员工数据表）
class employee(models.Model):
…
    # 一对一字段
    info = models.OneToOneField(to='employeeinfo',related_name="info_related",
    on_delete=models.CASCADE)
```

OneToOneField 字段主要有 to 和 related_name 两个属性，这两个属性与 ForeignKey 字段的同名属性意义相同，这里不再赘述。

2. 一对一键跨表关联操作

一对一键跨表关联操作也涉及正向操作与反向操作，正向操作从有一对一键的表查找关联表，反向操作从关联表查找有一对一键的表。

正向操作和反向操作代码如下，其形式与外键基本一样，只是反向操作不用“表名_set”而用直接关联表名，形如“表名”。

提示：如果使用了 related_name，在反向操作中就不能用“表名”，这里不再详细说明。

```
# 正向操作
emp=models.employee.objects.get(id=1)
dep=emp.info.phone
emp_info = models.employeeinfo.objects.get(id=2)
# 反向操作，因为定义了 related_name="info_related"，所以用 info_related
emp_name = emp_info.info_related.name
# 反向操作第二种方法
# 如果在 models.py 的 employee 类中的 info 字段未定义 related_ name="info_related",
可以用以下方式
# 一对一反向操作不用 employee_set，直接用 emp
emp_info = models.employeeinfo.objects.get(id=2)
emp_name = emp_info.employee.name
```

3. 一对一关联跨表查询字段值

一对一关联跨表查询字段值有正向操作与反向操作两种形式，列举代码如下，与外键关联形式相同。正向操作查询字段值。

```
emp_one=models.employee.objects.values("id","name","info__phone","info__address")
```

反向操作查询字段值。

```
emp_one2 = models.employeeinfo.objects.values("phone","address","employee__name",
        "employee__email")
```

3.5 Django ORM 聚合与分组查询

在Django ORM中，凡是能够查询数据库表记录的语句都可以称为查询语句，如models.employeeinfo.objects.get(id=2)、models.employee.objects.filter(name='tom')等能够返回数据库表记录集的语句都是 Django ORM 查询语句。Django ORM 查询语句支持链式操作，在查询语句的后面加上“.aggregate()”就是应用聚合查询，在查询语句的后面加上“.annotate()”就是应用分组查询，现在分别介绍如下。

3.5.1 聚合查询

聚合查询主要对“.aggregate()”前面的查询语句取得的数据库表记录进行聚合计算。聚合计算主要有求合计值、求平均值、求最大值、求记录数等，因此 aggregate()的参数主要是聚合函数 Avg()、Sum()、Max()、Min()、Count()等。

在 employee 数据库表中有一个 salary 字段，其值是数值类型的。

```
# 员工数据模型（员工数据表）
class employee(models.Model):
    …
    salary=models.DecimalField(max_digits=8,decimal_places=2)
```

如下代码取得 salary 字段值并求合计值。

```
from django.db.models import Sum
salary_sum=models.employee.objects.filter(id__lt=18).aggregate(Sum("salary"))
print(salary_sum)
```

上述代码的相关说明如下。

（1）用聚合查询，首先要导入与聚合函数相关的模块。

（2）models.employee.objects.filter(id__lt=18).aggregate(Sum("salary"))可以分成两部分。第一部分 models.employee.objects.filter(id__lt=18)能够实现 id 值小于 18 的记录的查询。第二部

分.aggregate(Sum("salary"))通过聚合函数 Sum()把查询到的所有记录的 salary 字段值加在一起。

提示：字段名要包含在引号内。

（3）聚合查询返回一个包含一些键值对的字典，返回值形式如下，这里可以看到返回值键名为“字段名+双下划线+聚合函数”。

```
{'salary__sum': Decimal('89787.76')}
```

下面代码为聚合查询返回的字典的键指定一个名称，返回值为{'salary_hj': Decimal('89787.76')}。

```
salary_sum=models.employee.objects.filter(id__lt=18).aggregate(salary_hj=Sum("salary"))
```

如果你希望生成不止一个聚合查询值，可以向 aggregate()中添加多个聚合函数，如下所示。

```
from django.db.models import Sum,Avg,Max,Min,Count
salary_data=models.employee.objects.filter(id__lt=18).aggregate(count=Count
("id"),salary_hj=Sum("salary"),salary_pj= Avg("salary"),salary_zd=Max("salary"),
alary_zx=Min("salary"))
print(salary_data)
```

以下返回值也是字典类型。

```
{'count': 6, 'salary_hj': Decimal('89787.76'), 'salary_pj': 14964.626667,
'salary_zd': Decimal('56666.88'), 'alary_zx': Decimal('888.00')}
```

3.5.2 分组查询

分组查询对“.annotate()”前面的查询语句返回的数据库表记录进行分组聚合计算，根据前面的查询语句是否含有 values()函数进行分组聚合计算。

1. 查询语句不含 values()函数

（1）以下是分组查询的一个样例，其统计每个员工参加的团体的个数。

```
emp_list=models.employee.objects.annotate(groupnum=Count("group"))
for emp in emp_list:
    print(emp.name,'：参加',emp.groupnum,'个团体')
```

models.employee.objects 得到 employee 中所有的记录（员工记录），有 *n* 个员工，就分 *n* 个组，每一组再由 annotate()中的聚合函数进行分组统计。

在 annotate()中通过 Count("group")对每组包含的 group 个数进行统计，统计值赋给 groupnum。models.employee.objects.annotate(groupnum=Count("group"))，返回 employee 数据表中全部记录，并且为每一条记录加一个新字段 groupnum。这样通过循环就可以得到每一行记录，因此可以打印出每条记录的字段。

以上代码打印内容如下。

```
李立 : 参加 3 个团体
sales : 参加 3 个团体
张好人 : 参加 2 个团体
…
```

（2）统计每一个部门薪水最高值，代码如下。

```
dep_list=models.department.objects.annotate(maxsalary=Max("employee__salary"))
for dep in dep_list:
    print(dep.dep_name,dep.maxsalary)
```

Max("employee__salary")中的 employee__salary 通过双下划线取得关联表的字段值。

以上代码还有另一种实现方式，可以采用 values_list()函数。如下所示代码可实现同样的功能。

```
dep_list=models.department.objects.annotate(maxsalary=Max("employee__salary")).
values_list("dep_name","maxsalary")
for dep in dep_list:
    print(dep)
```

2. 查询语句包含 values()函数

下面代码中“values('dep')”起的作用就是以 dep 值分组字段，相当于 SQL 语句中的 group by dep。代码实现的功能就是计算每个部门员工的平均工资。

```
    dep_salary=models.employee.objects.values('dep').annotate(avg=Avg("salary")).
values('dep__dep_name',"avg")
    print(dep_salary)
```

以上代码通过 values()函数返回字典列表，形式如下。

```
<QuerySet
[{'dep__dep_name': '审计部', 'avg': 56666.88}, {'dep__dep_name': '经营部',
'avg': 12833.0}, {'dep__dep_name': '财务部', 'avg': 1000.0}, {'dep__dep_name':
'资产管理中心', 'avg': 3227.44}]
>
```

3.6 Django ORM 中的 F 和 Q 函数

3.6.1 F 函数

在 Django ORM 查询语句中，要实现字段值与字段值的比较或运算操作等就要用到 F 函数，在 F 函数中传入字段名就能取得字段的值。这个函数较易理解，这里只简单介绍。

以下代码实现 id 值小于 30 的员工的薪水增加 600 的功能。

提示：传到 F 函数中的字段名要用引号括起来。

```
from django.db.models import F
models.employee.objects.filter(id__lt=30).update(salary=F("salary")+600)
```

3.6.2 Q 函数

在 Django ORM 查询语句中，filter()等函数中传入的条件参数是“与”关系，它相当于 SQL 语句的“AND”。通过把条件参数传入 Q 函数，再把各个 Q 函数与“&”“|”“~”操作符进行组合生成复杂的查询条件。其中，“&”表示与（AND）关系，“|”表示或（OR）关系，“~”表示反（NOT）关系。代码示例如下。

（1）在 employee 数据表中查询 id 值小于 30 或者 salary 值小于 1000 的记录。

```
from django.db.models import Q
obj=models.employee.objects.filter(Q(id__lt=30)|Q(salary__lt=1000))
```

（2）查询 employee 数据表中 salary 值大于 1000 并且 name 字段值开头不是“李”的记录。

```
from django.db.models import Q
obj=models.employee.objects.filter(Q(salary__gt=1000)& ~Q(name__startswith='李'))
```

3.7 小结

本章讲述了 Django ORM 关于数据库的各种操作方法的知识，包括建立数据模型、操作数据库表、关联表操作、按条件查询、分组聚合计算等内容。Django ORM 几乎包含 Django 对数据库的操作的全部内容，通过学习和理解 Django ORM 的各种方法，读者可以掌握用代码从数据库中获取所需数据、按照所需条件修改数据库中记录的方法。

第4章

Django 路由系统

Django 路由系统反映了 URL 与视图函数之间的映射，为 URL 与视图函数建立起一一对应关系。URL 与网址有着紧密的关联，视图函数包括逻辑代码，简而言之，用户在浏览器上输入网址，Django 会在路由系统中查找对应的视图函数，运行其中的代码响应用户，最后把返回的信息展示在浏览器中。

4.1 路由系统基本配置

Django 路由系统配置代码在 urls.py 中，该文件在创建项目时自动生成，一般在项目目录下。如前面建立的 test_orm 项目，urls.py 文件就在/test_orm/test_orm/目录下。

4.1.1 路由系统 URL 基本格式

在 urls.py 文件中配置的路由，都存放在一个名为 urlpatterns 的变量中，这个变量是列表类型，如下所示。

```
from django.contrib import admin
from django.urls import path,include
# 导入视图中的函数，*代表所有
from employee.views import *
urlpatterns = [
    # 创建项目时自动生成
    path('admin/', admin.site.urls),
    # 用 include()函数导入另一个配置文件
    path('test_orm/',include('employee.urls')),
    path('list_employee/',list_employee),
    path('add_employee/',add_employee),
    path('edit_employee/<int:emp_id>/',edit_employee),
    path('del_employee/<int:emp_id>/',delete_employee),
]
```

上述代码的相关说明如下。

（1）第一行代码从 django.contrib 模块中导入 admin 函数，这个函数加载 Django Admin 管理后台的 URL。

（2）第二行代码从 django.urls 模块中导入 include()和 path()两个函数。include()用于导入另一个 URL 配置文件；path()使用正则表达式匹配浏览器中的 URL，把它映射到视图函数上。

（3）urlpatterns 中的每一个列表项就是一条对应关系（URL 与视图函数的对应关系），这种对应关系称作 URL 配置（URLconf）。URL 配置相当于网站的目录，可以理解为：URL 配置把 URL 映射到相应的视图函数上，当在浏览器上访问这个 URL 时，通过配置项找到对应的视图函数，然后调用这个视图函数。例如，有人访问/list_employee/这个 URL 时，就调用 views.py 模块中的 list_employee()

视图函数。

urlpatterns 中的每个列表项的格式是以下列形式进行定义的。

```
# 导入 django.urls 相关模块
from django.urls import path
urlpatterns = [
    path (URL 正则表达式,视图函数,参数,别名),
]
```

上述代码的相关说明如下。

（1）应用路由系统必须先导入 django.urls 相关模块。

（2）path()中的第一个参数称为 URL 正则表达式，它是字符串形式。第二个参数是视图函数名，第一个参数和第二个参数是对应关系。

（3）后面两个参数是可选的，第三个参数表示可以传给视图函数的额外的参数，参数是字典类型，第四个参数给这个对应关系列表项的 URL 起了别名，使程序可以按名字调用这个配置项。

（4）浏览器中的网址与 urlpatterns 中的列表项按从上往下的顺序逐一匹配 URL 正则表达式，一旦匹配成功则不再继续。

（5）Django 在检查 URL 模式时会把浏览器地址中 URL 前面的斜线删去，URL 正则表达式中没有前导斜线，但是 URL 正则表达式一般以“/”结尾，这是一个默认的格式。

提示：路由匹配时不包括浏览器网址的域名和端口号。如'list_employee/'可以匹配 http://127.0.0.1:8000/list_employee/这个网址，其中“http://127.0.0.1:8000/”这部分自动被忽略。

4.1.2　path()的 URL 参数

path('edit_employee/<int:emp_id>/',edit_employee)代码中，path()函数的第一个参数的角括号里的内容，称作 URL 参数。URL 参数冒号左边为参数数据类型，右边为参数名称，如<int:emp_id>表示的参数名称为 emp_id，数据类型为 int。

URL 参数主要有以下数据类型。

- str：匹配的任意非空字符串，但不包括分隔符“/”。
- int：匹配 0 或任意正整数。
- slug：匹配字母、数字、短横线、下划线组成的字符串。
- uuid：匹配一个格式化的 UUID（Univerally Unique Identifier，通用唯一识别码），UUID 是由数字、小写字母、破折号等组成的唯一识别码。
- path：匹配任意非空字符串，包含分隔符“/”。

4.1.3　re_path()函数

如果 path()函数不能满足精确匹配的要求，我们可以使用 re_path()函数。re_path()函数中 URL

正则表达式中的 URL 参数用的是命名式分组语法，如 (?P<name>pattern)，其中角括号中的 name 是参数名，后面的 pattern 为待匹配的模式 (正则表达式)。

```
from django.urls import path, re_path
from . import views
urlpatterns = [
    # 命名式 URL 参数，参数名分别为 year 和 month
    re_path(data1/(?P<year>[0-9]{4})/(?P<month>[0-9]{2})/', views.test),
```

上述代码的相关说明如下。

(1) re_path()中 URL 参数 year 通过[0-9]{4}这个正则表达式来严格匹配 4 位的整数，month 通过[0-9]{2}这个正则表达式来严格匹配 2 位的整数。

(2) 一个括号就是一个分组，一个分组有一个参数，因为是命名式分组，所以传给视图函数的也是命名参数。

(3) 在 Django 的实践中，不需要高深的正则表达式知识，下面仅列出部分正则表达式语法。关于更多正则表达式的用法、编写方法，请读者查阅相关资料。

- . ：匹配任意单一字符。
- \d：匹配任意一个数字。
- \D：匹配任意非数字的字符。
- \w：匹配字母、数字、下划线。
- \W：匹配任意不是字母、数字、下划线的字符。
- \s：匹配空格 。
- \S：匹配任意不是空白符的字符。
- *：匹配零个或多个字符 (例如：\d*匹配零个或多个数字)。
- +：匹配一个或多个字符 (例如：\d+匹配一个或多个数字)。
- ?：匹配零个或一个字符 (例如：\d?匹配零个或一个数字)。
- [A-Z]：匹配 A 到 Z 中任意一个字符 (大写形式)。
- [a-z]：匹配 a 到 z 中任意一个字符 (小写形式)。
- [A-Za-z]：匹配 a 到 z 中任意一个字符 (不区分大、小写形式)。
- {1,3}：匹配介于一个和三个之间的字符 (例如：\d{1,3}匹配一个、两个或三个数字)。

4.1.4 路由分发

一般建立项目后，在项目目录的 urls.py 文件中配置路由映射。如果路由越来越多，代码维护会变得困难。我们会为每个应用程序新建一个 urls.py 文件，将针对本应用的路由配置写在新建的文件中，这样就可以实现从根路由出发，将每个应用程序所属的 URL 请求，全部转发到相应的 urls.py 模块中。

我们根据第 2 章中建立的 myproject 项目来讲解路由分发。

```
# 导入path()、include()函数
from django.urls import path,include
urlpatterns = [
    path('myapp/',include('myapp.urls')),
  ]
```

上述代码的相关说明如下。

（1）路由分发使用的是 include()方法，需要提前导入相应的模块 path 和 include。

（2）include()括号内的字符串要用引号括起来，参数是导入的其他配置模块（文件），它表示的是导入的模块的路径字符串，路径以圆点分割。

提示： path()函数第一个参数（URL 表达式）要包含末尾的斜杠，当 Django 遇到 include()时，它会把 path()函数第一个参数部分的字符串发送给 include()导入的配置模块以做进一步处理，也就是分发到二级路由中去解析。

下一步我们建立二级路由，在/myproject/myapp 文件夹中新建 urls.py 文件，输入以下代码。

```
from django.urls import path
from . import views
urlpatterns = [
    path('index/', views.index),
    path('test/', views.test),
    path('login/', views.login),
    ]
```

二级路由配置建立后，对应关系变成了一级路由和二级路由串联起来与视图函数的对应。如“path('index/', views.index),”的实际对应关系变成“path(' myapp/index/', views.index),”的对应关系。

4.1.5　路由命名

在 Django 的 URL 配置中，给一个路由配置项命名，可以方便地在函数或 HTML 文件中调用。

```
urlpatterns = [
    # 命名为test_filter
    path('test_filter/',views.test_filter,name='test_filter'),
    …
    ]
```

上述代码的相关说明如下。

（1）命名的方式较为简单，名称可以包含任何字符串，形如 name='test_filter'。

（2）这样我们就可以在函数或 HTML 文件中用该名称调用 URL 路径。name 参数可以看作

URL 配置项的别名。

（3）命名时要确保不发生名称冲突。如果你把一个应用的 URL 配置项命名为 test，同时另一个应用也这么命名，在调用这个名称时就无法确定使用哪个 URL。为了减少冲突，可以给 URL 配置项的名称加上前缀，比如加上应用程序的名称，形如 myapp_name，而不仅是 name。

URL 配置项有个名字，我们可以通过名字得到 URL，这叫作反向解析 URL。

反向解析 URL 分两种情况，一是在模板文件中反向解析，二是在函数中反向解析。

- 模板文件（HTML 文件）中使用以下代码反向解析。

```
{% url ' test_filter ' %}
```

以上代码得到 URL 路径为/test_filter/。

- 在 views 中的函数中使用以下代码反向解析。

```
v = reverse(' test_filter ')
```

以上代码使得变量 v 等于/test_filter/。

4.1.6 路由命名空间

引入命名空间后，可以使 URL 配置项名称具有唯一确定性，即使不同的应用程序使用相同的名称也不会发生冲突。也就是说，多个应用程序使用相同的名称也可以通过命名空间把它们区分开。

命名空间在 URL 配置项中使用 namespace='name'形式指定，例如：namespace='app1'。

举例说明，在项目根目录下的 urls.py（这个配置文件称为一级配置文件）中有以下代码。

```
from django.urls import path,include
 urlpatterns = [
    # 通过include()函数导入二级配置模块，并设置命名空间
    path ('app1/', include('app1.urls', namespace='app1')),
    path ('app2/', include('app2.urls', namespace='app2')),
]
```

app01 中的 urls.py（二级配置文件），代码如下。

```
from django.urls import path,include
from app1 import views
# 指定命名空间
app_name = 'app01'
urlpatterns = [
    # 给配置项命名为test
    path('test/', views.test, name='test')
]
```

app02 中的 urls.py（二级配置文件），代码如下。

```
from django.urls import path,include
from app2 import views
app_name = 'app02'
urlpatterns = [
    # 给配置项命名为test
    path('test/', views.test, name='test')
]
```

现在，两个应用程序的 URL 名称重复了，我们反向解析 URL 的时候就可以通过命名空间的名称得到正确的 URL。

反向解析用“命名空间:名称”的形式，例如：app01:test。其中，app01 是命名空间，test 是 URL 配置项的名称。

- 模板文件（HTML 文件）中使用以下代码反向解析。

```
{% url 'app01:test' %}
```

以上代码得到 URL 路径为/app01/test/，由一、二级配置文件共同解析生成。

- 在 views 中的函数中使用以下代码反向解析。

```
v = reverse('app01:test')
```

以上代码使得变量 v 等于/app01/test/，这是由一、二级配置文件共同解析生成的。

这样，即使不同应用程序的 URL 配置项的名称相同，都能够反向解析得到正确的 URL 了。

提示：命名空间还可以嵌套，如 group:department:index，解析时先在命名空间 group 中查找命名空间 department，再在 department 中查找名称为 index 的 URL 匹配项。

4.2 样例 2：路由系统开发

URL 是 Web 服务的入口，用户通过浏览器发送过来的任何请求，都是发送到一个指定的 URL，然后被响应。因此在 Django 下编写程序一般从编写路由系统开始。

4.2.1 路由系统应用的简单流程

为了方便，我们仍然在第 2 章建立的 myproject 项目中编写代码来说明路由系统应用流程，本节先实现显示 hello world 页面的简单功能，来讲解路由系统实际应用的开发步骤。

1. 建立路由对应关系

第一步就是建立路径与视图函数的对应关系，打开/myproject/myproject/usls.py，在 urlpatterns

列表中加入以下代码。

```
from django.urls import path
from myapp import views
urlpatterns = [
    # 加入的对应关系
    path('hello/',views.hello),
]
```

上述代码的相关说明如下。

（1）因为要用到 path()函数，必须先通过 from django.urls import path 导入相关模块。

（2）URL 路径对应视图函数写在 myapp 应用的 views.py 文件中，路径为/myproject/myapp/views.py，通过 from myapp import views 导入。

（3）读者可能有疑问，Django 为什么能够识别并首先在/myproject/myproject/usls.py 文件中查找匹配关系？这是因为项目目录下的 settings.py 指定了位置，它通过 ROOT_URLCONF 变量指定，代码如下。

```
ROOT_URLCONF = 'myproject.urls'
```

当用户在浏览器上输入 http:// 127.0.0.1:8000/hello/时，在路由对应关系规则上实际上是访问 URL /hello/，Django 根据 ROOT_URLCONF 的设置找到 urls.py 文件。然后按顺序逐个匹配 urlpatterns 列表中的每一项，直到找到一个匹配的项；当找到这个匹配的项时就调用相关联的视图函数。

按照规则，视图函数必须返回一个响应（HttpResponse 对象），Django 将响应转换成符合 HTTP 的响应，最后以网页的形式在浏览器上显示出来。

2. 编写视图函数代码

在路由配置中已经指定对应视图函数 hello()为响应函数，所以第二步就是编写视图函数的代码。打开/myproject/myapp/views.py 文件，编写如下代码。

```
# 导入 HTTP 相关的模块
from django.shortcuts import HttpResponse,render,redirect
def hello(request):
    return render(request,'hello.html')
```

上述代码的相关说明如下。

（1）后端接收浏览器的请求后，经过视图函数处理，最后发送响应到浏览器。所以首先导入响应模块，通过 from django.shortcuts import HttpResponse,render,redirect 语句导入 HttpResponse、render、redirect 这 3 个模块。Django 对请求做出响应的主要方式就是这 3 种，HttpResponse、render、redirect 被称为 Django 的 HTTP 响应“三剑客”。

（2）每个视图函数至少要有一个参数 request，这个参数包含当前 Web 请求的很多信息与对象，它是 django.http.HttpRequest 类的一个实例。即使在视图函数中代码没有用 request 做任何事情，按照规则它必须成为视图函数的第一个参数。

（3）代码通过 render()函数打开 hello.html 并向浏览器发送该文件形成的页面，render()函数不但能打开 HTML 文件，并且可以向 HTML 文件传递参数。

（4）render()第二个参数只提供了文件名，并没有提供路径，Django 如何定位文件的位置呢?实际上路径是在 setttings.py 中设置的。

- 在 settings.py 文件中用以下代码先将 BASE_DIR 设置为“/myproject/”。

```
BASE_DIR = os.path.dirname(os.path.dirname(os.path.abspath(__file__)))
```

- 然后在 TEMPLATES 代码块中，通过'DIRS': [os.path.join(BASE_DIR,'templates')]，将模板文件的所在目录设为/myproject/templates，代码如下。

```
TEMPLATES = [
    {
        'BACKEND': 'django.template.backends.django.DjangoTemplates',
        # 设置模板文件的所在目录
        'DIRS': [os.path.join(BASE_DIR,'templates')],
      …
]
```

因此 render()函数可根据第二个参数提供的文件名到/myproject/templates 目录下寻找 hello.html。

3. 编写 HTML 文件

视图函数 hello()通过 render()打开 hello.html 文件。第三步就是编写 HTML 文件，在/myproject/templates/目录下，新建文件 hello.html，代码如下。

```
<!DOCTYPE html>
<html lang="en">
<head>
    <meta charset="UTF-8">
    <title>Title</title>
</head>
<body>
<div align="center">
    <h2>hello world</h2>
    <hr>
    <p>看到这个页面说明程序已正常运行。</p>
</div>
</body>
</html>
```

这个文件是一个静态文件，代码比较简单，此处不再解释。

4. 运行测试

在命令行终端输入以下命令，启动程序。

```
# 进入项目根目录
cd myproject
# 启动程序
python manage.py runserver
```

第一行命令是进入项目根目录/myproject/，这个目录下的 manage.py 文件可以用来启动程序；第二行命令是启动程序。程序启动后，在浏览器地址栏中输入 http://127.0.0.1:8000/hello/并按下 Enter 键，如果看到图 4.1 中的页面说明程序运行正常。

5. 梳理请求过程

根据以上代码的编写与测试，我们梳理一下 Django 路由系统的运作机制。从我们在浏览器中访问 http://127.0.0.1:8000/hello/，到能够看到图 4.1 中的页面，经过了以下 6 个步骤。

hello world

看到这个页面说明程序已正常运行。

图4.1　hello world页面

- 请求向后端服务器传递 URL 路径值/hello/。
- Django 查看 settings.py 中的 ROOT_URLCONF 设置，找到一级 URL 配置文件。一般情况下一级 URL 配置文件名为 urls.py，并且存放在项目根目录下一个与项目名称相同的目录中，这个目录一般称为项目目录。
- Django 在 urls.py 中查找 URL 配置中的各个 URL 正则表达式，寻找与/hello/匹配的那个。
- 如果能匹配 URL 表达式，则调用对应的视图函数。
- 视图函数接收浏览器提交的请求，通过逻辑代码生成并返回一个 HttpResponse 对象。
- Django 把 HttpResponse 对象转换成 HTTP 格式的响应返回给浏览器，显示相应的页面。

4.2.2　带参数的路由应用

浏览器（客户端）发出请求时，有时会传递参数给视图函数，以实现补充请求信息的作用，这时就要在路由配置项中加上 URL 参数，这个参数会被对应的视图函数接收。打开/myproject/myproject/urls.py，在 urlpatterns 列表项中加入如下代码。

```
# 设置两个 URL 参数，名字为 year 和 month
path('ny/<int:year>/<int:month>/',views.ny)
```

path 函数中 URL 表达式有两个参数 year 和 month，这两个参数都是 int 类型。

路由对应的视图函数是 ny()，接下来编写视图函数。打开/myproject/myapp/views.py，编写函数代码如下。

```
# 由于在配置项中定义了两个 URL 参数，所以视图函数要加上这两个参数
def ny(request,year,month):
      # 参数都是 int 类型，需要转化成字符类型
      year1=str(year)+'年'
      month1=str(month)+'月'
      # 通过 render()函数向 ny.html 模板文件传递变量 year 和 month
      return render(request,'ny.html',{'year':year1,'month':month1})
```

上述代码的相关说明如下。

（1）视图函数根据路由传递的参数，增加了两个参数 year 和 month，由于路由系统中传递的是命名参数，所以在视图函数中的参数名要与其保持一致。

（2）路由系统中传递的参数都是 int 类型，参数传递到视图函数中会保持原来的数据类型（Django 以前版本中路由传递的参数都是字符类型），因此这里要做一次数据类型转换。

（3）最后用 render()函数向 HTML 文件传递变量，变量是字典类型，键名会成为 HTML 文件中的模板变量，如{{ year }}就是 HTML 文件的模板变量。

接下来编写 HTML 代码，在/myproject/templates/目录下新建文件 ny.html，部分代码如下。

```
<div align="center">
      <h2>带参数 URL 测试</h2>
      <hr>
      <!--  传入变量 year 和 month，名字与视图函数 render()传递变量名要一致    -- >
      <p>URL 传入参数：1 是{{ year }},   2 是{{ month }}</p>
<div>
```

HTML 文件中{{ }}包括的变量被称为模板变量，它会被 Django 的模板引擎解析成实际值。

启动程序，在浏览器地址栏中输入 http://127.0.0.1:8000/ny/2019/8/并按下 Enter 键，会看到图 4.2 所示的页面。

带参数URL测试

URL传入参数：1是2019年， 2是8月

图4.2　带参数URL测试页面

4.2.3　带参数的命名 URL 配置

给 URL 配置项命名后，就可以在视图函数代码、模板文件中用名字调用 URL 配置，使 URL 解析工作直观化。打开/myproject/myporject/urls.py，增加一条 urlpatterns 匹配记录，并给这条

配置项命名，代码如下。

```
path('ny/<int:year>/<int:month>/',views.ny,name='ny'),
# 给配置项命名为 name
path('name/<str:username>/',views.name,name='name'),
```

上述代码的相关说明如下。

（1）第一条匹配记录命名为 ny。

（2）增加了一条匹配记录并命名为 name，它的 URL 参数名为 username，是字符型参数。

根据第二条匹配记录的对应关系，我们在/myproject/myaap/views.py 中定义 name()视图函数，代码如下。

```
# 导入反向解析函数
from django.urls import reverse
# 定义视图函数 name()，并增加一个参数 username
def name(request,username):
    if username=='redirectny':
        # 反向解析出地址，并通过 redirect()转向这个地址
        # 通过 args 向 URL 传递参数值
        return redirect(reverse('ny',args=(2019,6,)))
    else:
        welcome='欢迎您，'+username
        return render(request,'name.html',{'welcome':welcome})
```

上述代码的相关说明如下。

（1）通过 URL 名字解析出 URL，称作反向解析。因为要用到反向解析函数，所以首先通过 from django.urls import reverse 代码语句导入 reverse 函数。

（2）在 urls.py 中定义的 URL 参数是命名参数 username，因此视图函数 name()的第二个参数名也为 username，两个名字要保持一致。

（3）判断 username 是否为 redirectny，如果是就转到另一个页面，对应的代码为 return redirect(reverse('ny',args=(2019,6,)))。首先 reverse()函数是反向解析函数，它的第一个参数是 URL 名字；第二个参数是 URL 参数，这个参数是元组类型，reverse('ny',args=(2019,6,))将解析为/ny/2019/6/。

（4）如果 username 不是 redirectny，就通过 render()传递 welcome 变量值到 name.html 文件。

在/myproject/templates/目录下新建 name.html 文件，部分代码如下。

```
<div align="center">
    <h2>命名 url 测试</h2>
    <hr>
```

```
<p>{{ welcome }}</p>
<!--  href 值解析为/name/胡寒山/    -- >
<p><a href="{% url 'name' '胡寒山' %}">胡寒山回来了</a></p>
<!--  href 值解析为/ny/2018/7/    -- >
<a href="{% url 'ny' 2018 7 %}">显示年月的页面</a>
<div>
```

上述代码的相关说明如下。

（1）{% %}包含字符串的格式称为模板标签，Django 模板系统会将其解析成不同意义的代码。代码中“{% url 'name' '胡寒山' %}”将被解析成“/name/胡寒山/”，这样传给视图函数 name()中参数 username 的值是‘胡寒山’，根据代码流程会重新定向本页面，因此单击“胡寒山回来了”这个链接会回到这个页面。在模板中{% url 'URL 名字' 参数 1 参数 2 %}形式能得到反向解析的 URL，其中 URL 名字、参数都包括在{% url %}中，URL 名字要用单引号括起来，URL 名字与参数、参数与参数之间用空格分隔。

（2）“{% url 'ny' 2018 7 %}>”将被解析为“/ny/2018/7/”，也就是重定向到 4.2.2 节介绍的页面（图 4.2）。

启动程序，在浏览器地址栏中输入 http://127.0.0.1:8000/name/Tom/并按下 Enter 键，会看到图 4.3 所示的命名 URL 测试页面。

单击链接“胡寒山回来了”，根据视图函数代码会重新定向这个页面，只是传递的参数变了，页面上的名字有变化，如图 4.4 所示。

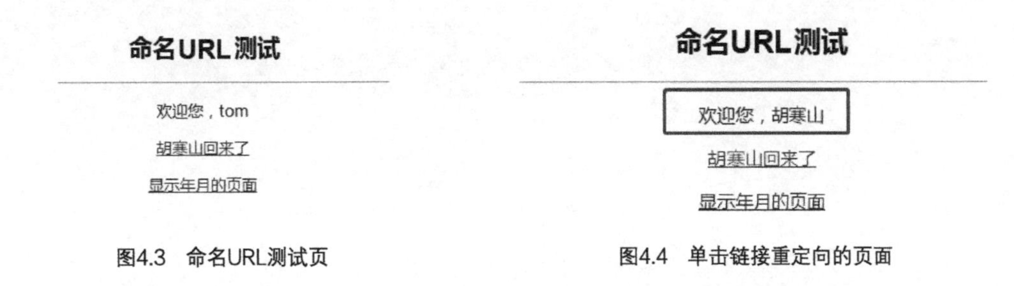

图4.3　命名URL测试页　　图4.4　单击链接重定向的页面

4.3 小结

本章主要讲述了 Django 的路由系统，涉及 URL 配置项的对应规则、传递参数、命名、URL 解析等内容。URL 配置项相当于网站的索引目录，它让 Django 找到视图函数并调用。通过本章的学习，读者应该掌握 URL 配置项的编写方法、熟悉常用 URL 表达式规则、掌握 redirect()函数的不同用法、了解 redirect()所涉及的路由解析过程、掌握模板文件上路由表达式的编写方法。

Django

第 5 章

Django 视图

Django 视图本质上是一个 Python 函数，它的主要功能是接收 Web 请求并返回 Web 响应。做出响应是视图函数的最终目的，所以视图函数无论经过多少逻辑流程，最后都要返回响应，响应的内容包括 HTML 网页、重定向、404 错误页面、JSON 文档或图像等。按照约定规则，视图函数一般放在应用程序目录下名为 views.py 的文件中。

5.1 样例 3：视图函数

定义 Django 视图函数就是定义函数，在这里先从一个简单样例开始介绍视图，让读者对相关概念和框架有大体的了解，然后再介绍视图函数代码编写所需要的相关知识。

为了方便介绍，我们利用第 3 章中建立的 test_orm 项目，在这个项目上编写视图函数并讲解相关样例。

5.1.1 视图样例

视图函数的主要功能是接收请求、返回响应。在建立应用程序后，先在 URL 配置文件中加一条配置项指明 URL 与视图函数的对应关系。然后按照实际需求在视图函数中编写逻辑代码来实现相应的功能，返回一个 HTTP 响应。

1. 建立应用程序

首先进入 test_orm 项目根目录，在命令行终端输入 python manae.py startapp test_view 命令，建立一个名字为 test_view 的应用程序。打开/test_orm/test_orm/settings.py 文件，在 INSTALLED_APPS 代码块的列表项中加入'test_view'。

2. 建立二级 URL 配置

为了 URL 配置层次清楚，我们把与 test_view 有关的 URL 配置放在二级 URL 配置上，在一级 URL 配置上通过 include()函数导入二级配置，打开/test_orm/test_orm/urls.py，输入以下代码。

```
from django.urls import path,include
urlpatterns = [
…
# 导入test_view的urls.py文件
path('test_view/',include('test_view.urls')),
    ]
```

上述代码的相关说明如下。

（1）第一行代码导入 include 模块。

（2）path()函数中的 include()的参数用“.”作为分隔符，分隔符前面的字符串为应用程序名，分隔符后面的字符串指的是应用程序目录下的 URL 配置文件名（不含扩展名）。

提示：包含 include()的 path()函数会把第一个参数（URL 正则表达式）的字符串传给 include()导入的 URL 配置。该字符串作为前缀，与导入的二级 URL 配置中 path()函数的第一个参数的字符串合并，形成一个新的 URL 正则表达式来与视图函数对应。

建立二级 URL 配置文件，在/test_orm/test_view 文件夹下新建一个 urls.py 文件，输入以下代码。

```
from django.urls import path
# 导入视图函数所在文件 views.py，文件在当前目录
from . import views
urlpatterns = [
    path('hello_view/', views.hello_view),
```

上述代码的相关说明如下。

（1）代码首先导入 path 模块，然后导入当前应用程序目录中视图模块（文件）。

（2）通过 path()函数建立 hello_view/路径与 hello_view 的对应关系。由于是二级 URL 配置，实际匹配路径要加上/test_view/前缀，即匹配的完整路径为/test_view/hello_view/。

3. 编写一个视图函数

编写一个视图函数 hello_view()，实现在页面上显示欢迎词和日期的功能，代码如下。

```
# 导入相关模块
from django.shortcuts import render,HttpResponse
# 导入时间模块
import datetime
# 在此处编写视图函数代码
def hello_view(request):
# 取出当前日期
vnow=datetime.datetime.now().date()
# 组合一个 HTML 格式的文本
    rep="<div align='center'><h1>你好，欢迎你浏览本页面</h1><hr>当前日期是%s</div>"%vnow
# 通过 HttpResponse()函数返回一个 HttpResponse 对象
#  HttpResponse()函数把传给它的文本解析成 HTML 格式发送给网页
return HttpResponse(rep)
```

上述代码的相关说明如下。

（1）视图函数用到 HttpResponse()、datetime，需要先导入相关模块。

（2）视图函数的定义方式与普通函数定义方式是一样的。函数的第一个参数必须是 request，它是一个 HttpRequest 对象，携带着请求信息及相关内容，如提交数据、上传文件、请求方式、URL 等。

（3）视图函数必须对请求有响应，在代码中表现为通过 return 语句返回一个 HttpResponse 对象，这个 HttpResponse 对象是由视图函数逻辑代码生成的响应。

提示：视图函数最后必须生成并返回一个 HttpResponse 对象，没有任何返回值的视图函数是错误的。

4．测试

编写完代码后，测试是检验代码正确与否的重要手段。进入项目根目录，在命令行终端输入 python manage.py runserver 启动程序，在浏览器地址栏中输入 http://127.0.0.1:8000/test_view/hello_view/并按下 Enter 键，如果出现图 5.1 所示的欢迎页面，说明程序运行正常。

你好，欢迎你浏览本页面

当前时间是2019-09-03

图5.1　欢迎页面

5.1.2　HttpRequest 对象和 HttpResponse 对象

Django 视图函数逻辑流程主要就是接收浏览器请求，生成响应并返回浏览器。具体来说就是当浏览器向服务端发出一个请求时，Django 会创建一个 HttpRequest 对象，该对象对请求数据进行封装，然后根据 URL 配置找到对应的视图函数，将这个 HttpRequest 对象作为第一个参数传递给视图函数，视图函数通过一系列逻辑代码最终生成一个 HttpResponse 对象，然后将其返回给浏览器。

HttpRequest 对象和 HttpResponse 对象是视图函数最常用的对象，这两个对象在 Django 系统中称为 Request 对象和 Response 对象。

1．HttpRequest 对象

当一个页面被请求时，Django 会创建一个包含本次请求信息的 HttpRequest 对象，并将这个对象自动传递给与 URL 对应的视图函数，视图函数的第一个参数 request 接收这个 HttpRequest 对象。

HttpRequest 对象常用属性主要包含 path、method、GET、POST、FILES、body 等，这些属性大部分是只读性质的，下面进行简单介绍。

- path：字符串类型，表示请求的路径，不含域名（IP 地址）、端口号、查询字符串。例如：当用户在浏览器地址输入 http://127.0.0.1:8000/test/goodview/?p=abc 时，HttpRequest 对象的 path 参数存储的字符串只有/test/goodview/。
- method：字符串类型，指的是页面的请求方法，必须用大写形式，例如：GET、POST。
- GET：字典类型，包含 GET 请求方法中传递的所有参数，形式为{key:value,key2:value2,…}，每一项是键（key）:值（value）形式。
- POST：字典类型，将页面提交的数据封装成字典对象。

提示：如果使用 POST 请求上传文件，文件信息将包含在 FILES 属性中，并不包含在 POST 字典中，只有一般表单字段才包含在 POST 字典中。

- FILES：字典类型，包含上传文件信息。通过表单上传的文件会保存在该属性中，字典的 key 是<input>标签中 name 属性的值，value 是一个 UploadedFile 对象。

提示：FILES 只有在请求的方法为 POST 且<form>标签带有 enctype="multipart/form-data"的情况下才会提交上传文件的相关数据。否则，FILES 将为一个空对象。

- body：字符串类型，表示请求报文的主体。在处理非 HTTP 形式的报文时非常有用，例如：二进制图片、JSON 文件、XML 文件等。
- scheme：字符串类型，表示请求协议，一般值为 http 或 https。
- encoding：字符串类型，表示提交的数据的编码方式，如果为 None 则表示使用默认设置，默认设置为'utf-8'，这个属性是可写的。
- COOKIES：字典类型，是 cookie 组成的字典。
- session：字典类型，表示当前的会话，这个属性是可写的。

HttpRequest 对象的常用方法介绍如下。

- POST.get()：取得 POST 请求提交的网页表单上的数据。

```
Name=request.POST.get('name')
```

- GET.get()：取得网址上查询字符串或者是 GET 请求方法提交的网页表单上的数据。

```
test=request.POST.get('test')
```

- get_host()：获取网址中主机的域名（IP 地址）和端口字符串。如要访问的地址是 http://127.0.0.1:8000/test/login/?p=11，get_host()将返回 127.0.0.1:8000。

```
Ip_port=request.get_host()
```

- get_full_path()：返回网址中的地址 path，包括查询字符串，不包括域名（IP 地址）和端口。如要访问的地址是 http://127.0.0.1:8000/test/login/?p=11，get_full_path()将返回/test/login/?p=11。

```
full_path=request. get_full_path ()
```

- COOKIES.get()：返回 cookie 对应的值，形式为 COOKIES.get(key,defalut)。key 是位置参数，表示 cookie 名字；default 是位置参数，如果提供 default 可选参数，当无此 cookie 或 cookie 无值时返回 default 的值。

```
request.COOKIES.get('var',0)
```

- get_signed_cookie：返回 cookie 对应的值，形式为 get_signed_cookie(key, default=default_value, salt='', max_age=None)。key 是位置参数，表示 cookie 名字；default 是位置参数，如果提供 default 可选参数，当无此 cookie 或 cookie 无值时返回 default 的值；salt 是可选命名参数，字符串类型，用这个字符串经过一定算法进行加密，对 cookie 值提供额外的保护；max_age 是可选命名参数，用于检查 cookie 对应的时间戳，以确保 cookie 的存在时间值不会超过 max_age。

```
# 返回 cookie test_name 的值
request.get_signed_cookie('test_name')
```

```
# 返回cookie test_name的值，因为在设置cookie的时候使用了salt，取值也要使用相同的salt
request.get_signed_cookie('name', salt='name-salt')
# 不存在的cookie，返回False
request.get_signed_cookie('non-existing-cookie', False)
# 名字为name的cookie存在时间超过80秒，返回False
request.get_signed_cookie('name', False, max_age=80)
```

2. HttpResponse对象

HttpResponse对象需要视图函数通过逻辑代码生成，每个视图函数都需要实例化一个HttpResponse对象，并在最后返回这个对象。

HttpResponse对象常用属性和方法的简介如下。

- content：bytes类型，生成的响应内容。
- charset：编码的字符集，如utf-8。
- status_code：响应的状态码，例如状态码200表示正常。
- HttpResponse()：HttpResponse对象的实例化方法，使用content参数和content-type参数实例化一个HttpResponse对象，函数格式为HttpResponse (content='', content_type=None, status=200, reason=None, charset=None)。content是位置参数，字符串类型，这些字符串形成Response对象的内容；content_type是可选命名参数，用于填充HTTP响应的Content-Type头部，如果未指定，默认为text/html; charset=utf-8字符串；status是可选命名参数，表示响应的状态码，如状态码200表示成功；reason是可选命名参数，表示HTTP响应短语，如"HTTP/1.0 200 OK"中的OK就是响应短语，起到说明作用；charset是可选命名参数，表示编码方式，如utf-8。

```
# 在页面上显示hello,world
response = HttpResponse("hello,world.")
response = HttpResponse("hello,world.", content_type="text/plain")
```

- write()：将HttpResponse实例看作类似文件的对象，往里面添加内容。函数格式为HttpResponse.write(content)。

```
response = HttpResponse()
response.write("<p>这是一行.</p>")
response.write("<p>这是另一行.</p>")
```

- writelines()：将一个包含多个字符串的列表写入响应对象中，不添加分行符。函数格式为writelines(lines)。

```
response = HttpResponse()
lines=["<p>这是一行.</p>","<p>这是第二行.</p>"]
response.writelines(lines)
```

- set_cookie()：设置一个 cookie。函数格式为 set_cookie(key, value='', max_age=None, expires=None, path='/', domain=None, secure=None, httponly=False)。key 是位置参数，表示 cookie 名字，字符串形式；value 是位置参数，cookie 的值，字符串形式；max_age 是可选命名参数，表示生存周期，以秒为单位，如果不给 max_age 赋值，这个 cookie 会延续到浏览器关闭；expires 是可选命名参数，表示到期时间；path 是可选命名参数，表示生效路径，默认是'/'，代表允许网站的任何 URL 指向的页面访问 cookie，如果设置 path='/index/'，代表只能 index 页面使用 cookie，其他 URL 指向的页面不能使用 cookie；domain 是可选命名参数，用于设置跨域的 cookie，例如 domain=".test.com"将设置一个 www.test.com、blogs.teste.com 和 calendars.test.com 等都可读的 cookie；secure 是可选命名参数，当用 HTTPS 传输时应设置 secure 为 true；httponly 是可选位置参数，如果阻止客户端的 JavaScript 文件访问 cookie，可以设置 httponly=True。

```
response = HttpResponse()
response.set_cookie("key", "value",max_age=1000)
```

- set_signed_cookie()：函数格式为 HttpResponse.set_signed_cookie(key, value, salt='', max_age=None, expires=None, path='/', domain=None, secure=None, httponly=True)，与 set_cookie() 类似，但是在设置之前将用密钥签名，也就是常说的“加盐处理”。通常与 HttpRequest.get_signed_cookie()一起使用。你可以使用可选的 salt 参数来增加密钥强度，但需要记住在调用 HttpRequest.get_signed_cookie() 时，也要把使用的 salt 参数传入，用于解密。
- delete_cookie()：删除 cookie 中指定的 key。函数格式为 delete_cookie(key, path='/', domain=None)，由于 cookie 的工作方式，path 和 domain 应该与 set_cookie()中使用的值相同，否则不能删掉 cookie。
- 增加或删除 http Response 对象头部字段。

```
response = HttpResponse()
# 增加头部字段
response['name'] = 'Tom'
# 删除头部字段
del response['name']
```

- flush()：清空 HttpResponse 实例的内容，函数格式为 flush()。

```
response = HttpResponse()
response.write("<p>这是一行.</p>")
reponse.flush()
```

5.1.3 视图函数响应“三剑客”

Django 视图对请求做出响应经常用到 HttpResponse()、render()、redirect() 3 个函数，它们被称为视图函数的“三剑客”，用它们几乎可以完成视图函数生成响应的所有功能。

1. HttpResponse()函数

前面已介绍过 HttpResponse()函数，它生成 HttpResponse 对象，render()、redirect()函数本质上也是通过调用 HttpResponse()来进行响应。

2. render()函数

render()函数由 django.shortcuts 模块提供，其功能是根据模板文件和传给模板文件的字典类型的变量，生成一个 HttpResponse 对象并返回。

函数格式为 render(request, template_name, context=None, content_type=None, status=None)，其中的参数解释如下。

- request：位置参数，代表传给视图函数的 Web 请求，封装了请求头的所有数据，其实就是视图参数 request。
- template_name：必选位置参数，指的是要使用的模板文件的名称，一般是放在 templates 目录下的 HTML 文件。
- context：可选参数，数据是字典类型，默认是一个空字典，保存要传到 HTML 文件中的变量。
- content_type：可选命名参数，用于设置生成的文档的 MIME（Multipurpose Internet Mail Extension，多用途互联网邮件扩展）类型。默认为 DEFAULT_ CONTENT_TYPE 的值 text/html。
- status：可选参数，表示响应的状态代码，默认为 200。

以下代码向 index.html 文件传递变量名为 welcome 值为'hello world!'的变量，设置返回给浏览器的 MIME 类型为 text/html。

```
from django.shortcuts import render
def test_view(request):
    # 视图的代码写在这里
    return render(request, 'index.html', {'welcome': 'hello world!'} , content_
type='text/html')
```

3. redirect()函数

redirect()函数接收一个参数，表示让浏览器跳转到指定的 URL；这个参数可以是数据模型（Model）对象、视图函数名称或 URL。

（1）参数是一个数据模型（Model）对象时，redirect()函数将调用数据模型中定义的get_absolute_url()函数，并取得该函数返回的 URL 值，然后跳转到该 URL。

我们用一个简单样例加深理解，还是在 test_orm 项目中编码。打开/test_orm/test_orm/urls.py 文件，在 urlpatterns 的列表中加入以下代码，主要添加两个 URL 与视图函数的对应。

```
from django.urls import path
from . import views
```

```
…
path('dep/<int:dep_id>/',views.depdetail,name='depdetail'),
path('test_redirect/',views.test_redirect),
```

在/test_orm/test_view/models.py 中建立数据模型 department，代码如下。

```
#导入数据模块
from django.db import models
# 导入反向解析函数
from django.urls import reverse
# 在此处编写数据模型代码
# 部门数据模型（部门数据表）
class department(models.Model):
# 部门名称，为字符类型
dep_name=models.CharField(max_length=32,verbose_name='部门名称',unique=True,
blank=False)
# 部门备注说明
dep_script=models.CharField(max_length=60,verbose_name='备注',null=True)
# 数据模型的get_absolute_url()方法
def get_absolute_url(self):
    # 反向解析URL，解析成/dep/ self.pk /
        return reverse('depdetail',kwargs={'dep_id':self.pk})
```

在数据模型 department 中定义了一个函数 get_absolute_url()，该函数返回一个 URL。

reverse()是 URL 反向解析函数，它的第一个参数的值是'depdetail'，它是名字为 depdetail 的 URL 配置项。reverse 的解析过程是：找到当前应用 test_view 下 urls.py 中名字为 depdetail 的配置项，reverse()函数会找到对应的 URL，根据传给它的字典类型参数（kwargs={'dep_id':self.pk}）进行组合，最终解析生成完整的 URL。

提示：self.pk 中的 pk 是主键，在数据模型中与 id 是一个意思，dep_id 就是 URL 配置项中 URL 表达式的 URL 实名参数 dep_id，在 get_absolute_url()把 id 字段值传给参数 dep_id。

数据模型定义好后，通过 python manage.py makemigrations、python manage.py migrate 命令生成数据库表。

打开/test_orm/test_view/views.py 文件，定义两个视图函数 depdetail()和 test_redirect()，代码如下。

```
from django.shortcuts import render,HttpResponse,redirect
from . import models
def depdetail(request,dep_id):
# 根据传入的参数值取出一条记录
obj=models.department.objects.get(id=dep_id)
```

```
    # 返回HttpResponse对象
    return HttpResponse('部门：'+obj.dep_name+',备注：'+obj.dep_script)
def test_redirect(request):
    obj=models.department.objects.get(id=1)
    # 用redirect()重定向，参数是数据模型对象，所以重定向到数据模型get_absolute_url生成的URL
    # 这个URL对应视图函数views.depdetail(),实际上调用这个函数
    return redirect(obj)
```

首先通过“from django.shortcuts import redirect”导入redirect()函数，通过“from . import models”导入定义的数据模型。

视图函数test_redirect()中有一个redirect()函数，这里的redirect()函数运行流程分为以下3步。

- 由于传入redirect()函数的参数obj是一个数据模型实例对象（数据记录），这个对象的数据模型类是department，因此调用该对象的get_absolute_url()方法。
- get_absolute_url()通过reverse()函数把URL配置项名字和obj的id当作参数反向解析出一个URL并返回给redirect()函数，这个URL形如“/dep/1/”。
- reverse()函数得到URL后去urls.py文件中找匹配关系，找到对应视图函数为depdetail()，最后执行这个函数。

（2）参数是视图函数名称时，redirect()函数通过视图函数名称和视图函数参数反向解析出URL并重定向到这个URL。下面的代码传入了一个视图函数名称depdetail和参数，这个视图函数用的是上面定义的test_redirect()视图函数。

```
def test_redirect(request):
    # 视图函数depdetail()有参数dep_id
    return redirect('depdetail',dep_id=2)
```

这里的redirect()函数的执行过程是首先反向解析出URL，到urls.py文件中找到URL对应的视图函数，执行视图函数depdetail()。在外部看可以这样理解，通过redirect()直接调用了视图函数depdetail()。

（3）参数是完整的URL时，redirect()函数直接打开这个URL指向的网页。参数有http://作前缀，才算完整的URL，如：return redirect('http://127.0.0.1:8000/dep/2/')和return redirect('http://网址/')。

（4）参数是URL，但不带http://和https://时，redirect()函数会到urls.py文件中寻找匹配，如果有匹配就定向到这个URL并执行对应的视图函数，如果没有匹配则直接重定向到这个地址。

```
return redirect('/dep/66/')
```

5.2 基于类的通用视图

Django的通用视图是在总结了一些在视图开发中常用的代码和模式的基础上，进行封装形成的一种编写视图的方式。通用视图通过简单的配置或少量代码就可以快速编写出能实现常用功能

的视图。最常使用的通用视图有 3 个：TemplateView、ListView 和 DetailView，下面分别进行说明。为了方便介绍，我们在应用程序 test_view 中编写代码。

5.2.1 TemplateView 类通用视图

TemplateView 一般在展示模板文件时使用，举例说明如下，打开/test_orm/test_view/views.py，编写以下代码，代码主要实现了向模板文件 test_view/test_tmp.html 传递一个名字为 test 的参数。

```
from django.views.generic import TemplateView
# 视图继承于 TemplateView
class test_templateview(TemplateView):
    # 设置模板文件
    template_name = 'test_view/test_temp.html'
    # 重写父类 get_context_data()方法
     def get_context_data(self, **kwargs):
        context=super(test_templateview,self).get_context_data(**kwargs)
        # 增加一个模板变量 test
        context['test']='这是一个要传递的变量'
        return context
```

上述代码的相关说明如下。

（1）代码首行通过“from django.views.generic import TemplateView”导入 TemplateView 类通用视图模块。

（2）通用视图通过继承方式建立一个类，而不是定义一个函数。test_templateview 类中 template_name 指定模板文件的位置，这个模板文件的位置由 settings.py 中 TEMPLATES 列表的 DIRS 决定。

（3）TemplateView 类中的 get_context_data()可以增加新的模板变量，变量以字典的形式传递，字典键名就是传到模板文件的变量名，可以用{{ 变量名 }}的形式存放在模板文件中。

提示： 继承于 TemplateView 的类使用 get_context_data()函数时，生成的模板变量字典必须先由父类的 get_context_data()生成，可以理解为要先继承父类的方法，让父类方法生成字典，子类用这个字典增加模板变量，模板变量以字典键值对形式加入字典。

要想调用这个写好的通用视图类，需要在 urls.py 中配置，打开/test_orm/test_view/usrl.py 并加一条配置项，代码如下。

```
path('test_templateview/',views.test_templateview.as_view()),
```

观察 path()函数的第二个参数会发现，调用的类视图后加上了“.as_view()”，这是因为基于类的通用视图在调用时以函数的形式而不能以类的形式被调用。因此需要把类视图用 as_view()转化成函数，才能被调用。

提示：Django规定URL配置项将URL与一个可调用的函数形成关联对应关系，而不是一个类，所以基于类的视图要用as_view()类方法转为函数模式。

下面列出模板文件 test_temp.html 的代码的主要部分，模板文件位于/test_orm/templates/test_view文件夹下。

```
<body>
<h2>这是一个TemplateView的测试页</h2>
<h3>{{ test }}</h3>
</body>
```

HTML代码中的{{ test }}就是类视图的get_context_data()返回context字典中的一个键名，它会被Django模板引擎解析为“这是一个要传递的变量”的字符串来显示。

5.2.2 ListView类通用视图

ListView类通用视图主要用于获取存储在数据库表中的记录，并通过模板变量传递给模板文件。

1. ListView类通用视图基本知识

下面用简单代码说明继承ListView类的视图编写方式，并对类的属性和常用方法进行介绍。

```
from django.views.generic import ListView
# 视图继承于ListView
class test_listview(ListView):
    # 设置数据模型
    model=models.department
     # 设置模板文件
    template_name = "test_view/test_listview.html"
     # 设置模板变量
    context_object_name = "dep_list"
```

上述代码的相关说明如下。

（1）代码首行导入ListView类相关模块。

（2）视图类中model属性指定了数据模型（Model），即确定数据记录的来源。指定这个属性是要取出department数据库表中的所有数据，功能相当于dep_list = models.department.objects.all()，其中dep_list是context_object_name指定的名字。

（3）template_name属性指定了需要渲染的模板文件，在本应用程序中模板文件的位置实际为/test_orm/templates/test_view/ test_listview.html。

（4）context_object_name指定了模板中使用的上下文变量（模板变量），指定这个属性就是把变量dep_list传递给了test_view/test_listview.html模板。

提示：如果没有指定 context_object_ name，默认使用 object_list 作为模板变量的名字。

（5）如果在类中给 model 属性设置了数据模型，就会取出该数据模型中所有的数据。如果查询的数据需要过滤条件或者对数据进行有条件选取时，需要通过重写 ListView 中的 get_queryset()方法来实现。

（6）在类中通过 context_object_name 属性来指定传递的模板变量，如果要增加新的模板变量，可以通过重写 get_context_data()方法来实现。

2. ListView 类通用视图应用

建立 URL 配置项，打开/test_orm/test_view/urls.py 文件，加入以下代码建立与视图类的对应关系，请注意 as_view()用法。

```
path('listviewdemo/',views.listviewdemo.as_view()),
```

这里说明一下，视图用到两个数据模型：person 和 loguser。person 有 name、email、gender、head_img 等字段，其中 gender 的值为“1”或“2”，head_img 是图片字段，用于保存图片地址。loguser 有 acount、password 两个字段。

在/test_orm/test_view/views.py 中编写以下代码，这段代码重写了 get_queryset()和 get_context_data()方法。

```
from django.views.generic import ListView
class listviewdemo(ListView):
        # 设置模板文件
        template_name = "test_view/listviewdemo.html"
        # 设置模板变量
        context_object_name = "person_list"
        # 重写get_queryset()，取person中性别为女的人员，gender值为'2'
        def get_queryset(self):
        # 按照gender='2'过滤数据
            personlist =models.person.objects.filter(gender='2')
            return personlist
        # 重写父类的get_context_data()，增加模板变量loguser
       def get_context_data(self, **kwargs):
            kwargs['loguser'] = models.loguser.objects.all().first()
            return super(listviewdemo, self).get_context_data(**kwargs)
```

上述代码的相关说明如下。

（1）template_name 指定模板文件的地址，这个地址由 settings.py 中 TEMPLATES 配置项的 DIRS 和 template_name 的值联合指定。在 settings.py 文件中 BASE_DIR = os.path.dirname (os.path.dirname (os.path.abspath(__file__)))这句代码得出 BASE_DIR 的值为/test_orm/，而又有'DIRS': [os.path.join

(BASE_DIR,'templates')]，进一步推出 DIRS 的值是/test_orm/templates/。因此推出视图代码中的模板文件全路径为/test_orm/templates/test_view/listviewdemo.html。

（2）context_object_name 指出传给模板文件的变量名，由于没有指定 model 属性，这里 person_list 与 get_queryset()函数的返回值对应，换句话说就是 person_list 变量存储的 get_queryset()函数的返回值。

（3）由于我们需要对数据库表中的数据进行有条件的查询，因此重写了 get_queryset()。这个函数一般就是通过 Django ORM 查询语句取出需要的数据并返回，注意该函数返回的数据类型是 queryset 集合。

（4）进一步说明，context_object_name 属性指定一个模板文件变量名，有时我们需要传递给模板的变量不止一个，多出来的变量可以通过重写 get_context_data()函数取得。该函数的第二个参数是**kwargs，从形式上看是一个字典类型参数，这个字典类型参数保存着要传递给模板文件的变量，变量名就是字典的每个元素的键名。生成的字典必须继承父类字典的属性，通过 return super(listviewdemo, self). get_context_data(**kwargs)这句代码可以继承父类模板变量的属性，并通过 return 语句返回这一模板变量（字典类型）。

类视图通过 template_name 指定模板文件，以下是这个文件的主要代码。

```
<div align="center">
    <h2>当前登录人员：{{ loguser.account }}</h2>
    <hr>
    <table cellspacing=16px>
        <thead>
        <tr align="center">
            <th>头像</th>
            <th>姓名</th>
            <th>邮箱</th>
            <th>性别</th>
        </tr>
        </thead>
        <tbody>
       <!--for 循环块中，依次取出每条记录      -- >
        {% for person in person_list %}
        <tr>
            <td><img src="/media/{{ person.head_img }}" style="height:60px;width:60px;"></td>
            <td>{{ person.name }}</td>
            <td>{{ person.email }}</td>
          <!-- # 取得性别的显示值//-->
            <td>{{ person.get_gender_display }}</td>
        </tr>
```

```
            {% empty %}
            <tr>
                <td colspan="7">无相关记录！</td>
            </tr>
            {% endfor %}
            </tbody>
        </table>
    </div>
```

上述代码的相关说明如下。

（1）代码中有两个模板变量，一个是 loguser，由类视图中的 get_context_data(self, **kwargs) 生成；另一个是 person_list，由类视图中的 context_object_name 属性指定。

（2）loguser 的 account 属性（字段）保存着账号信息，在 HTML 文件中可以用{{ loguser.account }}形式存放，会被解析成账号信息实际值。

（3）person_list 是 queryset 集合（记录集合），通过{% for person in person_list %}循环取出每条数据的 person。person 有 head_img、name、email、gender 等字段，可以通过{{ person.name }}等形式取值。通过<img src="/media/{{ person.head_img }}" style="height:60px;width:60px;">代码得到图片源地址，得以在网页显示图片。

编写完代码需要进行测试，用 python manage.py runserver 命令启动程序，在浏览器地址栏中输入 http://127.0.0.1:8000/test_view/listviewdemo/并按 Enter 键，如果出现图 5.2 所示的页面，说明代码运行正常。

图5.2 ListView类视图生成的页面

5.2.3 DetailView 类通用视图

ListView 用于获取数据模型多条数据的列表，获取的是对象的集合。如果要获取数据模型的单个对象，就需要用 DetailView 类通用视图。DetailView 类获取单个对象时，需要指定主键进行查询选择，因此给配置项的 URL 表达式设置一个参数，以便传递一个主键值进行查询。

1. DetailView 类通用视图基本知识

下面用代码简单说明继承 DetailView 类的视图编写方式，并对类的属性和常用方法进行介绍。

```
from django.views.generic import DetailView
# 视图继承于 DetailView
class test_detailview(DetailView):
    # 设置数据模型
    model=models.person
    # 设置模板文件
    template_name='test_view/testdetail.html'
    # 设置模板变量
    context_object_name = 'person'
    # 在 urls.py 文件的 urlpattern 定义的 URL 正则表达式中的实名参数 personid
    pk_url_kwarg = 'personid'
```

上述代码的相关说明如下。

（1）代码首行导入 DetailView 类相关模块。

（2）视图类中 model 属性指定了数据模型（Model），告诉 Django 获取哪个数据模型中的单个对象。

（3）template_name 属性指定了需要渲染的模板文件，本应用程序中模板文件的实际位置为 /test_orm/templates/test_view/testdetail.html。

（4）context_object_name 指定了模板中使用的上下文变量（模板变量），指定这个属性就是把变量 person 传递给了 test_view/testdetail.htm 模板文件。

提示：如果没有指定 context_object_name，默认使用 object 作为模板变量名。

（5）pk_url_kwarg 指定获取数据模型的单条数据时，保存主键值的参数名字，这个参数是 URL 正则表达式中的 URL 实名参数，在 urls.py 文件的 urlpattern 列表项中定义。

（6）DetailView 类还有一个方法 get_object()，如果不重写这个方法，也就是在类中不出现这个方法，默认情况下获取 id 等于 pk_url_kwarg 的记录，如果需要在获取过程中对获取的对象做一些处理，可以通过复写 get_object()实现。

（7）可通过 context_object_name 属性来指定传递的模板变量，如果要增加新的模板变量，可以通过重写 get_context_data()方法来实现。

2. DetailView 类通用视图应用

建立 URL 配置项，打开/test_orm/test_view/urls.py 文件，加入以下代码建立与视图类的对应关系。

提示：path()函数中的URL表达式的参数是实名参数，名字为personid，这个名字将给类视图中的pk_url_kwarg赋值，该参数用于保存记录的id字段值，即要给这个实名参数传递主键值。

```
path('detailviewdemo/<int:personid>/',views.detailviewdemo.as_view()),
```

通用视图类继承于 DetailView，其代码如下。

```
class detailviewdemo(DetailView):
    model = models.person
    template_name = 'test_view/testdetail.html'
    context_object_name = 'person'
    # urls.py 文件的 urlpattern 列表里的 URL 表达式中的实名参数为 personid
    pk_url_kwarg = 'personid'
    def get_object(self, queryset=None):
      # 调用父类的 get_object()
        obj = super(detailviewdemo, self).get_object()
        if obj.gender == '1':
            obj.gender = '男'
        else:
            obj.gender = '女'
        return obj
    def get_context_data(self, **kwargs):
        # 增加一个变量 test
        kwargs['test'] = '这是一个 DetailView 类通用视图生成的页面'
        return super(detailviewdemo, self).get_context_data(**kwargs)
```

上述代码的相关说明如下。

（1）视图通过 model 属性指定从 person 数据库表中取数据，取出的数据存放在 context_object_name 指定的 person 变量中；template_name 指定了模板文件的路径。

（2）pk_url_kwarg 属性指定的是 URL 配置项中 URL 参数名，它指的就是 urls.py 的配置项 path('detailviewdemo/<int:personid>/',views.detailviewdemo.as_view()), 中角括号里面的int类型的URL参数 personid。举例说明，如果浏览器地址中输入的是/127.0.0.1:8000/test_veiw/detailviewdemo/66/，视图则通过 models.person.objects.get(id=66)取得一条记录数据。

（3）视图类重写 get_object()方法，代码首先通过 obj = super(detailviewdemo, self).get_object()调用父类的 get_object()生成一条数据记录对象，然后对这个对象的 gender 字段进行判断，根据数值不同赋予不同的性别，这个方法要返回一个数据记录。

（4）视图类重写 get_context_data()方法，增加了一个模板变量 test。

以下是/test_orm/templates/ test_view/testdetail.html 模板文件的主要部分。

```
<div align="center">
    <div>{{ test }}</div>
```

```
    <hr>
    <div>姓名：{{ person.name }}</div>
    <div>邮箱：{{ person.email }}</div>
    <div>性别：{{ person.gender }}</div>
</div>
```

代码中的{{ test }}是由视图 get_context_data()方法生成的，{{ person.name }}中 person 是由视图的 context_object_name 属性指定的。

模板变量、模板标签都是 Django 的模板语言范畴，后面将详细介绍。

下面测试程序，用 python manage.py runserver 命令启动程序，在浏览器地址栏中输入 http://127.0.0.1:8000/test_view/listviewdemo/并按 Enter 键，如果出现图 5.3 所示的页面，说明代码运行正常。

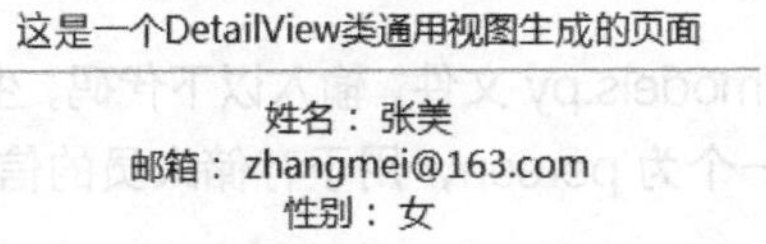

这是一个DetailView类通用视图生成的页面

姓名：张美
邮箱：zhangmei@163.com
性别：女

图5.3 DetailView类视图生成的页面

5.3 样例 4：Django 视图应用开发

本节通过一个简单的人员管理系统介绍视图的实际应用，这个系统通过 cookie 实现在登录时保存用户信息，主要实现人员信息管理的功能，这些信息包括人员的主要信息（姓名、邮箱、性别）、头像、附件管理。本系统主要包含登录、人员列表、人员信息增加、人员信息修改等页面。

为了提高效率，减少重复建立项目工作量，我们借用前文建成的 test_orm 项目，在其下建立一个应用程序 test_view。

5.3.1 准备工作

1. 建立应用程序

进入/test_orm/目录，在命令行终端输入命令建立应用程序 test_view，命令执行后就在/test_orm/目录下生成一个/test_view 文件夹，命令如下所示。

```
python manage.py startapp test_view
```

在/test_view 文件夹下会自动生成__init__.py、admin.py、apps.py、models.py、tests.py、views.py 等文件。这里我们主要用到 models.py、views.py 文件，一个建立数据模型，一个写视

图代码。

生成应用程序还需要注册应用程序，让 Django 知道有新应用加入并能够管理其数据模型等。打开/test_orm/test_orm/settings.py 文件，找到 INSTALLED_APPS 配置项并加入'test_view',来注册应用程序 test_view。

2. 图像管理插件

该应用程序用到图片文件，主要涉及图片上传、存储等流程。由于 Pillow 处理图片的功能较为强大，API（Application Program Interface，应用程序接口）简单易用，它基本上是 Django 平台上常用的图像处理库。因此我们先安装 Pillow，在命令行终端输入以下命令进行安装。

```
pip install pillow
```

3. 生成数据库表

打开/test_orm/test_view/models.py 文件，输入以下代码，生成两个数据模型，一个为 loguser，用于存储登录用户的信息。一个为 person，用于存储人员的信息、头像、附件等内容。

```
from django.db import models
class loguser(models.Model):
    account=models.CharField(max_length=32,verbose_name="登录账号")
    password=models.CharField(max_length=20,verbose_name="密码")

class person(models.Model):
    # 姓名
    name = models.CharField(max_length=32, verbose_name='姓名')
    # 邮箱
    email = models.EmailField(verbose_name="邮箱")
    # 性别，通过 choices 限定字段取值范围
    gender = models.CharField(max_length=1, choices=(("1", "男"), ("2", "女"),),
verbose_name='性别')
    # 头像，upload_to 指定图片上传的途径，如果不存在则自动创建
    head_img = models.ImageField(upload_to='headimage',  blank=True, null=
True,verbose_name='头像')
    # 附件，文件类型字段
    attachment=models.FileField(upload_to='filedir',blank=True,null=True,
verbose_name='附件')
```

上述代码的相关说明如下。

（1）数据模型 loguser 主要用来存储登录用户的信息，在样例 4 的应用程序中仅用在登录功能模块中。

（2）数据模型person的email字段定义为EmailField类型，实际上是字符类型，只是增加了邮箱格式校验，这样保证在存到数据库表时，值是邮箱格式。gender字段是字符类型，通过choices属性限定了字符输入或者选择的范围。

（3）数据模型person的head_img字段是ImageField类型，这是一个文件类型的字段，Django在数据库表中只存储文件的路径，实际的图片文件保存在某个文件夹下，这个文件夹的位置由ImageField字段的upload_to属性和settings.py中的MEDIA_ROOT配置项共同决定。实际存放路径是"MEDIA_ROOT路径+upload_to路径+图片名"，settings.py中MEDIA_ROOT的值为/test_orm/media/，head_img字段的属性upload_to为headimage，因此头像图片文件上传到/test_orm/media/headimage文件夹中。

（4）数据模型person的attachment字段是FileField类型，这是一个文件类型字段，数据库也只存储文件路径，实际文件存储在/test_orm/media/filedir文件夹中。

需要注意的是Django中的命令不能生成数据库，只能生成数据库表。因为我们是在test_orm项目上建立的应用程序，test_orm项目已存在于数据库中（可参考前面章节），所以我们不需要进入MySQL数据库管理界面创建数据库，直接在项目原有数据库建立数据库表即可。进行项目根目录，输入以下命令。

```
python manage.py makemigrations
python manage.py migrate
```

第一行命令进行数据库模型代码的校验，校验通过后才能执行第二行命令，然后在数据库中真正建立数据库表。

提示：Django会在建立数据库表的过程中，在每个表中自动生成一个id字段，这个字段是自增长的整数类型字段，并成为数据库表的主键。

5.3.2 URL配置

URL配置就是建立URL与视图函数的对应关系，这需要在/test_orm/test_orm/urls.py中加入相应的配置项生成对应关系。随着应用程序功能的增加，这些配置项会越来越多，维护难度也随之增加，因此往往需要建立二级URL配置。在这个应用程序中，我们就把test_view应用程序的有关配置项放在二级URL配置上。

首先，打开/test_orm/test_orm/urls.py文件（一级配置文件），输入以下代码。

```
from django.urls import path,include
urlpatterns = [
    path('admin/', admin.site.urls),
    …
    path('test_view/',include('test_view.urls')),
    ]
```

上述代码的相关说明如下。

（1）由于用到 URL 路径的分级，首行导入 include 相关模块。

（2）path('test_view/',include('test_view.urls'))语句通过 include()将二级 URL 配置包含进来，path()函数的第一个参数 test_view 与二级 URL 配置中的地址连接起来，形成一个新的 URL。

（3）include()函数的参数 test_view.urls 中 test_view 指的是应用程序 test_view 所在的目录，urls 是指该目录下的 urls.py 文件，这种形式与文件路径表示相似，不同之处是这里用“.”作为分隔符，此外文件也不用写扩展名。

在/test_orm/test_view/下新建一个 urls.py 文件，在这个文件中编写二级 URL 配置的代码如下。

```
from django.urls import path
from . import views
urlpatterns = [
    # 登录
    path('login/', views.login),
    # 主页，人员列表
    path('index/',views.index),
    # 增加人员
    path('add_person/',views.add_person),
    # 删除人员
    path('del_person/<int:personid>/',views.del_person),
    # 修改人员
    path('edit_person/<int:personid>/',views.edit_person),
    ]
```

上述代码的相关说明如下。

（1）二级 URL 配置中的 URL 要以一级菜单的 URL 作前缀，串联起来才是一个完整的 URL 表达式，如 path('login/', views.login)实际上是路径/test_view/login/与视图函数 views.login 作对应。

（2）通过二级 URL 配置，可以看到这个应用系统主要的登录、人员列表、人员增加、人员修改、人员删除等页面功能。

5.3.3 用户登录

登录功能中我们采用 cookie 记录用户名信息，用户下次登录时可以不再输入用户名，可直接显示用户名，此处主要通过代码介绍 cookie 的使用方法，以下是登录视图函数 login()的代码。

```
def login(request):
    # 判断请求方式，如果是 POST 表示数据提交到后端
    if request.method=='POST':
        # 取得表单提交的 account 值
        account=request.POST.get('account')
```

```
        # 取得表单提交的password值
        password=request.POST.get('password')
        # 勾选了checkbox，get()取得的值是字符串on，未勾选则值是None
        remember=request.POST.get('remember')
        # 数据库查询用户
        loguser=models.loguser.objects.filter(account=account,password=
password).first()
        if loguser:
            rep=redirect('/test_view/index/')
            if remember=='on':
                rep.set_cookie('account',account,max_age=60*60*8)
            return rep
        else:
            errmsg='用户名或密码错误！'
            return render(request, 'test_view/login.html',{'errmsg':errmsg})
    # 第二个参数是空字符，表示如果取不到值，就返回一个空字符给account
    account=request.COOKIES.get('account','')
    return render(request,'test_view/login.html',{'account_two':account})
```

上述代码的相关说明如下。

（1）视图函数首先判断页面的提交方式。如果提交方式是POST，也就是request.method=='POST'成立时，说明现在是页面提交数据阶段。通过request.POST.get()依次取出相应的值，然后通过查询语句判断用户名与密码是否正确，如果正确通过redirect('/test_view/index/')转到index页面。

提示：redirect()函数中的这个参数是与urls.py文件中URL配置项中的URL正则表达式相关联的，所以要符合正则表达式要求的格式，并且前面要加上“/”，参数值字符串要放在引号中。如果用户名或密码错误，把错误提示保存到变量errmsg中，通过render()函数发送到HTML页面。

（2）如果提交方式不是POST，就是第一次打开网页，通过account=request.COOKIES.get('account','')取得account值。在函数中传入两个参数，第一个是cookie键名account，第二个是空字符，表示如果取不到account值，就返回空字符。首次打开页面，通过render()函数把account值传到login.html文件。

（3）模板文件中的表单上还有一个type="checkbox"且name="remember"的<input>标签，如果勾选这个标签，get取得的值为on字符串，如果未勾选则返回None空值。如果该标签被勾选了，就在客户端设置一个cookie值，键名为accout，值为用户名，并且设置生效时间为8小时，对应代码为rep.set_cookie('account',account,max_age=60*60*8)。

提示：cookie必须在响应对象中设置，这句代码中的req是由rep=redirect('/test_view/index/')代码返回的HttpResponse对象。cookie键account的值保存在客户端，在有效时间8小时内登录，这个值会随请求提交到服务端。

视图函数通过 render()函数向 HTML 文件传递参数，这个 HTML 文件在 Django 中一般被称为模板文件或模板。模板文件能被找到并被调用，是因为模板的路径在 settings.py 文件中有设置。在 TEMPLATES 代码中的'DIRS': [os.path.join(BASE_DIR,'templates')]是设置模板路径的地方，这里 BASE_DIR 在本项目中的值为/test_orm/，是根据 settings.py 文件中的 BASE_DIR = os.path.dirname (os.path.dirname(os.path.abspath(__file__)))这句代码取得，因此模板文件的路径是/test_orm/templates/。

```
BASE_DIR = os.path.dirname(os.path.dirname(os.path.abspath(__file__)))
…
TEMPLATES = [
    {
        'BACKEND': 'django.template.backends.django.DjangoTemplates',
        'DIRS': [os.path.join(BASE_DIR,'templates')],
        'APP_DIRS': True,
      …
    },
]
```

我们为了让模板文件层次清晰，在/test_orm/templates/下新建一个文件夹 test_view，因此像该应用程序中 render()函数的第二个参数一样，都要在文件名前加上路径 test_view，形如'test_view/login.html'，特别要注意 test_view 前面不加“/”。

视图函数 login()调用的模板文件是 login.html，这个文件在/test_orm/templates/test_view 文件夹下，其主要代码如下。

```
<body>
<div align="center">
    <h2>登录页面</h2>
    <hr>
    <form method='post' action='/test_view/login/'>
        {% csrf_token %}
        <div style="margin-top:6px;margin-bottom:6px;">
            <label for="">用户名：</label>
        <!--#这个模板变量名为account_two，因为render()传入的变量名也是account_two // -- >
            <input type="text" name="account" value="{{ account_two }}">
        </div>
        <div style="margin-top:6px;margin-bottom:6px;">
            <label for="">密码：</label>
         <!--    设置 type="password"，使输入字符不可见   // -- >
            <input type="password" name="password">
        </div>
```

```
            <div style="margin-top:6px;margin-bottom:6px;">
                <input type="checkbox" name="remember">记住登录用户名
            </div>
            <div style="color:red;">
                {{ errmsg }}
            </div>
            <div style="margin-top:6px;margin-bottom:6px;">
                <input type="submit" value="登录">
            </div>
        </form>
        <div>
</body>
```

上述代码的相关说明如下。

（1）提交数据最常用的是<form>表单，页面中一般通过<form method='post' action= '/test_view/login/'>形式设置表单的属性。这里通过 method 设置了提交方式为 post，action 设置了处理请求的 URL，这个地址字符串实际上是一个 URL 匹配，Django 拿到这个地址后，会在 urls.py 的配置项中寻找相匹配的 URL 正则表达式，进一步找到对应的视图函数。可以这样理解，这里设置 action 中的值是为了最终找到视图函数。因为真正处理数据请求是视图函数。

提示：action 值是一个字符串，第一个字符是“/”，不要漏掉，漏掉了则会成为一个难以发现的错误。

（2）页面上的每一个<input>标签都要设置 name 属性，这样在提交数据时，视图函数才能通过 request.POST.get()得到对应的数据。密码输入标签<input>设置属性 type="password"，可以使输入的字符不可见。

（3）页面通过“<input type="checkbox" name="remember">”增加了一个 checkbox 复选框，主要是为了让登录时选择是否记住用户名，实现方式是用 cookie 在客户端存储用户名。

（4）模板{{ errmsg }}显示从视图函数传递过来的错误信息。

程序编写完成后，需要进行测试。在浏览器地址中输入 http:// 127.0.0.1:8000/test_view/login/，输入密码，并勾选“记住登录用户名”。登录成功后，如果在 8 小时内再次登录，会发现用户名文本框中已自动显示用户名，如图 5.4 所示。

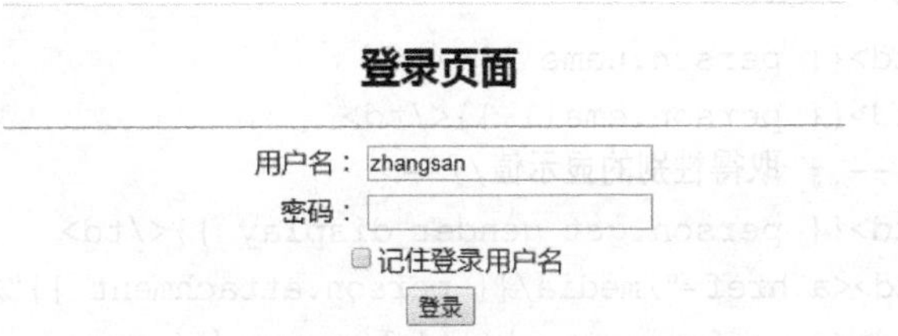

图5.4　用户名被记住的登录页面

5.3.4 列表页面

登录成功后，登录视图函数 login()通过 redirect()重定向到主页面 index，视图函数 index()的代码比较简单，如下所示。

```
def index(request):
    person_list=models.person.objects.all()
    return render(request,'test_view/index.html',{'person_list':person_list})
```

视图函数中 render()函数的第二个参数是'test_view/index.html'，由此可知 index.html 文件在/test_orm/templates/test_view 文件夹中，其主要代码如下。

```
<div align="center">
    <h1>人员列表</h1>
    <hr>
    <div><a href="/test_view/add_person/">增加一条记录</a></div>
    <br>
    <table cellspacing=16px>
        <thead>
        <tr align="center">
            <th>头像</th>
            <th>姓名</th>
            <th>邮箱</th>
            <th>性别</th>
            <th>附件</th>
            <th colspan="2">操作</th>
        </tr>
        </thead>
        <tbody>
          <!--   for 循环代码块 //-->
        {% for person in person_list %}
        <tr>
            <td><img src="/media/{{ person.head_img }}" style="height:60px;
width:60px;"></td>
            <td>{{ person.name }}</td>
            <td>{{ person.email }}</td>
            <!-- # 取得性别的显示值//-->
            <td>{{ person.get_gender_display }}</td>
            <td><a href="/media/{{ person.attachment }}">查看附件内容</a></td>
            <td><a href="/test_view/del_person/{{ person.id }}/">删除</a></td>
            <td><a href="/test_view/edit_person/{{ person.id }}/">修改</a></td>
```

```
                </tr>
                {% empty %}
                <tr>
                    <td colspan="7">无相关记录! </td>
                </tr>
                {% endfor %}
                </tbody>
            </table>
        </div>
```

上述代码的相关说明如下。

（1）<a href="/test_view/add_person/">增加一条记录</a>语句中 href 的属性值与 urls.py 文件配置项相关联，所以一定要匹配上 URL 正则表达式，这样才能调用对应的视图函数进行流程处理。同理，表格每行中的删除、修改两个链接中的 href 值也是与 URL 配置项相关联的。

（2）代码的主要部分是一个<table>标签，其列出每条记录的数据。由于记录不只一条，所以通过“{% for person in person_list %}… {% empty %}…{% endfor %}”这种模板标签形式，用 for 循环取得每条记录对象，然后通过{{ person.name }}形式的模板变量显示字段值。

（3）文件中{% ××× %}这种在花括号和百分号内的字符串，称为模板标签，一般表示语法；{{ ××× }}这种在双花括号内的字符串，称为模板变量，一般代表视图函数传递过来的变量。这两种形式都是模板语言的主要部分，后面章节将详细介绍。

（4）person 中的 gender 字段定义了 choices 属性，用来限定该字段的取值范围；choices 属性中每一项是一个元组，元组的第一个数值为保存值（或代码值），第二数值为显示值。在模板文件中，为了更直观，一般把显示值放在页面上。为了获得字段的显示值，要用到 get_fieldname_display()方法，其中 fieldname 是字段名。因此要取得 gender 字段的显示值，要用 get_gender_display()方法，{{ person.get_gender_display }}将在相应位置显示当前记录的 gender 显示值（性别）。

（5）person 的 head_img 字段是 ImageField 类型，这个字段在数据库中存储的是图片文件的保存位置。为了在页面中显示图片，我们应用<img>标签，通过该标签的 src 属性指向文件源地址。

提示：图片文件的保存地址由 settings.py 中的 MEDIA_ROOT 变量和 ImageField 字段中的 upload_to 属性共同决定。MEDIA_ROOT 变量在本项目的值是/test_orm/media/，settings.py 中 MEDIA_URL='/media/'这句代码指定了前缀，可以理解为'/media/'前缀代表 MEDIA_ROOT 的值。字段 head_img 在数据表中保存的是由 upload_to 属性值和文件名组成的相对地址，所以 src="/media/{{ person.head_img }}"将被解析为 src="/test_orm/media/headimage/图片文件名（上传文件的名字）"。由于上传的头像图片文件尺寸有大有小，通过 style="height:60px;width:60px;"可设置高和宽的大小，使得在页面上显示格式一样。

（6）person 的 attachment 字段是 FileField 类型，这个字段在数据库中保存的是文件的保存位置，文件的保存地址也是由 settings.py 中的 MEDIA_ROOT 变量和 FileField 中的 upload_to 属性共同决定。我们通过<a href="/media/{{ person.attachment }}">指定文件的源地址，href 的属性解析原理与第（5）点一样，这里不再叙述。

正确登录后，显示列表页面，每个人员主要信息、头像、附件等都显示在表格的每行中，头像以图像方式显示，可以单击链接查看附件，如图 5.5 所示。

人员列表

增加一条记录

头像	姓名	邮箱	性别	附件	操作
	test	test@163.com	男	查看附件内容	删除 修改
	刘明	liming@123.com	男	查看附件内容	删除 修改
	张美	zhangmei@163.com	女	查看附件内容	删除 修改
	王燕	wangy@126.com	女	查看附件内容	删除 修改

图5.5　人员信息列表页面

5.3.5　人员增加页面

当用户单击列表页面中的“增加一条记录”后，会打开人员增加页面，这时调用 add_person() 视图函数，其代码如下。

```
def add_person(request):
    if request.method=="POST":
        # 取得姓名
        name=request.POST.get("name")
        # 取得邮箱地址
        email=request.POST.get("email")
        # 取得性别值
        gender=request.POST.get("gender")
        # 图片文件从 request.FILES 中取值
        head_img=request.FILES.get('head_img')
        # 文件类型从 request.FILES 中取值
        attachment=request.FILES.get('attachment')
        # print(attachment)
        # 生成一条记录
        new_person=models.person.objects.create(name=name,email=email,
        gender=gender,head_img=head_img,attachment=attachment)
```

```
            # 重定向
            return redirect('/test_view/index/')
    return render(request,'test_view/add_person.html')
```

上述代码的相关说明如下。

（1）由于add_person.html页面用表单提交数据，视图函数要判断请求方式。如果if request.method=="POST"成立，说明这是页面表单向后端提交数据，需要将数据取出来。对于普通表单字段，一般用request.POST.get()方式取得。

（2）如果请求方式不是POST，说明是新打开一个页面。通过return render(request,'test_view/add_person.html')调用模板文件add_person.html，并在浏览器上显示。

（3）图像、文件这些类型的字段在通过POST请求提交的进程中，并不是存储在request.POST中，而是存储在request.FILES中。因此用request.FILES.get()取得文件类型字段对象，如head_img=request.FILES.get('head_img')代码。

（4）取得所有字段值后，通过Django查询语法create在数据库表中生成一条记录。

提示：Django在生成记录时，对于文件类型的字段，只要有值，它会把相应的文件自动传递到指定的文件夹中（文件夹位置由settings.py中的MEDIA_ROOT变量和字段中的upload_to属性共同决定），不需要另外编写文件上传和文件存放代码。

增加人员的页面文件add_person.html保存在/test_view文件夹中，其主要代码如下。

```
<div align="center">
    <h1>增加人员</h1>
    <hr>
  <!--  由于表单有文件类型字段，需要上传文件，必须设置enctype="multipart/form-data  //-->
    <form action="/test_view/add_person/" method="post" enctype="multipart/form-data">
    <!--  防止CSRF //-->
        {% csrf_token %}
        <div>
            <label>姓名：</label>
                <input type="text" name="name" id="name">
        </div>
        <br>
        <div>
            <label>邮箱：</label>
                <input type="text" name="email" id="email">
        </div>
        <br>
        <div>
            <label>性别：</label>
```

```
                <select name="gender">
                    <option value="1">男</option>
                    <option value="2">女</option>
                </select>
            </div>
            <br>
            <div>
    <!--在<label>标签中加一个<img>标签，<label>标签的位置会显示一个图片，<label>标签的
for 属性值是{{ formobj.head_img }}产生的标签<input type="file"…>的 id 值，该标签设置成
了不可见，产生的效果就是单击图片打开文件选择对话框 //-->
                <label for="head_img">头像：<img id='imgforshow' src="/static/
default_header.png"
                                                    style="height:60px;width:60px;">
</label>
                   <input type="file" name="head_img" id="head_img" style=
"display:none;">
            </div>
            <br>
            <div>
                <label>附件：</label>
                   <input type="file" name="attachment" id="attachment">
            </div>
            <br>
            <div><input type="submit" value="增加"></div>
        </form>
    </div>
    <script src="{% static 'jquery-3.4.1.min.js' %}"></script>
    <script>
        // 由于上传后文件在提交之前并没有 src 指向它，所以在提交之前是不可见的
        // 以下的脚本文件通过一个文件读写对象被读到页面内存中，并以 URL 形式放在对象的 result 属性中
        // 然后设置图片 src 指向这个 result 属性值
           // 找到头像的<input>标签并绑定 change 事件
        $("#head_img").change(function () {
           // 创建一个读取头像文件的对象
             var rd_img = new FileReader();
           // 取得当前选中的头像文件
             rd_img.readAsDataURL(this.files[0]);
             // 读取文件要耗费一定的时间
             // 用 onload 确定文件读取完成后，才能把图片加载到<img>标签中
            rd_img.onload = function () {
```

```
                    $("#imgforshow").attr("src", rd_img.result);
        };
    });
</script>
```

上述代码的相关说明如下。

（1）这个页面文件的主体是一个<form>表单，要注意<form>的 method 和 action 属性，由于表单中有两个文件类型字段，因此要把表单属性设置成 enctype="multipart/form-data"。

（2）页面表单中有一个{% csrf_token %}模板标签，这是 Django 的一种安全机制，可防止 CSRF。在渲染模板时，Django 会把 {% csrf_token %}替换成一个<input type="hidden",name='csrfmiddlewaretoken' value=Django 随机生成的 token >元素。在提交表单的时候，会把这个 token 一并提交上去。在 settings.py 文件中，Django 通过 'django.middleware.csrf. CsrfViewMiddleware' 中间件来验证 csrf_token，如果没有加{% csrf_token %}就会报错并阻止数据提交。

（3）gender 字段在表单中设置成<select>标签来提供选择。

（4）关于头像文件字段，设计效果是在页面上放置一张图片，用户单击图片则出现图片文件选择对话框，要实现这种功能需要以下 3 步。

- 首先把<img>标签放到<label>标签中，并且把<img>的 src 属性初始值设置为一个默认的图片地址，对应代码为<img id='imgforshow' src="/static/default_header.png" style="height:60px;width:60px;">。
- 然后通过<input type="file" name="head_img" id="head_img" style="display:none;">把头像文件上传的标签设置为不可见（style="display:none; "）。
- 最后通过设置<lable>标签属性 for="head_img"，将该标签与头像文件上传标签 id 关联上，这样就实现了单击一张头像图片就弹出图片文件选择对话框。

（5）attchment 通过<input type="file" name="attachment" id="attachment">实现上传，这是常规配置。

（6）通过<input type="file" name="head_img" id="head_img" style="display:none;">标签（后文简称<input>标签）能够实现文件上传，但是存在一个问题，即在表单未提交前（未单击表单的提交按钮），数据未保存时无法在页面查看图片的效果。为了解决这个问题，我们在 HTML 文件后面增加一个 JavsScript 脚本，代码主要建立一个文件读取对象 FileReader，它的主要功能是将文件内容读入内存。先用 FileReader 对文件上传标签中已选取的文件读取内存，然后把<img>标签中的 src 属性指向这个文件，就完成了图片的预显示，实现这个功能的代码放在了文件上传标签的 change 事件中。

增加人员

姓名：林青青

邮箱：lingqq@126.com

性别：女

头像：

附件：选择文件 未选择任何文件

增加

图5.6　人员增加页面

人员增加页面如图 5.6 所示，单击图片就可以打开文件选择对话框。

5.3.6 人员修改页面

人员修改的视图函数 edit_person()，除了 request 参数，还有一个 personid 参数，这个参数传递的是数据记录主键 id 字段的值。

```
def edit_person(request,personid):
    if request.method=="POST":
        id = request.POST.get('id')
        name = request.POST.get("name")
        email = request.POST.get("email")
        gender = request.POST.get("gender")
        head_img = request.FILES.get('head_img')
        attachment = request.FILES.get('attachment')
        person=models.person.objects.get(id=id)
        person.name=name
        person.email=email
        person.gender=gender
         # 判断前端网页传入值是否为空
        if head_img:
            # 头像文件有值时才修改数据字段的值
            person.head_img=head_img
         # 判断前端网页传入值是否为空
         if attachment:
            # 上传附件有值时才修改数据字段的值
            person.attachment=attachment
         person.save()
         return redirect('/test_view/index/')
    person_obj=models.person.objects.get(id=personid)
    return render(request, 'test_view/edit_person.html',{'person':person_obj})
```

上述代码的相关说明如下。

（1）人员修改视图函数的大部分代码与人员增加视图函数代码相似，主要的区别在于第一次打开页面时（不是 POST 请求时），用 Django ORM 查询语句把 id 值与参数 personid 值相等的记录取来放到变量中，然后通过 render()函数传递到 edit_person.html 文件中；在网页表单提交数据时（POST 请求时），从数据库表取出 id 值与参数 personid 值相等的记录，用前端提交的数据按对应关系给这个记录的每一个字段赋值，然后保存到数据库表中。

（2）由于页面表单中文件上传标签<input type="file"...>不能在 HTML 代码中赋值，或者说不能通过 value='×××'赋值，当用户没有选择新文件时，request.FILES.get()得到的是空值，因此需要判断传入值是否为空。只有当 request.FILES.get()得到值时，才修改 head_img 和 attachment 字段，得到空值时这两个字段保持原值。

人员修改页面文件是 edit_person.html，这个文件在 test_view 文件中，其主要代码如下。

```
<body>
<div align="center">
    <h1>修改人员</h1>
    <hr>
    <form action="" method="post" enctype="multipart/form-data">
        {% csrf_token %}
        <input type="hidden" value="{{ person.id }}" name="id">
        <div>
            <label>姓名：</label>
                <input type="text" name="name" id="name" value="{{ person.name }}">
        </div>
        <br>
        <div>
            <label>邮箱：</label>
                <input type="text" name="email" id="email" value="{{ person.
email }}">
        </div>
        <br>
        <div>
            <label>性别：</label>
            <select name="gender">
                <option value="1" {% if person.gender == "1" %} selected
{% endif %}>男</option>
                <option value="2" {% if person.gender == "2" %} selected
{% endif %}>女</option>
            </select>
        </div>
        <br>
        <div>
            <label for="head_img">头像：<img id='imgforshow' src="/media/
{{ person.head_img }}"
                                    style="height:60px;width:60px;"></label>
               <input type="file" name="head_img" id="head_img" style=
"display:none;" >
        </div>
        <br>
        <div>
```

```
                <label>附件：</label>
                    <input type="file" name="attachment" id="attachment" >
                <br>

            </div>
            <br>
            <div><input type="submit" value="保存"></div>
        </form>
    </div>
    <script src="{% static 'jquery-3.4.1.min.js' %}"></script>
    <script>
        $("#head_img").change(function () {
            // 创建一个读取头像文件的对象
            var rd_img = new FileReader();
            // console.log(this.files[0]);
            // 读取选中的那个文件
            rd_img.readAsDataURL(this.files[0]);
        // 读取文件要耗费一定的时间,用 onload 确定文件读取完成后才把图片加载到<img>标签中
            rd_img.onload = function () {
                                $("#imgforshow").attr("src", rd_img.result);
            };
        });
    </script>
    </body>
```

上述代码的相关说明如下。

（1）这个模板文件的代码与增加页面文件中的代码差不多，只是为每个字段提供了初始值，这个值是视图函数中的 render()传入的，字段值用模板变量(格式为{{ ××× }})表示，模板变量的相关内容后面章节将有介绍。

（2）通过观察 HTML 文件中的<input type="file" name="head_img" id="head_img" style="display:none;" >这句代码，读者会发现并没有 value 属性，这是因为安全机制的设计，无法用 value 属性给上传文件标签赋值，所以在 edit_person()视图函数对此专门做了处理。附件字段用的也是上传文件标签，因此也无法通过 value 属性进行赋值。

（3）最后的 JavsScript 脚本与人员增加页面文件代码是一样的，是为了实现图片预览，请参考前面的介绍。

5.3.7 人员删除

人员删除视图函数是 del_person()，其主要逻辑是用 Django ORM 查询语句把 id 值与参数

personid 值相同的记录对象取出来，然后删除，代码如下。

```
def del_person(request,personid):
    person_obj=models.person.objects.get(id=personid)
    # 删除记录对象
    person_obj.delete()
    return redirect('/test_view/index/')
```

5.4 小结

本章介绍了视图函数的编写方法，对 HttpRequest 和 HttpResponse 这两个与视图函数有紧密关系的对象进行了讲解，对 HttpResponse()、render()、redirect()这 3 个函数的用法进行了说明，对 TemplateView、ListView、DetailView 这 3 个通用视图进行了举例说明，最后用一个简单的人员管理系统介绍了视图函数的实际应用。

第6章

Django 模板系统

在浏览器上显示网页信息最直观、便捷的做法，就是在视图函数中向 HttpResponse()函数传入一些 HTML 格式的字符串，这个函数会生成响应并发送给浏览器，从而显示一定格式的页面，但这样只能显示简单的页面。有些复杂的网页需要在浏览器上显示大段的内容，把这些大段的内容直接传给 HttpResponse()不太现实。对于这一问题，Django 模板系统提供了一种解决方案，只需把大段的文本写到一个 HTML 文件里，Django 模板系统会读取这个文件并解析，对文件中的特殊字符串进行渲染替换后传给 HTTP 响应对象，最终显示在浏览器的页面上。

6.1 Django 模板基本语法

Django 模板系统主要涉及模板变量、过滤器、模板标签等。模板变量形如{{ name }}，{{ }}内为一个变量名；过滤器主要是对模板变量进行处理，如改变显示方式；模板标签形如{% name%}，{% %}内是一个与逻辑相关的名字，详细介绍如下。

6.1.1 模板文件

Django 中的模板文件指的是 HTML 文件，这些文件中内嵌模板语言代码，Django 模板引擎把这些内嵌的模板语言代码按照一定规则进行替换，然后在浏览器中显示出来。

常规情况下我们会在项目根目录（即 manage.py 文件所在目录）下建立一个名为 templates 的文件夹，用来存放我们的模板文件。

模板文件写好后要告诉 Django 其路径，因此需要在 settings.py 文件的 TEMPLATES 代码块中设置模板文件所在路径，DIRS 就是设置模板文件路径的地方，代码如下所示。

```
TEMPLATES = [
    {
        # 指定 Django 模板引擎
        'BACKEND': 'django.template.backends.django.DjangoTemplates',
        # 定义一个目录列表，模板引擎按顺序在其中查找模板文件
        'DIRS': [os.path.join(BASE_DIR,'templates')],
        # 指定 Django 是否到应用程序目录下的 templates 文件夹中查找模板文件
        # APPS_DIRS 为 True 就查找，False 就不查找
        # APPS_DIRS 默认设置为 True
        'APP_DIRS': True,
        …
    },
]
```

上述代码的相关说明如下。

（1）TEMPLATES 代码块中的 DIRS 设置是确定 Django 到哪个目录下查找模板文件，DIRS 默认值是一个空列表。我们可以把模板文件的路径放在这个列表中。

（2）BASE_DIR 是 settings.py 文件开头定义的变量，保存着项目根目录的路径，因此 os.path.join(BASE_DIR,'templates')得到的路径地址就是项目根目录下的/templates 文件夹，模板文件一般就保存在其中。把 os.path.join(BASE_DIR,'templates')放到 DIRS 列表中，Django 会到这个路径下查找模板文件。本章各节如不明确指出，模板文件都存放在 templates 文件夹中。

（3）APP_DIRS 设定是否在应用程序目录下的 templates 文件夹中查找模板文件，如果 APP_DIRS 为 True 就查找模板文件。在 settings.py 文件中 APPS_DIRS 默认设置为 True。

提示：所有的模板文件必须以 utf-8 的编码格式保存，因此在程序开发中不要用 Windows 提供的写字板和记事本编写模板文件，最好也不要用这些编辑器编写 Django 相关的程序。

Django 按照 settings.py 文件中 TEMPLATES 代码块的各项设置查找模板文件，其查找顺序如下所述。

（1）如果 APP_DIRS 的值为 True，首先在应用程序目录下的 templates 文件夹中查找模板文件；如果 APP_DIRS 的值为 False，直接进行下一步。

（2）在上一步中没有找到模板文件，Django 再按照 DIRS 中给定的地址顺序依次查找模板文件。

（3）如果以上两步都找不到模板文件，就抛出错误“TemplateDoesNotExist”。

6.1.2 模板变量

模板变量的格式为{{ name }}，其中 name 表示变量名，name 两侧都要有一个空格，变量名可以由字母、数字以及下划线组成，不能包含空格或标点符号。

模板变量内嵌在 HTML 文件中，当 Django 模版引擎检测到一个模板变量时，它会用变量代表的实际值或内容进行替换。

在模板变量中，有变量名后加点“.”再加字符串的形式，Django 模版引擎会根据变量的不同情况进行解析。如果是字典变量则按字典形式查询 key 值；如果是类对象变量则按属性或方法查询；如果是列表变量则按索引数字查询。

举例说明，我们在 views.py 中编写以下代码。

```
# 在视图函数中列举各种类型的变量，主要演示它们作为模板变量时在模板文件中显示的形式
def template_test(request):
        # 列表变量
        v_list=['程序员','产品经理','产品销售','架构师']
        # 字典变量，注意：key 名字一定包含在引号中
        v_dic={"name":"张三","age":16,"love":"编程"}
        # 定义一个类，这个类有属性 name、language 和 hair
        # 这个类还有一个方法 hope()
        class  coder(object):
            # 类的初始化方法，为 3 个属性赋值
            def __init__(self,name,language,hair):
```

```
            self.name=name
            self.language=language
            self.hair=hair
        # 类的方法，定义函数 hope()
        def hope(self):
            return '{}的希望是程序少出 bug，工作少加班！'.format(self.name)
    # 实例化类，生成类对象
    zhang=coder('张三','python','多')
    # 实例化类，生成类对象
    li=coder('李四','php','不多不少')
    # 实例化类，生成类对象
    wang=coder('王五','c#','少')
    # 建立列表变量 coders，把类对象作为列表中的元素
    coders=[zhang,li,wang]
    # 向 HTML 文件传参数，传递不同类型的变量
   return render(request,'test_template.html',{'v_list':v_list,'v_dic':
v_dic,'coders':coders})
```

上述代码的相关说明如下。

（1）视图函数中定义了一个 coder 类，这个类有 name、language、hair 共 3 个属性（相当于变量），类中还定义了一个方法 hope()。

（2）coder 类的实例对象会继承它的属性和方法，zhang、li、wang 是 coder 类的实例化对象，coders 作为列表变量，包含了这 3 个对象。这个 coders 变量是 3 层结构，第一层是列表类型，第二层每个列表项是类的实例化对象，第三层有两个类型：一个是对象的属性，一个是对象的方法。

（3）代码生成了 3 个变量：列表变量 v_list、字典变量 v_dic 和列表变量 coders。最后通过 render()函数向模板文件传递这些变量。Django 模板引擎会根据 render()第二个参数的值 test_template.html 找到这个模板文件并读取内容；然后用第三个参数的值替换模板文件中的变量，然后交给 Django 按照 HTTP 协议传递到浏览器，最终显示渲染后模板文件的内容。

（4）render()函数的第三个变量是字典类型，它传给模板文件的变量名就是字典的键名，模板文件使用的是字典的键名。

提示：在 render()函数中字典的键名一定要用引号括起来。

test_template.html 文件的主要代码如下。

```
<body>
<!--  列表类型变量 -- >
{{ v_list }}  <br>
<!--  列表类型变量，提取第一个列表项 -- >
{{ v_list.0 }}  <br>
```

```
<!--  字典类型变量，提取键名为 name 的键值 -- >
{{ v_dic.name }}  <br>
<!--  字典类型变量，提取键名为 love 的键值 -- >
{{ v_dic.love }} <br>
<!--  列表类型，提取第二个列表项，这个项是类的实例对象，再提取它的 name 属性值 -- >
{{ coders.1.name }} <br>
<!--  列表类型，提取第二个列表项，这个项是类的实例对象，再提取它的 language 属性值 -- >
{{ coders.1.language }}  <br>
<!--  列表类型，提取第二个列表项，这个项是类的实例对象，再提取它的 hope() 方法返回值 -- >
{{ coders.1.hope }} <br>
</body>
```

上述代码的相关说明如下。

（1）{{ v_list }}直接返回列表变量的值。{{ v_list.0 }}中变量名后面跟“.0”时，Django 模板引擎根据变量是列表类型，把数字解析为索引值，然后返回第一个元素值。

提示：列表、字典类型变量涉及的索引值都是从 0 开始。

（2）v_dic 是字典类型，对于{{ v_dic.name }}，Django 模板引擎根据变量是字典类型直接去提取 v_dic 的键名为 name 的键值。

（3）{{ coders.1.name }}中 coders 是一个列表变量，它的列表元素是类对象，因此“coders.1”是列表的第二个元素（索引从 0 开始）。对于{{ coders.1.name }}，Django 模板引擎根据这是类的实例对象的一个属性，就把 name 属性值取出来了；同理，{{ coders.1.language }}是取 coders 变量的第二个元素的 language 属性值。

（4）{{ coders.1.hope }}中，Django 模板引擎发现 coders 变量的第二个列表元素是类对象，且这个对象的 hope()是一个方法，就把这个类对象的方法（函数）返回值取出来。

为了测试结果，在 urls.py 中加一条路径。

```
urlpatterns = [
    path('template_test/',template_test),
```

在命令行终端进入项目根目录，输入 python manage.py runserver 启动程序，然后在浏览器地址栏中输入 http://127.0.0.1:8000/template_test/并按 Enter 键，页面会显示以下内容。

```
['程序员', '产品经理', '产品销售', '架构师']
程序员
张三
编程
李四
php
李四的希望是程序少出 bug，工作少加班!
```

可以看到写在 test_template.html 中的模板变量已被其实际值替换。

6.1.3 模板注释

模板语言中也可以使用注释，形式如{# ××× #}，模板注释不在页面上显示。

单行注释形式如下。

```
{# 这里写注释 #}
```

多行注释要使用注释标签。

```
{% comment %}
这是一个多行注释
这是第二行
这是第三行
{% endcomment %}
```

提示：注释标签不能嵌套。

6.1.4 过滤器

Django 模板语言可以通过过滤器对模板变量进行再“加工”来改变模板变量的形式或内容。过滤器语法格式为{{ name|filter_name:参数 }}，管道符“|”右边就是过滤器名字，过滤器可以传递参数，过滤器名字与参数用“:”分隔。在过滤器格式中，管道符“|”前面的变量与“:”后面的参数都将作为参数传给过滤器处理。过滤器有两种：内置过滤器和自定义过滤器。

1. 内置过滤器

Django 有 60 多个内置过滤器，下面介绍几个常用的过滤器，其他的过滤器可以在开发实践中用到时再查询相关资料。

（1）过滤器 default，格式为{{ name|default:"默认值" }}，如果模板变量的值为空或 False，就显示默认值。

（2）过滤器 length，格式为{{ name|length }}，显示模板变量的长度。

（3）过滤器 truncatechars，格式为{{ name|truncatechars:6 }}，适用于模板变量是字符串的情况，显示指定的字符个数，后面以省略号“...”结尾，“...”算为 3 个字符。例如传入的参数为 6 个字符时，从字符串中截取 3 个字符，后面加“...”。

（4）过滤器 upper 和 lower，{{ name |upper }}将字符串转换为全部大写的形式；{{ name |lower }}将字符串转换为全部小写的形式。

（5）过滤器 slice，格式为{{ name|slice:":2" }}，用于模板变量是列表或字符串的情况，显示其中的一部分，也就是切片，与 Python 切片的语法相同。

（6）过滤器 date，格式为{{ name|date:"Y-m-d H:i:s" }}，用于模板变量是日期或时间的情况，

提供格式化输出。

（7）过滤器 safe，格式为{{ name|safe }}，为了安全，Django 的模板会对 HTML 标签和 JavaScript 代码等语法标签进行自动转义（转成纯文本字符串），过滤器 safe 则会关闭自动转义功能，举例如下。

```
# 这句代码写在 views.py 中，并传给某个 HTML 文件
a_href='<a  href='add.html'>增加</a>'
…
<!-- 以下是写在 HTML 文件中的代码 - >
<!-- 下面语句会显示一个字符串 -- >
{{ a_href }}
<!--下面语句会显示一个链接，而不是一个字符串 -- >
{{ a_href |safe }}
```

2. 自定义过滤器

按 Django 的规则，编写自定义过滤器的文件要放在固定的目录下。按照这个要求，我们在应用程序目录下新建一个文件夹 templatetags（必须使用这个名字），在其下建立一个文件 test_filter.py（文件名可以任意起），编写自定义代码。

```
# 导入模板模块
from django import template
# 取出注册库，固定写法
register=template.Library()
# 注册过滤器的名字为 coderstatus
@register.filter(name='coderstatus')
def coder_status(value,arg):
    if value=='morehair':
        return "{}是“菜鸟”程序员".format(arg)
    if value=="middlehair":
        return "{}是工程师级程序员".format(arg)
    if value=='fewhair':
        return "{}是资深程序员".format(arg)
```

自定义过滤器的逻辑代码通过函数实现，在函数前面用@register.filter(name= 'coderstatus')进行注册后，这个函数就成为过滤器函数，并且过滤器被命名为 coderstatus。

在 views.py 中编写函数 test_filter()，把变量传到 test_filter.html 中。

```
def test_filter(request):
    vhair="fewhair"
    return render(request,'test_filter.html',{"hair":vhair})
```

在 test_filter.htm 中，模板变量形式如下。

```
<!--  要想使用自定义过滤器，应先把定义自定义过滤器的文件导入-- >
{% load test_filter %}
…
<!-- 模板变量是 hair，过滤器是 coderstatus，参数是"王老五" -- >
<!-- 将显示：王老五是资深程序员 -- >
{{ hair|coderstatus:"王老五" }}
```

{% load test_filter %}是为了导入 test_filter.py 文件，让 Django 在这个文件中查找自定义的过滤器。

提示： 在 test_filter.py 中把过滤器命名为 coderstatus，所以在 HTML 文件中要用 coderstatus，而不是函数名 coder_status。

{{ hair|coderstatus:"王老五" }}中的 hair、"王老五"是参数，它们会被传递给 test_filter.py 中的 coder_status(value,arg)函数，hair 为该函数的第一个参数 value 的值，"王老五"为第二个参数 arg 的值。

6.1.5 模板标签

模板标签的形式为{% tagname %}，模板标签与业务逻辑相关，有些标签名（tagname）在形式上与程序代码相似，模板标签可以让 HTML 文件中的内容按照业务逻辑或流程控制进行显示。模板标签也分内置模板标签和自定义模板标签。

1. 内置模板标签

这里列举如下几种常见的内置模板标签。

（1）模板标签 if 用于判断，虽然它放在 HTML 文件中，但其语法与 Python 代码语法非常相似。{% if %}为真，模板系统就显示{% if %}和{% endif %}之间的内容。模板标签 if 可以包含{% else %}、{% elif %}子句。

如以下代码所示，判断变量 num 与 8 的大小，如果 num 大于 8 就显示“num 数值大于 8”；小于 8 就显示“num 数值小于 8”；以上两个条件都不符合，显示“num 肯定等于 8”。

```
{% if num>8 %}
  num 数值大于 8
{% elif num<8 %}
  num 数值小于 8
{% else %}
  num 肯定等于 8
{% endif %}
```

提示：if 语句支持==、>、<、!=、<=、>=、and、or、in、not in、is、is not 等判断运算符。

（2）模板标签 ifequal 和 ifnotequal 也用于判断，一个用于判断两个值是否相等，一个用于判断两个值是否不相等。

{% ifequal %}比较两个值，如果相等则显示{% ifequal %}和{% endifequal %}之间的内容，代码如下所示。

```
<!--  比较 age 是否等于 80  -- >
{% ifequal age 80 %}
<h3>高寿，祝您健康！</h3>
{% endifequal %}
```

{% ifnotequal %}的作用与{% ifequal %}类似，不过它用于判断两个参数是否不相等。{% ifnotequal %}标签比较两个值，如果不相等则显示{% ifnotequal %}和{% endifnotequal %}之间的内容。

（3）for 循环模板标签，与 Python 代码语法相似，{% for %}用于循环可迭代变量，每次循环时显示{% for %}和{% endfor %}之间的内容。

假设有一个列表变量 usre_list，其定义形式如下，每个列表项是一个字典。

```
user_list=[{"name":"lingming","age":18},{"name":"Tom","age":15},{"name":
"John","age":17},{"name":"wangwu","age":19}]
```

下面的代码对传入 HTML 文件的变量 user_list 进行循环遍历，页面显示每个用户的名字（user.name）。{% empty %}是判断语句，如果 user_list 变量为空，执行其后 HTML 语句，在页面上显示“没有用户”。

```
{% for user in user_list %}
    {{ user.name }
{% empty %}   # 判断列表为空
          没有用户
{% endfor %}
```

for 循环存在内置参数，它们都是为了取得 for 循环的索引值，具体说明如下。

- forloop.counter：从 1 开始返回当前循环的索引值。
- forloop.counter0：从 0 开始返回当前循环的索引值。
- forloop.revcounter：返回当前循环的倒序索引值，从最大索引值起始，最后到值 1。
- forloop.revcounter0：返回当前循环的倒序索引值，从最大索引值起始，最后到值 0。
- forloop.first：返回布尔值，表示当前循环是不是第一次循环。
- forloop.last：返回布尔值，表示当前循环是不是最后一次循环。
- forloop.parentloop：本层循环的外层循环（父循环）。

举例进行说明，在 views.py 中定义一个函数 test_for()，在其中定义一个列表变量 v_list，然后传递到 test_for.html 文件。

```
def test_for(request):
# 定义列表变量
    v_list = ['程序员', '产品经理', '产品销售', '架构师','老板','员工']
    return render(request,'test_for.html',{'vlist':v_list})
```

编写 test_for.html 代码，在这个文件中我们尽量使用了 for 循环的各种索引方式，可参考上面 for 循环内置参数的说明。

```
{% for name in vlist %}
   <!--  判断循环的第一条记录-->
    {%  if forloop.first %}
        第一条记录：{{ name }}
        <hr>
    {% endif %}
    <!--  forloop.counter 用法例子-->
    从 1 开始计数：{{ forloop.counter }}--{{ name }}
    <br>
    <!-- forloop.counter0 用法例子-->
    从 0 开始计数:{{ forloop.counter0 }}--{{ name }}
    <br>
    <!-- forloop. revcounter 用法例子-->
    反向计数：{{forloop.revcounter }}--{{ name }}
    <!--显示分隔线-->
    <hr>
    <!--#判断循环的最后一条记录-- >
    {%  if forloop.last %}
        最后一条记录：{{ name }}
        <!--显示分隔线-->
         <hr>
     {% endif %}
    {% endfor%}
```

启动程序后，在输出到浏览器的效果如下，可以看到不同的索引方式在每次循环时显示不同的索引值。

```
第一条记录：程序员
________________________________
从 1 开始计数：1--程序员
从 0 开始计数:0--程序员
反向计数：6--程序员
________________________________
```

```
从 1 开始计数：2--产品经理
从 0 开始计数:1--产品经理
反向计数：5--产品经理
________________________________
......
从 1 开始计数：6--员工
从 0 开始计数:5--员工
反向计数：1--员工
________________________________
最后一条记录：员工
```

以上程序运行结果看起来有点杂乱，对照程序代码来看这个运行结果，就很容易知道这样显示的原因了。

（4）模板标签 with，与 Python 中的 with 语句相似，主要用于给一个变量起别名，多用于复杂的变量，以下代码用到的 vlist 变量是上面 views.py 中 test_for()视图函数传入 test_for.html 的变量。

```
{%  with vlist.0  as firstname %}
<!--#显示：第一个人员是：程序员 -->
第一个人员是：{{ firstname }}
{% endwith %}
```

代码中用 firstname 代替列表变量 vlist 的第一个元素（vlist.0），在代码块{% with %}...{% endwith %}之间的 firstname 等价于 vlist.0，可像 vlist.0 的别名一样进行使用。

2. 自定义模板标签

按照 Django 的规则，编写自定义模板标签的文件要放在固定的目录 templatetags 下（与自定义过滤器的文件存放位置相同），在 templatetags 下建立一个文件 test_tag.py（文件名可以任意指定）。自定义模板标签分两种：simple_tag 和 inclusion_tag。

（1）simple_tag 自定义模板标签。在 test_tag.py 中定义 simple_tag 自定义模板标签，代码如下。

```
# 导入 template 模块
from django import template
# 定义 register 变量，固定写法
register=template.Library()
# 函数注册为 simple_tag 模板标签，并命名
@register.simple_tag(name="test_simpletag")
def test_simpletag(arg1,arg2,arg3):
    return "这是一个 simpletag 示例，它接收的参数分别是:{}、{}、{}".format(arg1,arg2,arg3)
```

定义 simple_tag 的代码格式与自定义过滤器格式差不多，首先要导入 template 模块，定义

一个有输出（return 语句）的函数，函数要注册为 simple_tag 才能在 HTML 文件中调用。

在 views.py 文件中定义一个视图函数 test_tag()调用 test_tag.html 文件来测试，代码如下。

```
def test_tag(request):
    return render(request,'test_tag.html')
```

test_tag.html 文件的主要代码如下。

```
<!-- 导入自定义模板标签的文件 //-->
{% load test_tag %}
…
<body>
测试 simple_tag
<hr>
<!-- 调用 simple_tag 标签并传入 3 个参数 //-->
{% test_simpletag "参数 1" "参数 2" "参数 3" %}
</body>
</html>
```

在 HTML 文件开头要导入自定义标签所在的文件，用{% load test_tag %}代码，文件名不带有扩展名，并且文件名不允许用引号括起来。

{% test_simpletag "参数 1" "参数 2" "参数 3" %}中的"参数 1" "参数 2" "参数 3"会传递给 test_tag.py 中定义的函数 test_simpletag(arg1,arg2,arg3)。

运行程序，可以在浏览器中看到如下所示的网页内容，可以看到自定义模板标签按照编写的代码逻辑进行了输出。

```
测试 simple_tag
________________________________________
这是一个 simpletag 示例，它接收的参数分别是:参数 1、参数 2、参数 3
```

（2）inclusion_tag 自定义模板标签。

inclusion_tag 自定义模板标签与 simple_tag 不同的地方就是，它需要与 HTML 代码片段配合。通过一个定义函数，把函数代码生成的变量传递给这个代码片段，形成一个新的 HTML 代码片段供模板文件调用。我们在 test_tag.py 中定义一个 inclusion_tag 模板标签，代码如下。

```
# 函数注册为 inclusion_tag 模板标签，并指明 HTML 代码片段所在文件的名称
# 函数将会把生成的变量传递给这个 HTML 文件
@register.inclusion_tag('inclusion_tag_html.html')
def test_inclusiontag(name):
        # 定义变量
        name1 = "{}的经历如下：".format(name)
        # 定义变量
        data=["初级程序员，技术入门","中级程序员，技术熟练","高级程序员，技术精湛"]
```

```
    # 这些变量会传递给 inclusion_tag_html.html 文件
    return {"name":name1,"data": data}
```

新建 inclusion_tag_html.html 文件并存放在 templates 文件夹下，在文件中编写 HTML 代码片段如下。

```
{{ name }}
<hr>
<ul>
 <!--  for 循环，遍历传入的列表变量 data //-- >
  {% for item in data %}
  <!--  显示列表中每一个元素的值 //-- >
     <li>{{ item }}</li>
  {% endfor %}
</ul>
```

inclusion_tag_html 文件把自定义模板标签 test_inclusiontag 传递过来的 name、data 变量按照一定格式进行放置。

在 views.py 文件中定义一个视图函数 test_inclusion_tag()，其通过 render()函数调用 test_inclusion_tag.html 文件，代码如下。

```
def test_inclusion_tag(request):
      return render(request,'test_inclusion_tag.html')
```

test_inclusion_tag.html 的主要代码如下。

```
<body>
<!--    导入自定义模版标签的文件 //-->
{% load test_tag %}
<!--   调用自定义模板标签 test_inclusiontag，并传递参数 //-- >
{% test_inclusiontag "小明" %}
</body>
```

{% test_inclusiontag "小明" %}将“小明”作为参数值传递给 test_inclusiontag 自定义模板标签，然后这个标签把接收的变量和自己定义的变量 data 传到 inclusion_tag_html.html 做模板变量，最后将这段 HTML 代码片段放到 test_inclusion_tag.html 相应的位置，也就是{% test_inclusiontag "小明" %}所在位置。

运行程序，浏览器的页面显示如下，符合我们要求实现的功能。

```
小明的经历如下：
________________________________________
初级程序员，技术入门
中级程序员，技术熟练
高级程序员，技术精湛
```

6.2 母版和继承

在 Web 开发中，一个网站系统往往要求风格统一、样式一致。为了统一风格样式，同时提高编程效率，我们把网站系统中页面的相同部分抽取出来，放在一个文件中形成母版，供其他页面继承。

6.2.1 母版

在项目根目录的 templates 文件夹下建立一个 base.html 文件，我们以这个文件为母版，其他 HTML 文件都继承于它，其代码如下。

```
<html lang="en">
<head>
    <meta charset="UTF-8">
    <meta charset="utf-8">
    <meta http-equiv="X-UA-Compatible" content="IE=edge">
    <meta name="viewport" content="width=device-width, initial-scale=1">
    <!-- 上述 4 个<meta>标签必须放在最前面，任何其他内容都必须跟随其后！ -->
    <title>母版样例</title>
    <link href="/static/bootstrap/css/bootstrap.min.css" rel="stylesheet">
    <script src="/static/bootstrap/js/bootstrap.min.js"></script>
    <script src="/static/bootstrap.min.js"></script>
</head>
<body>
<div class="container">
     <div class="page-header">
            <h1>这是母版标题
                 <small>--母版样例</small>
            </h1>
     </div>
     <!-- #代码块 // -- >
    {% block main %}
    {% endblock %}
    <div>
            <h3>这是母版的底部
                 <small>--母版样例</small>
            </h3>
    </div>
</div>
</body>
</html>
```

上述代码的相关说明如下。

（1）母版就是一个 HTML 文件，标签、JavaScript 代码、CSS 样式都要遵循 HTML 文件要求的格式规则。

（2）在文件中的增加了块（block），这个块就是继承页面要替换的地方，以上代码中的{% block main %}…{% endblock %}就是需要在继承页面中替换的部分。该母版在浏览器中的样式如图 6.1 所示。

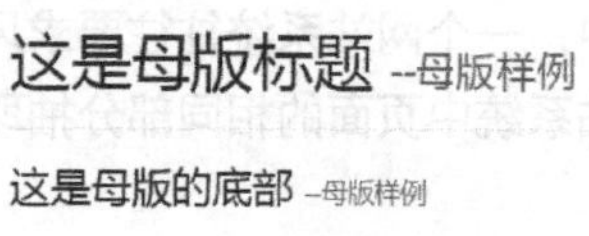

这是母版标题 --母版样例

这是母版的底部 --母版样例

图6.1　母版的样式

6.2.2　继承

页面继承母版后，页面的样式就会与母版相似，只有 block 块（{% block 块名%}）部分用继承页面的内容替换母版内容。下面是页面/templates/inhert_base.html 文件的代码，它是一个继承母版 base.html 的页面。

```
{% extends 'base.html' %}
{%  block main %}
<div class="panel panel-default">
  <div class="panel-body">
    这是一个继承页面，这个块的内容替换母版该块的内容
  </div>
</div>
{% endblock %}
```

上述代码的相关说明如下。

（1）首行的{% extends 'base.html' %}表明这个页面继承 base.html，这句代码必须放在页面代码的第一行，被继承的母版的名称要用引号括起来。

（2）继承页面 HTML 文件相关的代码必须写在 block 块中，不能写在外面。如以上代码所示，只能把代码写在{% block main %}…{% endblock %}之间，而且写在块中的代码才显示与母版不一样的内容，其他部分与母版一样。

继承母版的页面在浏览器中的样式如图 6.2 所示。

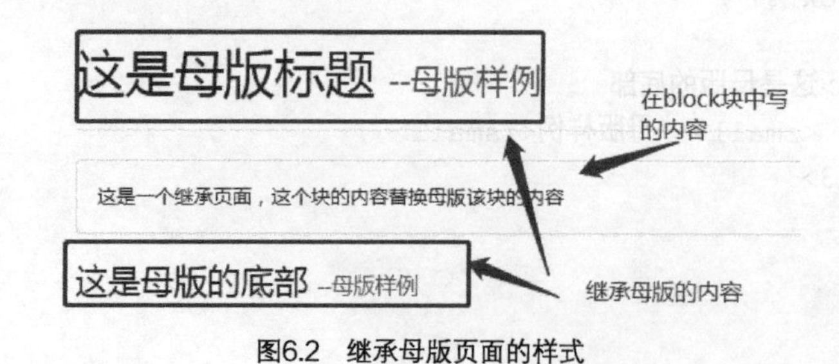

图6.2　继承母版页面的样式

6.3　组件

这里的组件指的是一个 HTML 文件，就是把 HTML 文件中一些相对固定的部分分离出来，存放到不同的 HTML 文件中，这些文件可以被模板文件引用到相应位置。

在 templates 文件夹下建立一个组件 nav.html，文件中的代码用 Bootstrap 组件建立了一个导航条。

```
<ul class="nav nav-pills">
  <li role="presentation" class="active"><a href="#">主页</a></li>
  <li role="presentation"><a href="#">配置</a></li>
  <li role="presentation"><a href="#">信息</a></li>
</ul>
```

在 templates 文件夹下建立一个 HTML 文件，通过{% include 'nav.html' %}把导航条引入页面，语法简单，此处不再详细说明。

```
<html lang="en">
<head>
    <meta charset="UTF-8">
    <title>样例</title>
    <link href="/static/bootstrap/css/bootstrap.min.css" rel="stylesheet">
    <script src="/static/bootstrap/js/bootstrap.min.js"></script>
    <script src="/static/bootstrap.min.js"></script></script>
</head>
<body>
<div class="container">
…
      <div>
      <!--  在这个位置引入组件 //-- >
          {%  include 'nav.html' %}
      </div>
…
 </div>
</body>
</html>
```

6.4　样例 5：模板开发

前面章节我们建立了一个项目 test_orm，并在项目中建立了一个 employee 应用程序，实现了数据库表数据基本的增、删、改、查功能，但是 employee 应用程序的页面不够美观，这里我们通过这个应用程序网页的美化改进来介绍模板的实际应用。

6.4.1 准备工作

Bootstrap 是一个简洁、直观、功能强大的前端开发框架，让 Web 开发更迅速、简单，我们的页面将应用这个框架来进行美化，步骤如下。

（1）在 test_orm 项目根目录/test_orm/下新建文件夹 static。

（2）打开 Bootstrap 中文网站，按照指示在网页上下载 Bootstrap 压缩包 bootstrap-3.3.7-dist.zip，解压后将 css、fonts、js 这 3 个文件夹复制到/test_orm/static 文件夹下。

（3）在/test_orm/static 下新建文件夹 fontawesom，打开 Font Awesome 中文网站，按指示下载 fontawesome 压缩包，解压后将其中的 fonts、css 文件夹复制到/static/ fontawesome/下。

（4）下载 JQuery（jquery-3.4.1.min.js），并将其复制到/test_orm/static 文件夹下。

（5）我们将对 Bootstrap 中的样例 dashboard 进行改造以生成母版。首先在/test_orm/templates/下新建一个文件 base.html 并清空内容，然后打开 Bootstrap 中文网站的“起步”页面，单击“控制台”处的缩略图，打开 dashboard 页面，在页面中单击鼠标右键并选择“查看源代码”，把源代码复制到/test_orm/templates/base.html 文件中。

（6）在/test_orm/static 文件夹中新建 dashboard.css，然后在打开的 dashboard 源码中找到 dashboard.css，如图 6.3 所示，单击打开这个文件，将文件内容复制到/test_orm/static/dashboard.css 文件中。

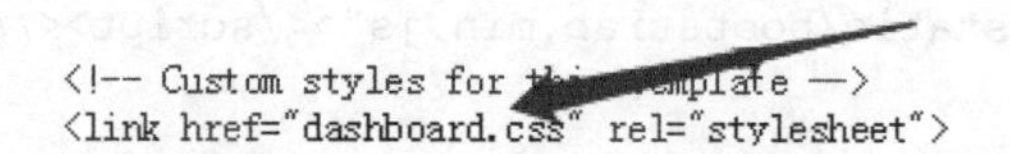

图6.3 源码中dashboard.css位置

6.4.2 Bootstrap 用法简介

“Bootstrap 是最受欢迎的 HTML、CSS 和 JS 框架，用于开发响应式布局、移动设备优先的 Web 项目。”这是在 Bootstrap 中文网站首页上的一句话，这是符合实际的。使用 Bootstrap 框架可以使页面布局合理、美观大方，使用这个框架可以帮助程序员做好前端页面美化。这里不介绍 Bootstrap 框架原理与代码，这些内容可以在 Bootstrap 中文网站查阅学习，我们只介绍 Bootstrap 框架组件、样式的直接应用。

6.4.1 节我们已经介绍了 Bootstrap 框架的下载，下载完成后要引用它的 CSS、JavaScript 文件，如下所示。

```
<link href="../static/bootstrap/css/bootstrap.min.css" rel="stylesheet">
<script src="../static/jquery-3.4.1.min.js"></script>
<script src="../static/'bootstrap/js/bootstrap.min.js"></script>
```

第一行代码引入 Bootstrap 框架的 CSS 文件，第二行引入 JQuery，第三行引入 Bootstrap 框架的 JavaScript 文件。

提示： Bootstrap 的所有 JavaScript 插件都依赖 JQuery，所以引用 JQuery 的语句必须放在引用 Bootstrap 的 JavaScript 插件前边。说明：static 是存放 CSS、JavaScript 文件的目录。

“拿来即用”是我们引用 Bootstrap 框架的目标，因此基本用法就是打开 Bootstrap 中文网站，在全局 CSS 样式、组件、JavaScript 插件 3 个类别中找到所需样式组件，并将网站上的代码复制到 HTML 文件中，然后修改成我们需要的样式。

举例说明，我们想在网页上加一个带标题的面板，只需在 Bootstrap 中文网站的组件中找到面板组件，把网页上的代码复制到文件中，如图 6.4 所示。

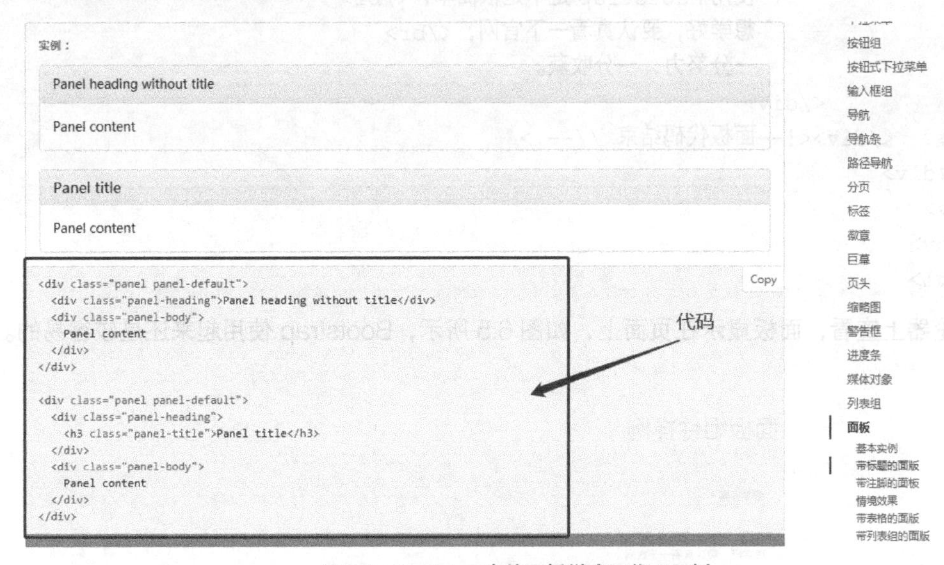

图6.4 Bootstrap中的面板样式及代码示例

我们把面板代码放到文件中合适的位置，并做了定制修改。

```
<!DOCTYPE html>
<html lang="en">
<head>
    <meta charset="UTF-8">
    <title>Title</title>
    <link href="../static/bootstrap/css/bootstrap.min.css" rel="stylesheet">
    <script src="../static/jquery-3.4.1.min.js"></script>
    <script src="../static/'bootstrap/js/bootstrap.min.js"></script>
</head>
<body>
```

```
<br>
<!--Bootstrap 栅格系统格式，row 是行参数 //-- >
<div class="row">
    <!--Bootstrap 栅格系统格式，col-md-offset-3 col-md-6 是栅格参数 //-- >
      <div class="col-md-offset-3 col-md-6">
                <h2>面板组件样例</h2>
         <hr>
         <!--面板代码开始 //-- >
         <div class="panel panel-default">
              <div class="panel-heading">面板标题</div>
              <div class="panel-body">
                   使用 Bootstrap 是不是很简单，</br>
                   想学好，要认真看一下官网，</br>
                   一分努力，一分收获。
              </div>
         </div><!--面板代码结束 //-- >
    </div>
</div>
</body>
</html>
```

在浏览器上查看，面板显示在页面上，如图6.5所示，Bootstrap使用起来还是较容易的。

图6.5　Bootstrap面板组件定制

6.4.3　Font Awesome用法简介

“一套绝佳的图标字体库和CSS框架”，这是对Font Awesome框架的评价，Font Awesome框架可以给网页标签加上图标，非常流行。

前面已经介绍了Font Awesome框架的下载，使用Font Awesome图标需要引用它的相关文件，引用方法如下所示。

```
<link href="../static/bootstrap/css/bootstrap.min.css" rel="stylesheet">
<script src="../static/jquery-3.4.1.min.js"></script>
```

```
<script src="../static/'bootstrap/js/bootstrap.min.js"></script>
<!--引用 Font Awesome 框架 //-- >
<link rel="stylesheet" href="../static/fontawesome/css/font-awesome.min.css">
```

第四条语句引用 Font Awesome 框架，因为这个框架要与 Bootstrap 框架配合使用，所以要一并引用。

使用 Font Awesome 图标非常简单，在 Font Awesome 中文网站的图标库中找到需要的图标，单击进入这个图标页面，可以看到图标的代码，如图 6.6 所示。

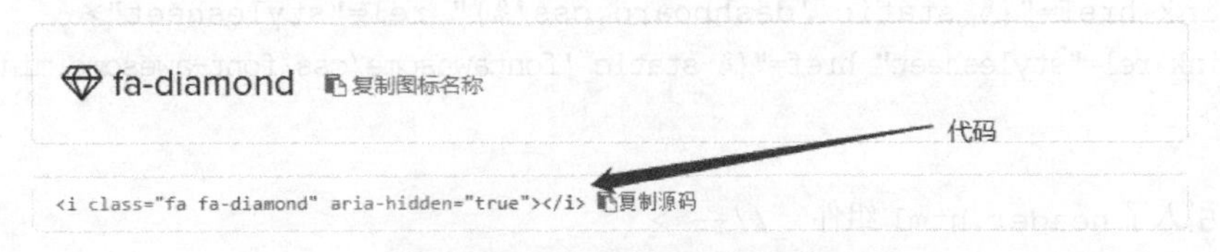

图6.6　Font Awesome图标及其代码

举例说明，在一个按钮中加上钻石图标，只要把代码嵌入按钮标签即可实现，部分代码如下。

```
<div class="row">
      <div class="col-md-offset-3 col-md-6">
<!--  把复制的代码加到标签中间即可  //-- >
        <button class="btn btn-primary"><i class="fa fa-diamond" aria-hidden=
"true"></i> 钻石按钮</button>
      </div>
</div>
```

在浏览器的页面中显示的样式如图 6.7 所示。

图6.7　加钻石图标后的按钮

6.4.4 生成母版 base.html

我们对/test_orm/templates/test_orm/base.html 文件中的代码进行了精简，形成我们需要的代码。

```
{% load static %}
<html lang="zh-CN">
<head>
    <meta http-equiv="Content-Type" content="text/html; charset=UTF-8">
    <meta http-equiv="X-UA-Compatible" content="IE=edge">
    <meta name="viewport" content="width=device-width, initial-scale=1">
```

```
    <!-- 上述 3 个<meta>标签必须放在最前面，任何其他内容都必须跟随其后！ -->
    <meta name="description" content="">
    <meta name="author" content="">
    <title>模板样例</title>
    <!-- Bootstrap core CSS -->
    <link rel="icon" href="{% static 'favicon.ico'  %}" >
    <link href="{% static 'bootstrap/css/bootstrap.min.css'%}" rel="stylesheet">
    <!-- Custom styles for this template -->
    <link href="{% static 'dashboard.css'%}" rel="stylesheet">
    <link rel="stylesheet" href="{% static 'fontawesome/css/font-awesome.min.css'%}">
</head>
<body>
<!--  引入了 header.html 组件  //-- >
{% include 'header.html' %}
<div class="container-fluid">
    <div class="row">
        <div class="col-sm-3 col-md-2 sidebar">
            <ul class="nav nav-sidebar">
<!--  employeecls 块，可以在中间写样式代码  //-- >
                <li class="{% block employeecls %}{% endblock %}"><a
href="/list_employee/">人员信息修改</a></li>
<!--  depcls 块，可以在中间写样式代码  //-- >
                <li class="{% block depcls %}{% endblock %}"><a href="/
list_dep/">部门列表</a></li>
<!--  groupcls 块，可以在中间写样式代码  //-- >
                <li class="{% block groupcls %}{% endblock %}"><a href="/
list_group/">团体列表</a></li>
<!--  employeeinfocls 块，可以在中间写样式代码  //-- >
                <li class="{% block employeeinfocls %}{% endblock %}">
<a href="/list_employeeinfo/">人员补充信息</a></li>
            </ul>
        </div>
        <div class="col-sm-9 col-sm-offset-3 col-md-10 col-md-offset-2 main">
           {# block 块 page_content 写继承页面特有的内容，即不同于母版的内容 #}
           {% block page_content %}
           {% endblock %}
        </div>
    </div>
</div>
<script src="{% static 'jquery-3.4.1.min.js' %}"></script>
```

```
    <script src="{% static 'bootstrap/js/bootstrap.min.js'%}"></script>
    </body>
    </html>
```

上述代码的相关说明如下。

（1）代码开头的{% load static %}表示要加载的静态文件的相关设置。通过<link href="{% static 'bootstrap/css/bootstrap.min.css'%}" rel="stylesheet">、<link rel="stylesheet" href="{% static 'fontawesome/css/font-awesome.min.css'%}">、<script src="{% static 'jquery-3.4.1.min.js' %}"></script>等形式的代码引用了 Bootstrap 框架的 CSS 和 JavaScript 文件，引用了 Font Awesome 框架的 CSS 文件，引用了 JQuery 文件等。关于静态文件配置解析请参阅前面章节的内容。

（2）代码引用 Bootstrap 栅格系统，通过一系列的行（row）与列（column）的组合来创建页面左右布局的样式，左边为菜单，右边为主要信息内容显示。

（3）代码定义了 4 个与样式有关的 block 块 employeecls、depcls、gorucls 和 employeeinfocls，供继承页面对菜单样式进行定制。

（4）代码还定义 block 块 page_content，继承页面可以在其中写页面的特有内容。

（5）{% include 'header.html' %}在相应位置引入了 header.html 组件，这个组件主要包含页面头部内容，引用 Bootstrap 中的导航条组件，可以参照 Bootstrap 中文网站教程。一般做法是复制代码然后修改成自己需要的内容，这里不再详述，header.html 的代码如下。

```
    <nav class="navbar navbar-inverse navbar-fixed-top">
        <div class="container-fluid">
            <div class="navbar-header">
                <button type="button" class="navbar-toggle collapsed" data-
toggle="collapse" data-target="#navbar"
                        aria-expanded="false" aria-controls="navbar">
                    <span class="sr-only">Toggle navigation</span>
                    <span class="icon-bar"></span>
                    <span class="icon-bar"></span>
                    <span class="icon-bar"></span>
                </button>
                <a class="navbar-brand" >Django Template 简单的样例</a>
            </div>
        </div>
    </nav>
```

6.4.5 编写 index.html 页面

主页面 index.html 主要显示一些欢迎信息，可以把母版的菜单形式、页面头部等内容原样继承过来，所以只需要在 page_content 块进行内容编写。

在/test_orm/templates/test_orm 文件夹下新建 index.html，输入以下代码。

```
{% extends 'test_orm/base.html' %}
{% block page_content %}
<!--  Bootstrap 中的“巨幕”组件 -- >
<div class="jumbotron">
    <h1>你好，朋友!</h1>
    <p>这是 Django Template 模板样例的首页 index.html，它继承于母版 base.html</p>
    <p>本样例对 test_orm 项目中的网页进行美化，也就是利用 Django 模板相关功能进行改造</p>
    <p></p>
    <p></p>
    <p><a class="btn btn-primary btn-lg" href="#" role="button">确定</a></p>
</div>
{% endblock %}
```

上述代码的相关说明如下。

（1）{% extends 'test_orm/base.html' %}指明该页面继承于 base.html 母版，由于 base.html 在 test_orm/templates/test_orm/文件夹下，所以在 base.html 前面加 test_orm/前缀。注意这行代码必须写在第一行。

（2）{% block page_content %}…{% endblock %}块中编写欢迎信息，用到了 Bootstrap 中的“巨幕”组件。

（3）你会发现 index.html 文件中没有 base.html 中的{% block employeecls %}…{% endblock %}、{% block depcls %}…{% endblock %}、{% block groupcls %}…{% endblock %}这 3 个 block 块，这种情况下 index.html 原样继承 base.html 中的这 3 个 block 块。

编写完 index.html 后需要测试一下，这需要建立 URL 配置项。为了层次清楚，我们建立两层 URL 配置。首先，在/test_orm/test_orm/ursl.py（一级 URL 配置）中加入以下代码。

```
path('test_orm/',include('employee.urls')),
```

在/test_orm/employee/urls.py（二级 URL 配置）中加入以下代码，指明路径与视图函数的对应关系。

```
path('index/',index),
```

在/test_orm/employee/views.py 中定义 index()视图函数。

```
def index(request):
    return render(request,'index.html')
```

在命令行终端进入项目根目录/test_orm/，输入命令 python manage.py runserver 启动程序；在浏览器地址栏中输入 http://127.0.0.1:8000/test_orm/index/后，如果出现图 6.8 所示的欢迎页面，表示程序运行正确。

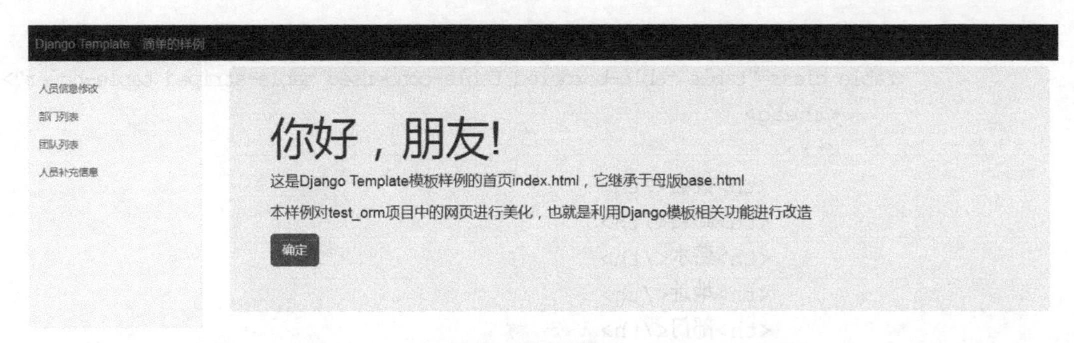

图6.8　欢迎页面

6.4.6　员工相关页面美化

1．员工列表页面

员工列表页面 list_employee.html 文件也继承于 base.html，我们只需编写 base.html 中 block 块的内容。这里主要修改了 page_content、employeecls 两个块，也就是在这两个 block 块中编写代码。

提示：由于继承于 base.html，这个页面只有这两个 block 块的代码，不存在其他内容，代码如下。

```
{% extends ' test_orm/base.html' %}
{% block page_content %}
<!--Bootstrap 的面板控件 //-->
<div class="panel panel-primary">
     <div class="panel-heading">
        <!--这里加标题 //-->
         <h3 class="panel-title">员工列表</h3>
     </div>
     <!--将表格放在这个<div class="panel-body">的标签中 //-->
    <div class="panel-body">
         <div class="row">
             <div class="col-md-3 pull-right" style="margin-bottom:15px ">
                 <div><a href="/test_orm/add_employee/" class="btn btn-
primary pull-right"><i class="fa fa-user-plus fa-fw" aria-hidden="true"></i>
 增加记录</a>
             <!--给增加记录按钮加 Bootstrap 样式、Font Awesome 图标 //-->
                 </div>
             </div>
         </div>
```

```
        <!--给表格增加 Bootstrap 样式 //-->
        <table class="table table-bordered table-condensed table-striped table-hover">
            <thead>
            <tr>
                <th>姓名</th>
                <th>邮箱</th>
                <th>薪水</th>
                <th>地址</th>
                <th>部门</th>
                <th>团体</th>
                <th colspan="2">操作</th>
            </tr>
            </thead>
            <tbody>
            {% for emp in emp_list %}
            <tr>
                <td>{{ emp.name }}</td>
                <td>{{ emp.email }}</td>
                <td>{{ emp.salary }}</td>
            <!--通过一对一键关联关系取得地址 address //-->
                <td>{{ emp.info.address }}</td>
                <!-- 通过外键关联关系取得部门名称 //-->
                <td>{{ emp.dep.dep_name }}</td>
                <td>
    <!--    emp 是 employee 的实例对象，它通过多对多键关联到 group 数据表，通过.all 取得全部
    记录，再通过循环取得 group 每条记录的名称 -- >
                    {% for gp in emp.group.all %}
    <!--    判断，如果是最后一条记录，名字后面不加逗号；如果不是最后一条记录，在名字后加逗号，
    主要目的是用逗号分隔开团体名称 -- >
                    {% if forloop.last %}
                    {{ gp.group_name }}
                    {% else %}
                    {{ gp.group_name }},
                    {% endif %}
                    {% endfor %}
                </td>
        <td><a href="/test_orm/del_employee/{{ emp.id }}/" class="btn btn-danger">
<i class="fa fa-trash-o fa-fw" aria-hidden="true"></i> 删除</a></td>
        <td><a href="/test_orm/edit_employee/{{ emp.id }}/" class="btn btn-info">
<i class="fa fa-pencil-square-o" aria-hidden="true"></i> 修改</a></td>
```

```
                </tr>
                {% empty %}
                <tr>
                    <td colspan="7">无相关记录！ </td>
                </tr>
                {% endfor %}
                </tbody>
            </table>
        </div>
</div>
{% endblock %}
<!-- 以下 block 块给样式类赋值，class="active"//-->
{% block employeecls %}
active
{% endblock %}
```

上述代码的相关说明如下。

（1）代码在页面上放置了 Bootstrap 面板组件，方法是直接复制 Bootstrap 中文网站上的面板组件代码进行修改。

（2）在面板内部放置表格，<div class="panel-body">...<div>之间是面板的内部，把原页面表格内容复制到面板内部。

（3）“增加记录”按钮通过 class="btn btn-primary pull-right"设置成蓝底向右浮动的样式，并通过嵌入<i class="fa fa-user-plus fa-fw" aria-hidden="true"></i>这句代码让按钮有个图标，其中 fa-fw 设置图标在一个固定宽度内，主要用于不同宽度图标无法对齐的情况，尤其在列表或导航时这可以起到重要作用。

（4）表格通过<table class="table table-bordered table-condensed table-striped table-hover">设置表格为带边框、紧缩、条纹状、对鼠标指针悬停做出响应等样式。

（5）表格中的“删除”“修改”两个按钮也进行 Bootstrap 样式设置，语句 class="btn btn-danger"把“删除”按钮底色设置为红色，语句 class="btn btn-info"把“修改”按钮底色设置为浅蓝色，并通过嵌入<i class="fa fa-trash-o fa-fw" aria-hidden="true"></i>语句加上 Font Awesome 图标。

（6）在 employeecls 块中加入 active，就可以把“人员信息修改”菜单设置为 class="active"，这样该菜单显示为激活状态。

上述内容只是对网页进行修饰，业务逻辑代码还是保持原样如视图函数等。启动程序后，单击 index 页面上的“人员信息修改”可以看到员工列表页面，如图 6.9 所示。

2. 员工增加页面

员工增加页面 add_employee.html 文件也继承于 base.html，页面只有 page_content、employeecls

两个块。

图6.9　员工列表页面

提示：由于继承于 base.html，这个页面只能在这两个 block 块中写代码，不能在块外写任何内容，块外代码不起作用，代码如下。

```
{% extends 'test_orm/base.html' %}
{% block page_content %}
<!--这里加标题 //-->
<div class="panel panel-primary">
     <div class="panel-heading">
     <!--这里加标题 //-->
         <h3 class="panel-title">增加员工</h3>
     </div>
     <!-- 表单放在这个<div class="panel-body">的标签中 //-->
    <div class="panel-body">
        <div class="row">
            <div class="col-md-6 col-md-offset-3">
                <!--通过 class="form-horizontal"设置 form 为 Bootstrap 表单样式-->
                <form action="/test_orm/add_employee/" method="post" class=
"form-horizontal">
                    {% csrf_token %}
                    <div class="form-group">
                        <label for="name" class="col-md-4 control-label">姓名: </label>
                        <div class="col-md-8">
```

```
                        <input type="text" class="form-control" id=
"name" name="name" placeholder="请输入姓名">
                    </div>
                </div>
                <div class="form-group">
                    <label for="email" class="col-md-4 control-label">邮箱: </label>
                    <div class="col-md-8">
                        <input type="email" class="form-control" id=
                        "email" name="email" placeholder="请输入邮箱">
                    </div>
                </div>
                <div class="form-group">
                    <label for="salary" class="col-md-4 control-label">薪水: </label>
                    <div class="col-md-8">
                        <input type="number" class="form-control" id="
                        salary" name="salary" placeholder="请输入薪水">
                    </div>
                </div>
                <div class="form-group">
                    <label for="info" class="col-md-4 control-label">联系信息: </label>
                    <div class="col-md-8">
                        <select class="form-control" name="info" id="info">
                            {% for info in info_list %}
                    <option value="{{ info.id}}"> {{ info.phone }}||{{
info.address }}</option>
                            {% endfor %}
                        </select>
                    </div>
                </div>
                <div class="form-group">
                    <label for="dep" class="col-md-4 control-label">部门:</label>
                    <div class="col-md-8">
                        <select class="form-control" name="dep" id="dep">
                            {% for dep in dep_list %}
                            <option value="{{ dep.id}}"> {{ dep.dep_
name }}</option>
                            {% endfor %}
                        </select>
                    </div>
```

```
                    </div>
                    <div class="form-group">
                        <label for="group" class="col-md-4 control-label">
团体：</label>
                        <div class="col-md-8">
                            <select class="form-control" name="group" id="
group" multiple="true">
                                {% for group in group_list %}
                                <option value="{{ group.id}}"> {{ group.
group_name }}</option>
                                {% endfor %}
                            </select>
                        </div>

                    </div>
                    <div class="form-group">
                        <div class="col-md-offset-4 col-md-8">
                            <input type="submit" class="btn btn-primary"
value="增加">
                        </div>
                    </div>
                </form>
            </div>
        </div>
    </div>
</div>
{% endblock %}
<!-- 以下block块给样式类赋值，class="active"//-->
{% block employeecls %}
active
{% endblock %}
```

上述代码的相关说明如下。

（1）页面在 Bootstrap 面板组件中加入了一个表单组件，这个 Bootstrap 表单组件的样式都是通过 class 属性设置实现的，如“class="form-horizontal"”。

（2）在表单中，每个字段也都是按 Bootstrap 格式排列的，并按字段数据类型的不同设置<input>标签不同的 type 属性，如 salary 字段为数值型，设置为<input type="number" class="form-control" id="salary" name="salary" placeholder="请输入薪水">，email 字段设置为<input type="email" class="form-control" id="email" name="email" placeholder="请输入邮箱">。

程序运行时，在员工列表页面单击“增加记录”进入增加员工页面，如图 6.10 所示。

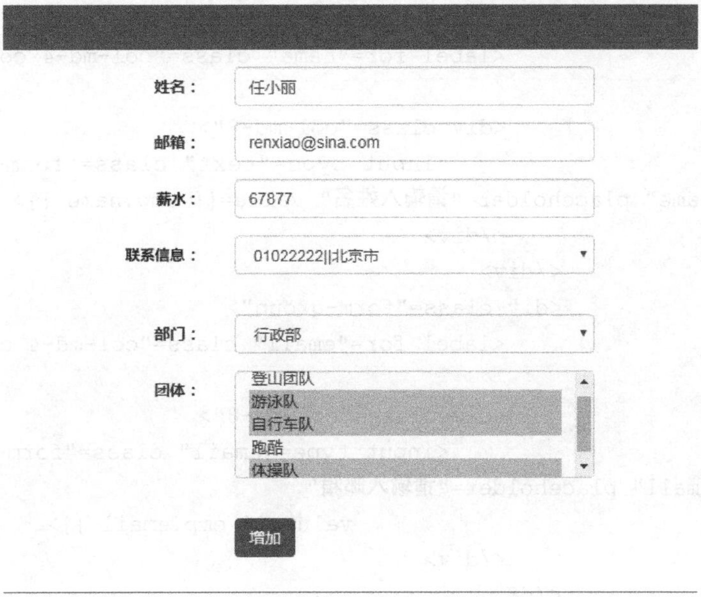

姓名： 任小丽
邮箱： renxiao@sina.com
薪水： 67877
联系信息： 01022222||北京市
部门： 行政部
团体： 登山团队 游泳队 自行车队 跑酷 体操队
增加

图6.10　增加员工页面

3. 员工修改页面

员工修改页面 edit_employee.html 文件也是继承于母版 base.html，与 add_employee.html 结构形式一样，运用了 Bootstrap 的面板、表单两个组件，按钮加上了 Font Awesome 图标，这里不再详述，仅列出页面代码供读者参考。

```
{% extends 'base.html' %}
{% block page_content %}
<div class="panel panel-primary">
     <div class="panel-heading">
     <!--这里加标题 //-->
         <h3 class="panel-title">修改员工信息</h3>
     </div>
     <!--将表单控件放在这个<div class="panel-body">的标签中 //-->
    <div class="panel-body">
        <div class="row">
            <div class="col-md-6 col-md-offset-3">
                <!--通过class="form-horizontal"设置form为Bootstrap表单样式-->
                <form action="" method="post" class="form-horizontal">
```

```
                        {% csrf_token %}
                        <input type="hidden" name='id' id='id' value={{ emp.id }}>
                        <div class="form-group">
                            <label for="name" class="col-md-4 control-label">
姓名：</label>
                            <div class="col-md-8">
                                <input type="text" class="form-control" id=
"name" name="name" placeholder="请输入姓名" value={{ emp.name }}>
                            </div>
                        </div>
                        <div class="form-group">
                            <label for="email" class="col-md-4 control-label">
邮箱：</label>
                            <div class="col-md-8">
                                <input type="email" class="form-control" id="
email" name="email" placeholder="请输入邮箱"
                                       value={{ emp.email }}>
                            </div>
                        </div>

                        <div class="form-group">
                            <label for="salary" class="col-md-4 control-label">
薪水：</label>
                            <div class="col-md-8">
                                <input type="number" class="form-control" id="
salary" name="salary" placeholder="请输入薪水"
                                       value={{ emp.salary }}>

                            </div>
                        </div>
                        <div class="form-group">
                            <label for="info" class="col-md-4 control-label">
联系信息：</label>
                            <div class="col-md-8">
                                <select class="form-control" name="info" id="info">
                                    {% for info in info_list %}
                                    {% if emp.infp_id == info.id %}
                     <option value="{{ info.id }}" selected> {{ info.phone }}||{
{ info.address }}</option>
                                    {% else %}
```

```
                    <option value="{{ info.id }}"> {{ info.phone }}||{{
info.address }}</option>
                              {% endif %}
                              {% endfor %}
                          </select>
                      </div>
                  </div>
                  <div class="form-group">
                      <label for="dep" class="col-md-4 control-label">部门:</label>
                      <div class="col-md-8">
                          <select class="form-control" name="dep" id="dep">
                              {% for dep in dep_list %}
                              {% if emp.dep_id == dep.id %}
                          <option value="{{ dep.id }}" selected> {{ dep.
dep_name }}</option>
                              {% else %}
                              <option value="{{ dep.id }}"> {{ dep.dep_
name }}</option>
                              {% endif %}
                              {% endfor %}
                          </select>
                      </div>
                  </div>
                  <div class="form-group">
                      <label for="group" class="col-md-4 control-label">
团体: </label>
                      <div class="col-md-8">
                          <select class="form-control" name="group" id=
"group" multiple="true">
                              {% for group in group_list %}
                              {% if group in emp.group.all %}
                              <option value="{{ group.id}}" selected> {{
group.group_name }}</option>
                              {% else %}
                              <option value="{{ group.id }}"> {{ group.
group_name }}</option>
                              {% endif %}
                              {% endfor %}
                          </select>
                      </div>
```

```
                    </div>
                    <div class="form-group">
                        <div class="col-md-offset-4 col-md-8">
                            <input type="submit" class="btn btn-primary"
value="保存">
                        </div>
                    </div>
                </form>
            </div>
        </div>
    </div>
</div>
{% endblock %}
<!-- 以下 block 块给样式类赋值，class="active"//-->
{% block employeecls %}
active
{% endblock %}
```

6.4.7 其他页面美化

此外，还有与部门（department）、团队（group）、人员补充信息（employee info）相关的页面，这些页面都是继承于 base.html 母版。

1．部门列表页面

部门列表 list_dep.html 文件也继承于 base.html，页面有 page_content、depcls 两个块，代码如下。

```
{% extends 'base.html' %}
{% block page_content %}
<div class="panel panel-primary">
    <div class="panel-heading">
        <h3 class="panel-title">部门列表</h3> <!--这里加标题 //-->
    </div>
    <!--将表格放在这个<div class="panel-body">的标签中 //-->
    <div class="panel-body">
        <div class="row">
            <div class="col-md-3 pull-right" style="margin-bottom:15px ">
<!--给增加记录按钮加 Bootstrap 样式、Font A Wesome 图标 //-->
                <div><a href="/add_dep/" class="btn btn-primary pull-right">
```

```
<i class="fa fa-user-plus fa-fw" aria-hidden="true"></i> 增加记录</a>
                    </div>
                </div>
            </div>
            <table class="table table-bordered table-condensed table-striped
table-hover"> <!--给表格增加Bootstrap样式 //-->
                <thead>
                <tr>
                    <th>部门名称</th>
                    <th>备注说明</th>
                    <th colspan="2">操作</th>
                </tr>
                </thead>
                <tbody>
                <!-- dep_list即为视图函数list_dep()中render()的传入参数//-->
                {% for dep in dep_list %}
                <tr>
                    <td>{{ dep.dep_name }}</td>
                <td>{{ dep.dep_script }}</td>

                    <td><a href="/del_dep/{{ dep.id }}/" class="btn btn-danger">
<i class="fa fa-trash-o fa-fw" aria-hidden="true"></i> 删除</a></td>
                    <td><a href="/edit_dep/{{ dep.id }}" class="btn btn-info">
<i class="fa fa-pencil-square-o" aria-hidden="true"></i> 修改</a></td>
                </tr>
                {% empty %}
                <tr>
                    <td colspan="4">无相关记录！</td>
                </tr>
                {% endfor %}
                </tbody>
            </table>
        </div>
    </div>
    {% endblock %}
    <!-- 以下block块给样式类赋值，class="active"//-->
    {% block depcls %}
    active
    {% endblock %}
```

部门列表页面与前面介绍的人员列表页面相似，只是它在 depcls 块中写入代码为 active，使得“部门列表”菜单为激活形式，如图 6.11 所示。

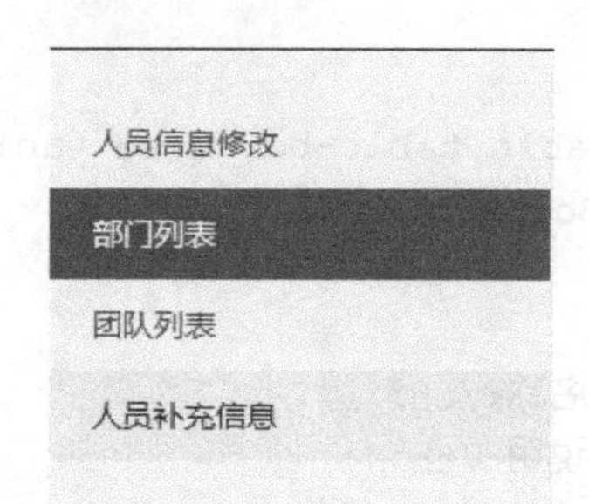

图6.11　激活状态的“部门列表”菜单

2．其他页面

其他页面继承、修改、美化的过程与前面介绍的方法类似。如果读者想学习关于前端页面美化的知识，可以参阅 Bootstrap 中文网站的官方文档，熟悉 Bootstrap 框架提供的样式，稍加练习就可以编写出界面优秀的页面。再通过 Django 编写逻辑代码，两者结合，就能做出自己满意的 Web 系统。

6.5 小结

本章讲述了 Django 模板系统的基本语法，主要包括模板变量、过滤器、模板标签等内容，介绍了模板文件母版的继承、组件引用的方法，最后通过一个样例讲述了如何通过继承母版、引用 Bootstrap 框架、加入 Font Awesome 组件的方式使系统界面美观、样式一致。

Django

第7章

Django Form 组件

我们在编写向后台数据库提交数据的程序时，一定会用到表单，因此需要在 HTML 页面设计<form>标签。我们会根据数据输入的需求与页面样式，在<form>标签中放置各种输入的标签，如<input>、<select>等。这会稍稍增加写前端页面代码的工作量，但这不是主要的，主要是页面利用表单向后端提交数据时，前端和后端都要写一些校验代码，比如校验用户是否输入、校验输入格式是否正确等。而且如果用户输入的内容有错误，就需要在页面上相应的位置显示对应的错误信息，这样不但增加了代码量，而且有许多代码是重复的。代码量多会增加编程工作量，且难免出现 bug，增加编程和调试时间。

Django Form 组件的引入弥补了以上不足，它能自动在页面上生成可用的 HTML 标签，提供数据校验功能，提高编写代码的质量和效率。Django Form 组件有两种，一种是 Form 组件，另一种是 ModelForm 组件。Django Form 组件也可称为 Django 表单组件。

7.1 前期环境准备

为了以样例的形式介绍并测试 Django Form 组件，我们需要建立一个项目与应用程序，为了方便，这里我们利用前面章节建立的 test_orm 项目和 employee 应用程序进行样例的开发。

7.1.1 Django Form 表单的主要功能

Django Form 表单的主要作用是对表单字段进行集中管理，主要功能介绍如下。

（1）自动生成 HTML 表单元素，可以减少前端的代码编写。一方面字段类型生成默认标签，如 CharField 对应 HTML 中的<input>标签；另一方面可以通过 widget 属性来渲染成 HTML 元素，如：forms.widgets.Select()对应 HTML 中的<select>标签。

（2）通过表单字段类型、属性的定义，自动产生校验表单数据的合法性的功能。如：EmailField 表示 email 字段。如果这个字段不是有效的电子邮箱格式，就会产生错误。

（3）如果验证错误，将重新显示表单，已输入的数据不会被重置或清空，用户界面友好。

（4）Django Form 表单可以用 CSS 和 JavaScript 资源进行渲染，使页面美观。

7.1.2 Django Form 简单开发流程介绍

先从整体开发流程上看一下如何应用 Django Form 开发，最主要有 5 个步骤：编写 Django Form 类，建立 URL 与视图函数对应关系，在视图函数中实例化 Django Form 类，视图函数向模板文件发送 Django Form 实例化对象变量，模板文件以一定形式显示 Django Form 实例化对象中存储的字段信息。

7.1.3 编写 Django Form 对象类

Django Form 对象一般用一个名为 forms.py 文件集中存放，因此在应用程序 employee 下建立一个 forms.py 文件，在文件中定义一个 test_form 类，代码如下。

```
# 导入表单相关的模块
from django import  forms
# 定义表单要继承 Form 类
class test_form(forms.Form):
    # lable 是字段显示名称
    account=forms.CharField(label="账号")
    password=forms.CharField(label='密码')
```

上述代码的相关说明如下。

（1）Form 类都必须直接或间接继承自 django.forms.Form，因此首行代码导入 forms 模块。

（2）Django Form 对象封装了一系列字段和验证规则。

（3）test_form 类中有两个字段，可以看出字段定义形式与 Django ORM 中的 Model 类字段形式相似，括号内放置字段属性，这里的 lablel 可以在模板文件中取出来作为字段名称。

7.1.4　建立 URL 与视图函数对应关系

我们知道在 Django 中任何访问都是通过 urls.py 来管理的，因此需要配置一个路径，在 urls.py 中增加一条 URL 与视图函数的对应关系，这样在浏览器中输入地址就会执行对应的视图函数。

```
urlpatterns = [
…
        path('test_form/',testform),
]
```

7.1.5　视图函数

在 views.py 中编写视图函数 testform()，代码如下。

```
# 从当前目录导入 forms 文件
from . import  forms
def testform(request):
    if request.method=="POST":
        # 通过 request.POST 为 test_form 对象赋值
        test_form=forms.test_form(request.POST)
        # 表单校验功能
        if test_form.is_valid():
            # 校验通过的数据存放在 cleaned_data 中，cleaned_data 是字典类型的
            # 因此要用 get() 函数取值
            account=test_form.cleaned_data.get("account")
            pw=test_form.cleaned_data.get("password")
            if (account=='test' and pw=='123'):
                return HttpResponse("登录成功")
```

```
                else:
                        return HttpResponse("用户名或密码错误")
        else:
                return HttpResponse("数据输入不合法")
    # 初始化生成一个 test_form 对象
    test_form=forms.test_form()
    # 通过 render()把 testform 表单对象传递给 test_form
    return render(request,'test_form.html',{'testform':test_form})
```

上述代码的相关说明如下。

（1）由于视图函数用到 forms.py 中定义的 test_form 视图，所以第一行代码是为了导入这个文件（也可称为模块）。

（2）以上代码通过 if request.method=="POST":判断请求方式是否是 POST。如果请求方式是 POST，说明有数据提交过来，首先通过 test_form=forms.test_form(request.POST)语句将 POST 对象中的相关数据赋值给 test_form，然后通过 test_form.isvalid()判断数据的有效性。判断数据的有效性是依据 Form 类中的字段类型和对字段的有效性约束，有效性约束是通过字段属性来实现的，后面将详细介绍。

（3）如果请示方式不是 POST，说明是第一次打网页，通过 test_form=forms.test_form()初始化一个 test_form 对象并存放到变量 test_form 中，并通过 render()函数将 test_form 变量传递给 test_form.html 文件。

（4）form.is_valid()返回 true 后，表单数据被存储在 form.cleaned_data 中，也就是说 Django Form 对象把经过校验的、合法的数据存放到表单对象的 cleaned_data 属性中。这个属性是字典类型，字典的键名就是 Form 中定义的字段名，字典键值是提交的数据，因此可以通过 get()函数取得表单数据，如 account=test_form.cleaned_data.get("account")可以取得经过校验的字段 account 的值。

提示：Django Form 与数据模型（数据表）没有必然的联系，它们是各自独立的。Django Form 与模板文件有关系，Form 字段的有些属性与页面显示样式有关系。

7.1.6 页面代码

在视图函数中通过 return render(request,'test_form.html',{'testform':test_form})把变量传递给 test_form.html 文件，以下是 test_form.html 的主要代码。

```
<body>
<div align="center">
    <h1>测试 Django Form</h1>
    <hr>
    <form action="/test_form/" method="post">
        {% csrf_token %}
```

```
            <!-- 以<p>标签的形式显示表单的每一个字段 -- >
            {{ testform.as_p }}
            <div><input type="submit" value="登录"></div>
        </form>
    </div>
    </body>
```

上述代码的相关说明如下。

（1）<form action="/test_form/" method="post">是网页上定义的表单，action 指出处理请求的地址，method 指出<form>表单的请求方式；这个表单与 Django Form 表单是不同的，一个属于前端，一个属于后端（服务端），两者的对应关系通过模板语言产生。

（2）为了安全，Django 要求在表单中放置{% csrf_token %}用来防御 CSRF 攻击。

（3）我们仅用{{ testform.as_p }}这一行代码就把 Django Form 表单放到网页，就能显示表单数据了，说明代码非常简单，as_p 表示把表单中每个字段放在<p>标签中。在模版中显示表单的 3 种方式：{{ form.as_table }}以表格的形式显示表单数据，将字段放在<tr>标签中。{{ form.as_ul }}以<ul>标签样式显示，将字段放在<li>标签中。{{ form.as_p }}将字段放在<p>标签中。除了以上方式，还可以用自定义的方式进行显示，后面将介绍。

7.1.7　运行测试

在命令行终端进入项目根目录，输入 python manage.py runserver 启动程序，在浏览器地址栏输入 http://127.0.0.1:8000/test_form/，出现图 7.1 所示的表单输入界面，说明程序运行正确，相关说明如下。

（1）看到网页表单输入界面，可以发现前端页面的表单显示样式与 forms.py 中定义的类 test_form 有关，也就是说 Django Form 对象具有生成 HTML 标签的功能。

（2）当输入格式有错，如用户名和密码输入为空时，页面都会提示。这说明在用户提交数据时，Django Form 的实例对象具有数据校验功能。

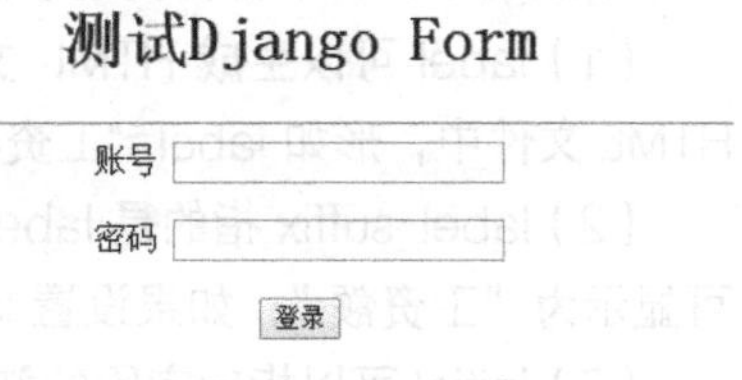

图7.1　表单输入界面

（3）当输入错误被提示后，再次返回输入页面时，上次输入的内容还保留在文本框中，没有被清空，说明 Django Form 实例对象生成的前端页面上的表单能够保留上次输入的内容。

7.2　Django Form 字段

Django Form 字段定义形式与 Django ORM 字段定义形式相似，Django Form 字段有许多属性与在页面上显示的样式有关，可以理解为这些属性能作为 Django 生成的 HTML 页面的样式。这里我们先介绍 Django Form 字段属性，然后介绍字段的类型。

7.2.1 Django Form 字段属性

Django Form 字段属性也是放在字段定义的括号内，下面是 CharField 字段的一个样例，括号内都是字段属性。

```
Studentinfo = forms.CharField(
        # 设置最小长度为 10
        min_length=10,
        # 字段名称
        label="学生编码",
        # 设置初始值
        initial="1230000001",
        # 设置错误信息
        error_messages={
            "required": "不能为空",
            "invalid": "格式错误",
            "min_length": "编码最少 10 位"
        }
    )
```

1. 通用属性

Django Form 中各种类型字段通用的属性，如下。

（1）label 可以生成 HTML 文件中的<label>标签，或者通过模板变量把 label 的内容显示到 HTML 文件中，形如 label="工资额"。

（2）label_suffix 指的是 label 内容后缀，默认为“:”。例如 label="工资额"，在 HTML 文件中可显示为“工资额:”；如果设置 label_suffix="@"，那么就会显示为“工资额@”。

（3）initial 可以指定字段的初始值，形如 initial="选择全部"、initial=66 等。

（4）help_text 可以指定帮助信息或者字段的描述信息，可以通过一定方式显示在 HTML 文件中，形如 help_text="请输入身份证号码或手机号码或邮箱"。

（5）error_messages 指定错误信息，这个属性是字典类型的，字典的键名是该类型字段的错误类型，字典的键值定义了出错后的提示信息，形如 error_messages={'required': '不能为空', 'invalid': '格式错误'}。

（6）required 指定字段值是否可以为空，如 required=True、required=False，Form 字段中 required 默认为 True。

（7）disabled 指定字段是否可以编辑，如 disabled=True、disabled=False。

（8）widget 可以指定字段的 HTML 标签形式。

如果不指定 widget Django 会根据字段的类型指定默认标签，以下代码未指定 widget。

```
class userinfo(forms.Form):
    name = forms.CharField(label='名字')
    url = forms.URLField(label='邮箱', required=False)
    comment = forms.CharField()
```

在浏览器显示时，HTML网页中按字段类型使用默认标签，如CharField在网页上生成type="text"的<input>标签，URLField生成type="url "的<input>标签等，主要形式如下。

```
<p><label for="id_name">名字:</label> <input type="text" name="name" required id="id_name"></p>
<p><label for="id_url">邮箱:</label> <input type="url" name="url" id="id_url"></p>
<p><label for="id_comment">Comment:</label> <input type="text" name="comment" required id="id_comment"></p>
```

如果指定了widget，就会按照widget指定的类型在HTML网页中生成对应的标签。

```
pwd = forms.CharField(
    min_length=8,
    label="密码",
    widget=forms.widgets.PasswordInput(attrs={'class': 'password'}, render_value=True)
)
```

以上代码通过widget指定字段的输入框类型为密码输入型，并通过attrs传递一个字典值以设置<input>标签的各种属性，这里设置标签的样式类为password。另一个参数render_value=True表示输入框校验不通过时，保留当前输入值。

在浏览器显示时，在网页中生成type="password"的<input>标签。

```
<p><label for="id_pwd">密码:</label> <input type="password" name="pwd" class="'password" minlength="6" required id="id_pwd"></p>
```

字段的widget属性可以通过不同设置生成各类HTML标签。

```
widget=forms.widgets.RadioSelect()
```

以上代码生成type="radio"的<input>标签。

```
widget=forms.widgets.Select()
```

以上代码生成<select>标签。

```
widget=forms.widgets.SelectMultiple()
```

以上代码生成可多选的<select>标签。

```
widget=forms.widgets.CheckboxInput()
```

以上代码生成type="checkbox"的<input>标签。

2. 字段特有属性

除了所有字段都拥有的通用属性，还有一些属性属于某种类型字段自有的属性，称作特有属性，现介绍如下。

（1）ChaField 字段属性如下。

- min_length 指定字段最小长度。
- max_length 指定最大长度。
- strip 指定是否清除用户输入的空白，当 strip=True 清除空白。

（2）数值类型字段主要包括 IntegerField、DecimalField、FloatField 等类型字段，它们有如下属性。

- max_value 指定字段的最大值。
- min_value 指定字段的最小值。
- max_digits 指定字段的总长度，是 DecimalField 类型独有的属性。
- decimal_places 指定字段的小数位长度，DecimalField 类型独有。

（3）ChoiceField 字段属性说明如下。

- choices 限定字段值的可选项，用元组类型设置该属性，如 choices = ((0,'男'),(1,'女'),)。

（4）FileField 字段属性说明如下。

- allow_empty_file 设置上传文件是否允许为空文件，是 Boolean 类型属性。

7.2.2 Django Form 常用字段

（1）CharField 字符类型字段，其定义代码如下。

```
studentinfo = forms.CharField(
        min_length=10,
        label="学生编码",
        initial="1230000001",
        error_messages={
            "required": "不能为空",
            "invalid": "格式错误",
            "min_length": "编码最少 10 位"
        }
    )
```

（2）IntegerField、FloatField、DecimalField 是数值类型字段。

```
integ=forms.IntegerField(max_value=100, min_value=10)
fl=forms.FloatField(max_value=199.88, min_value=10.66)
de=forms.DecimalField(max_value=2199.88, min_value=210.37,max_digits=7,
decimal_places=2)
```

（3）DateField、TimeField、DateTimeField 是日期时间字段。

```
date=forms.DateField()
time=forms.TimeField()
dt=forms.DateTimeField()
```

提示：在网页中输入这3个字段的值时，必须按照一定格式才能正确输入。DateField为“yyyy-mm-dd”形式，如“2019-08-08”；TimeField为“hh:mm”形式，如“12:30”；DateTimeField为“yyyy-mm-dd hh:mm”形式，如“2019-08-08 12:16”。

（4）ChoiceField字段，如果不指定widget，默认在页面上生成<select>标签。

```
sex = forms.ChoiceField(
    choices=((1, '男'), (2, '女'),),
    initial=1
    )
```

（5）EmailField字段。

```
url = forms.EmailField(label='邮箱', required=False)
```

（6）其他字段，如RegexField、FileField、URLField、ImageField、BooleanField、MultipleChoiceField等字段的定义方式与上面介绍的字段内容与形式相似，不再一一介绍。

7.3 样例6：Django Form组件开发

这里通过一个样例来介绍Django Form组件开发，这个样例主要实现登录功能和账号信息的增、删、改、查功能，实现这些功能的视图函数都是运用Django Form组件向模板文件传递数据，相应模板也引入了Bootstrap框架进行了美化。

在项目 test_orm 中创建一个新的应用程序 test_form，在命令行终端进入项目根目录，运行python manage.py startapp test_form生成这个应用程序，这样在项目根目录下就会自动生成目录test_form。

7.3.1 开发准备

前期准备主要包括建立数据库表、安装插件、配置参数等工作。

1. 建立数据库表

在开发程序前，我们首先准备一个数据库表，在/test_orm/test_form/models.py中编写代码如下。

```
from django.db import models
# 导入自定义的模块，这个模块将上传文件按一定格式命名并存储
```

```
    from utils.rename_upload import RenameUpload
    class loguser(models.Model):
        account=models.CharField(max_length=32,verbose_name="登录账号")
        password=models.CharField(max_length=20,verbose_name="密码")
        email=models.EmailField(verbose_name="邮箱")
        gender=models.CharField(max_length=1)
        hobby=models.CharField(max_length=20)
        hair=models.CharField(max_length=1)
        img=models.ImageField(upload_to='image',storage=RenameUpload(),blank=
True,null=True)
```

上述代码的相关说明如下。

（1）第二句代码导入的 RenameUpload 模块是自定义的文件，主要功能是把上传图片的文件名按一定格式改名，并进行存储，后面会介绍。

（2）最后一行代码，增加了一个名为 img 的 ImageField 字段，用于存储上传图片的地址，并通过 upload_to='image'指明上传图片的存放位置。upload_to 与 settings.py 中两个变量值有关系：BASE_DIR、MEDIA_ROOT。如果在 settings.py 文件中两个值的设置如下。

```
    BASE_DIR = os.path.dirname(os.path.dirname(os.path.abspath(__file__)))
    MEDIA_ROOT=os.path.join(BASE_DIR,'media')
```

以上代码指明了 BASE_DIR 的值就是项目根目录，这里是/test_orm/，那么 MEDIA_ROOT 的值就是/test_orm/media/。ImageField 字段的 upload_to 属性指定的目录要放在 MEDIA_ROOT 指定的目录下，因此这里图片文件的存储路径为/test_orm/media/image/。

提示： *在数据库表的 ImageFiled 字段只存储相对路径，这里的 img 保存在数据库表中的字段值形式为“image/文件名”。*

（3）由于需要保存图片，而且在 settings.py 文件中的 MEDIA_ROOT 指明了存储目录为/test_orm/media/，那么需要在/test_orm/目录下手动新建一个 media 文件夹。

在命令行终端，进入项目根目录/test_orm/下，输入 python manage.py makemigrations 和 python manage.py migrate 两条命令，生成 loguser 数据库表。

2. 编写上传插件 RenameUpload

数据模型 loguser 中有一个字段是图像字段，因此在业务流程中就有了上传图片文件的功能。上传文件多了可能会遇到文件名重复的情况，为了避免这一点，需要编写一个插件让上传文件按一定的格式命名，避免名字重复。

在/test_orm/目录上新建文件夹 utils，在其下新建文件 rename_upload.py，在文件中输入以下代码。

```
# -*- coding: UTF-8 -*-
# 导入文件存储类
from django.core.files.storage import FileSystemStorage
class RenameUpload(FileSystemStorage):
    from django.conf import settings
    def __init__(self, location=settings.MEDIA_ROOT, base_url=settings.MEDIA_URL):
        # 初始化
        super(RenameUpload, self).__init__(location, base_url)
    # 重写 _save()方法，参数 name 为上传文件名称
    def _save(self, name, content):
        # 导入要用到的模块：文件操作模块、时间模块、随机数模块
        import os, time, random
        # 取得文件扩展名
        ext = os.path.splitext(name)[1]
        # 取得文件所在的目录
        d = os.path.dirname(name)
        # 按照一定的格式命名文件，"年月日时分秒-随机数"
        fn = time.strftime('%Y%m%d%H%M%S')
        fn = fn + '_%d' % random.randint(0, 100)
        # 给文件加上扩展名，形成完整的文件名
        name = os.path.join(d, fn + ext)
        # 调用父类方法
        return super(RenameUpload, self)._save(name, content)
```

上述代码的相关说明如下。

（1）代码建立了继承于 FileSystemStorage 类的 RenameUpload，这个类有两个方法，一个是__init__()，另一个是_save()，两个方法都是继承来的。

（2）__init__()主要把 settings.py 中涉及存放文件的两个变量 MEDIA_ROOT、MEDIA_URL 传递给 location、base_url 参数，这两个变量决定文件的保存位置和文件 URL 的前缀。

（3）_save()重写父类的方法，主要功能是把文件名改成"年月日时分秒_随机数.扩展名"的形式，然后调用父类_save()方法进行保存。

3. settings.py 文件中的配置

由于创建了一个应用程序 test_form，所以要把它注册到 settings.py 的 INSTALLED_APPS 代码块中，代码如下。

```
INSTALLED_APPS = [
…
    # 不要漏掉后面的逗号
```

```
    'test_form',
    ]
```

在 setting.py 中指定上传图片、文件等的存放位置。

```
MEDIA_URL='/media/'
MEDIA_ROOT=os.path.join(BASE_DIR,'media')
```

上述代码的相关说明如下。

（1）MEDIA_ROOT 指出存储路径。

（2）MEDIA_URL 指出存储路径的前缀，所以/media/是一个前缀的表示，它代表 MEDIA_ROOT 的值，也就是 HTML 文件中的路径开头/media/，Django 在解析时会用 MEDIA_ROOT 的值替换开头/media/。

4. 安装插件

由于需要对图像文件进行上传与存储等操作，所以要安装 PIL 模块，在命令行终端进入项目根目录，运行以下命令。

```
pip install pillow
```

5. 图片文件路径的配置

要将图片显示在网页上，必须指定能够找到图片文件的路径，一般在 urls.py 中设置路径。

```
from test_form import views
# 导入静态服务函数
from django.conf.urls.static import static
# 导入 settings.py 文件
from . import settings
urlpatterns = [
    path('admin/', admin.site.urls),
    path('login/',views.login),
    …
# 用静态服务函数 static()指定上传文件 URL
]+ static(settings.MEDIA_URL, document_root=settings.MEDIA_ROOT)
```

上述代码的相关说明如下。

（1）以上代码中的路径用 static()函数指定一个对应关系，因此要首先通过 from django.conf.urls.static import static 导入相关模块。由于用到 settings.py 中的变量，也需通过 from . import settings 导入 settings 的配置。

（2）通过前面的介绍可以知道 settings.MEDIA_URL 值为/media/，settings.MEDIA_ROOT 的值为/test_orm/media/，这样就把前缀/media/与/test_orm/media/路径对应起来。也就是说如果 HTML

文件中如果有一个 URL 的前缀是/media/，就会被 Django 模板引擎解析为/test_orm/media/，例如 href='/media/test/test.jpg'会被解析为 href='/test_orm/media/test/test.jpg'。

（3）将 static 函数返回值加在 urlpatterns 的列表项后，即可实现静态文件路径设置，“+ static (settings.MEDIA_URL, document_root=settings.MEDIA_ROOT)” 实现了这个功能。

7.3.2 登录页面

1. 编写登录 Form

首先编写一个登录的 Django Form，打开/test_orm/test_form/forms.py 文件，编写如下代码。

```
from django import forms
class login_form(forms.Form):
    account = forms.CharField(
        min_length=2,
        label="账号",
    )
    pwd = forms.CharField(
        # 要求密码长度最少为 6 位
        min_length=6,
        label="密  码",
        # 设置标签为密码输入形式
        widget=forms.widgets.PasswordInput(attrs={'class': 'password'},
render_value=True)
    )
```

上述代码的相关说明如下。

（1）login_form 继承于 forms.Form，它建立了两个字段 account 和 pwd，用于账号和密码输入。

提示：Django Form 表单字段与数据模型字段没有关联，表单字段的属性与 HMTL 上的标签与显示样式有关，特别注意不要把“form”写成“from”。

（2）以上代码定义了两个 CharField 字段，这个类型的字段如果不指定 widget 属性，在网页上将被 Django 生成<input>标签。

（3）pwd 字段通过 forms.widgets.PasswordInput(attrs={'class': 'password'}, render_value=True)语句设置，对应 HTML 页面上的 type="password"的<input>标签，并且样式类为 password；render_value=True 这个设置表示如果输入错误，也要保持输入框的内容不被清除。

2. 编写登录视图函数

在/test_orm/test_form/views.py 文件中编写以下代码。

```
from django.shortcuts import render,redirect,HttpResponse
from . import forms
from . import models
def login(request):
    if request.method == 'POST':
        # 用 POST 提交的数值给 Form 对象赋值
        form_obj=forms.login_form(request.POST)
        # 对提交的数据进行校验
        if form_obj.is_valid():
            account=form_obj.cleaned_data['account']
            pwd=form_obj.cleaned_data['pwd']
            user_obj=models.loguser.objects.filter(account=account,password=
pwd).first()
            if user_obj:
                # 登录成功进入账号列表页面（list_loguser）
                return redirect('/list_loguser/')
            else:
                # 用户或密码不对，把错误信息和 Form 对象传给 login.html 页面
                error='用户不存在或密码错误！'
                return render(request,'login.html', {'form_obj': form_
obj,'errmsg':error})
        else:
                # 未通过校验，把 Form 对象传给 login.html 页面
            return render(request, 'login.html', {'form_obj': form_obj})
    # 第一次打开网页，先生成一个 Form 对象
    form_obj=forms.login_form()
    # 把 Form 对象传到页面文件
    return render(request,'login.html',{'form_obj':form_obj})
```

上述代码的相关说明如下。

（1）引用数据模型模块，我们用了 from . import models，因此这里调用的 Django 查询语句以 models 开头而不是用数据模型名开头。如用 user_obj=models.loguser.objects.filter(account=account,password=pwd).first()是正确的，而用 user_obj= loguser.objects.filter(account=account, password=pwd).first()就是错误的。同理 from . import forms 引用了 forms 文件（模块），当用到这个文件中定义的 Form 对象，要以 forms.为开头引用，如 form_obj=forms.login_form(request.POST)。

（2）首先判断页面请求方式，如果 if request.method == 'POST':条件成立，那么是页面向后端视图函数提交数据，一般正确取出数据可分为以下 3 步。

- 第一步用提交的数据给 Form 对象赋值，提交数据都存在 request 对象中，因此用 form_obj=forms.login_form(request.POST)给 form_obj 对象赋值，这些数据是从前端网页上提交过来的。

- 第二步对提交数据进行校验，Form 对象自动根据字段定义进行校验，判断校验是否成功用 is_valid()函数，如 form_obj.is_valid()。
- 第三步将校验合格的数据都以字典的形式存在 Form 对象的 cleaned_data 属性中，字典键名就是 Form 对象字段名，字典键值是前端网页提交的对应字段的数据，因此数据可以通过键名提取，如 account=form_obj.cleaned_data['account']提取是账号（account）的数值。

（3）提交的数据校验不合格或未通过，用 render()函数把现在的 Form 对象重新传递回页面。提交数据通过校验后，把数据取出来与数据库表 loguser 中的 account、password 值作对比。如果正确就表示登录成功，跳转到账号列表页面（list_loguser.html）。如果不正确，error 变量赋值为错误提示信息，并通过 render()函数把错误信息和 Form 对象传递回页面。

（4）通过 if request.method == 'POST':判断是否是提交数据，如果不是提交数据，那么是第一次打开网页，需初始化一个 Form 对象，所以用 form_obj=forms.login_form()生成一个 Form 对象，并通过 render()函数传递给 HTML 页面。

3. 编写 HTML 文件

在/test_orm/templates 文件夹下新建文件 login.html，其主要代码如下。

```
<body>
<div align="center">
    <h1>测试 Django Form</h1>
    <hr>
    <form action="/test_form/" method="post">
        {% csrf_token %}
        <!--  以<p>标签的形式显示表单字段  -- >
        {{ testform.as_p }}
        <div><input type="submit" value="登录"></div>
    </form>
</div>
</body>
```

上述代码的相关说明如下。

（1）视图函数传递过来的 testform 变量是 Form 对象，通过{{ testform.as_p }}可以直接放在相应的位置，Django 根据 Form 定义自动解析出相应的页面，减少了不少代码。

（2）{% csrf_token %}是安全设置，前面已有说明。

4. 测试

在/test_orm/urls.py 加入以下代码，建立网页 URL 与视图函数的对应关系。

```
from django.contrib import admin
from django.urls import path
```

```
from test_form import views
urlpatterns = [
…
        path('login/',views.login),
   ]
```

提示：这里通过 from test_form import views 导入视图，而没有导入具体函数，因此引用具体函数，要加 views 前缀，如“views.login”。

5. 登录页面改善

上面编写的登录页面是用 Django Form 自动生成的形式，生成的样式单一、不够美观，我们可以进行改善，这里采用 Bootstrap 框架改善登录页面。

从 Bootstrap 中文网站的“起步”页面上找到“登录页”例子，打开这个页面，查看其源码，并将其复制到 login.html 进行修改，修改后的代码如下。

```
{% load static %}
<html lang="en">
<head>
    <meta http-equiv="Content-Type" content="text/html; charset=UTF-8">
    <meta http-equiv="X-UA-Compatible" content="IE=edge">
    <meta name="viewport" content="width=device-width, initial-scale=1">
    <!-- 上述 3 个<meta>标签必须放在最前面，任何其他内容都必须跟随其后！ -->
    <meta name="description" content="">
    <meta name="author" content="">
    <title>登录页面</title>
    <!-- Bootstrap core CSS -->
    <link rel="icon" href="{% static 'favicon.ico' %}"  >
    <link href="{% static 'bootstrap/css/bootstrap.min.css'%}" rel="stylesheet">
    <link rel="stylesheet" href="{% static 'fontawesome/css/font-awesome.min.css'%}">
    <!-- Custom styles for this template -->
    <link href="{% static 'signin.css' %}" rel="stylesheet">
</head>
<body>
<div class="container">
<!--   设置<form>标签的 action 和 method 属性，其他都用 Boostrap 样例源代码 -- >
    <form action='/login/' method='post' class="form-signin">
    {% csrf_token %}
        <h2 class="form-signin-heading">请登录</h2>
        <label for="{{ form_obj.account.id_for_label }}" class="sr-only">
```

```
{{ form_obj.account.label }}</label>
            {{ form_obj.account }}
            <br>
           <label for="{{ form_obj.pwd.id_for_label }}" class="sr-only">{{ form_
obj.pwd.label }}</label>
            {{ form_obj.pwd }}
            <button class="btn btn-lg btn-primary btn-block" type="submit">登录</button>
        </form>
    </div> <!-- /container -->
    <script src="{% static 'jquery-3.4.1.min.js' %}"></script>
    <script src="{% static 'bootstrap/js/bootstrap.min.js'%}"></script>
    </body>
    </html>
```

上述代码的相关说明如下。

（1）{% load static %}导入静态文件，可参考前面介绍。

（2）<head>标签中引用的 JavaScript、CSS 文件都下载并存放在/test_orm/static 文件夹下，可以参考前面的介绍。在这个标签中还引用 signin.css 样式文件，这个文件是新建的，并存放在/test_orm/static 文件夹下，其中样式代码拷贝自“登录页”引用的 signin.css 文件。

（3）<form>标签中加入 action='/login/'、method='post'两个属性，指明处理请求的 URL 和数据提交方式。

（4）下面介绍 Form 表单在 HTML 文件中有关模板变量的意义，这里假设视图函数传到 HTML 文件中的表单对象的变量名为 form_obj，表单字段名为 name。

- {{ form_obj.as_table }}、{{ form_obj.as_ul }}、{{ form_obj.as_p }}：生成 form_obj 表单在页面上 3 种样式，前面有介绍。
- {{ form_obj.name }}：生成<input>、<select>等标签，标签的类型与 name 字段数据类型和 widget 属性有关。
- {{ form_obj.name.label }}：在页面上生成的 name 字段 label 属性中指定字符串。
- {{ form_obj.name.lable_tag }}：直接生成一个<lable>标签
- {{ form_obj.name.id_for_label }}：生成字符串与{{ form_obj.name }}生成的标签的 id 值相同，用于<label>标签的 for 属性。
- {{ form_obj.name.errors }}：生成 name 字段在后端验证后返回来的所有错误，返回数据类型是字典类型。
- {{ form_obj.name.errors.0 }}：生成 name 字段在后端验证后返回来的所有错误的第一个错误。
- {{ form_obj.errors }}：返回 form_obj 表单级别上的所有的错误。

（5）根据上面介绍，<label for="{{ form_obj.account.id_for_label }}">被 Django 模板系统解

析为<label for="id_account">，其中的 for 用来设置与 label 有对应关系的<input>标签的 id，{{ form_obj.account.id_for_label }}可以取得这个 id。{{ form_obj.account.label }}取得 form_obj 对象中 accout 字段的 label 值，被 Django 模板系统解析为“账号”。{{ form_obj.account }}可以被模板语言系统解析成<input type="text" name="account" required id="id_account">。

为了使 Form 表单字段文本框样式与 Bootstrap 样式相融合，我们也需要通过表单字段的 widget 属性进行设置，修改后的 login_form 代码如下。

```
    class login_form(forms.Form):
        account = forms.CharField(
            min_length=2,
            label="账号",
            # 设置的 class 样式为 form-control，这个是 Bootstrap 样式
            widget=forms.widgets.TextInput(attrs={"class":"form-control",
"placeholder":"请输入账号","autofocus":True})
        )
        pwd = forms.CharField(
            min_length=6,
            label="密码",
            widget=forms.widgets.PasswordInput(attrs={"class":"form-control",
"placeholder":"请输入密码"}, render_value=True)
        )
```

上述代码的相关说明如下。

（1）account 字段通过 widget 设置了 TextInput 类型，对应 type="text"的<input>标签。并通过 attrs={"class":"form-control", "placeholder":"请输入账号","autofocus":True}设置标签的样式类（class）为 form-control，这是 Bootstrap 定义的样式类，同时设置了 placeholder、autofocus 两个属性。

（2）pwd 字段通过 widget 设置了 PasswordInput 类型，对应 type="password"的<input>标签。并通过 attrs={"class":"form-control", "placeholder":"请输入密码"}设置标签的 class 和 placeholder 属性。

运行程序，显示新的登录页面，如图 7.2 所示。

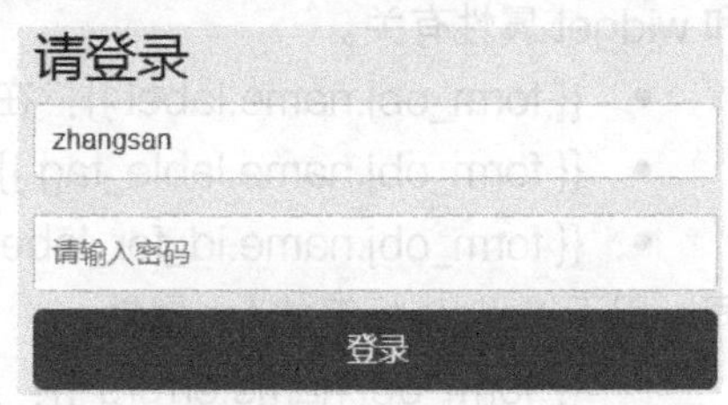

图7.2　新的登录页面

7.3.3　列表页面

在登录视图函数中，如果登录信息输入正确，通过 return redirect('/list_loguser/')这句代码进入账号列表页面。列表页面没有用到 Django Form 组件，这里不做深入介绍，仅列出代码。

1. 视图函数

视图函数从数据库表中取出全部账号信息，传递到 list_loguser.html 文件。

```
def list_loguser(request):
    users=models.loguser.objects.all()
    return render(request, 'list_loguser.html', {'usr_list':users})
```

在/test_orm/urls.py 文件中 URL 与视图函数对应关系如下。

```
path('list_loguser/',views.list_loguser),
```

2. 页面文件

页面文件为 list_loguser.html，存放在/test_orm/templates 文件夹下，引用了 Bootstrap 框架中的样式，主要引用面板、表格等组件，代码如下。

```
{% load static %}
<html lang="en">
<head>
    <meta http-equiv="Content-Type" content="text/html; charset=UTF-8">
    <meta http-equiv="X-UA-Compatible" content="IE=edge">
    <meta name="viewport" content="width=device-width, initial-scale=1">
    <!-- 上述 3 个<meta>标签必须放在最前面，其他内容都必须跟随其后！ -->
    <meta name="description" content="">
    <meta name="author" content="">
    <title>模板样例</title>
    <!-- Bootstrap core CSS -->
    <link rel="icon" href="{% static 'favicon.ico'  %}"   >
    <link href="{% static 'bootstrap/css/bootstrap.min.css'%}" rel="stylesheet">
    <link rel="stylesheet" href="{% static 'fontawesome/css/font-awesome.min.css'%}">
</head>
<body>
<div class="container">
    <div class="row">
        <div class="col-md-offset-2 col-md-8">
<div class="page-header">
  <h1> 样例首页<small>--账号信息列表</small></h1>
</div>
              <div class="panel panel-primary">
                  <div class="panel-heading">
                     <!--这里加标题 //-->
                        <h3 class="panel-title">账号信息</h3>
                  </div>
                 <!--将表格放在这个<div class="panel-body">标签中 //-->
                  <div class="panel-body">
```

```
                    <div class="row">
                        <div class="col-md-3 pull-right" style="margin-
bottom:15px ">
                    <!--给“增加”按钮加 Bootstrap 样式、Font Awesome 图标 //-->
                            <div><a href="/add_loguser/" class="btn btn-
primary pull-right"><i class="fa fa-user-plus fa-fw" ></i> 增加</a>
                            </div>
                        </div>
                    </div>
                    <table class="table table-bordered table-condensed
table-striped table-hover">
                        <!--给表格增加 Bootstrap 样式 //-->
                        <thead>
                        <tr>
                            <th>账号</th>
                            <th>邮箱</th>
                            <th>性别</th>
                            <th>爱好</th>
                            <th>头发数量</th>
                            <th colspan="2">操作</th>
                        </tr>
                        </thead>
                        <tbody>
                        {% for usr in usr_list %}

                        <tr>
                            <td>{{ usr.account }}</td>
                            <td>{{ usr.email }}</td>
                            <td>
                                {% if usr.gender == '1' %}
                                男
                                {% else %}
                                女
                                {% endif %}
                            </td>
                            <td>
                                 {% if usr.hobby == '1' %}
                                游泳
                                {% elif usr.hobby == '2' %}
                                自行车
```

```
                                {% else %}
                                跑酷
                                {% endif %}
                            </td>
                            <td>
                                {% if usr.hair == '1' %}
                                很多
                                {% elif usr.hair == '2' %}
                                一般
                                {% else %}
                                很少
                                {% endif %}</td>
                            <td><a href="/del_loguser/{{ usr.id }}/" class=
"btn btn-danger"><i
                                    class="fa fa-trash-o fa-fw"
                                    aria-hidden="true"></i> 删除</a>
                            </td>
                            <td><a href="/edit_loguser/{{ usr.id }}/" class=
"btn btn-info"><i
                                    class="fa fa-pencil-square-o"
                                    aria-hidden="true"></i> 修改</a>
                            </td>
                        </tr>
                        {% empty %}
                        <tr>
                            <td colspan="7">无相关记录! </td>
                        </tr>
                        {% endfor %}
                        </tbody>
                    </table>
                </div>
            </div>
        </div>
    </div>
</div>
<script src="{% static 'jquery-3.4.1.min.js' %}"></script>
<script src="{% static 'bootstrap/js/bootstrap.min.js'%}"></script>
</body>
</html>
```

账号信息列表页面如图 7.3 所示，大家可以对照页面与以上 HTML 代码进行学习，或者查看前面章节的介绍。

样例首页--账号信息列表

账号信息

增加

账号	邮箱	性别	爱好	头发数量	操作	
zhangsan	eff@126.com	女	游泳	一般	删除	修改
liuzhenlun	lzl@163.com	男	自行车	很少	删除	修改
jiangyongq12	jyq@163.com	男	自行车	很多	删除	修改
test	test@163.com	男	自行车	很少	删除	修改
zhangsan	eff@126.com	女	自行车	一般	删除	修改

图7.3　账号信息列表页面

7.3.4　账号增加

1. 定义 Form 类

首先建立一个 Form 类，打开/test_orm/test_form/forms.py 文件，增加以下代码。

```
    from django import forms
    …
    class loguser_form(forms.Form):
        # 定义 id 字段，用来保存数据库表的主键值，为了在修改时定位到某条记录
        id=forms.IntegerField(label='',widget=forms.widgets.NumberInput(attrs=
{'hidden':'true'}), required=False)
        account=forms.CharField(
            label='账号',
            # 设置标签的属性 class、placeholder、autofocus，使界面友好
            widget=forms.widgets.TextInput(attrs={'class':'form-control',
"placeholder":"请输入账号","autofocus":True}))
        password=forms.CharField(
            label='密码',
            # password 字段未设置成 PasswordInput，因为这里是信息输入页面
```

```
            # 用户需要看到输入的内容
            widget=forms.widgets.TextInput(attrs={'class':'form-control',
"placeholder":"请输入密码"}))
        email=forms.EmailField(
            label='邮箱',
            widget=forms.widgets.EmailInput(attrs={'class':'form-control',
"placeholder":"请输入邮箱"}))
        gender=forms.ChoiceField(
            # 设置字段选项
            choices=((1, "男"), (2, "女"),),
            label='性别',
            initial='1',
            widget=forms.widgets.RadioSelect())
        hobby = forms.ChoiceField(
            choices=((1, "游泳"), (2, "自行车"), (3, "跑酷"),),
            label="爱好",
            initial=3,
            widget=forms.widgets.Select()
        )
        hair=forms.ChoiceField(
            label='发量',
            choices=((1,'很多'),(2,'一般'),(3,'很少'),),
            widget=forms.widgets.RadioSelect())
        # 这是一个图片字段，涉及图片上传
        img=forms.ImageField(label='头像',required=False)
```

上述代码的相关说明如下。

（1）loguser_form 类需要继承自 Django Form，因此需要导入 forms 模块（from django import forms）。

（2）定义了 id 字段，为了在修改记录时，id 作为数据库表记录的唯一识别字段，在读取、修改、保存数据时作为记录的定位条件（相当于 SQL 中的 where 条件），将字段的属性 required 设置为 False 是因为增加记录时不需要此字段的值。因为 Form 中所有字段默认 required=True，如果不设置 required=False，在增加记录时，由于字段没有赋值而通不过校验，数据无法提交。另外通过 widget=forms.widgets.NumberInput(attrs={'hidden':'true'},required=False)这条语句，设置该字段不在页面上显示。

（3）account 字段通过 widget 设置了 TextInput 类型，在页面上能生成 type="text"的<input>标签。并通过 attrs={"class":"form-control", "placeholder":"请输入账号","autofocus":True}设置标签的样式类 class 为 form-control，这是 Bootstrap 定义的样式类，这样在页面上，该字段生成的标签会应用 Bootstrap 样式，设置 placeholder 使得字段文本框有提示信息，设置 autofocus 使得输入

首先获得焦点。

（4）password 字段没有按常规设置成 PasswordInput，因为这里是信息输入页面，用户需要看到输入的内容。

（5）email 字段的类型为 forms.EmailField，它在页面上默认生成 type="email"的<input>标签，当然也可以通过 widget 进行定制设置。

（6）gender、hobby、hair 字段通过 choices 属性设置，choices 属性一般用元组为它赋值。gender 的 widget 设置为 RadioSelect，在页面上生成 type="radio"的<input>标签；hobby 的 widget 设置为 Select，在页面上生成<select>标签；hair 也设置为 RadioSelect，在页面上生成 type="radio"的<input>标签。

（7）img 字段是 ImageField 类型，涉及图片的上传、存储等流程，所以需要安装 PIL 模块。

建立路径与视图函数的对应关系，在/test_orm/urls.py 加入以下语句。

```
path('add_loguser/',views.add_loguser),
```

2. 视图函数

以下是视图函数 add_loguser()的代码。

```
def add_loguser(request):
    if request.method=='POST':
        # 由于有上传图片文件，所以参数中增加 request.FILES
        form_obj=forms.loguser_form(request.POST or None,request.FILES or None)
        # 表单数据校验
        if form_obj.is_valid():
            # 在数据库表中新增一条记录
            loguser_obj=models.loguser.objects.create(
                account=form_obj.cleaned_data['account'],
                password = form_obj.cleaned_data['password'],
                email=form_obj.cleaned_data['email'],
                gender=form_obj.cleaned_data['gender'],
                hobby=form_obj.cleaned_data['hobby'],
                hair=form_obj.cleaned_data['hair'],
                img=form_obj.cleaned_data['img']
            )
            # 增加记录后，重新定向到列表页面
            return redirect('/list_loguser/')
        else:
            # 数据未通过校验，把 loguser_form 对象传给增加页面
            return render(request, 'add_loguser.html', {'formobj': form_obj})
    # 第一次打开页面，初始化一个空的表单对象
```

```
        form_obj=forms.loguser_form()
        # 定向到增加页面，并传递参数
        return render(request,'add_loguser.html',{'formobj':form_obj})
```

上述代码的相关说明如下。

代码按照 if request.method=='POST': 的逻辑判断是否是第一次打开页面，如果请求方式是POST，那么是页面向后端提交数据，用以下 4 步把数据增加到数据库表中。

- 首先通过 form_obj=forms.logusre_form(request.POST or None,request.FILES or None)语句把提交的数据传给 Form 表单对象，这里传递了两个参数 request.POST、request.FILES。通常情况下表单字段只有常规数据类型，不包含文件类型字段，只需要 request.POST 一个参数，如果字段中有 ImageField、FileField 等文件类型字段，必须有 request.FILES 参数。语句中 or None 指的是如果提交的数据不存在，其值设为 None。提交数据给 loguser_form 表单对象赋值完成时，相应的图片文件也传到了指定的目录，本例中目录为/test_orm/midia/img/。
- 接着是数据校验，校验功能是 Form 表单自带的，用 form_obj.is_valid()语句判断校验是否通过。
- 数据校验通过，意味着数据合格，合格数据存放在 Form 表单对象的 cleaned_data 属性中，这个属性以字典形式存储合格的数据，提取数据要用 Form 对象.clean_data['字段名']或 Form 对象.clean_data.get('字段名')的形式。
- 最后新建记录，用 models.loguser.objects.create 语句即可将记录保存到数据库表中。

此外，如果提交数据校验不成功，即 form_obj.is_valid()为 False，代码通过 return render(request, 'add_loguser.html', {'formobj': form_obj})把保存 loguser_form 对象的变量 formobj 传到 HTML 文件中，这个 formobj 包含错误信息，这样错误信息通过{{ form_obj.name.errors }}、{{ form_obj.name.errors.0 }}、{{ form_obj.errors }}等模板变量显示在页面上。如果请求方式不是 POST，则是第一次打页面，初始化一个 loguser_form 对象，这个对象每个字段的定义都会影响它在页面的显示样式。

3. 页面文件

视图函数 add_loguser()通过 render()函数把表单对象变量 formobj 传递到/test_orm/templates/add_loguser.html 文件中，该文件的主要代码如下。

```
<div class="container">
    <div class="row">
        <div class="col-md-offset-3 col-md-6">
            <div class="page-header">
                <h1>Django Form 测试
                    <small>--账号增加</small>
                </h1>
            </div>
            <div class="panel panel-primary">
```

```
                    <div class="panel-heading">
                        <h3 class="panel-title">账号增加</h3>
                    </div>
                <!--将页面的主要内容放在这个<div class="panel-body">标签中 //-->
                    <div class="panel-body">
                        <form action="/add_loguser/" method="post" enctype=
"multipart/form-data" class="form-horizontal">
                            {% csrf_token %}
                           <!--id 字段，隐含不显示// -- >
                            {{ formobj.id }}
                            <div class="form-group">
                                <label for="{{ formobj.account.id_for_label }}
" class="col-md-2 control-label">
                                    {{ formobj.account.label }}</label>
                                <div class="col-md-8">
                                    {{ formobj.account }}
                                    <span class="help-block">{{ formobj.account.
errors.0 }}</span>
                                </div>
                            </div>
                            <div class="form-group">
                                <label for="{{ formobj.password.id_for_label }}"
class="col-md-2 control-label">
                                    {{ formobj.password.label }}</label>
                                <div class="col-md-8">
                                    {{ formobj.password }}
                                    <span class="help-block">{{ formobj.password.
errors.0 }}</span>
                                </div>
                            </div>
                            <div class="form-group">
                                <label for="{{ formobj.email.id_for_label }}"
class="col-md-2 control-label">
                                    {{ formobj.email.label }}</label>
                                <div class="col-md-8">
                                    {{ formobj.email }}
                                    <span class="help-block">{{ formobj.email.
errors.0 }}</span>
                                </div>
                            </div>
```

```
                <div class="form-group">
                    <label for="{{ formobj.gender.id_for_label }}"
class="col-md-2 control-label">
                        {{ formobj.gender.label }}</label>
                    <div class="col-md-8">
                        {{ formobj.gender }}
                        <span class="help-block">{{ formobj.gender.
errors.0 }}</span>
                    </div>
                </div>
                <div class="form-group">
                    <label for="{{ formobj.hobby.id_for_label }}"
class="col-md-2 control-label">
                        {{ formobj.hobby.label }}</label>
                    <div class="col-md-8">
                        {{ formobj.hobby }}
                        <span class="help-block">{{ formobj.hobby.
errors.0 }}</span>
                    </div>
                </div>
                <div class="form-group">
                    <label for="{{ formobj.hair.id_for_label }}"
class="col-md-2 control-label">
                        {{ formobj.hair.label }}</label>
                    <div class="col-md-8">
                        {{ formobj.hair }}
                        <span class="help-block">{{ formobj.hair.
errors.0 }}</span>
                    </div>
                </div>
                <div class="form-group">
                    <label for="{{ formobj.img.id_for_label }}"
class="col-md-2 control-label">
                        {{ formobj.img.label }}</label>
                    <div class="col-md-8">
                        {{ formobj.img }}
                        <span class="help-block">{{ formobj.img.
errors.0 }}</span>
                    </div>
                </div>
```

```
                            <div align="center">
                                <input type="submit" class="btn btn-primary"
value="增加">
                            </div>
                        </form>
                    </div>
                </div>
            </div>
        </div>
    </div>
```

上述代码的相关代码如下。

（1）以上代码未列出页面引用 Bootstrap 框架的 JavaScripts、CSS 文件的代码，这些代码同列表页面的引用是一致。

（2）页面运用了 Bootstrap 框架页头、面板组件，这两个组件是复制 Bootstrap 中文网站上样例代码改造而成的。

（3）在面板内部加入 Bootstrap 框架的表单组件，采用的方式也是复制样例代码并进行改造。具体有以下 3 个步骤。

- 首先在<form>标签中加入 action="/add_loguser/"、method="post"、enctype="multipart/form-data"共 3 个属性，前两个属性指明处理请求的 URL 和数据提交方式的，enctyp 规定了在提交数据时对表单数据进行编码的方式，当 enctype="multipart/form-data"时不对提交数据编码。按照 HTTP 约定，在表单包含文件上传控件时，必须使用该值。
- 由于在 logusre_form 类中定义{{ formobj.id }}的属性为 hidden（id=forms.IntegerField(label='',widget=forms.widgets.NumberInput(attrs={'hidden':'true'}), required=False)），所以在页面上不会显示。
- <div class="form-group">... </div>是 Bootstap 表单中的一个字段单元，一般有几个字段就有几个这样的单元。我们在每一个单元固定位置通过模板变量放置字段名称和字段值，主要有{{ formobj.xx.id_for_label }}、{{ formobj.xx.label }}、{{ formobj.xx }}、{{ formobj.xx.errors.0 }}等（xx 为 Form 字段名）。{{ formobj.xx.id_for_label }}显示数据文本框的 id，{{ formobj.xx.label }}显示 Form 字段中定义的 label 属性值，{{ formobj.xx }}生成数据文本框或数据输入 HTML 标签，{{ formobj.xx.errors.0 }}显示字段数据错误信息的第一条错误信息。

提示： 在 Form 类中定义的字段默认属性 required=True，所以定义的字段一般全部放到 HTML 文件中，如果漏掉一个，会产生数据无法通过校验且难以查找原因的问题。如果确实不想把某个字段放到 HTML 文件中，在 Form 类中定义字段时明确指明属性 required=False。

程序启动后，登录并进入账号列表页面，单击列表页面上的“增加”按钮，就会打开账号增加页面，如图 7.4 所示。

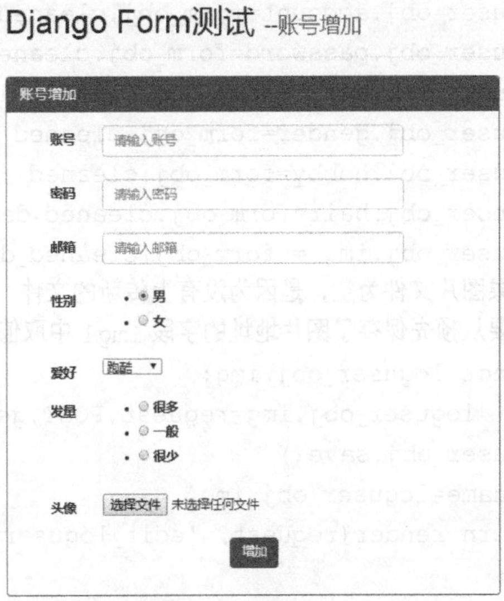

图7.4　账号增加页面

7.3.5　账号修改

1. 视图函数

在 urls.py 中加入一条配置项，代码如下。

```
path('edit_loguser/<int:loguser_id>/',views.edit_loguser),
```

需要注意的是，这里的 URL 路径上有参数<int:loguser_id>，这个参数名为 loguser_id，视图函数将用这个参数的值获取数据表的记录。这个参数在 list_loguser.html 文件中进行了赋值，代码如下。

```
<a href="/edit_loguser/{{ usr.id }}/" class="btn btn-info">…修改</a>
```

账号信息修改的视图函数是 edit_loguser()，代码如下。

```
def edit_loguser(request,loguser_id):
    if request.method=='POST':
        # 由于已上传图片文件，所以在参数中增加 request.FILES
        form_obj = forms.loguser_form(request.POST or None, request.FILES or None)
        if form_obj.is_valid():
            # 取出 id
            id=form_obj.cleaned_data['id']
            # 取出 id 对应的记录
            loguser_obj=models.loguser.objects.get(id=id)
```

```
                loguser_obj.account=form_obj.cleaned_data['account']
                loguser_obj.password=form_obj.cleaned_data['password']
                loguser_obj.email=form_obj.cleaned_data['email']
                loguser_obj.gender=form_obj.cleaned_data['gender']
                loguser_obj.hobby=form_obj.cleaned_data['hobby']
                loguser_obj.hair=form_obj.cleaned_data['hair']
                loguser_obj.img = form_obj.cleaned_data['img']
               # 如果图片文件为空，是因为没有上传新的文件
               # 需要从预先保存了图片地址的字段 img1 中取值
                if not loguser_obj.img:
                    loguser_obj.img=request.POST.get('img1')
                loguser_obj.save()
                imgname=loguser_obj.img
                return render(request, 'edit_loguser.html', {'formobj': form_
obj, 'img': imgname})
            else:
                return render(request, 'add_loguser.html', {'formobj': form_obj})
        # 请求方式不是 POST，执行以下代码
        # 取得的值，以字典集合的形式存在 obj_list 中
        obj_list=models.loguser.objects.filter(id=loguser_id).values('id',
'account','password', 'email','gender','hobby','hair','img')
        # 取出第一个字典
        dic=obj_list[0]
       # imgname 保存 img 字段的值
        imgname=dic['img']
        # 用字典值给 loguser_form 对象赋值
        form_obj=forms.loguser_form(initial=dic)
        return render(request, 'edit_loguser.html', {'formobj': form_obj,'img':
imgname})
```

上述代码的相关说明如下。

（1）如果请求方式是 POST，说明是提交数据。从提交数据到存入数据库表中经过以下 5 步。

- 首先通过 form_obj = forms.loguser_form(request.POST or None, request.FILES or None) 语句给 Form 对象赋值，需要指出如果前端页面没有上传新的图片文件，request.FILES 参数值是空的，因此需要一个变量预先保存图片地址。
- 接着校验，校验功能是 Form 表单自带的，用 form_obj.is_valid()进行校验。数据校验通过，意味着数据合格，合格数据存放在表单对象 loguser_form 的 cleaned_data 属性中。
- 通过 Django 查询语句取得 id 一致的记录，存放在变量 loguser_obj 中。
- 从表单对象 loguser_form 的 cleaned_data 属性中取得相应的值，赋值给记录对应的字段。

这里有个判断语句 if not loguser_obj.img:，意思是如果 loguser_obj.img 未能取到值，说明未上传新的图片文件，我们需要用原图片文件的地址给 img 赋值。原图片文件的地址预先存在 img1 中，因此可以从 POST 提交的数据取得，相应的语句为 loguser_obj.img=request.POST.get('img1') 。

- 记录的每个字段赋值完成后，通过 loguser_obj.save()保存。

（2）如果请求方式不是 POST，说明是第一次打开网页。因为是修改页面，所以要将相应的记录数据赋值给 loguser_form 对象，赋值方式是给 loguser_form 对象的 initial 属性传递一个字典类型的数据。

（3）Django 查询语句的 values()函数产生字典类型返回值，本例用 obj_list=models.loguser.objects.filter(id=loguser_id).values('id','account','password','email','gender','hobby','hair','img') 语句取得字典集合，然后通过 dic=obj_list[0]语句取得第一个字典，最后通过 form_obj=forms.loguser_form(initial=dic)语句赋值。

提示：Django 查询语句取得的字典的键名是字段名，要想正确给表单对象 loguser_form 赋值，必须让 loguser_form 的字段名与字典的键名一致。

（4）由于 loguser_form 对象的 ImageField 字段在网页生成上传控件，却没有地方存放传给它的初始值（图片地址），因此我们增加了一个变量存放图片文件地址，相应的语句为 imgname=dic['img']，然后通过 return render(request, 'edit_loguser.html', {'formobj': form_obj,'img': imgname})把 Form 对象、图片地址一并传给 HTML 文件。HTML 文件中通过<input type="hidden" name="img1" id="img1" value="{{ img }}">语句专门存储图片文件的地址，而且这个语句放在<form>标签中，提交时可以通过 POST.get()函数取得，请参考页面文件 edit_loguser.html 中的代码。

（5）保存数据后，通过 render()函数把 Form 对象、图像地址再次传给 edit_loguser.html 文件，这样用户就可以看到修改后的内容以及图像，也使用户能够继续进行修改操作，修改满意后点“返回”按钮到达列表页面。

2. 页面文件

以下是 edit_loguser.html 的部分代码。

```
<!--  采用Bootstrap的媒体组件  -- >
<div class="media">
    <div class="media-left">
        <a href="#">
            <img class="media-object img-circle" style="width:200px;height:200px;"
                src="/media/{{ img }}" alt="头像">
        </a>
    </div>
    <div class="media-body">
        <h4 class="media-heading">账号信息</h4>
```

```
        <form action="" method="post" enctype="multipart/form-data" class=
"form-horizontal">
            {% csrf_token %}
            {{ formobj.id }}
            <div class="form-group">
                <label for="{{ formobj.account.id_for_label }}" class="col-
md-2 control-label">
                    {{ formobj.account.label }}</label>
                <div class="col-md-8">
                    {{ formobj.account }}
                    <span class="help-block">{{ formobj.account.errors.0 }}
</span>
                </div>
            </div>
            <div class="form-group">
                <label for="{{ formobj.password.id_for_label }}" class="col-
md-2 control-label">
                    {{ formobj.password.label }}</label>
                <div class="col-md-8">
                    {{ formobj.password }}
                    <span class="help-block">{{ formobj.password.errors.0 }}
</span>
                </div>
            </div>
            <div class="form-group">
                <label for="{{ formobj.email.id_for_label }}" class="col-
md-2 control-label">
                    {{ formobj.email.label }}</label>
                <div class="col-md-8">
                    {{ formobj.email }}
                    <span class="help-block">{{ formobj.email.errors.0 }}</span>
                </div>
            </div>
            <div class="form-group">
                <label for="{{ formobj.gender.id_for_label }}" class="col-
md-2 control-label">
                    {{ formobj.gender.label }}</label>
                <div class="col-md-8">
                    {{ formobj.gender }}
                    <span class="help-block">{{ formobj.gender.errors.0 }}
```

```
</span>
                    </div>
                </div>
                <div class="form-group">
                    <label for="{{ formobj.hobby.id_for_label }}" class="col-
md-2 control-label">
                        {{ formobj.hobby.label }}</label>
                    <div class="col-md-8">
                        {{ formobj.hobby }}
                        <span class="help-block">{{ formobj.hobby.errors.0 }}</span>
                    </div>
                </div>
                <div class="form-group">
                    <label for="{{ formobj.hair.id_for_label }}" class="col-
md-2 control-label">
                        {{ formobj.hair.label }}</label>
                    <div class="col-md-8">
                        {{ formobj.hair }}
                        <span class="help-block">{{ formobj.hair.errors.0 }}</span>
                    </div>
                </div>
                <div class="form-group">
                    <label for="{{ formobj.img.id_for_label }}" class="col-md-2
control-label">
                        {{ formobj.img.label }}</label>
                    <div class="col-md-8">
                        {{ formobj.img }}
                        <span class="help-block">{{ formobj.img.errors.0 }}</span>
                    </div>
                </div>
        <!--用这个标签保存图片文件地址的原始值，原始值是通过视图函数中的render()传递来的  -- >
                <input type="hidden" name="img1" id="img1" value="{{ img }}">
                <div align="center">
                    <input type="submit" class="btn btn-primary" value="保存">
                    <a href="/list_loguser/" class="btn btn-success">返回</a>
                </div>
            </form>
        </div>
    </div>
```

上述代码的相关说明如下。

（1）为了美观我们应用了 Bootstrap 的媒体组件，应用的方式就是复制代码并进行改造。

（2）在 Bootstrap 的媒体内部放置<form>表单，<form>表单样式与 add_loguser.html 差不多，但在里面增加了一个<input>标签（<input type="hidden" name="img1" id="img1" value="{{ img }}">），这个标签用来存储图片文件的原始地址。

（3）图片变成圆形，也是引用 Bootstrap 样式类 class=" img-circle"实现的。

（4）代码中<form>标签的 action=""。当 action 不赋值时，默认本网页地址就是处理请求的地址，可以理解为用本网页对应的视图函数来处理页面请求或提交数据。

（5）页面上有两个按钮，一个是“保存”按钮，一个是“返回”按钮，看视图函数代码就可以知道，单击“保存”按钮仅只是把修改数据存储到数据库里，页面不返回，这样用户可以继续修改，用户也能看到修改后的效果，提高了用户体验。单击“返回”按钮才能回到列表页面。

程序启动后，单击列表页面上的“修改”按钮就可以进入账号修改页面，如图 7.5 所示。

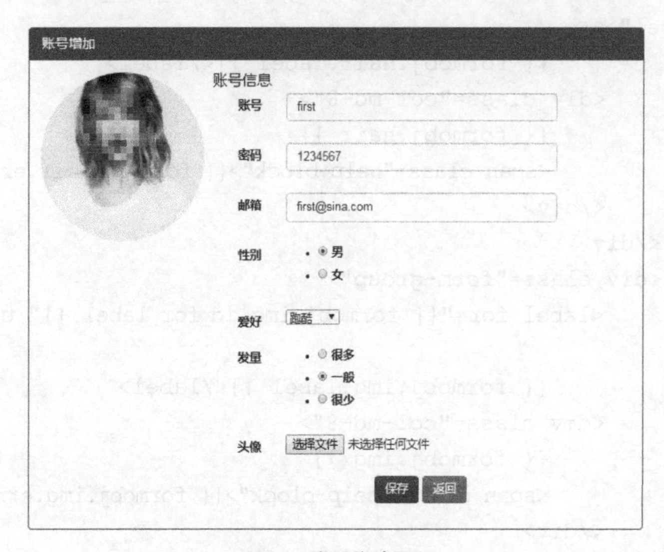

图7.5　账号修改页面

3. 账号删除

账号删除仅有视图函数 del_loguser()，无对应的 HTML 文件，代码如下。

```
def del_loguser(request,loguser_id):
    obj=models.loguser.objects.get(id=loguser_id)
    obj.delete()
    return redirect('/list_loguser/')
```

代码通过 Django 查询语句取出记录，然后通过 obj.delete()语句删除这条记录。

在urls.py中加入一条配置项，形成URL与视图函数del_loguser()的对应关系，代码如下。

```
path('del_loguser/<int:loguser_id>/', views.del_loguser),
```

7.4 Django ModelForm组件

顾名思义，Django ModelForm组件就是把Model和Form组合起来，它能够实现Django Form组件的所有功能，而不需要逐个对字段进行定义。

7.4.1 Django ModelForm定义

一般Django ModelForm定义形式如下，注意要指明model参数。

```
from . import models
class loguser_modelform(forms.ModelForm):
    class Meta:
        # 指定数据模型loguser，以loguser类的定义为基础建立表单
        model=models.loguser
        # _all_表示列出所有的字段
        fields="__all__"
        # 排除hair，email两个字段
        exclude=['hair', 'email']
        label={
            'account':'账号',
            'gender':'性别',
            'hobby':'爱好',
            'img':'头像'
        }
```

上述代码的相关说明如下。

（1）定义的类首先继承于ModelForm，类的参数大部分写在class Meta中。

（2）class Meta主要有以下常用参数。

- model参数：对应的数据模型中的类，用数据模型中的定义表单。

```
model=models.loguser
```

- fields参数：指定ModelForm字段，如果是__all__就表示列出所有的字段。

```
# 用所有的字段建立表单，即取所有字段生成表单字段
fields="__all__"
# 仅用account和email两个字段建立表单
fields = ['account','email']
```

- exclud 参数：指定 ModelForm 要排除的字段。

```
exclude=['hair', 'email']
```

- label 参数：指字段的 label 信息，是字典类型，键名为数据模型中的字段名。

```
label={
            'account':'账号',
            'gender':'性别',
            'hobby':'爱好',
            'img':'头像'
        }
```

- help_texts 参数：指帮助提示信息，是字典类型，键名为数据模型中的字段名。

```
help_texts = {
              'email ':'请按照邮箱格式输入邮箱.'
        }
```

- widgets 参数：定义字段在页面上的插件，是字典类型，键名为数据模型中的字段名。

```
widgets = {
            "password": forms.widgets.PasswordInput(attrs={"class": "form-
control "}),
            'account':forms.widgets.TextInput(attrs={'class':'form-control',
"autofocus":True})
         }
```

- error_messages 参数：定义错误信息，是字典类型，键名为数据模型中的字段名。

```
error_messages = {
            'account': {'max_length': "字符超长"}
            }
```

7.4.2 Django ModelForm 主要方法

Django ModelForm 的方法主要有数据校验和数据保存。

1. 数据校验

Django ModelForm 的数据校验与 Django Form 的验证类型类似。当数据从网页上提交过来、ModelForm 调用 is_valid()时，表单对数据自动验证，并存放在 ModelForm 对象的 cleaned_data 属性中。

2. 数据保存

Django ModelForm 通过 save()方法就可以把表单对象绑定的数据直接保存到数据库表中，

这是因为 ModelForm 的字段是基于数据模型（数据库表）的字段建立的，对应关系明确。保存方式有两种情况：创建和修改。

ModelForm 有一个关键字参数 instance，这个参数接收数据模型实例（可以理解为数据库表记录）作为参数值。如果初始 ModelForm 对象提供 instance 参数，则 save()将修改更新该实例并保存。如果没有提供 instance 参数，save()将创建新实例（也就是新增一条记录）并保存。

（1）新增一条记录的代码片段，不带参数 instance。

```
# 根据 POST 提交的数据创建一个新的 ModelForm 对象
form_obj=forms.loguser_modelform(request.POST)
      # 表单数据校验
      if form_obj.is_valid():
            # 在数据库表中新增一条记录
            form_obj.save()
```

（2）修改一条记录的代码片段，需要带参数 instance。

```
# 取出符合条件的记录
loguser_obj = models.loguser.objects.get(id=loguser_id)
    if request.method=='POST':
    # 当带有 instance 参数时，就修改记录
        form_obj = forms.loguser_modelform(request.POST,instance=loguser_obj)
        if form_obj.is_valid():
            form_obj.save()
```

取出符合条件的数据记录，用 POST 提交的数据修改记录字段，然后保存。

7.5 样例 7：Django ModelForm 开发

下面通过一个样例来介绍 Django ModelForm 组件应用，这个样例中我们用 Django ModelForm 方式重新实现前面 Django Form 表单样例中的功能，即重新实现账号信息的增、删、改、查功能。由于 ModelForm 与 Form 有许多相似的地方，我们将在应用程序 test_form 中编写代码。

7.5.1 ModelForm 表单类

建立 ModelForm 表单相对于 Form 来说更简单，下面在/test_orm/test_form/forms.py 中加入 loguser_modelform 类的代码。

```
from . import models
class loguser_modelform(forms.ModelForm):
    # 自定义 3 个字段 gender、 hobby、 hair
    gender = forms.ChoiceField(
```

```
            choices=((1, "男"), (2, "女"),),
            label='性别',
            initial='1',
            widget=forms.widgets.RadioSelect())
        hobby = forms.ChoiceField(
            choices=((1, "游泳"), (2, "自行车"), (3, "跑酷"),),
            label="爱好",
            initial=3,
            widget=forms.widgets.Select()
        )
        hair = forms.ChoiceField(
            label='发量',
            choices=((1, '很多'), (2, '一般'), (3, '很少'),),
            widget=forms.widgets.RadioSelect())
        class Meta:
            model=models.loguser
            fields="__all__"
            labels={
                'account':'账号',
                'password': '密码',
                'email':'邮箱',
                'img':'头像'
            }
            widgets = {
                'account':forms.widgets.TextInput(attrs={'class':'form-control',
"placeholder":"请输入账号","autofocus":True}),
                'password':forms.widgets.TextInput(attrs={'class':'form-control',
"placeholder":"请输入密码"}),
                'email':forms.widgets.EmailInput(attrs={'class':'form-control',
"placeholder":"请输入邮箱"})
            }
```

上述代码的相关说明如下。

（1）由于这个 loguser_modelform 类关联 models.loguser，所以需要通过 from . import models 导入 loguser 所在的模块（文件）。

（2）loguser_modelform 需要继承 forms.ModelForm。

（3）gender、hobby、hair 这 3 个字段需要 choice 属性，在 ModelForm 的一般字段形式中无法定义 choice 属性，我们采用自定义字段。自定义字段语法形式与 Form 中字段定义形式一样。

提示： 自定义字段要写在 class Meta: 语句前面。

（4）通过fields="__all__"语句获取models.loguser中的全部字段作为loguser_modelform的字段。

（5）通过设置labels属性设置字段名，如果不设置，则显示数据模型中定义的verb_name，如果没有设置verb_name，则显示数据模型中设置的字段名。

（6）通过widgets设置标签以及标签属性，标签属性中的class与Bootstrap中的样式相配合，如'account':forms.widgets.TextInput(attrs={'class':'form-control', "placeholder":"请输入账号", "autofocus":True})语句中的'class':'form-control'等。

7.5.2 列表页面

我们把账号信息列表页面作为程序的第一个页面，便于测试，在/test_orm/templates目录下新建list_loguser1.html文件。为了减少工作量，我们把list_loguser.html的代码全部复制到list_loguser1.html文件中，然后进行改写，下面只列出不同的代码。

```
<div class="page-header">
  <h1> 样例首页<small>--账号信息列表(Django ModelForm)</small></h1>
</div>
…
    <td><a href="/del_loguserm/{{ usr.id }}/" class="btn btn-danger"><i
                                    class="fa fa-trash-o fa-fw"
                                    aria-hidden="true"></i> 删除</a>
                        </td>
                        <td><a href="/edit_loguserm/{{ usr.id }}/" class=
"btn btn-info"><i
                                   class="fa fa-pencil-square-o"
                                   aria-hidden="true"></i> 修改</a>
                        </td>
```

上述代码的相关说明如下。

（1）将页头的内容改成了“账号信息列表(Django ModelForm)”。

（2）改写“删除”“修改”链接地址。

下面是视图函数list_loguserm()的代码，这里不详细介绍。

```
def list_loguserm(request):
    users=models.loguser.objects.all()
    return render(request, 'list_loguser1.html', {'usr_list':users})
```

打开/test_orm/urls.py文件，建立URL与视图函数的对应关系。这些地址包含了账号列表的地址，账号记录增加、修改、删除等地址，代码如下。

```
# 账号列表地址
path('list_loguserm/',views.list_loguserm),
# 增加账户信息地址
```

```
path('add_loguserm/',views.add_loguserm),
# 修改账户信息地址
path('edit_loguserm/<int:loguser_id>/',views.edit_loguserm),
# 删除账户信息地址
path('del_loguserm/<int:loguser_id>/', views.del_loguserm),
```

7.5.3 账号增加

账号增加视图函数是 add_loguserm()，代码如下。

```
def add_loguserm(request):
    if request.method=='POST':
        # 因为已上传图片文件，所以参数中增加 request.FILES
        form_obj=forms.loguser_modelform(request.POST or None,request.FILES or None)
        # print(form_obj)
        # 表单数据校验
        if form_obj.is_valid():
            # 在数据库表中新增一条记录
            form_obj.save()
            # 增加记录后重定向到列表页面
            return redirect('/list_loguserm/')
        else:
            # 数据未通过校验，重新定向到增加页面
            return render(request, 'add_loguser1.html', {'formobj': form_obj})
    # 第一次打开页面，初始化一个表单对象
    form_obj=forms.loguser_modelform()
    # 定向到增加页面，并传递参数
    return render(request,'add_loguser1.html',{'formobj':form_obj})
```

上述代码的相关说明如下。

（1）如果请求方式是 POST，通过 form_obj=forms.loguser_modelform(request.POST or None, request.FILES or None)为 loguser_modelform 对象赋值。

（2）如果数据通过校验，直接通过 form_obj.save()保存数据，不需要一个个字段进行赋值。因为 ModelForm 类对象与数据库表直接关联，这里 loguser_modelform 对象赋值时没有给 instance 参数值，所以这次保存是新增一条记录并保存。

（3）如果请求方式不是 POST，说明是第一次打开页面，初始一个 loguser_modelform 对象，这个对象是 ModelForm 类对象，并将这个对象传到页面。

以下是 add_loguser1.html 文件的代码，我们仅列出与前面 Django Form 样例中不同的地方，不同之处在 action 设置成了"/add_loguserm/"。

```
<form action="/add_loguserm/" method="post" enctype="multipart/form-data"
class="form-horizontal">
```

7.5.4 账号修改

账号修改视图函数 edit_loguserm()代码与前面介绍的 Django Form 样例中的略有不同，主要是要通过参数 instance 进行初始化。我们知道 ModelForm 对象如果不传入 instance 参数时，执行 save()函数时将创建一条新记录；如果传入 instance 值，执行 save()函数时会修改相应的记录并保存。

```
def edit_loguserm(request,loguser_id):
    # 取出符合条件的记录
    loguser_obj = models.loguser.objects.get(id=loguser_id)
    if request.method=='POST':
        form_obj = forms.loguser_modelform(request.POST or None, request.
FILES or None,instance=loguser_obj)
        if form_obj.is_valid():
            loguser=form_obj.save()
            imgname=loguser.img
            return render(request, 'edit_loguser1.html', {'formobj': form_
obj, 'img': imgname})
        else:
            return render(request, 'add_loguser1.html', {'formobj': form_obj})
    # 取记录中的图片文件的地址
    imgname=loguser_obj.img
    # 用数据记录初始化一个表单对象
    form_obj=forms.loguser_modelform(instance=loguser_obj)
    return render(request, 'edit_loguser1.html', {'formobj': form_obj,'img': imgname})
```

上述代码的相关说明如下。

（1）首先根据 id 从数据库表中取出一条记录，再判断请求方式是否是 POST，如果是 POST 请求，说明是数据提交。这时通过 form_obj = forms.loguser_modelform(request.POST or None, request.FILES or None,instance=loguser_obj)给表单对象赋值，request.POST 保存着前端提交的一般类型的数据，request.FILES 保存着前面上传的图片文件的有关数据，instance 在这里指明要修改的数据记录。

（2）通过 form_obj.is_valid():判断数据是否能通过校验，如果通过校验，调用 save()函数将数据记录修改完成并保存。save()函数保存返回一条保存数据记录的对象，所以我们能从这个对象中取得记录有关字段的值，如语句 imgname=loguser.img。

（3）如果请求方式不是 POST，就通过 form_obj=forms.loguser_modelform(instance=loguser_obj)初始化 loguser_modelform 对象，这里需要给 instance 参数传入记录对象。

以下是 edit_loguser1.html 文件的代码，我们仅列出与前面 Django Form 样例中不同的地方，不同之处在“返回”标签中 href 改成了"/list_loguserm/"。

```
<div align="center">
    <input type="submit" class="btn btn-primary" value="保存">
    <a href="/list_loguserm/" class="btn btn-success">返回</a>
</div>
```

7.5.5 账号删除

账号删除视图函数是 del_loguserm()，代码如下。

```
def del_loguserm(request,loguser_id):
    obj=models.loguser.objects.get(id=loguser_id)
    obj.delete()
 return redirect('/list_loguser/')
```

7.6 小结

本章介绍了 Django Form 组件的两种类型，先介绍 Django Form 的结构及语法，提供了一个使用 Django Form 实现人员信息管理的样例；然后介绍 Django ModelForm 的结构及语法，同时用 Django ModelForm 重新实现 Django Form 样例中的各个功能。

Django

第 8 章

图书管理系统开发

Django Admin 提供了对数据模型进行管理的 Web 网站，起到系统管理后台的作用。它通过读取开发人员建立的数据模型，快速构造出一个对数据进行管理的 Web 网站，可用于开发测试、简单管理等，一些简单的程序可以通过 Django Admin 系统快速建立起来。本章通过一个图书管理系统来介绍基于 Django Admin 管理后台的系统开发。

8.1 系统数据库建立

我们充分利用第 4 章的 myproject 项目，在这个项目中建立一个应用程序，并通过这个应用程序代码的编写，一步步介绍图书管理系统的开发。建立系统数据库的第一步就是建立数据库表，用来存储图书的相关信息。

8.1.1 建立应用程序

为了保持程序的独立性，我们在 myproject 项目中新建一个应用程序 book，在命令行终端进入项目根目录（/myproject/），输入以下命令。

```
python manage.py startapp book
```

以上命令运行后，会在项目根目录下建立一个名字为 book 的文件夹，并且该文件夹下自动生成了 models.py、views.py、admin.py 等文件。

生成的新应用程序必须在 settings.py 配置文件中声明。打开/myproject/myproject/ settings.py 文件，在 INSTALLED_APPS 代码块中，加入'book',，代码如下。

```
INSTALLED_APPS = [
    'django.contrib.admin',
    'django.contrib.auth',
    'django.contrib.contenttypes',
    'django.contrib.sessions',
    'django.contrib.messages',
    'django.contrib.staticfiles',
    'myapp',
    # 注册应用
    'book',
]
```

提示：以上代码中'django.contrib.admin'，表明 Django Admin 已安装到系统。

8.1.2 建立数据库表

我们建立了 3 个数据模型类（数据库表）：book、publishing、author。其中 book 存储图书信息，publishing 存储出版社信息，author 存储作者相关信息，数据模型一般在 models.py 中定义，打开/myproject/book/models.py 文件，输入以下代码。

```
from django.db import models
class book(models.Model):
    # 利用 verbose_name 属性让字段显示汉字名称
    title=models.CharField(max_length=20,verbose_name='图书名称')
    descript=models.TextField(verbose_name='书籍简介')
    publishdate=models.DateField(verbose_name='出版日期')
    # 外键，多对一关系，一定要加上 on_delete 属性
    publishing=models.ForeignKey(to='publishing',on_delete=models.CASCADE,
verbose_name='出版社')
    # 多对多键
    author=models.ManyToManyField(to='author' ,verbose_name='作者')
    class Meta:
        verbose_name='图书信息'
        verbose_name_plural='图书信息'
    def __str__(self):
        return self.title+'--相关图书信息'
class publishing(models.Model):
    name=models.CharField(max_length=20,verbose_name='出版社名称')
    address=models.CharField(max_length=20,verbose_name='出版社地址')
    class Meta:
        verbose_name='出版社信息'
        verbose_name_plural='出版社书信息'
    def __str__(self):
        return '社名：'+self.name
class author(models.Model):
    name=models.CharField(max_length=10,verbose_name='姓名')
    email=models.EmailField(verbose_name='邮箱')
    birthday=models.DateField(verbose_name='出生日期')
    header=models.ImageField(verbose_name='作者头像')
    class Meta:
        verbose_name = '作者基本情况'
        verbose_name_plural = '作者基本情况'
    def __str__(self):
        return '作者：'+self.name
```

上述代码的相关说明如下。

（1）数据模型都继承自 Django 的 Model 类，首先导入相关模块。

（2）数据模型类 book 中的 publishing 字段是外键，表示 book 表的记录与 publishing 表的记录是多对一关系，即一本书只由一个出版社出版，一个出版社可以出版多种图书。外键必须设置 on_delete 属性，这里设置 on_delete=models.CASCADE，表示级联删除，即“一对多”关系中，“一”被删除后，“多”会跟着删除。

（3）数据模型类 book 中的 author 字段是多对多键，表示 book 表的记录与 author 表的记录是多对多关系，即一本书可以有多个作者，一个作者也可以写多本书。

（4）class Meta 代码块中指定数据模型的元数据，可以在这个块中指定排序方式、数据库表名、数据模型对象的单数名或复数名等。下面介绍几个常用的元数据。

- verbose_name：数据模型对象的单数名，如不指定，默认用小写的数据模型名。如数据模型 book 的单数名默认为 book。

```
verbose_name='图书信息'
```

- verbose_name_plural：数据模型对象的复数名，中文通常不区分单复数，可以和 verbose_name 一样。如果不指定该选项，那么默认的复数名是 verbose_name 加上“s”。

```
verbose_name_plural='图书信息'
```

- ordering：指定的排序方式，接收字段名组成的元组或列表。字段名前加“-”表示倒序，不加表示正序。

```
ordering = ['- publishdate ', 'author']   # 表示先按 publishdate 字段进行降序排列，再按 author 字段进行升序排列。
```

- unique_together：联合约束，把几个字段组合在一起作为约束条件，约束是唯一的，不能重复。

```
unique_together =('title', 'author')
```

（5）def __str__(self)函数中通过 return 语句返回一个字符串，这个字符串代表数据模型对象实例（相当于一条记录）的名字，相当于对象实例的别名。

（6）数据模型类 author 中 header 字段的类型是 ImageField 类型，即图片文件类型。这里涉及图片文件上传操作，Django 这样处理：先上传图片，然后在数据库表的字段中保存图片上传的位置。

提示：上传图片的保存位置是根据 settings.py 中的设置，起作用的两个变量是 MEDIA_URL、MEDIA_ROOT。

下面介绍一下图片文件存储地址是如何设置的，我们把 settings.py 文件中涉及路径的 3 个变量列举如下。

```
BASE_DIR = os.path.dirname(os.path.dirname(os.path.abspath(__file__)))
MEDIA_URL='/media/'
MEDIA_ROOT=os.path.join(BASE_DIR,'image')
```

● BASE_DIR 变量通过系统路径函数取得的地址为/myproject/。

● MEDIA_ROOT 把 BASE_DIR 代表的路径与 image 组合形成的地址为/myproject/image/。

● MEDIA_URL 和 MEDIA_ROOT 有关联关系，MEDIA_URL 代表 URL 中的地址前缀。当 URL 有/media/这个前缀，会解析为/myproject/image/，如“href=/media/test/test.jpg”会解析为“href=/myproject/image/test/test.jpg”

● 由于 MEDIA_ROOT 代表的地址为/myproject/image/，author 中 header 字段在保存时会将图片上传并保存到/myproject/image/，因此需要在/myproject/目录新建文件夹 image。

设计完数据模型，要想生成数据库表，还需要运行以下命令。

```
python manage.py makemigrations
python manage.py migrate
```

由于我们以前在 myproject 项目用的数据库是 MySQL，所以生成的数据库表建立在 MySQL 数据库中。book 中的外键 publishing 字段在数据库表中的字段名为 publishing_id。book 多对多键 author 字段会让数据库生一个中间表，这个中间表有两个字段，一个字段 book_id 对应 book 表中的记录，另一个字段 author_id 对应 author 表中的记录。

8.1.3　建立系统超级用户

Django Admin 管理后台需要系统超级用户，创建超级用户需要在命令行终端进行，进入项目根目录，输入以下命令。

```
python manage.py createsuperuser
```

按照提示一步步输入用户名、密码、邮箱等信息，这样就在后台管理系统中生成了系统超级用户，这个用户可以登录 Django Admin 管理后台，并能对各个数据库表进行管理。

8.1.4　数据模型注册

我们建成的 3 个数据模型需要注册到 Django Admin 后台，才能被管理。注册需要在每个应用程序的 admin.py 中进行，打开/myproject/book/admin.py 文件，输入以下代码。

```
from django.contrib import admin
from . import models
admin.site.register(models.book)
admin.site.register(models.publishing)
admin.site.register(models.author)
```

上述代码的相关说明如下。

（1）注册需要 admin、models 模块，前两行代码进行了导入。

（2）注册通过 register()函数将参数传入数据模型即可。

8.1.5 运行程序

当我们建立数据模型并注册时，Django Admin 就可以管理数据模型对应的数据库表的数据，并且不用写任何代码就可以实现增、删、改、查功能，而且自动通过外键、多对多键等建立起数据库表之间的关系。

我们可以测试一下。在命令行终端通过 python manage.py runserver 启动程序，在浏览器地址栏输入 http://127.0.0.1:8000/admin/并按 Enter 键，出现登录界面。我们根据前面建立的系统超级用户信息的输入用户名和密码，即可登录。进入系统我们就可以看到 3 个数据库表的列表，并且能够对每一个表进行维护，如图 8.1 所示。

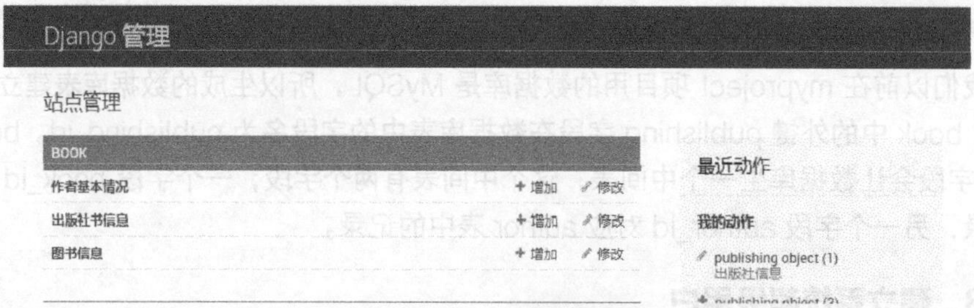

图8.1 Django Admin管理页面

通过简单几步就建立起了功能较强的信息管理系统，这体现了 Django Admin 的强大功能和易用性。

提示：输入网址后就能运行 Django Admin 管理后台，因为在 urls.py 文件中已自动配置了 URL 与视图函数的对应关系，代码如下。

```
from django.contrib import admin
from django.urls import path,include
urlpatterns = [
    path('admin/', admin.site.urls),
```

上述代码的相关说明如下。

（1）通过 from django.contrib import admin 导入 admin 模块。

（2）加入一条路由配置项，指明 admin/与 admin.site.urls 的对应关系。

8.1.6 附加说明

在管理后台中，每个数据模型都有一个列表和编辑表单页面，前者列出数据表中的记录，后者用于添加、修改或删除数据表中的特定记录。

管理后台工作原理简述如下。

- 启动程序后，Django 运行 admin.autodiscover()函数，这个函数到 settigns.py 文件中查

询 INSTALLED_APPS 设置。然后根据 INSTALLED_APPS 中列举的应用程序，到各个应用程序中查找一个名为 admin.py 的文件，并执行里面的代码。

- 在应用程序的 admin.py 文件中，调用 admin.site.register()在管理后台中注册各个数据模型，只有注册的数据模型才能在管理后台中显示。
- Django Admin 管理后台应用程序也有 admin.py 文件，管理后台应用程序定义了两个数据模型 Users 和 Groups，并在 admin.py 中注册，因此管理页面中能显示 Users 和 Groups。
- Django Admin 管理后台实际上是一个 Django 应用程序，有自己的数据模型、模板文件、视图文件和 URL 配置文件等。

8.2 图书管理系统完善

前面建立的图书管理系统是一个标准版，只是简单实现了在管理后台中展示和管理数据。但这还远未满足我们的需求，我们需要进一步对图书管理系统进行完善，力求系统界面较为友好且功能比较完善。

8.2.1 部分配置

1. 设置中文

为了让 Django 开发的程序拥有中文界面和中文格式的时间，可以在 settings.py 文件进行设置，代码如下。

```
LANGUAGE_CODE = 'zh-hans'
TIME_ZONE = 'Asia/Shanghai'
```

2. 设置图片文件路径

图片能够在网页上显示是因为在 HTML 文件中指定了路径，Django 程序运行时通过这个指定的路径找到图片文件。所以要在路由系统中设定寻找方向，以下是 urls.py 中设置路径的方式。

```
from . import settings
from django.conf.urls.static import static
urlpatterns = [
    path('admin/', admin.site.urls),
    …
    ]+ static(settings.MEDIA_URL, document_root=settings.MEDIA_ROOT)
```

上述代码的相关说明如下。

（1）首先通过 from django.conf.urls.static import static 导入静态文件处理相关的模块。然后

通过 statics()函数指定一个对应关系，static 有两个参数，一个是 URL 路径前缀，一个是路径前缀代表的地址。这两个参数值在 settings.py 文件中已经设置，即 settings.py 中的变量 MEDIA_URL 和 MEDIA_ROOT，因此需要通过 from . import settings 导入 settings.py 的配置。

（2）通过前面的介绍可以知道 settings.MEDIA_URL 值为/media/，settings.MEDIA_ROOT 的值为/myproject/image/，这样就把前缀/media/与/myproject/image/路径对应起来。也就是说，如果 HTML 文件中有一个 URL 的前缀是/media/，就会被 Django 模板引擎解析为/myproject/image/，例如 href='/media/test/test.jpg' 会被解析为 href='/myproject/image /test/test.jpg'。

（3）将 static()函数返回值加在 urlpatterns 的列表项后，即可实现静态文件路径设置，形如 + static (settings.MEDIA_URL, document_root=settings.MEDIA_ROOT)。

8.2.2 页面功能完善

Django Admin 管理后台系统会针对每一个数据模型（数据库表）生成列表页面和修改页面两类页面，我们完善系统的方式也是针对这两类页面。

Django 提供的 ModelAdmin 类就是针对这两类页面进行定制的类，在这个类中的设置会改变页面的功能与外观。配置编写 ModelAdmin 类的代码通常保存在每个应用程序的 admin.py 文件里。

图书管理系统数据管理页面功能的完善也是从编写 ModelAdmin 类入手，打开/myproject/book/admin.py 写入以下代码。

```
# admin.py 第一段代码
from django.contrib import admin
from . import models
class bookadmin(admin.ModelAdmin):
    # 用出版日期作为导航查询字段
    date_hierarchy = 'publishdate'
    # 设置字段无值时显示的内容
    empty_value_display = '-无值-'
    # 设置 author 字段的选择方式为水平扩展选择
    filter_horizontal = ('author',)
    # 以下代码在页面上对字段进行分组显示或布局
    fieldsets = (
        (
            '图书信息',
            {'fields': (('title', 'publishdate'), 'publishing', 'author')}),
        (
            '图书简介',
            {'classes': ('collapse',), 'fields': ('descript',)}),)
    # 自定义一个字段
    def descript_str(self, obj):
```

```
            # 对字段进行切片，取前 20 个字符
            return obj.descript[:20]
        # 设置自定义字段名字
        descript_str.short_description = '简介'
        # 设置过滤导航字段
        list_filter = ('title','publishing','author')
        # 设置查询的字段
        search_fields = ('title','publishing__name','author__name')
        # 列表显示字段
        list_display = ('title', 'descript_str', 'publishdate', 'publishing',)
        # 显示查询到的记录数
        show_full_result_count = True
        # 设定每页显示 6 条记录
        list_per_page = 6
    admin.site.register(models.book, bookadmin)
```

上述代码的相关说明如下。

（1）首先通过 from django.contrib import admin 导入 Django Admin 相关模块。

（2）代码定义了 bookadmin 类，这个类继承于 admin.ModelAdmin，在这个类中我们可以通过设置类的各种属性来定制数据管理页面的功能与外观。这些属性分别定制了列表页面的样式和修改页面的样式。

（3）影响列表页面的属性介绍如下。

- date_hierarchy：根据指定的日期型字段，为页面创建一个时间导航栏，赋值类型是元组类型。

```
    # 用出版日期作为导航查询字段
    date_hierarchy = 'publishdate'
```

- list_display：指定显示在列表页面上的字段。如果不设置这个属性，列表页面只显示一列，内容是每个数据模型对象的__str__()函数的返回值。

提示：多对多键字段不能显示在列表页面上。

```
    # 列表显示字段
    list_display = ('title', 'descript_str', 'publishdate', 'publishing',)
```

- search_fields：在列表页面添加一个文本框，这个属性需要以元组数据类型赋值，元组中每个字段都可以作为模糊查询的条件，被搜索的字段一般是 CharField 和 TextField 类型。也可以通过双下划线关联到另一个表的外键、多对多键字段，如下面语句中的'publishing__name'和'author__name'。

```
    # 设置查询的字段
    search_fields = ('title','publishing__name','author__name')
```

- list_display_links：指定用于链接修改页面的字段，设置方式与 list_display 格式一样，默认情况，list_display 列表中的第一个元素被作为指向修改页面的链接。如果设置为 None 则没有链接，将无法跳转到修改页面。

提示：要使用 list_display_links 指定链接字段，你必须先有 list_display，然后从 list_display 中指定的字段里面选择，并且不能用多对多键字段。

```
list_display_links = ('title', 'descript_str')
```

- list_filter：设置 list_filter 属性，在列表页面的右侧边栏增加过滤导航功能，实现基于字段的过滤功能。

```
# 设置过滤导航字段
list_filter = ('title','publishing','author')
```

- list_editable：指定在列表页面中可以被编辑的字段，指定的字段将显示为文本框，可修改后直接批量保存。

提示：不能将 list_display 中没有的字段设置为 list_editable 中的字段，不能将 list_display_links 中的字段设置为 list_editable 中的字段。

```
list_editable = ('descript_str', 'publishdate')
```

- empty_value_display：指定字段为空时（字段值为 null、None、空字符等）显示的内容。

```
empty_value_display = '-无值-'
```

- show_full_result_count：用于设置是否显示查询到的记录总数。

```
# 显示查询到的记录总数
show_full_result_count = True
```

- per_page：设置列表页面每页显示多少条记录。Django Admin 会自动管理分页。

```
# 设定每页显示 6 条记录
list_per_page = 6
```

在图 8.2 中标出了属性与列表页面的不同位置的对应关系。

（4）影响修改页面的属性介绍如下。

- fields：列出修改页面上的字段，并按列表顺序排列指定的字段。赋值时可以通过组合元组的方式，让某些字段在同一行内显示，例如下面第二行代码，title、publishdate 两个字段将排列在一行，而 descript 字段则排在下一行。

```
# 指定在修改页面上显示的字段以及显示信息，一行显示一个字段
fields=('title','descript','publishdate','publishing','author')
```

```
# 把 title、 publishdate 两个字段排在一行
fields=(('title', 'publishdate'), 'descript')
```

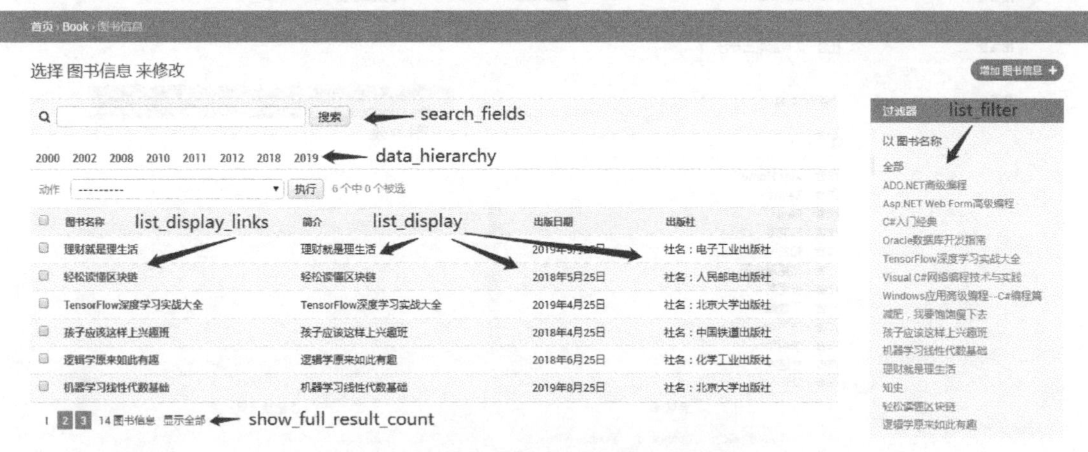

图8.2 属性与列表页面不同位置的对应关系

- exclude：列出的字段不在页面上显示。

```
exclude=('descript',)
```

- fieldsets：在页面上对字段进行分组或布局，fieldsets 是一个二级元组的列表。每一个二级元组代表一个<fieldset>，在 HTML 页面表单中生成一个<fieldset>标签。第二级元组列表格式为(name, { 'fields':(field1,field2,...), 'classes': ('collapse',)})，name 表示 filedsets 标题，(field1,field2,...)是包含在 filedsets 内的字段列表，另外还可设置 filedsets 的样式，如'classes': ('collapse',)。

```
    # 以下代码在页面上对字段进行分组显示或布局
    fieldsets = (
        (
            '图书信息',
            {'fields': (('title', 'publishdate'), 'publishing', 'author')}),
        (
            '图书简介',
            {'classes': ('collapse',), 'fields': ('descript',)}),)
```

图 8.3 显示 fieldsets 属性的设置效果，title、publishdate 在一行上的原因是通过('title', 'publishdate')，将两个字段分在一个元组中。

- filter_horizontal：主要针对多对多键字段，把选择方式改为水平扩展选择，形式如图 8.3 中作者字段样式。多对多键字段在 Django Admin 页面中会默认显示为一个选择框。在需要从大量记录中选择时，设置字段的这个属性，页面就会对字段进行水平扩展，并提供过滤功能。

```
filter_horizontal =('author',)
```

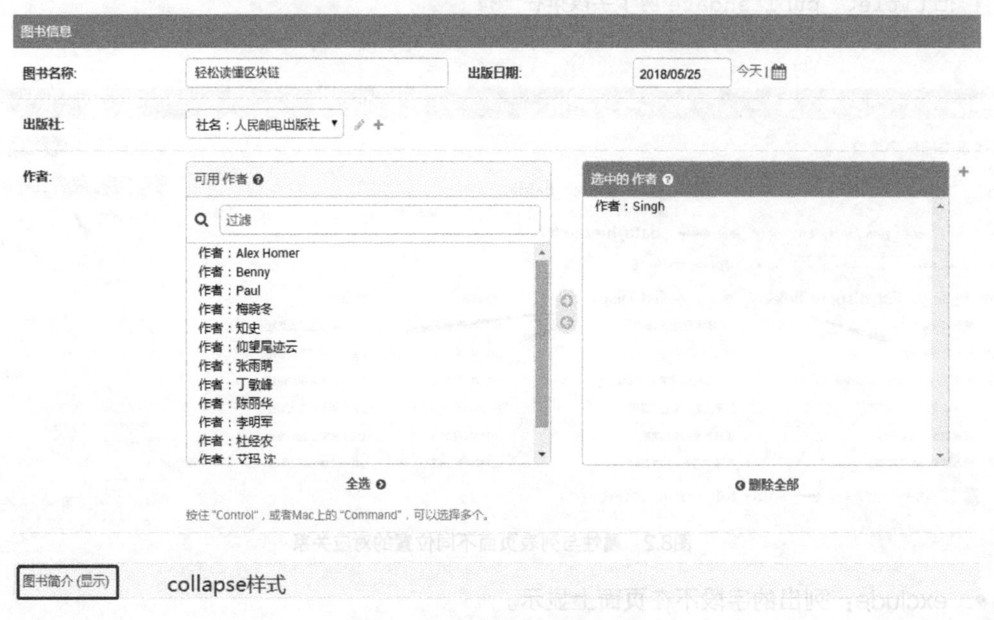

图8.3　fieldsets属性设置效果

- radio_fields：外键 ForeignKey 字段或 choices 集合默认使用<select>标签显示。如果将这种字段设置为 radio_fields，则会以<radio>标签组的形式展示。Radio_fields 的值是字典形式，键名为字段名，键值有两个，即 admin.VERTICAL、admin. HORIZONTAL，一个表示垂直布局，一个表示水平布局。

```
# 垂直布局
radio_fields = {"publishing": admin.VERTICAL}
```

（5）自定义字段。前面代码中定义一个字段 descript_str，定义字段采用函数的形式，传入两个参数。第一个参数是 self，第二个参数代表与类 bookadmin 关联的数据模型对象，这里指的是 book 类实例对象。自定义字段函数体 return 的返回值就是自定义字段值。自定义字段可以通过 short_description 命名字段，如 descript_str.short_description = '简介'语句。

代码中自定义字段 descript_str 的值取 book 的数据记录的 descript 字段值前 20 个字符，如下所示。

```
# 自定义一个字段
    def descript_str(self, obj):
      # 对字段进行切片，取前 20 个字符
       return obj.descript[:20]
    # 定义字段名字
    descript_str.short_description = '简介'
```

（6）建立了继承于 admin.ModelAdmin 的类后必须将类注册到管理网站，上面的代码通过 admin.site.register(models.book, bookadmin)代码将 book 数据模型注册，通过 register()函数将 models.book 与 bookadmin 关联起来，以后在列表页面、修改页面上管理 book 中的数据采用的是 bookadmin 类中定义的形式。

下面是 admin.py 中的第二段代码，定义了管理 publishing 数据的页面形式。

```
# admin.py 第二段代码
class publishingadmin(admin.ModelAdmin):
    list_display = ('name','address')
    list_editable=('address',)
    list_per_page = 10
admin.site.register(models.publishing,publishingadmin)
```

上述代码的相关说明如下。

（1）这段代码定义了管理 publishing 数据的页面形式，定义了列表页面显示两个字段，设置列表页面可以编辑修改的字段 address，设置了每页显示 10 条记录。

（2）最后通过 register()函数把 publishing 数据模型与 publishingadmin 关联起来，使得管理页面采用 publishingadmin 定义的形式。

如图 8.4 所示，出版社名字可以在列表页面上直接进行修改，实现批量修改保存的功能。

首页 › Book › 出版社书信息

选择 出版社信息 来修改

动作 --------- 执行 8 个中 0 个被选

出版社名称	出版社地址
人民邮电出版社	北京市东城区
北京大学出版社	北京市海淀区
中国铁道出版社	北京市西城区
化学工业出版社	北京市东城区

图8.4 在列表页面上修改

下面是第三段代码，定义管理 author 数据的页面功能与样式。

```
# admin.py 第三段代码
from django.utils.safestring import mark_safe
class authoradmin(admin.ModelAdmin):
    # 自定义字段，使图片带有 HTML 格式并显示
    def header_data(self,obj):
```

```
        # mark_safe()函数避免格式字符被转义，防止 HTML 代码被转义
        return mark_safe(u'<img src="/media/%s" width="50px"  height="30px"/>'
%obj.header)
        # 定义字段名字
        header_data.short_description = '简介'
        list_display = ('name', 'email', 'birthday', 'header_data')
        list_per_page = 10
    admin.site.register(models.author,authoradmin)
```

上述代码的相关说明如下。

（1）代码中通过函数形式自定义了一个字段 header_data，第一个参数 self 代表类本身，第二个参数 obj 代表关联的数据模型对象，这里指的是 author 数据模型的实例对象。这个自定义字段函数通过 return 语句返回一个<img>标签作为字段值。由于返回的值是带格式的 HTML 代码，Django 会将代码转义成普通字符串。防止被转义，我们用 mark_safe()函数，因此要通过 from django.utils.safestring import mark_safe 导入这个函数。

（2）自定义字段的返回值中，标签<img>中的 src 的前缀为/media/，根据前面的介绍，这个前缀会被解析为/myproject/img/。

（3）我们通过 list_display 把自定义的字段 header_data 放在其列表中，因此列表页面就有这个字段，这字段的值是一个<img>标签，因此在页面会显示图片，如图 8.5 所示。

动作 --------- 执行 7 个中 0 个被选

姓名	邮箱	出生日期	简介
魏民	weim@163.com	1979年6月7日	
袁清清	yqq@139.com	1978年12月11日	
武迪	wudi@139.com	1990年9月1日	
张伟	zw@sina.com	1980年9月10日	
王燕	wangy@126.com	1980年9月9日	
李美丽	lml@sina.com	1990年1月2日	
刘明	liuming@126.com	1981年1月1日	

图8.5　在列表页面上显示图片

8.2.3　批处理功能

在对数据库表的数据进行修改时，采取的操作方式是选中记录，然后到修改页面中修改相应的字段。如果要同时修改多条数据，这样的操作是重复、烦琐的。Django Admin 提供了自定义功能函数 actions，这样就可以实现对数据的批量修改，提高了工作效率。

下面我们在图书管理系统中增加一个功能，把 book 表中已选中记录的出版社改为“新生活出

版社”，在 bookadmin 类中加入如下代码。

```
class bookadmin(admin.ModelAdmin):
…
    # 定义批处理方法
    def change_publishing(self,request,queryset):
        publishing_obj=models.publishing.objects.get(name='新生活出版社')
        rows=queryset.update(publishing=publishing_obj)
        self.message_user(request,'%s 条记录被修改成“新生活出版社” '%rows)
    change_publishing.short_description='选中记录的出版社改为“新生活出版社” '
    # 把方法名加到 actions 中
    actions = ['change_publishing']
```

上述代码的相关说明如下。

（1）定义一个批处理方法采用函数定义的方式。这个函数有 3 个参数：self 指的是类本身，request 指的是当前的 HttpRequest 对象，queryset 指的是被选中的对象（记录）。

（2）代码设置的批处理方法名字为 change_publishing，代码首先取得 name='新生活出版社'的记录对象，然后通过 queryset.update 把这个对象赋给 publishing 字段。批处理成功后，通过 self.message_user(request,'%s 条记录被修改成“新生活出版社” '%rows)语句把提示信息发送到页面上。

（3）定义好批处理方法，还要把方法名加到 actions 属性中才能起作用。

图 8.6 所示是 book 列表页面，我们可以先选中需要批处理的记录，然后在“动作”下拉列表框选中批处理的方式，然后点“执行”按钮就能做定制好的批处理操作。

动作 选中记录出版社改为"新生活出版社" 执行 选中了6个中的3个

☐ 图书名称	简介	出版日期	出版社
☐ Oracle数据库开发指南	Oracle数据库开发指南	2000年4月25日	社名：清华大学出版社
☐ C#入门经典	C#入门经典	2002年5月25日	社名：清华大学出版社
☑ Asp.NET Web Form高级编程	Asp.NET Web Form高级编程	2008年4月25日	社名：清华大学出版社
☑ Windows应用高级编程--C#编程篇	Windows应用高级编程--C#编程篇	2010年4月25日	社名：清华大学出版社
☐ ADO.NET高级编程	ADO.NET高级编程	2011年4月25日	社名：清华大学出版社
☑ Visual C#网络编程技术与实践	Visual C#网络编程技术与实践	2012年4月25日	社名：北京联合出版社

1 2 3 14 图书信息 显示全部

图8.6 列表页面的批处理操作功能

8.2.4 权限管理

权限管理指的是根据系统设置的安全规则或者安全策略，使得用户可以访问而且只能访问被授权的资源。

Django Admin 提供的权限管理机制能够约束用户行为，控制页面的显示内容，安全且灵活。

Django Admin 采用用户、组、权限构成了权限管理机制，我们在系统中建立的每一个数据模型（数据库表）都会有 4 个默认的权限，即 add、change、delete、view，权限管理就是把属于数据模型的某个权限赋予用户或组。

用户权限分配页面如图 8.7 所示，操作方式直观、易用，读者可以进入 Django Admin 自行操作测试。

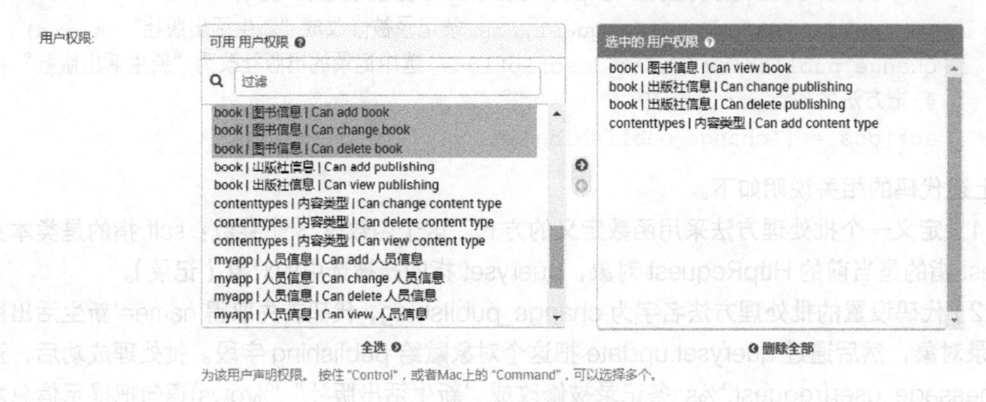

图8.7　用户权限分配页面

8.3 小结

Django Admin 是功能全面且易用的管理平台，我们只需建立数据模型，然后进行配置、编写少量代码就可以快速构造出一个对数据库表进行管理的 Web 网站。

Django Admin 适用于中、小型程序开发，适用于快速生成 demo 给客户演示，还可以用于开发测试工作，所以研究 Django Admin 应用是很有作用的。

第9章

博客系统开发

Django

本章介绍如何通过 Django 创建一个简单的博客（Blog）系统，通过创建一个完整的项目使读者对 Django 的原理与流程有个初步概念，理解框架中各组件之间的配合与交互，从而能够使用一些基本功能方便快捷地创建 Django 有关的项目。

9.1 创建博客系统

9.1.1 开发环境初步配置

本项目开发环境：Python 3.6.3，Django 2.1.4。本章开发的博客系统将涉及图片上传与存储、文章发布等功能，因此需要安装富文本编辑器和图形模块。

9.1.2 安装 django-ckeditor

在博客系统发表的文章一般需要各种排版样式，文章发布者不可能用 HTML 语法给文章增加格式，因此需要一个富文本编辑器提供类似 Microsoft Word 的编辑功能，让发布博客文章的用户不用编写 HTML 代码也可以设置各种文本格式。django-ckeditor 是一款功能较全的富文本编辑器，而且与 Django 可以无缝对接。在命令行终端输入以下命令即可进行 django-ckeditor 的安装。

```
pip install django-ckeditor
```

9.1.3 安装 pillow

pillow 提供了基本的图像处理功能，如改变图像大小、旋转图像、图像格式转换、图像增强、直方图处理、插值和滤波等。在命令行终端输入以下命令即可进行 pillow 的安装。

```
pip install pillow
```

如果已安装过 pillow，想安装最新版本，则可先卸载旧版本后再安装，先运行命令 pip uninstall pillow，然后运行 pip install pillow。

9.1.4 创建项目

Django 提供了简洁的命令，可以很方便地创建并初始化一个工程项目，在命令行终端中运行以下命令。

```
django-admin startproject test_blog
cd  /test_blog
python manage.py startapp blog
```

提示：必须安装了 Python 和 Django 才能运行以上命令。第一条命令生成项目，会生成 test_blog 目录；进入这个 test_blog 目录，运行第三条命令生成应用程序 blog，这样就创建并生成了以下目录结构。

```
test_blog/
    manage.py
    test_blog/
        __init__.py
        settings.py
        urls.py
        wsgi.py
    blog/
        __init__.py
        admin.py
        migrations/
            __init__.py
        models.py
        tests.py
        views.py
```

下面介绍其中主要文件的功能。

（1）test_blog/：项目根目录，项目产生的文件、文件夹都在这个目录下。

（2）manage.py：一个对 django-admin.py 工具的简单封装命令文件，可以通过调用此文件实现生成应用程序、建立数据库表、启动 Web 服务等功能。

（3）test_blog/：项目目录，与项目根目录名字相同，由以下文件组成。

- __init__.py：一个空文件，用来告诉 Python 这个 test_blog 文件夹是一个 Python 模块，可以理解为一个文件夹下有这个文件，标志这个文件夹就是一个 Python 程序包文件夹。
- settings.py：项目配置文件，包含一些初始化的设置。
- urls.py：用来存放 URL 配置项，定义的每一个 URL 都映射一个视图函数（View），即建立起 URL 与视图函数的一一对应关系。
- wsgi.py：配置项目如一个 WSGI（Web Server Gateway Interface，Web 服务器网关接口）应用程序运行。

（4）blog/：应用程序文件夹，名字由 python manage.py startapp blog 这一命令生成，由以下文件组成。

- admin.py：注册数据模型（Model）到 Django 的管理页面中，使 Django 自带的后台管理页面可以管理 models 模块生成的数据库表。
- migrations/：这个文件夹的文件存放与数据库表生成与变化相关的内容，其下面有 __init__.py 等文件。
- models.py：数据模型文件，数据库的建表代码放在这个文件中。
- tests.py：用于测试本项目。
- views.py：应用程序逻辑代码存放在这个文件中，在其中编写视图函数代码。每个函数的一般流程为接收客户端（浏览器）发出的 HTTP 请求、处理请求、返回响应。

9.1.5 注册博客应用程序

在命令行终端我们已经生成博客应用程序，还需要在 settings.py 文件中进行配置，打开/test_blog/test_blog/settings.py，找到 INSTALLED_APPS 代码块，在中括号里最后加入'blog',。

```
INSTALLED_APPS = [
    'django.contrib.admin',
    'django.contrib.auth',
    'django.contrib.contenttypes',
    'django.contrib.sessions',
    'django.contrib.messages',
    'django.contrib.staticfiles',
    # 注册博客应用程序，只有注册了，才能够被 Django Admin 后台识别并管理
    'blog',
]
```

提示： *所有应用程序名在引号内，每一语句都以“,”结尾，不要漏掉。*

9.1.6 数据库选择

我们选择 Django 内置的数据库 SQLite3。它是一个轻量级的数据库，仅有一个文件，方便移动和复制，非常有利于开发调试。Django 默认为我们配置好 SQLite3 数据库连接方式，以下就是在/test_blog/test_blog/settings.py 中的配置。

```
DATABASES = {
    'default': {
        # 指定数据库为 SQLite3
        'ENGINE': 'django.db.backends.sqlite3',
        # 指定文件地址，由前面语句推导出 BASE_DIR 为/test_blog/
        # 因此数据库文件就是/test_blog/db.sqlite3
        'NAME': os.path.join(BASE_DIR, 'db.sqlite3'),
    }
}
```

开发人员可以先用 SQLite3 数据库进行程序设计与调试，等程序正确无误时，再切换到 Oracle、MySQL 等数据库，由于 Django ORM 屏蔽了数据库差异，这种切换还是较为平滑的。

9.2 博客系统应用程序开发

9.2.1 项目数据库表结构设计

博客系统主要用于发布文章，因此数据库表不多，项目中需要建 4 个数据表 Category、Tag、

Post 、loguser，建表语句（实际上数据模型定义语句）按 Django 默认规定存放在 models.py 文件中，打开/test_blog/blog/models.py 文件，写入建表语句。

对 models.py 中代码，我们采取分段说明，以下为代码段 1，生成两个数据表 Category 和 Tag。

```
# 代码段1
# 数据模型都继承models类，因此必须先导入models类相关的模块
from django.db import models
# 每个数据模型一定要继承 models.Model 类
class Category(models.Model):
    # 设置name为CharField ，并设置max_length参数指定其最大长度
    # verbose_name指定字段的名称
    name = models.CharField(max_length=32,verbose_name='分类名')
    des=models.CharField (max_length=100,verbose_name='备注',null=True)
    """
    在__str__(self)函数中返回（return）的值是这个数据模型类的实例对象表述
    可理解为数据库表的一条记录对象的别名
    如果print()函数的参数为该数据模型对象实例（记录对象）时，会输出值self.name
    Django Admin管理后台默认列表页面的每一条记录，会显示这个函数的返回值self.name
    """
    def __str__(self):
        return self.name
    """
    Meta类封装了一些数据库的信息
    如verbose_name,verbose_name_plural指定Django Admin后台管理中数据库表名的单复数
    db_table可自定义数据库表名，不用默认名称
    Django默认用“app_类”命名数据库表，如blog_category
    index_together 联合索引，unique_together联合唯一索引
    ordering指定默认排序字段
    """
    class Meta:
        verbose_name='分类'
        verbose_name_plural='分类'
class Tag(models.Model):
    name = models.CharField(max_length=32,verbose_name='标签名')
    des = models.CharField (max_length=100, verbose_name='备注', null=True)
    def __str__(self):
        return self.name
    class Meta:
        verbose_name='标签'
        verbose_name_plural='标签'
```

上述代码的相关说明如下。

（1）Django 没有多行注释符号，一般用三引号代替。三引号的语法是一对连续的单引号或者双引号，首行 3 个单引号或双引号，末行 3 个单引号或双引号，中间是注释内容。

（2）Django 定义数据模型的方式是编写一个继承于 models.Model 的类，类中每一个属性对应数据库表中的字段，如 Category 类中的属性 name、desc。

（3）class Category(models.Model)定义类后，Django 就可以把这个类翻译成数据库的操作语言。在数据库里创建一个名为 blog_category 的数据库表，表名中的 blog 是应用程序的名称。表名的全部字符都是小写。这个表中除了有 name、desc 两个字段，还自动创建一个字段 id，这个字段是主键。

代码段 2 为生成 Post 表的语句，字段较多，字段的意义可以通过 verbose_name 属性了解。

```
# 代码段 2
# Django 2.0 以上版本开始用 djang.urls，如需对 URL 进行解析，就要导入 reverse 相关模块
from django.urls import reverse
# 调用富文本编辑相关模块，从富文本编辑器 ckeditor_uploader.fields 中导入 RichTextUploadingField
from ckeditor_uploader.fields import RichTextUploadingField
# 导入 strip_tags() 函数，代码中用这个函数截取字段中的字符串
from django.urls import reversefrom django.utils.html import strip_tags
class Blog(models.Model):
    # 文章标题
    title = models.CharField(max_length=70,verbose_name='文章标题')
    """
    文章正文，文章正文存放大段文本、格式、图片地址等内容，一方面字段长度大
    另一方面需要排版，因此使用了 RichTextUploadingField 调用富文本编辑器
    这样可以用富文本编辑器进行博客文章的排版
    """
   body = RichTextUploadingField(verbose_name='文本内容')
   # 文章的创建时间，存储时间的字段用 DateTimeField 类型
   created_time = models.DateTimeField(verbose_name='创建时间')
   # 文章的最后一次修改时间，存储时间的字段用 DateTimeField 类型
   modified_time = models.DateTimeField(verbose_name='修改时间')
   """
    excerpt 字段存储文章的摘要
    CharField 类型字段默认不能为空，这里文章摘要可以为空
    因此指定 blank=True 就可以允许为空值了
   """
    excerpt = models.CharField(max_length=200, blank=True,verbose_name='文章摘要')
    """
    category 是设置博客文章分类的字段，与前面定义的 Category 是多对一关系
```

```
        即多个博客文章记录可归于一个类别
        ForeignKey()中参数 Category 指定外键关联的数据模型（数据库表）的名称
        on_delete=models.CASCADE 指明如果在 Category 中删除一条记录
        与这条记录有关联的博客记录也被删除
        """
        category = models.ForeignKey(Category,on_delete=models.CASCADE,verbose_
name='分类')
        """
        tags 是标签字段，一篇博客文章可以有多个标签，一个标签下可能有多篇博客文章
        因此用 ManyToManyField 类型设置多对多的关联关系
        这里标签 tags 指定 blank=True 以允许博客文章没有标签
        """
        tags = models.ManyToManyField(Tag, blank=True,verbose_name='标签')
        # author 为博客文章作者，文章作者我们用的是 loguser 表中定义的用户
        # 这里用外键与该表相关联
        author = models.ForeignKey(loguser,on_delete=models.CASCADE,verbose_name='作者')
        # 记录博客文章阅读量，起始值设为 0
        # 后面代码为这个字段定义一个 increase_views()函数，文章每被查看一次，该字段值加 1
        views = models.IntegerField(default=0,verbose_name='查看次数')
        def get_absolute_url(self):
            return reverse('blog:detail', kwargs={'pk': self.pk})
        # increase_views()把 views 字段的值加 1
        # 然后调用 save() 方法将更改后的值保存到数据库，注意 self 的用法
        def increase_views(self):
            self.views += 1
            self.save(update_fields=['views'])
        # save()函数是数据模型类的方法，我们重写这个方法是为了自动提取摘要内容
        def save(self, *args, **kwargs):
            #  如果没有填写博客文章的摘要内容
            if not self.excerpt:
            """
            由于博客文章是由富文本编辑器编写的，文件中带有大量 HTML 标签
            用 strip()函数可能会把 HTML 标签截断
            这样博客文章的摘要在页面显示时，可能会有乱码或不易查看
            strip_tags() 会把字段中的 HTML 标签删去，然后在纯文本中截取字符串
            """
                self.excerpt = strip_tags(self.body)[:118]
                # 调用父类的 save()方法将数据保存到数据库中
                super(Blog, self).save(*args, **kwargs)
            else:
```

```
            # 重写 save()必须调用父类的 save()方法，否则数据不会保存到数据库
            super(Blog, self).save(*args, **kwargs)
    def __str__(self):
        return self.title
    class Meta:
        # 设置按 created_time 的值倒序排列，这样最新的博客文章排在前面
        # 指定倒序需在字段名前加负号
        ordering=['-created_time']
        verbose_name = '文档管理表'
        verbose_name_plural = '文档管理表'
```

上述代码的相关说明如下。

（1）数据模型 Blog 类继承自 model.Model 类，这个模型的表字段较多，类型主要为 CharField、DateTimeField、RichTextUploadingField、IntegerField、ForeignKey 等，这些类型可以参考前面章节的介绍。

（2）字段 category 存储博客文章类别，其值是 ForeignKey 类型，这样指定一条博客文章记录只能属于一个分类，一条类别记录可以有多条博客文章记录相对应。数据模型类中有 ForeignKey 属性的字段在数据库表中的字段名为"属性名_id"，category 在数据库表中字段名是 category_id。category_id 字段与数据库表 Category 中的主键 id 字段是多对一的关联关系。

（3）字段 tags 存储博客文章标签，是 ManyToManyField 类型，一条博客文章记录可以对应多条标签记录，一条标签记录也可以对应多条博客文章记录。

（4）在一个数据模型中新增一个 ManyToManyField 类型。在生成数据库表时，并没有在数据库表中生成这个字段，因为多对多关系无法再像一对多的关系那样生成一个字段与另一个表的 id 字段进行关联。Django 提供一张额外的数据库表把有多对多关系的两个表关联起来，表的命名格式为"应用程序名_数据模型名_多对多键字段名"，表名都是小写，本项目中表名为 blog_blog_tags。这个表有 3 个字段，分别为主键 id 和两个外键，两个外键关联两个多对多关系的数据库表，两个外键字段命名格式为"数据模型名_id"。本项目中字段名分别为 blog_id 和 tag_id，blog_id 字段与 blog 表中的 id 字段是多对一关系，tag_id 字段与 tag 表中 id 字段是多对一关系。

（5）字段 author 存储博客文章作者的名字，这个字段是 ForeignKey 类型，与 loguser 数据库表建立多对一关系，指明了一篇博客文章只能有一个作者，一个作者可写多篇博客文章。loguser 数据模型继承于 AbstractUser 类，后面将详细介绍。

（6）数据模型中 get_absolute_url() 方法主要作用是返回一个 URL。调用 redirect(obj)函数时，如果 obj 是这个数据模型实例对象（相当一条表记录），redirect()执行后重定向到该 obj 对象的 get_absolute_url()方法返回的 URL。

（7）get_absolute_url()方法中用到的 reverse()函数是一个 URL 反向解析函数。解析过程讲解如下。

- 在 reverse('blog:detail', kwargs={'pk': self.pk})中的第一个参数的值是 'blog:detail'，意思是 blog 应用程序下 name=detail 的 URL 配置项。

- 在配置文件 urls.py 中有语句 app_name = 'blog'，这设定了这个 URL 配置项是属于 blog 应用程序。配置项 re_path('blog/(?P<pk>[0-9]+)/',views.blogdetailview.as_view(),name='detail')，设定配置项的 name='detail'。reverse()函数会找到这个配置项，并把 URL 表达式也就是 blog/(?P<pk>[0-9]+)/ 中的参数 pk 替换。如果 Blog 数据模型的实例对象的 id 或者 pk（pk 是主键的意思，与 id 是同一个字段）是 18 的话，那么 reverse('blog:detail', kwargs={'pk': self.pk})会解析为/blog/18/。

（8）increase_views()是一个自定义方法，Blog 类的实例对象可以通过调用该方法，将该对象的 views 字段的值加 1，最后通过调用 save()函数将更改后的值保存到数据库表。方法中的 save()函数使用 update_fields 参数限制 Django 只更新数据库表中 views 字段的值。

提示： Django Model 中的 save()函数有一个参数 update_fields，用来指定哪些字段需要更新，默认是 None，这样所有字段都要更新。需要注意的是传给 update_fields 的值必须是一个可迭代对象，如果给它一个空的可迭代对象，就什么都不更新，与传 None 完全不同，举例如下。

```
# 更改 name 字段的值
self.name='张三'
self.save(update_fields=['name'])
# 没有可更新的字段，[]是空列表，也是一个空的可迭代对象
self.save(update_fields=[])
# 更新所有字段
self.name='张三'
self.age=18
self.gender='男'
…
# 未给 save()传参时，更新所有字段
self.save()
# 更新所有字段
self.save(update_fields=None)
```

代码段 3 建立一个数据模型 loguser，我们想让 loguser 中存储的用户成为 Django Admin 管理用户，可以登录管理后台、可以管理项目的数据。也就是说表中存储的用户具有 Django 系统内置的 User 对象的权限与功能。实现上述需求，可以通过继承的方式拥有 User 模型的所有属性，并能进一步扩展出其他功能。

```
# 代码段 3
from django.db import models
# Django 用户认证系统提供了一个内置的 User 对象，我们想通过扩展这个用户以增加新字段，扩
展方式可以通过继承 AbstractUser 的方式，所以要导入 AbstractUser 类
from django.contrib.auth.models import AbstractUser
# 建立一个数据模型类 loguser，继承 AbstractUser，就可以生成系统用户
class loguser(AbstractUser):
```

```
    # 增加一个 nikename 字段用来存储用户的名字，我们在博客相关网页上显示这个名字
    nikename=models.CharField(max_length=32,verbose_name="昵称",blank=True)
    # telephone 字段限制了最大长度为 11 位
    telephone = models.CharField(max_length=11, null=True, unique=True)
    """
    head_img 存储用户头像，在数据库表中存储的是文件的相对地址
    字段值形式为 upload_to 的值/filename
    图片文件的实际地址值由 settings.py 中的 MEDIA_ROOT 和 head_img 中的 upload_to 决定
    地址为/MEDIA_ROOT 的值/upload_to 的值/filename
    """
    head_img = models.ImageField(upload_to='headimage', blank=True, null=
True, verbose_name='头像')  # 头像
        def __str__(self):
        return self.username
    class Meta:
        verbose_name = "用户信息表"
        verbose_name_plural = verbose_name
```

上述代码的相关说明如下。

（1）Django 内置的 User 数据模型包含 username、password、email、first_name、last_name 等属性，这里我们建立了一个 loguser 数据模型类，增加 nikename、telephone、head_img 属性。

（2）数据模型 loguser 需要继承 AbstractUser 才能成为认证系统的用户模型。

建立 loguser 后，如果让 Django 用户认证系统使用我们自定义的用户模型，而不再使用内置的 User 数据模型，需要通过 settings.py 中的 AUTH_USER_MODEL 指定，代码如下。

```
# 设置认证系统使用的用户模型，这里指定认证系统的用户模型的位置，是博客应用程序的 loguser
AUTH_USER_MODEL="blog.loguser"
```

我们设计的博客项目中，用 loguser 管理系统用户，并把博客文章作者设置为 loguser 表中用户，通过外键为博客表与 loguser 表建立关联关系。

9.2.2 CKEditor 富文本编辑器相关知识介绍

前面我们使用了 RichTextUploadingField 字段类型，这个字段可以保存具有格式的文本，这些格式由富文本富文本编辑器生成，能够较为美观地在网页上展示出来。

项目使用到 CKEditor 富文本编辑器，本节将介绍 CKEditor 在项目中的安装配置方法。

1. 安装

在命令行终端输入以下两行命令。

```
pip install django-ckeditor
```

```
pip install pillow
```

第一行命令安装 CKEditor 富文本编辑器，第二行命令安装图形处理模块。富文本编辑器涉及处理图片的功能。

2. 注册富文本编辑器

在/test_blog/test_blog/settings.py 中的 INSTALLED_APPS 代码块中加入 'ckeditor',和'ckeditor_uploader',两行代码。

```
INSTALLED_APPS = [
    'django.contrib.admin',
    …
    # 将 django-ckeditor 注册到该列表中
    'ckeditor',
    # 注册富文本编辑器上传功能
    'ckeditor_uploader',
    ]
```

加入 'ckeditor_uploader',这行代码，可使富文本编辑器支持图片上传。

3. 配置富文本编辑器

在/test_blog/test_blog/settings.py 中，增加以下代码。

```
# 指定富文本编辑器或其他上传文件的根目录，这里为'/test_blog/media/'
# 由BASE_DIR = os.path.dirname(os.path.dirname(os.path.abspath(_file_)))
# 推出BASE_DIR='/test_blog/'
# 所以MEDIA_ROOT= '/test_blog/media/'
MEDIA_ROOT = os.path.join(BASE_DIR, 'media')
# MEDIA_URL指定上传图片的路径前缀字符串，即在模板文件中遇到前缀为/media/的URL路径
# Django会解析为/test_blog/media/（取自MEDIA_ROOT的值）
MEDIA_URL = '/media/'
# CKEDITOR_UPLOAD_PATH设置富文本编辑器的上传文件的相对路径
# 它与MEDIA_ROOT组成完整的路径，也就是/test_blog/media/ upload/
CKEDITOR_UPLOAD_PATH = 'upload/'
# 设置图片处理的引擎为pillow，用于生成图片缩略图，在编辑器里浏览上传的图片
CKEDITOR_IMAGE_BACKEND = 'pillow'
```

上述代码的相关说明如下。

（1）设置 MEDIA_ROOT、CKEDITOR_UPLOAD_PATH 和 MEDIA_URL 完成后，图片将上传到/test_blog/media/upload 路径下。如果图片文件的 URL 在 HTML 模板文件中是/media/upload/filename，其中/media/前缀是由 MEDIA_URL 指定的，/media/会被 Django 模板引擎解析为

/test_blog/media/。

（2）设 MEDIA_URL 的好处就是 MEDIA_URL 与 MEDIA_ROOT 保持同步。当上传图片存储位置发生变化时，重新给 MEDIA_ROOT 赋值即可，不必更改 MEDIA_URL 值，不用修改前端页面上以/media/为前缀的 URL 值，当页面极多时，这种优势就显示出来。

（3）设置 CKEDITOR_IMAGE_BACKEND = 'pillow'，图片处理时默认用 pillow。富文本编辑器生成图片缩略图、在编辑器里浏览上传的图片等功能的实现都会用到它。

4. 配置 URL

打开/test_blog/test_blog/urls.py，进行相应的修改，首先通过 path('ckeditor/', include ('ckeditor_uploader.urls'))引用 ckeditor 的 URL 配置文件（已封装）到项目中。

```
# 需要导入static模块为静态文件服务，静态文件主要包括图片文件、JavaScript文件、CSS文件
from django.conf.urls.static import static
from django.contrib import admin
from django.urls import path,include
from . import settings urlpatterns = [
    path('admin/', admin.site.urls),
    # 通过include('ckeditor_uploader.urls')导入富文本编辑器ckeditor封装好的URL配置
    path('ckeditor/', include('ckeditor_uploader.urls')),
    ]
    # 若没有以下这一行将无法显示上传的图片
urlpatterns += static(settings.MEDIA_URL, document_root=settings.MEDIA_ROOT)
```

上传的图片要存储到 media 中，因此需要设置 media 可被访问。在调试模式下（setting.py 中 DEBUG = True），我们增加代码中的最后一行，让 Django 能够取得 MEDIA_ROOT 指向的路径。建立 MEDIA_URL 与 MEDIA_ROOT 的对应关系，使静态模块为指定静态文件来提供服务。加上最后一行代码，上传的图片就能够在页面上显示了。

5. 其他可选配置

可以在 settings.py 配置文件增加以下几项，对富文本编辑器 CKEditor 进行配置。

- CKEDITOR_BROWSE_SHOW_DIRS = True，在编辑器里浏览上传的图片时，图片会以路径分组、以日期排序。
- CKEDITOR_ALLOW_NONIMAGE_FILES = False，不允许非图片文件上传，默认为 True。
- CKEDITOR_RESTRICT_BY_USER = True，限制用户浏览图片的权限，只能浏览自己上传的图片，图片会传到以用户名命名的文件夹下，但超级用户能查看所有图片。
- 如果想要自定义编辑器，添加或删除一些按钮的话，需要在 settings.py 里设置 CKEDITOR_CONFIGS。当配置名称是 'default'时，django-ckeditor 会默认使用这个配置，CKEDITOR_CONFIGS 里可以添加多个配置，代码如下。

```
CKEDITOR_CONFIGS = {
    # 配置名是default时，django-ckeditor默认使用这个配置
    'default': {
        # 使用简体中文
        'language':'zh-cn',
        # 设置富文本编辑器的宽度与高度
        'width':660px',
        'height':'200px',
        # 设置工具栏为自定义，名字为Custom
        'toolbar': 'Custom',
        # 添加富文本编辑器的工具栏上的按钮
        'toolbar_Custom': [
            ['Bold', 'Italic', 'Underline''],
            ['NumberedList', 'BulletedList'],
            ['Image', 'Link', 'Unlink'],
            ['Maximize']    }
        # 设置另一个django-ckeditor配置，名为test
    'test': {
…
    }
}
```

使用非默认配置时，需要在RichTextUploadingField()里指定该配置名称，代码如下。

```
class Blog(models.Model):
    # 编辑器使用test配置
    body = RichTextUploadingField(config_name='test',verbose_name='文本内容')
```

Django CKEditor默认只允许Django系统用户（Django Admin管理后台中的登录用户）具有图片上传权限，因此使用图片上传功能时需先登录。还有就是django-ckeditor富文本编辑器一般只在Django Admin管理后台的页面上使用，如果在非管理后台的页面上使用富文本编辑器，需要引入django-ckeditor相应JavaScript文件，下面将进行介绍。

6. 非Django Admin后台页面使用django-ckeditor

django-ckeditor富文本编辑器可以用在非Django Admin管理后台页面（以下我们简称非Django Admin管理后台页面为前端页面），但是默认无图片上传功能，因为django-ckeditor默认只有Django Admin管理后台登录用户才有图片上传权限。要想在前端页面使用富文本编辑器并具有图片上传功能，可以经过两步，登录后台或者通过编写代码让系统用户处于登录（login(request, user)）状态，然后定向到这个前端页面。下面我们举例说明。

首先在/test_blog/blog/urls.py中加入一个配置项，建立URL与视图函数的对应关系，代码如

下所示。

```
from django.urls import path,re_path
from . import views
app_name = 'blog'
urlpatterns = [
  …
    # 加入一个 URL 配置项
    path('test_ckeditor_front/',views.test_ckeditor_front),
]
```

这个 URL 配置文件是二级配置，一级配置为 path('', include('blog.urls'))，因此这个匹配项的 URL 完整的路径为/test_ckeditor_front/。

然后编写视图函数 test_ckeditor_front()，打开/test_blog/blog/views.py 文件加入以下代码。

```
from django.shortcuts import render
# 导入/blog/models.py 中的数据模型
from . import models
# 导入 Django 的认证模块，因为代码中要模拟用户登录
from django.contrib.auth.models import auth
def test_ckeditor_front(request):
    # 从 loguser 中取出第一条记录，loguser 继承 AbstractUser
    # 也就是说 loguser 中的成员是系统用户，为了测试取出第一条记录
    user_obj = models.loguser.objects.all().first()
    # 通过认证模块让用户处于登录态
    auth.login(request, user_obj)
    # 取出第一条测试数据
    blog=models.Blog.objects.get(id=1)
    # 把数据传递给页面
    return render(request,'blog/test_ckeditor_front.html',{'blog':blog})
```

上述代码的相关说明如下。

（1）根据 django-ckeditor 用法，为了实现前端页面上编辑器有图片上传权限，我们利用 Django 认证模块 auth 中的 login()函数模拟一个系统用户登录。

（2）数据模型 Blog 中的 body 字段是 RichTextUploadingField 类型，我们用这个字段测试富文本编辑器。

提示： return render(request,'blog/test_ckeditor_front.html',{'blog':blog})语句中 render()函数的第二个参数'blog/test_ckeditor_front.html'中的 blog 前面不要加“/”。

视图函数传递参数的 HTML 模板文件是/test_blog/templates/blog/test_ckeditor_front.html，其代码如下。

```
    <!--导入静态文件配置，后面的HTML代码用到静态文件 //-->
    {% load staticfiles %}
    <html lang="en">
    <head>
        <meta charset="UTF-8">
        <title>测试前端页面使用django-ckeditor</title>
        <!--引入Boostrap样式 //-->
        <link href="{% static 'blog/css/bootstrap.min.css' %}" rel="stylesheet">
        <!--导入ckeditor的初始化JavaScript脚本，src的值是默认路径//-->
        <script  src="{% static "ckeditor/ckeditor-init.js" %}"></script>
        <!--导入ckeditor的JavaScript脚本，src的值是默认路径//-->
        <script src="{% static 'ckeditor/ckeditor/ckeditor.js' %}"></script>
    </head>
    <body>
    <div class="row">
        <div class="col-md-offset-2 col-md-8">
        <!--<form>标签中的enctype属性设为"multipart/form-data",才能实现图片上传//-->
            <form novalidate action="" method="post" class="form-horizontal"
enctype="multipart/form-data">
                <!--Django的安全机制//-->
                {% csrf_token %}
            <!--以下几个字段调用了Bootstrap样式//-- >
                <div class="form-group">
                    <label for="title" class="col-sm-2 control-label">文章标题
</label>
                    <div class="col-sm-10">
                        <input type="text" class="form-control" id="title" name
="title" value="{{ blog.title }}">
                    </div>
                </div>
                <div class="form-group">
                    <label for="body" class="col-sm-2 control-label">文章内容</label>
                    <div class="col-sm-10">
                       <!--用<textarea>标签接收blog.body变量，转换生成富文本编辑器-- >
                        <textarea name="body">{{ blog.body }}</textarea>
                        <script>
            <!--用脚本把<textarea>标签转换为CKEditor富文本编辑控件，通过参数设置富文本
编辑器的外形、上传图片处理功能、图片浏览功能//-->
                            CKEDITOR.replace( 'body',  {width: '860px',height:
'600px',
```

```
                    filebrowserBrowseUrl: '/ckeditor/browse/' ,
                    filebrowserUploadUrl: '/ckeditor/upload/'});
                </script>
            </div>
        </div>
    </form>
  </div>
</div>
</body>
<!-- Bootstrap 框架、CKEditor 控件都用到 JQuery 脚本，所以要导入-- >
<script src="{% static 'blog/js/jquery-2.1.3.min.js' %}"></script>
<script src="{% static 'blog/js/bootstrap.min.js' %}"></script>
</body>
</html>
```

上述代码的相关说明如下。

（1）JavaScript 脚本中的 CKEDITOR.replace()函数有两个参数。第一个参数是<textarea>标签的属性 name 的值，这个参数设置富文本编辑器放在这个<textarea>标签中。第二个参数是字典类型参数，字典的每个键名是 CKEditor 富文本编辑器的属性名，通过字典可以设置编辑器的外形、功能等属性。

（2）CKEDITOR.replace()函数通过 height、width 属性设置了编辑器的长和宽。

（3）CKEDITOR.replace()函数中通过 filebrowserBrowseUrl 属性设置了处理浏览图片功能的 URL，这里传入的是 CKEditor 富文本编辑器处理图片浏览功能的视图函数所对应的 URL /ckeditor/browse/，同理，给 filebrowserUploadUrl 参数传入的是处理图片上传的 URL。

最后是测试，在命令行终端输入 python manage.py runserver 启动程序，在浏览器地址栏中输入 http://127.0.0.1:8000/test_ckeditor_front/并按 Enter 键，单击富文本编辑器工具栏上的图片选择按钮，单击“上传”标签，然后单击“选择文件”按钮，弹出“打开”窗口，如图 9.1 所示，说明程序正常运行。

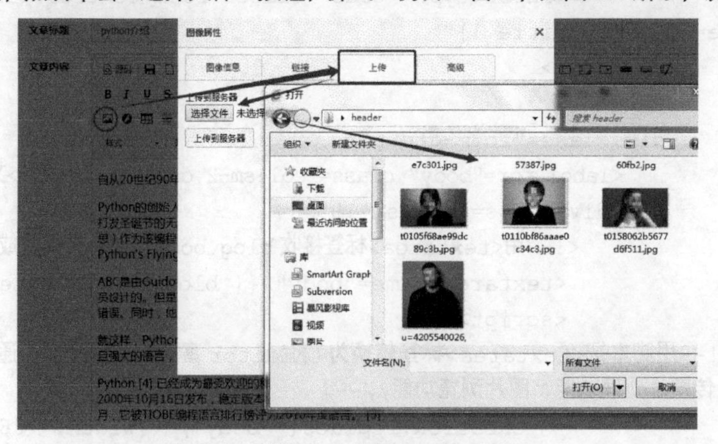

图9.1　测试富文本编辑器图片上传功能

9.2.3 生成数据库表

把 Django Admin 管理页面设置成中文模式，需要在 settings.py 中修改 LANGUAGE_CODE、TIME_ZONE 两个变量，代码如下。

```
# 以下代码是 LANGUAGE_CODE 原值
# LANGUAGE_CODE = 'en-us'
# LANGUAGE_CODE 设置为中文
LANGUAGE_CODE = 'zh-hans'
# 以下代码是 TIME_ZONE 原值
# TIME_ZONE = 'UTC'
# TIME_ZONE 新值，设置时区
TIME_ZONE = 'Asia/Shanghai'
```

编写完 models.py 后，就可以在命令行终端用命令生成数据库表，确认当前目录为/test_blog，在命令行终端输入以下两行命令。

```
python manage.py makemigrations
pyton manage.py migrate
```

第一行命令对数据库表生成语句进行检查，第二句命令才真正在数据库中建表。

9.2.4 建立超级用户

确定当前目录为/test_blog，输入以下命令。

```
python manage.py createsuperuser
```

输入以上命令后，按照提示逐步输入相应信息完成超级用户建立，如图 9.2 所示。

```
Username (leave blank to use 'administrator'): admin
Email address: admin@126.com
Password:
Password (again):
Superuser created successfully.
```

图9.2 建立超级用户

9.2.5 在管理后台注册数据模型

建立好数据模型并生成数据库表后，为了让管理后台能够管理这些数据模型，必须在 admin.py 文件中进行注册，打开/test_blog/blog/admin.py，输入以下代码。

```
# 导入 admin 模块，这个模块封装了 Django Admin 的后台管理功能，包括 register()
from django.contrib import admin
# 导入建立的数据模型
```

```
from .models import Blog,Category,Tag,loguser
# 定义一个自定义数据显示管理模型类，要继承 ModelAdmin 类
class BlogAdmin (admin.ModelAdmin):
    # 定义了管理后台列表页面上显示的字段
    list_display=("title","created_time","modified_time","category","author",
"views",)
    # 注册 loguser，没有自定义管理模型类，将按 Django Admin 后台默认页面样式进行管理
admin.site.register(loguser)
# 注册博客，有第二个参数，按照 BlogAdmin 定义进行管理
admin.site.register(Blog,BlogAdmin)
# 注册 Category，默认样式管理
admin.site.register(Category)
# 注册 Tag，默认样式管理
admin.site.register(Tag)
```

上述代码的相关说明如下。

（1）在 admin.py 中建立类（如 class BlogAdmin），一般定制数据模型在管理后台中的显示方式、管理方式，设计方式请参阅前面章节。

（2）代码建立一个类 BlogAdmin，该类继承于 admin.ModelAdmin，这个类通过 list_display 定义了数据模型在管理后台的列表页面上要显示的字段。

（3）最后 4 句代码是注册 models.py 生成的 4 个数据模型到管理后台，有 3 个数据模型按照默认样式进行管理，Blog 模型用定制模式（BlogAdmin 模式）进行管理。

9.3 用户注册

9.3.1 URL 配置

为了层次清楚，我们建立了两级 URL 配置文件，第一级 URL 配置文件是/test_blog/test_blog 文件夹下的 urls.py，其主要代码如下。

```
# 导入静态文件模块，为了显示上传图片
from django.conf.urls.static import static
# 导入后台管理相关的模块
from django.contrib import admin
# 导入 URL 配置相关的 path，include 模块
from django.urls import path,include
# 用到 settings.py 中的配置项或变量，所以要导入
from . import settings
urlpatterns = [
```

```
    # Django Admin 自动生成配置的 URL 配置项，封装后台管理 URL 与视图函数的对应关系
    path('admin/', admin.site.urls),
    # 通过 include()导入二级 URL 配置，并指出二级 URL 配置文件是/test_blog/blog/urls.py
    path('', include('blog.urls'))
    # 通过 include()导入二级 URL 配置，二级配置文件是 test_blog/comments/urls.py
    # 是 blog 评论模块 comments 的 URL 配置
    path('comments/', include('comments.urls')),
    # 富文本编辑器的 URL 配置，已封装，按照这个格式导入配置项即可
    path('ckeditor/', include('ckeditor_uploader.urls')),
    ]
    # 没有这一行将无法显示上传的图片
urlpatterns += static(settings.MEDIA_URL, document_root=settings.MEDIA_ROOT)
```

在博客应用程序中有二级 URL 配置文件，文件为/test_blog/blog/urls.py，代码如下。

```
from django.urls import path,re_path
# 导入当前博客的视图模块
from . import views
# 指定当前 URL 配置为博客应用程序的配置
app_name = 'blog'
urlpatterns = [
   …
    """
    博客首页的 URL 配置，indexviews 继承于通用视图类，不是函数
    而 URL 配置项上只能用函数类型，这里通过 as_view()函数告诉 Django 把这个类当函数用
    """
     path('',views.indexview.as_view(),name='index'),
     # 建立 URL 与注册视图函数 registe()的对应关系,并命名为 registe
     path('registe/', views.registe,name='registe'),
```

由于是二级配置，因此要与一级配置联合起来形成完整的 URL 配置路径。

9.3.2 用户注册 Form 表单

我们用 Django Form 建立一个表单，这样可以在代码中控制字段的显示方式、输入校验、错误显示等内容，在/test_blog/blog 文件夹下新建一个文件 forms.py，在文件中输入以下代码。

```
# 导入 forms 类
from django import forms
# 导入该应用程序的数据模型
from . import models
# 导入出错信息处理模块
from django.core.exceptions import ValidationError
```

```
# 定义一个继承 Form 类的 reg_form，这也是一个类
class reg_form(forms.Form):
    """
    定义了 username 字段类型为 CharField，通过 error_message 设置对应出错类型的文字提示
    widget 设置了字段在页面的表现形式，这里显示为<input>标签
    """
    username=forms.CharField(
        max_length=20,
        label='登录账号',
        error_messages={
            "max_length":"登录账号不能超过 20 位",
            "required":"登录账号不能为空"
        },
        widget=forms.widgets.TextInput(
        # attrs 属性是字典类型，设置"class"为"form-control"，这是 Bootstrap 样式类
        # 是为了同 Bootstrap 框架的样式类一致
            attrs={"class":"form-control"},
        )
    )
    # password 也是 CharField，通过 widget 设置
    # 该字段在页面上显示为<input type="password" >标签
    password=forms.CharField(
        min_length=6,
        label='密码',
        error_messages={
            'min_length':'密码最少 6 位',
            "required":"密码不能为空",
        },
        widget=forms.widgets.PasswordInput(
            attrs={'class':'form-control'},
        # 当 render_value=True，表单数据校验不通过，重新返回页面时
        # 这个字段输入值还存在，没有在页面刷新过程中被清空
            render_value=True,
        )
    )
    # 增加一个 repassword 字段，让用户在输入密码进行两次输入，保证注册密码正确
    repassword = forms.CharField(
        min_length=6,
        label='确认密码',
        error_messages={
```

```
            'min_length': '密码最少 6 位',
            "required": "密码不能为空",
        },
        widget=forms.widgets.PasswordInput(
            attrs={'class': 'form-control'},
            render_value=True,
        )
    )
    nikename=forms.CharField(
        max_length=20,
        required=False,
        label='姓名',
        error_messages={
            'max_length':'姓名长度不能超过 20 位',
        },
    # 如果不输入 nikename 字段值，默认值为“无名氏”
        initial='无名氏',
        widget=forms.widgets.TextInput(
            attrs={'class':'form-control'}
        )
    )
    # 设 email 为 EmailField 类型，实际上还是字符类型，但增加了邮箱的格式校验功能
    email= forms.EmailField(
        label='邮箱',
        error_messages={
            'invalid':'邮箱格式不对',
            'required':'邮箱不能为空',
        },
        widget=forms.widgets.EmailInput(
            attrs={'class': 'form-control',}
        )
    )
    telephone=forms.CharField(
        label='电话号码',
        required=False,
        error_messages={
            'max_length':'最大长度不超过 11 位',
        },
        widget=forms.widgets.TextInput(
            attrs={'class': 'form-control'}
```

```
        )
    )
    # head_img 为 ImageField 类型，在页面生成<input type="file">标签
    head_img=forms.ImageField(
        label='头像',
        widget=forms.widgets.FileInput(
    # 在 attrs 中设置 style 为 display:none 是为了在页面中不显示这个标签
            attrs={'style': "display: none"}
        )
    )
    """
    定义一个校验字段的函数，校验字段函数命名是有规则的，形式：clean_字段名()
    这个函数保证 username 值不重复
    """
    def clean_username(self):
        # 取得字段值，clean_data 保存着通过第一步 is_vaild()校验的各字段值，是字典类型
        # 因此要用 get()函数取值
        uname=self.cleaned_data.get('username')
        # 从数据库表中查询是否有同名的记录
        vexist=models.loguser.objects.filter(username=uname)
        if vexist:
            # 如果有同名记录，增加一条错误信息给该字段的 errors 属性
            self.add_error('username',ValidationError('登录账号已存在!'))
        else:
            return uname
    # 定义一个校验程序，判断两次输入的密码是否一致
    def clean_repassword(self):
        passwd=self.cleaned_data.get('password')
        repasswd=self.cleaned_data.get('repassword')
        # print(repasswd)
        if repasswd and repasswd != passwd:
            self.add_error('repassword', ValidationError('两次输入的密码不一致'))
            # raise ValidationError('两次密码不一致')
        else:
            return repasswd
```

上述代码中的相关说明如下。

（1）代码中定义的字段将在模板文件中生成相应的 HTML 标签。

（2）代码中定义了校验函数，也可以称为“钩子”函数，它的作用是对表单中的字段进行校验，校验通过逻辑代码进行，钩子函数分局部和全局两种。

- 局部钩子函数为单个字段设置校验逻辑，函数命名方式为 clean_字段名()，其代码形式如下。

```
def clean_字段名(self):
    值变量=self.cleaned_data.get('字段名')
    if 未通过校验:
       self.add_error('字段名',ValidationError('相关错误信息'))
    else:
        return 值变量
```

- 全局钩子函数可以对所有字段校验，函数命名方式为 clean()。全局钩子函数不强制要求返回值，也就是可以没有 return 代码，其代码形式如下。

```
def clean (self):
    …
    if 未通过校验:
       self.add_error('字段名',ValidationError('相关错误信息'))
    # 也可以用以下代码
       raise ValidationError('报错信息')
```

（3）Django Form 表单校验可以分为以下 4 步。

- 第一步，Django Form 调用自己原生的校验方法，对每个字段根据 max_length、unique 等约束进行验证。如果通过则将字段加入 clean_data 字典集合中。如果不通过则报错或将错误信息放在错误信息列表中，并且不会将对应字段加入 clean_data 字典，因此后面的步骤是拿不到这个字段的。
- 第二步，调用自定义的 clean_字段名()方法（局部钩子函数），对上一步返回的 clean_data 集合中的该字段名的字段进行校验，不通过的就从 clean_data 字典集合中删去，并将错误放在该字段的错误信息列表中或者抛出错误信息。
- 第三步，调用自定义的 clean()方法（全局钩子函数），对上一步返回的 clean_data 集合中的所有字段进行校验，不通过的就从 clean_data 字典集合中删去，把错误信息放在字段或表单的错误信息列表中或者抛出报错信息。
- 第四步，表单错误信息列表中如果有错误，表单 is_valid()方法返回 False，无错误返回 True，说明所有的字段通过校验。

9.3.3 用户注册视图函数

表单编写完成，我们需要通过视图函数把表单初始化并传到模板文件，这个视图函数是 registe()，打开/test_blog/blog/views.py 文件，编写如下代码。

```
from django.shortcuts import render,redirect
from . import models
# 导入 forms 模块（文件），文件中定义了 reg_form()
from . import forms
# 代码中 auth.login()用到 Django 认证模块
```

```
from django.contrib.auth.models import auth
# 定义视图函数
def registe(request):
    if request.method == "POST":
        # 因为有图片上传，所以以下代码是错误的
        # form_obj = forms.reg_form(request.POST)
        """
        初始化 reg_form 的一般字段都包含在 request.POST 中
        文件、图片字段中包含上传功能的字段不在 request.POST 中保存
        而是保存在 request.FILES 中，所以在以下代码中添加 request.FILES 参数
        """
        form_obj = forms.reg_form(request.POST,request.FILES)
        # 判断校验是否通过
        if form_obj.is_valid():
          form_obj.cleaned_data.pop("repassword")
        """
        通过 Django ORM 语句新建一条记录，由于数据模型继承于 AbstractUser 类
        可以用 create_user()建立一个系统用户
        form_obj 是 reg_form 类实例对象，它的 cleaned_data 是字典类型
        **form_obj.cleaned_data 相当于 key1=value1,key2=value2
        通过传递**form_obj.cleaned_data 和 is_staff=1,is_superuser=1
        设置新生成的用户是系统用户且是超级用户
        """
            user_obj=models.loguser.objects.create_user(**form_obj.cleaned_data,
             is_staff=1,is_superuser=1)
            # 用户登录，可将登录用户相关信息赋值给 request.user
            auth.login(request, user_obj)
            # 根据 URL 配置，登录成功后转向博客首页
            return redirect('/')
        else:
            return render(request, "blog/registe.html", {"formobj": form_obj})
    # 初始化一个 form 对象，这个对象是 reg_form 类的实例对象
    form_obj = forms.reg_form()
    # 向模板 blog/registe.html 传递参数
    return render(request, "blog/registe.html", {"formobj": form_obj})
```

上述代码的相关说明如下。

（1）如果 request.method == "POST"为真，说明这是前端页面提交数据请求的过程，前端提交的数据一般存储在 request.POST 中。由于这里有上传文件字段，上传文件字段数据存储在 request.FILES 中，因此通过 forms.reg_form(request.POST,request.FILES)给 reg_form 的实例对象赋值。

（2）应用 Django Form 对象主要为某些字段设置约束条件，因此调用 reg_form 实例对象 form_obj 的 is_valid()来校验。校验通过后，每个字段以字典的形式存在 cleaned_data 属性中。由于 repassword 字段只在 reg_form 类中定义，数据库表中没有这个字段，所以这里通过 form_obj.cleaned_data.pop("repassword")删去这个字段。

（3）数据模型 loguser 继承于 AbstractUser 类，可以用 models.loguser.objects.create_user()建立一个 Django Admin 管理后台中的系统用户，也就是系统认证用户。

（4）form_obj.cleaned_data 是表单实例对象 form_obj 的一个属性，它是一个字典类型，保存着通过校验的字段的名字（键名）和字段值（键值）。**form_obj.cleaned_data 返回形式是 key1=value1,key2=value2,…，也就是字段名 1=字段值 1，字段名 2=字段值 2,…的形式，因此以**form_obj.cleaned_data 形式作为参数放在 create_user()函数中，相当于用校验过的值给字段赋值。

（5）auth.login(request, user_obj)这句代码调用认证模块 login，相当于 user_obj 代表的用户对象登录，并将 user_obj 对象赋值给 request.user，这样就可以在代码中用 request.user 表示 user_obj，在模板文件中也可以直接用{{ request.user }}表示 user_obj 对象。

提示：request.user 在任何时间都有值。在无用户登录时 request.user 是一个 AnonymousUser 对象，因此不能用 if request.user 判断是否有用户登录。要判断是否有用户登录可以用 if request.user.username 语句，因为当有用户登录时 request.user.username 中才保存 username 字段的值。

9.3.4 用户注册页面

视图函数 registe()通过 render()函数将 reg_form 的实例对象以 formobj 为名称传给模板文件/test_blog/templates/blog/registe.html。模板语言根据 reg_form 中字段的定义，在页面显示出字段内容与样式，用户注册页面代码如下。

```
<!--加载静态文件 //-->
{% load staticfiles %}
<html lang="en">
<head>
    <meta charset="UTF-8">
    <title>注册页面</title>
    <!--用 Bootstrap 框架样式 //-->
    <link href="{% static 'blog/css/bootstrap.min.css' %}" rel="stylesheet">
</head>
<body>
<div class="container">
    <div class="row">
        <div class="col-md-6 col-md-offset-3">
    <!--应用 Bootstrap 页头组件 //-->
    <!--页头组件开始 //-->
            <div class="page-header">
```

```
                <h2>用户注册
                    <small> Blog 注册页面</small>
                </h2>
            </div>
    <!--页头组件结束 //-->
    <!--<form>标签设置novalidate,让前端页面表单不对输入的字段值进行验证。设置enctype=
"multipart/form-data"，表单才能支持图片、文件上传。class="form-horizontal"将表单设置为
form-horizontal 样式类，可以将字段名（<label>标签）和字段输入框水平并排布局。 //-->
            <form novalidate action="/registe/" method="post" class="form-
horizontal"   enctype="multipart/form-data">
            <!--Django 为了防止 CSRF，引入 csrf_token 变量随机生成 token//-->
                {% csrf_token %}
                <div class="form-group">
    <!-- {{ formobj.username.id_for_label }}生成一个字符串与 {{ formobj.username }}
生成标签 id 值是一样，<label>标签的 for 属性作用是单击这个<label>，id 值与 for 值相同的输入框
（如<input>标签）将获得焦点 //-- >
                    <label for="{{ formobj.username.id_for_label }}"
                           class="col-sm-2 control-label">{{ formobj.username
.label }}</label>
                    <div class="col-sm-8">
    <!-- {{ formobj.username }} 将生成<input type="text" name="username" class=
"form-control" maxlength="20"…>标签，该标签的许多属性是在 class reg_form(forms.Form)类中
对字段进行设定的，如 name、type、class 等属性//-->
                        {{ formobj.username }}
    <!-- 如果输入值校验不通过，{{ formobj.username.errors.0 }}变量返回 username
字段的第一个错误信息//-->
                        <span class="help-block">{{ formobj.username.errors.
0 }}</span>
                    </div>
                </div>
                <div class="form-group">
                    <label for="{{ formobj.password.id_for_label }}"
                           class="col-sm-2 control-label">{{ formobj.password.
label }}</label>
                    <div class="col-sm-8">
                        {{ formobj.password }}
                        <span class="help-block">{{ formobj.password.errors.
0 }}</span>
                    </div>
                </div>
```

```
                <div class="form-group">
                    <label for="{{ formobj.repassword.id_for_label }}"class=
"col-sm-2 control-label">{{ formobj.repassword.label }}</label>
                    <div class="col-sm-8">
                        {{ formobj.repassword }}
                        <span class="help-block">{{ formobj.repassword.
errors.0 }}</span>
                    </div>
                </div>
                <div class="form-group">
                    <label for="{{ formobj.nikename.id_for_label }}"class=
"col-sm-2 control-label">{{ formobj.nikename.label }}</label>
                    <div class="col-sm-8">
                        {{ formobj.nikename }}
                        <span class="help-block">{{ formobj.nikename.
errors.0 }}</span>
                    </div>
                </div>
                <div class="form-group">
                    <label for="{{ formobj.email.id_for_label }}"class="col-
sm-2 control-label">{{ formobj.email.label }}</label>
                    <div class="col-sm-8">
                        {{ formobj.email }}
                        <span class="help-block">{{ formobj.email.errors.0 }}
</span>
                    </div>
                </div>
                <div class="form-group">
                    <label for="{{ formobj.telephone.id_for_label }}"class=
"col-sm-2 control-label">{{ formobj.telephone.label }}</label>
                    <div class="col-sm-8">
                        {{ formobj.telephone }}
                        <span class="help-block">{{ formobj.telephone.
errors.0 }}</span>
                    </div>
                </div>
                <div class="form-group">
                    <label class="col-sm-2 control-label">{{ formobj.head_
img.label }}</label>
                    <div class="col-sm-8">
```

```
        <!--在<label>标签中间加一个<img>标签，<label>标签的位置会显示一张图片，<label>
标签 for 属性值是{{ formobj.head_img.id_for_label}}产生的标签<input type="file"…>的
id 值，该标签设置成了不可见，产生的效果就是单击图片弹出“打开”窗口 //-->
                        <label for="{{ formobj.head_img.id_for_label }}"class
="col-sm-2 control-label">
        <! -- <image>标签的 src 属性先指向一个默认图片地址 //-->
    <img id="head-img" src="/static/blog/image/headimg.jpg"style="height:100px;
width:100px;"></label>
                        {{ formobj.head_img }}
                        <span class="help-block"></span>
                    </div>
                </div>
                <div class="form-group">
                    <div class="col-sm-offset-2 col-sm-10">
                        <input type="submit" class="btn btn-success" value
="用户注册"></input>
                        <a href="/" class="btn btn-success">返回首页</a>
                    </div>
                </div>
            </form>
        </div>
    </div>
</div>
    <!--  Bootstrap 框架用到 jQuery，因此先引用 jQuery 脚本文件 //-->
<script src="{% static 'blog/js/jquery-2.1.3.min.js' %}"></script>
<script src="{% static 'blog/js/bootstrap.min.js' %}"></script>
<script>
    // 由于上传后的文件在提交之前并没有 src 指向它，所以在提交之前是不可见的
    // 以下的脚本代码通过一个文件读写对象把图片读到页面内存中
    // 并以 URL 形式放在对象的 result 属性中
    // 然后设置图片 src 指向这个 result 属性值
    // 找到头像的<input>标签并绑定 change 事件
    $("#id_head_img").change(function () {
        // 创建一个读取文件的对象
        var filerd = new FileReader();
        // 读取你选中的那个文件
        filerd.readAsDataURL(this.files[0]);
        // filerd.onload 设置文件读取完成后的后续动作
        filerd.onload = function () {
            // 把图片加载到<img>标签的 src 属性上
```

```
                $("#head-img").attr("src",  filerd.result);
            };
        });
    </script>
    </body>
    </html>
```

上述代码的相关说明如下。

（1）我们在/test_blog/bog 文件夹下新建一个 static 文件夹，在 static 文件夹下新建一个 blog 文件夹。为了分类存放静态文件，再在 blog 文件夹下新建 3 个文件夹，文件夹 css 用来存放 CSS 文件，文件夹 js 用来存放 JavaScript 脚本文件，文件夹 image 用来存放图片文件，因此项目静态目录分别为/test_blog/blog/static/blog/css/、/test_blog/blog/static/blog/js/和/test_blog/blog/static/blog/image/。本项目中用到 Bootstrap 框架，首先到 Bootstrap 中文网站上下载框架文件，从下载的文件中选出 bootstrap.min.css 放在 css 文件夹下，选出 bootstrap. min.js 放在 js 文件夹。由于 Bootsrap 框架需要 JQuery 支持，下载对应版本的 JQuery 文件并放在 js 文件夹下。

（2）在网页中引用静态文件，首先要让 Django 知道静态文件的地址，然后在页面文件开头加入{% load static %}。加载静态文件还需要配置路径，现介绍如下。

- 在 settings.py 的 INSTALLED_APPS 中要添加 django.contrib.staticfiles，并且要设置 STATIC_URL 变量，代码如下。

```
    # INSTALLED_APPS 中配置静态文件管理模块
    INSTALLED_APPS = [
        'django.contrib.admin',
        …
        'django.contrib.staticfiles',
        ]
        …
    # 设置静态文件 URL 前缀
    STATIC_URL = '/static/'
```

提示：以上配置一般在创建项目时，Django 自动配置。

- 在应用程序目录创建文件夹 static，然后再在这个 static 文件夹下创建与当前应用程序同名的文件夹，可以把静态文件放到这个文件夹下，也可以在这个文件夹下再细分。
- 完成以上两点配置就可以引用静态文件了，举例说明如在模板文件中有{% static ' blog/js/jquery-2.1.3.min.js' %}语句，其中 static 被解析为/项目根目录/应用程序目录/static/，这样 static 与跟在后面的路径就构成一个完整的路径，本项目的{% static ' blog/js/jquery-2.1.3.min.js' %}解析为/test_blog/blog/static/blog/js/ jquery-2.1.3.min.js。
- 如果有一些静态文件不放在应用程序目录下，而放在其他目录下，例如放在项目根目录下，那么可以在 settings.py 中添加 STATICFILES_DIRS，Django 会在 STATICFILES_DIRS 列表的路径中查找静态文件，代码如下。

```
# STATICFILES_DIRS 列表中存放路径列表
STATICFILES_DIRS = [
    # 以下表示的路径为/项目根目录/static/
    os.path.join(BASE_DIR,"static")
]
```

提示：STATICFILES_DIRS 中列出的路径与 STATIC_URL 有关联，如 STATIC_URL = '/static/'时，在模板文件里以/static/为前缀的 URL 路径中的/static/分别解析为/项目根目录/应用程序目录/static/和 STATICFILES_DIRS 中列出的路径，{% static '×××/×××/×××.js' %}中的 static 也会被解析为这些路径，Django 会分别到这些路径中查找静态文件。

（3）{% load static %}需要放在 HTML 文件的头部位置，至少放在所有使用 static 标签的前面。

（4）为了使页面美观，这个页面我们使用 Bootstrap 框架的页头组件、表单组件，使用方法是到 Bootstrap 中文网站复制相应的代码并进行改造。

（5）页面中的 head_img 字段是 ImageField 类型，需要上传图片，我们想实现的功能是单击图片弹出“打开”窗口。实现思路就是在<label>标签中内嵌<img>标签，<label>标签的 for 属性值为<input type="file" >标签的 id 值，这个<input>标签在 reg_form()定义中设置为 display: none，即不可见。

（6）选择完成图片文件上传后，在提交数据前是看不到图片的，也就是不能实现图片预览。为了能够预览图片，我们加入一个 JavaScript 脚本。在头像的<input>标签的 change 事件加入代码，首先建立一个文件读取对象，读入选中的图片文件，然后把这个文件 URL 赋值给<img>标签的 src 属性。这段代码逻辑简单，需要注意的是文件读取需要时间。为了同步，调用文件读取对象的 onload 事件，实现文件完全读到内存后再给<img>的 src 赋值。

用户注册页面效果如图 9.3 所示。

图9.3 用户注册页面效果

9.4 用户登录

9.4.1 URL配置

首先在URL配置中加入用户登录的配置项，打开/test_blog/blog/urls.py文件，加入以下代码。

```
urlpatterns = [
  …
    # 加入登录URL与视图函数的关系
    path('login/', views.login,name='login'),
    # 用户注册的URL配置项
    path('registe/', views.registe,name='registe'),
    # 注销的URL配置项
    path('logout/',views.logout,name='logout'),
]
```

代码中给配置项进行了命名，这样就可以在代码或模板文件中以名字进行反向解析。这里URL配置在二级上，还要结合一级URL配置才能形成完整的URL配置项。

9.4.2 用户登录视图函数

由URL配置文件中的对应关系，可知视图函数是login()，其代码如下。

```
from django.shortcuts import render,redirect
from . import models
# 导入认证模块
from django.contrib.auth.models import auth

# 视图函数login()
def login(request):
    # 请求方式是POST，表明是前端提交数据
    if request.method == "POST":
        # 从前端页面提交过来的数据中提取用户名和密码
        username = request.POST.get("username")
        pwd = request.POST.get("password")
        # 利用auth模块做用户名和密码的校验，也就是用户认证过程
        # 如果不通过，user就是None,也就是空
        user = auth.authenticate(username=username, password=pwd)
        # 校验通过user才有值，user有值说明user对象是系统认证用户
        if user:
```

```
                # 用代码设置用户为登录状态，并将登录用户对象赋值给 request.user
                # 也就是说 user 对象存储在 request.user 中
                # 可以在代码和模板文件中直接调用 request.user
                auth.login(request, user)
                # 登录完成后，重定向到博客首页
                return redirect("/")
            else:
                # 如果用户为空，说明认证不通过，给出错误信息，用 render()页面传递错误信息
                errormsg="用户名或密码错误！"
                return render(request,'blog/login.html',{'error':errormsg})
        # 在请求方式不是 POST 时，也就是 GET 时，通过 render()打开页面
        return render(request,'blog/login.html')
```

上述代码的相关说明如下。

（1）只有 Django Admin 系统用户才能调用认证相关的函数，如 auth.authenticate()、auth.login()。项目中数据模型 class loguser(AbstractUser)继承于 AbstractUser，这个数据模型中存储的记录都是认证用户对象，让 Django 用 loguser 中的用户对象作为认证用户，还需在 settings.py 中设置 AUTH_USER_MODEL="blog.loguser"。

（2）auth.authenticate(username=username, password=pwd)函数验证用户名和密码。如果验证成功，返回一个用户对象，这个用户对象取自 settings.py 文件中 AUTH_USER_MODEL 设定的数据模型；如果验证失败，得到的是 None。

（3）auth.login(request, user) 函数执行后，会将验证过的用户对象赋值给 request.user 属性，并且在 session 表增加一条记录。session_key 字段的值是 sessionid，session_data 字段的值是用户信息，当然这个值是加密的，同时给浏览器生成一个 cookie 以记录 sessionid。

9.4.3 用户登录页面

用户登录页面是指在/test_blog/templates/blog/下的 login.html 文件，其主要代码如下。

```
<!--  导入静态文件服务模块 //-->
{% load static %}
…
<body>
<div class="container">
    <div class="row">
        <div align="center" style="margin-top:80px"><h2 class="form-signin
-heading">请登录</h2></div>
    <!--{% url 'blog:login' %}利用模板语言反向解析URL，用URL配置的名字解析出地址//-->
        <form method="post" action="{% url 'blog:login' %}" class="form-
horizontal col-md-6 col-md-offset-3 login-form" >
```

```
        <!--安全机制，防止CSRF//-->
                {% csrf_token %}
                <div class="form-group">
                    <label for="username" class="col-sm-2 control-label">用户名
</label>
                    <div class="col-sm-10">
                        <input type="text" class="form-control" id="username"
name="username" placeholder="用户名">
                    </div>
                </div>
                <div class="form-group">
                    <label for="password" class="col-sm-2 control-label">密码</label>
                    <div class="col-sm-10">
                        <input type="password" class="form-control" id="password"
 name="password" placeholder="密码">
                    </div>
                </div>
                <div class="form-group">
                    <div class="col-sm-offset-2 col-sm-10">
                        <button class="btn btn-lg btn-primary btn-block" type=
"submit">登录</button>
                <!--{{ error }}显示错误信息，错误信息的内容由视图函数传递过来的//-->
                        <span style="color:red">{{ error }}</span>
                    </div>
                </div>
            </form>
        </div>
    </div> <!-- /container -->
    <script src="{% static 'blog/js/jquery-2.1.3.min.js' %}"></script>
    <script src="{% static 'blog/js/bootstrap.min.js'%}"></script>
    </body>
    </html>
```

代码中主要部分放置了一个表单，页面样式应用Bootstrap框架的样式。

9.5 博客系统的母版

许多网站为了保持样式一致，会编写一个母版，网站的页面都继承母版样式。博客系统也采用这种方式，先建一个母版文件，把页面的布局、样式文件放在其中，其他页面继承于这个母版。

9.5.1 母版 HTML 文件

通过建立一个母版页面且其他页面继承于这个母版的方式，可以达到各页面的样式一致的效果，在/test_blog/templates 文件夹下新建一个模板文件 base.html，其代码如下。

```
<!--导入静态文件服务模块  // -->
{% load staticfiles %}
<!--导入自定义模板标签//-->
{% load custom_tags %}
<html>
<head>
    <title>blog 样例 </title>
    <!-- meta -->
    <meta charset="UTF-8">
    <meta name="viewport" content="width=device-width, initial-scale=1">
    <!--  导入 Bootstrap 框架样式-->
    <link href="{% static 'blog/css/bootstrap.min.css' %}" rel="stylesheet">
    <!--  自定义的样式-->
    <link rel="stylesheet" href="{% static 'blog/css/blogstyle.css' %}">
    <!--  导入相关的 JavaScript 脚本文件 -->
    <script src="{% static 'blog/js/jquery-2.1.3.min.js' %}"></script>
    <script src="{% static 'blog/js/bootstrap.min.js' %}"></script>
   <style>
        span.highlighted {
            color: red;
        }
    </style>
</head>
<body>
<!--  应用 Bootstrap 框架的导航条组件-->
<!--  导航条组件开始-->
<nav class="navbar navbar-default navbar-fixed-top">
    <div class="container-fluid">
        <!-- Brand and toggle get grouped for better mobile display -->
        <div class="navbar-header">
            <button type="button" class="navbar-toggle collapsed" data-
toggle="collapse"
                    data-target="#bs-example-navbar-collapse-1" aria-
expanded="false">
                <span class="sr-only">Toggle navigation</span>
```

```
                    <span class="icon-bar"></span>
                    <span class="icon-bar"></span>
                    <span class="icon-bar"></span>
                </button>
                <a class="navbar-brand" href="{% url 'blog:index' %}" style=
"color:red;font-weight:700;">    Blog 系统简例   
  </a>
            </div>
            <!-- Collect the nav links, forms, and other content for toggling -->
            <div class="collapse navbar-collapse navbar-left" id="bs-example-
navbar-collapse-1">
                <ul class="nav navbar-nav">
        <!--  {% if tabname == "firsttab" %}… {% endif %}这个判断语句中，tabname
是视图函数传入的变量，相关视图函数请查看本章后面的有关介绍，主要标识用户单击了“首页”“我的”
中的哪一个链接 //-->
                    <li {% if tabname == "firsttab" %} class='active' {% endif %}>
                    <a href="{% url 'blog:index' %}" style="color:red;">首页
</a></li>
        <!--  以下是模板标签的判断标签，判断用户是否已登录，以决定“我的”链接是否显示，注意不能用
{% if request.user %}判断用户登录，因为无用户登录时，request.user 的值为 AnonymousUser，但
request.user.username 无值（None），只有用户登录了，request.user.username 才有值 -->
            <!--  判断语句 if 的开始-->
                    {% if request.user.username %}
                    <li {% if tabname == "mytab" %} class='active' {% endif %}>
                    <a href="{% url 'blog:myindex' request.user.id %}" data-
hover="我的">我的</a></li>
                    {% endif %}
            <!--  判断语句 if 的结束-->
            <!--  通过一个<form>表单设置一个搜索字段，请注意设置请求方式是 get-->
                    <form class="navbar-form navbar-left" method="get" action=
"{% url 'haystack_search' %}">
                        <div class="form-group">
                            <input type="text" class="form-control" name="q"
placeholder="搜索" required>
                        </div>
                        <button type="submit" class="btn btn-default">搜索</button>
                    </form>
            <!--  form 结束-->
            </div> <!-- /.navbar-collapse -->
            <ul class="nav navbar-nav navbar-right">
```

```
                <!--  判断用户是否已登录，以决定显示“个人中心”还是显示“登录”和“注册”-->
                {% if request.user.username %}
                <li><a href="#">{{ request.user.nikename }}</a></li>
                <!--  应用 Bootstrap 下拉列表框插件 -->
                <li class="dropdown">
                    <a href="#" class="dropdown-toggle" data-toggle="dropdown"
 role="button" aria-haspopup="true"
                        aria-expanded="false"> 个人中心<span class="caret"></span>
</a>
                    <ul class="dropdown-menu">
                        <li><a href="{% url 'blog:myindex' request.user.id %}">
我的文章</a></li>
                        <li role="separator" class="divider"></li>
                        <li><a href="{% url 'blog:logout' %}">注销</a></li>
                    </ul>
                </li>
               <!--  Bootstrap 下拉列表框插件结尾 -->
                {% else %}
                <li><a href="{% url 'blog:login' %}">登录</a></li>
                <li><a href="{% url 'blog:registe' %}">注册</a></li>
                {% endif %}
          <!--  判断用户是否已登录代码块结尾-->
             </ul>
        </div><!-- /.container-fluid -->
    </nav>
        <!--  导航条组件结束-->
    <div class="content-body" style="both:clear;margin-top:60px;">
        <div class="container">
            <div class="row">
                <main class="col-md-8">
                 <!--  模板文件的块，继承母版的页面代码块-->
                    {% block main %}
                    {% endblock main %}
                </main>
                <aside class="col-md-4">
            <!--  模板文件的块 toc，这个 toc 块中有代码，那么继承于母版的页面如果在此块中写
代码，就替换母版的内容，如果不写代码，默认应用母版的内容-->
                    {% block toc %}
            <!--  母版页面右边部分有 4 部分，分别是“最新文章”“分类”“标签”“归档”4 个
栏目，每个栏目都应用 Bootstrap 面板组件-->
```

```
                <div class="panel panel-primary">
                    <div class="panel-heading">最新文章</div>
                    <div class="panel-body">
        <!--  调用自定义标签文件custom_tags中定义的get_new_blogs()函数，返回最新发表的文章-->
        <!-- 模板标签 get_new_blogs 在模板文件中的工作方式：输入{% get_new_blogs as new_
blog_list %}，模板就得到一个最新文章列表，并通过 as 语句保存到 new_blog_list 模板变量里，后面
的语句就可以循环从new_blog_list获取每篇文章-->
                        {% get_new_blogs as new_blog_list %}
                        <ul>
        <!--  通过 {% for %} {% endfor%} 模板标签循环new_blog_list变量，取得最新文章列表-->
                            {% for blog in new_blog_list %}
                            <li>
        <!--  Blog数据模型的实例对象blog调用Blog数据模型中定义的方法get_absolute_url()，
该方法返回URL-->
                                <a href="{{ blog.get_absolute_url }}">{{
blog.title }}</a>
                            </li>
                            {% empty %}
                            暂无文章!
                            {% endfor %}
                        </ul>
                    </div>
                </div>

                <div class="panel panel-success">
                    <div class="panel-heading">分类</div>
                    <div class="panel-body">
        <!--  调用自定义标签文件custom_tags中定义的get_categories()函数，显示每个类中的文章篇数-->
                        {% get_categories as category_list %}
                        <ul>
                            {% for category in category_list %}
                            <li>
        <!--  {% url 'blog:category' category.pk %}按照 urls.py 文件的配置项名反解
析出URL路径-->
                                <a href="{% url 'blog:category' category.pk %}">
{{ category.name }}
        <!--  显示每个类中的文章篇数-->
                                <span class="post-count">({{ category.num_blogs }})
</span></a>
                            </li>
```

```
                            {% empty %}
                            暂无分类！
                            {% endfor %}
                        </ul>
                    </div>
                </div>
                <div class="panel panel-info">
                    <div class="panel-heading">标签</div>
                    <div class="panel-body">
                        <div class="tag-list">
      <!-- 调用自定义标签文件custom_tags中定义的get_tags()函数,显示每个标签的名字和文件数量-->
                            {% get_tags as tag_list %}
                            <ul >
                                {% for tag in tag_list %}
      <!--  显示每个标签的名字和文件数量-->
                     <li><a href="{% url 'blog:tag' tag.pk %}">{{ tag.name }}
({{ tag.num_blogs }})</a>
                                </li>
                                {% empty %}
                                暂无标签！
                                {% endfor %}
                            </ul>
                        </div>
                    </div>
                </div>
                <div class="panel panel-default">
                    <div class="panel-heading">归档</div>
                    <div class="panel-body">
      <!--  调用自定义标签文件custom_tags中定义的archives()函数，倒序显示有文章发表的年、月-->
                        {% archives as date_list %}
                        <ul>
                            {% for date in date_list %}
                            <li>
                                <a href="{% url 'blog:archives' date.year
date.month %}">
                                    {{ date.year }} 年 {{ date.month }}月</a>
                            </li>
                            {% empty %}
                            暂无归档！
                            {% endfor %}
```

```
                            </ul>
                        </div>
                    </div>
                    {% endblock toc %}
                </aside>
            </div>
        </div>
    </div>
    <div class="container">
        <div class="row">
            <div class="col-md-12">
                <div align="center">
                    <h5>&copy 2017 - good good study day day up - 坚持每天进步一
点</h5>
                </div>
            </div>
        </div>
    </div>
    </body>
    </html>
```

上述代码的相关说明如下。

（1）母版样式采用 Bootstrap 框架样式，方法是复制 Bootstrap 中文网站上的代码，然后按照自己需求进行少量修改，图 9.4 所示的母版页面上的导航条样式，就是利用导航条组件进行改造形成的。

图9.4　母版页面导航条

（2）母版通过调用自定义模板标签，给页面的“最新文章”“分类”“标签”“归档”4 个栏目传递数据，这些提供数据的自定义标签都放在 blog_tags 文件中，因此在文件开头通过{% load blog_tags %}导入包含自定义标签的文件。

提示：由于要在模板中使用 {% static ×××%} 模板标签，不要忘记在文件顶部通过 {% load staticfiles %}导入 staticfiles 模块。

在母版文件中通过引用 Bootsrap 框架样式，可以较为容易地使页面样式变得美观，有一些细节，我们做了样式微调。通过引入一个 CSS 文件进行部分样式定义，这个文件为/test_blog/blog/static/blog/css/blogstyle.ss，其代码如下。

```
/*链接样式*/
a:hover, a:focus {
    text-decoration: none;
    color: #000;
}
/*文章标题*/
.entry-title {
    text-align: center;
    font-size: 1.9em;
    margin-bottom: 10px;
    line-height: 1.6;
    padding: 10px 20px 0;
}
/*文章内容*/
.blog {
    background: #fff;
    padding: 30px 30px 0;
}
/*文章属性字段*/
.entry-meta {
    text-align:left;
    color: #DDDDDD;
    font-size: 13px;
    margin-bottom: 30px;
  }
/*文章分类属性字段*/
.entry-meta-detail {
    text-align:center;
    color: #DDDDDD;
    font-size: 13px;
    margin-bottom: 30px;
  }
.blog-category::after,
.blog-date::after,
.blog-author::after,
.comments-link::after {
    content: ' ·';
    color: #000;
}
/*文章内容*/
```

```
.entry-content {
    font-size: 16px;
    line-height: 1.9;
    font-weight: 300;
    color: #000;
}
/*评论格式*/
.comment-area {
    padding: 0 10px 0;
}
/*标签样式*/
.tag-list ul {
    padding: 0;
    margin: 0;
    margin-right: -10px;
}
.tag-list ul li {
    list-style-type: none;
    font-size: 13px;
    display: inline-block;
    margin-right: 10px;
    margin-bottom: 10px;
    padding: 3px 8px;
    border: 1px solid #ddd;
}
```

以上 CSS 文件的样式代码供读者参考，方便读者了解页面显示样式的来源，不做详细介绍。

9.5.2 项目的自定义标签

在这个博客系统中我们用自定义标签为母版文件的 4 个栏目提供数据，这个编写自定义标签的文件需要存放在固定文件夹中。首先在/test_blog/blog/下创建一个 templatetags 文件夹，然后在这个文件夹下创建一个 custom_tags.py 文件，我们用这个文件存放自定义的模板标签代码，代码如下。

```
# 导入 template 这个模块
from django import template
# 导入用到的数据模型，由于 models 文件存放在本文件的上一级目录，所以在 models 前加上..
from ..models import Blog, Category,Tag
# 导入聚合模块相关函数
from django.db.models.aggregates import Count
# 实例化了一个 template.Library 类，是固定写法
```

```
    register = template.Library()
    # 将函数 get_new_blogs() 装饰为 register.simple_tag
    # 这样就可以在模板文件中使用 {% get_new_blogs %} 调用这个函数
    @register.simple_tag
    def get_new_blogs(num=5):
        # 通过 Django ORM 查询语句返回最新的 5 篇文章
        # 通过按 created_time 字段倒序和切片操作实现
        return Blog.objects.all().order_by('-created_time')[:num]
    @register.simple_tag
    def archives():
        # dates()函数返回一个列表，列表中的文章的创建时间精确到月份，降序排列（order='DESC'）
        return Blog.objects.dates('created_time', 'month', order='DESC')
    @register.simple_tag
    def get_categories():
        # 通过 Django 分类聚合函数统计每个分类中的文章的数量，并过滤掉没有文章的分类
        return Category.objects.annotate(num_blogs=Count('blog')).filter(num_
blogs__gt=0)
    @register.simple_tag
    def get_tags():
        # 通过 Django 分类聚合函数统计每个标签中的文章的数量，并过滤掉没有文章的标签
        return Tag.objects.annotate(num_blogs=Count('blog')).filter(num_blogs__gt=0)
```

上述代码的相关说明如下。

（1）通过以上代码读者会发现模板标签本质上是一个普通函数，因此按照 Django 函数的思路来编写模板标签的代码即可。

（2）编写自定义模板标签需要注意三点，一是要首先导入 template 这个模块，二是通过 register = template.Library()语句实例化了一个 template.Library 类，三是用@register.simple_tag 语句装饰函数。

提示： 要确保自定义模板标签的文件所在的目录 templatetags 位于 blog 目录下，并且名字必须为 templatetags；确保自定义标签的函数通过 register = template.Library() 和 @register. simple_tag 装饰器将函数装饰为一个模板标签；在模板文件中，要确保在使用模板标签以前导入了 custom_tags.py，即{% load custom_tags %}。

9.5.3 母版中的 4 个栏目的链接功能

1. “最新文章”栏目链接功能实现

在母版 base.html 文件中，“最新文章”栏目中为每篇博客文章生成的链接如下所示，这个链

接中 blog 是 Blog 的实例对象，它调用 Blog 数据模型类的 get_absolute_url()方法，这个方法返回一个 URL。

```
<a href="{{ blog.get_absolute_url }}">
```

Blog 类的 get_absolute_url()方法代码如下，可以看到它通过函数 reverser()反向解析 URL 配置项名字得到 URL 并返回。

```
def get_absolute_url(self):
    return reverse('blog:detail', kwargs={'pk': self.pk})
```

在/test_blog/blog/urls.py 文件中的一个配置项，名字是 detail，而 Blog 类的 get_absolute_url()方法中反向解析的名字也是 detail。

```
re_path('blog/(?P<pk>[0-9]+)/',views.blogdetailview.as_view(),name='detail'),
```

由以上 3 句代码，可以推测出母版上链接的 URL 对应的视图是 blogdetailviews，因为这个视图是一个类，所以通过 as_view()转为函数。

在/test_blog/blog/views.py 中可以看到这个视图，代码如下。

```
from . import models
# 导入 DetailView 类
from django.views.generic import DetailView
# 视图继承于 DetailView 通用视图类
class blogdetailview(DetailView):
    # 指定数据模型，从中取出一条记录
    model = models.Blog
    # 指定模板文件
    template_name = 'blog/detail.html'
    # 指定传给模板文件的模板变量名
    context_object_name = 'blog'
    # pk_url_kwarg 指定取得一条记录的主键值，pk 是指配置项中的 URL 表达式中的参数名
    # 可以理解为获取主键值等于 URL 表达式中参数 pk 值的数据记录
    pk_url_kwarg = 'pk'
    # 重写父类 get_object()方法，常用于返回定制的数据记录
    def get_object(self,queryset=None):
        blog=super(blogdetailview,self).get_object(queryset=None)
        blog.increase_views()
        return blog
    # 重写 get_context_data()方法，常用于增加数据模板变量
    def get_context_data(self,**kwargs):
```

以上代码主要是向博客文章详细页面传递参数，后面将详细介绍。

2. “分类”栏目链接功能实现

在母版 base.html 文件中，在“分类”栏目中为每个类别生成的链接如下，通过{% url %}模板标签利用 URL 配置项名字和参数解析出 URL。

```
<a href="{% url 'blog:category' category.pk %}">
```

在 urls.py 中相关的配置项如下，命名为 category。

```
re_path('category/(?P<pk>[0-9]+)/', views.categoryview.as_view(), name=
'category'),
```

由以上两句代码，可以推导出母版上链接的 URL 对应的视图是 categoryview，因为这个视图是一个类，所以通过 as_view()转为函数。

在/test_blog/blog/views.py 中可以看到这个视图，代码如下。

```
# 视图继承于 ListView 类
class categoryview(ListView):
    # 设置数据模型，指定数据取自 Blog，默认取全部记录
    model=models.Blog
    # 指定模板文件
    template_name='blog/index.html'
    # 指定传递给模板文件的参数名
    context_object_name='blog_list'
    def get_queryset(self):
        cate=get_object_or_404(models.Category,pk=self.kwargs.get('pk'))
        # 继承父类的 get_queryset()方法，并通过 filter()函数对记录进行过滤
        # 通过 order_by()进行排序
        return super(categoryview,self).get_queryset().filter(category=cate)
            .order_by('-created_time')
```

上述代码的相关说明如下。

（1）categoryview 继承于通用视图类 ListView，可以通过属性 model、template_name、context_object_name 分别设置数据模型、模板文件、模板变量名。需要注意 model 与 context_object_name 的关系，也就是从 model 指定的数据模型取出记录，保存在以 context_object_name 为名字的变量中，并传递给模板文件。

（2）URL 配置项的 URL 表达式（'category/(?P<pk>[0-9]+)/'）中的参数 pk 值在视图类中可以用 self.kwargs.get('pk')取得。

（3）get_object_or_404() 函数的作用是调用 Django 的 get()方法查询获取的数据。如果查询的对象不存在的话，则返回一个 404 错误页面以提示用户访问的资源不存在。

（4）视图类 ListView 有个方法 get_queryset()，这方法默认取得数据模型的全部数据。如果

想要取得定制的数据就要重写这个方法。如视图 categoryview 中的代码，首先取得 Category 中的一个对象（一个分类类别），然后调用父类 get_queryset()，对返回的 qureyset 集合（默认是 models.Blog 中的全部记录）进行过滤，取得这个分类类别的全部记录（该分类下的全部文章），同时对全部记录进行了排序。这些记录会以 blog_list 为变量名传给模板文件。

3. “标签”栏目链接功能实现

在母版 base.html 文件中，在“标签”栏目中为每个标签生成的链接如下所示，也是利用{% url %}模板标签解析出 URL。

```
<a href="{% url 'blog:tag' tag.pk %}">
```

在 urls.py 中相关的匹配项如下，命名为 tag。

```
re_path('tag/(?P<pk>[0-9]+)/', views.tagview.as_view(), name='tag'),
```

由以上两句代码，可以推导出母版上链接 URL 对应视图是 tagview，因为这个视图是一个类，所以通过 as_view()转为函数。

在/test_blog/blog/views.py 中可以看到这个视图，代码如下。

```
# 视图继承于 ListView 类
class tagview(ListView):
    model=models.Blog
    template_name='blog/index.html'
    context_object_name='blog_list'
    def get_queryset(self):
        tag=get_object_or_404(models.Tag,pk=self.kwargs.get('pk'))
        return super(tagview,self).get_queryset().filter(tags=tag).order_
by('created_time')
```

视图 tagview 代码与前面的 categoryview 相似，不再叙述。

4. “归档”栏目链接功能实现

在母版 base.html 文件中，在“归档”栏目中为每个归档生成的链接如下，这里传递两个参数：date.year、date.month。

```
<a href="{% url 'blog:archives' date.year date.month %}">
```

在 urls.py 中相关的匹配项如下，匹配项有 year 和 month 两个 URL 参数。year 通过正则表达式限制为 4 位数字，month 用正则表达式限制为 2 位数字，该配置项被命名为 archives。

```
re_path('archives/(?P<year>[0-9]{4})/(?P<month>[0-9]{1,2})/', views.archives,
 name='archives'),
```

由以上两句代码，可以推导出母版上链接 URL 对应视图函数是 archives()。在/test_blog/blog/

views.py 中可以看到这个视图，代码如下。

```
def archives(request, year, month):
    #利用 filter()过滤创建时间 created_time 的年、月与参数年、月值相同的记录
    #并通过 order_by 让记录按创建时间倒序排列
    blog_list = models.Blog.objects.filter(created_time__year=year,
                                           created_time__month=month
                                           ).order_by('-created_time')

    # 通过 render()向模板文件 index.html 传递参数
    return render(request, 'blog/index.html', context={'blog_list':blog_list})
```

上述代码的相关说明如下。

（1）archives()增加两个参数 year、month，对应的 URL 表达式有两个命名 URL 参数 year 和 detail。Django 会从用户访问的 URL 中自动提取这两个参数的值，然后传递给其对应的视图函数，所以视图函数的形式为 archives(request, year, month)。

（2）代码中使用 filter()函数按条件过滤数据库表记录，由于传入参数是 year 和 month，需要用 created_time 字段的 year 和 month 属性过滤。根据 Django 规则，created_time__year 可以取得创建时间的年的部分，created_time__month 可以取得创建时间的月的部分，因此可通过 filter(created_time__year=year,created_time__month=month)筛选出发表在对应的年和月的文章，注意双下划线的用法。

（3）代码中 render()函数向 index.html 传递参数，这个 index.html 的代码将在本章后面部分介绍。

继承于母版的页面右侧栏目显示效果如图 9.5 所示。为了节约篇幅，图 9.5 仅选出“最新文章”“分类”两个栏目进行显示。

最新文章

- 自由地追寻梦想是需要付出努力的
- 对easy模式 Say No!
- 真实的人生永远不是这么简单
- 用时间和精力打造完美
- 不可言喻的鸿沟

分类

- 文学类 (2)
- 小说类 (3)
- 生活类 (5)
- 心理类 (4)
- 技术类 (1)
- 哲学类 (2)
- 新闻类 (2)
- 财经类 (1)

图9.5　页面右侧栏目显示效果

9.5.4 母版其他功能

1.“我的”功能实现

在母版文件中有个链接是为了显示自己发布的文章，这个链接只有在用户登录后才显示，相关代码如下。

```
<a href="{% url 'blog:myindex' request.user.id %}" data-hover="我的">我的
</a></li>
```

在 blog/urls.py 文件中有一个匹配项名字是 myindex，由此推导出实现“我的”链接功能的视图是 myindex 类。

```
path('myindex/<int:loguserid>/',views.myindex.as_view(),name='myindex'),
```

这个类在 blog/views.py 文件中，其代码如下。

```
# myindex 继承于通用视图类 ListView
class myindex(ListView):
    model = models.Blog
    template_name = 'blog/index.html'
    context_object_name = 'blog_list'
    # 重写父类方法 get_queryset()，用于定制返回的数据记录
    # 而不是返回 model 指定的数据模型的全部记录
    # 可以通过过滤条件等返回定制的数据记录
    def get_queryset(self):
    # 利用 get_object_or_404()函数取得主键值与 URL 参数值一致的记录
    # URL 参数 loguserid 通过 self.kwargs.get()取得
        loguser=get_object_or_404(models.loguser,pk=self.kwargs.get('loguserid'))
        """
        调用父类的 get_queryset()方法从 models.Blog 取出全部记录
        然后通过 filter()函数进行过滤，只获取作者是登录用户的文章记录
        并通过 order_by()按照发表时间倒序排列
        """
        return super(myindex,self).get_queryset().filter(author=loguser).
order_by('-created_time')
    # 重写父类 get_context_data()方法，增加一个模板变量 tabname
    def get_context_data(self, **kwargs):
        # 调用父类的 get_context_data()生成保存模板变量的字典
        context=super(myindex,self).get_context_data(**kwargs)
        # 在字典中的增加一个字典项，键名为'tabname'，键值为'mytab'
        context['tabname']='mytab'
        return context
```

从代码中可以看到视图对应的模板文件是 blog/index.html，这个文件的内容将在本章后面介绍。

2. “注册”“登录”功能实现

打开博客系统的首页时，如果用户没有登录（request.user.username=='none'），在导航条会显示“注册”“登录”两个链接，链接的地址通过 URL 反向解析得到，相关代码写在 base.html 文件中，如下所示。

```
<li><a href="{% url 'blog:login' %}">登录</a></li>
```

```
<li><a href="{% url 'blog:registe' %}">注册</a></li>
```

URL 匹配的视图函数前面已介绍过，请参考本章前面的有关介绍。

3. “个人中心”功能实现

如果用户已登录，在博客系统首页的导航条会显示“个人中心”链接，相关代码也写在 base.html 中，代码如下。

```
<li class="dropdown">
                <a href="#" class="dropdown-toggle" data-toggle="dropdown"
role="button" aria-haspopup="true"
                  aria-expanded="false"> 个人中心<span class="caret"></span> </a>
                <ul class="dropdown-menu">
                    <li><a href="{% url 'blog:myindex' request.user.id %}">
我的文章</a></li>
                    <li role="separator" class="divider"></li>
                    <li><a href="{% url 'blog:logout' %}">注销</a></li>
                </ul>
            </li>
```

上述代码的相关说明如下。

（1）以上代码中的下拉列表框引用的是 Bootstrap 的下拉列表框组件。

（2）代码中“我的文章”链接调用通用视图类 myindex，前面已介绍过。

（3）“注销”链接调用视图函数 logout()，其代码如下。

```
def logout(request):
    # 调用认证模块，执行 logout()函数，这样会把用户相关的 cookie、session 清空
    auth.logout(request)
    # 重定向到首页
    return redirect("/")
```

9.6 博客系统首页

前面章节已将一级和二级 URL 配置文件中关于博客系统首页的 URL 配置列举出来，这里不再专门介绍，请参考前面的内容。

9.6.1 博客首页通用视图函数

博客系统的首页主要展示用户发表的文章，采用列表的方式把文章的题目、简介、分类、评论数、阅读数显示出来。

```
from django.shortcuts import render,redirect,HttpResponse,get_object_or_404
```

```
from . import models
# 视图采用通用视图，这里采用的是列表形式，要继承 ListView，因此要导入相关模块
from django.views.generic import ListView
# 视图 indexview 继承于 ListView 通用视图类
class indexview(ListView):
    # 指定数据模型（数据库表），默认取全部记录
    model = models.Blog
    # 指定模块文件的地址与名字
    template_name = 'blog/index.html'
    """
    以下语句指定传递给模板文件的模板变量名
    这个模板变量 blog_list 保存着 model 指定的数据模型的记录集合
    也就是 model 与 context_object_name 这个属性有关联
    """
    context_object_name = 'blog_list'
    # 设置每页显示的记录数
    paginate_by = 10
    # 重写 get_context_data()方法
    def get_context_data(self, **kwargs):
    """
    在普通视图函数中将模板变量传递给模板
    通过给 render() 函数向模板文件传递一个字典来实现
    例如 render(request, 'blog/index.html', context={'Blog_list':blog_list})
    或者 render(request, 'blog/index.html', {'Blog_list':blog_list})
    在通用类视图中，如果不是获取数据模型的全部记录
    需要重写 get_context_data()方法，获得条件过滤后的记录
    注意本视图的代码并没有对数据库表记录进行条件过滤
    这里的目的是利用父类的 get_context_data()方法返回值中有关分页的数值
    利用这些分页相关数值进行自定义分页代码的编写
    在复写该方法时，还可以增加一些自定义的模板变量
    """
        # 首先获得父类生成的包含模板变量的字典
        context = super().get_context_data(**kwargs)
    """
    父类(ListView 类)生成的字典(context)中已有 paginator、page_obj、is_paginated 这
3 个键值对
    paginator 是 Paginator 的一个实例
    page_obj 是 Page 的一个实例
    is_ paginated 是一个布尔变量，用于指示是否已分页
    例如，如果规定每页 10 条记录，而本身只有 5 条记录
    其实就用不着分页，此时 is_paginated=False
```

```
    由于 context 是一个字典，所以调用 get()方法从中取出某个键对应的值
    """
        paginator = context.get('paginator')
        pageobj = context.get('page_obj')
        is_paginated = context.get('is_paginated')
        # 设置每页中分页导航条页码标签的个数
        show_pagenumber=7
        # 调用自定义 get_page_data()方法获得显示分页导航条所需要的数据
        page_data = self.get_page_data(is_paginated, paginator, pageobj,
show_pagenumber)
        # 将page_data 变量更新到 context 中，注意 page_data 是一个字典
        context.update(page_data)
        # 传递标识值，如果这个值为 firsttab，表示显示“首页”链接被选中
        context['tabname'] = 'firsttab'
        # 将更新后的 context 返回，以便 ListView 使用这个字典中的模板变量去渲染模板
        # 注意此时 context 字典中已有了显示分页导航条所需的数据
        return context
    # 自定义 get_page_data()方法,返回当前页的前面页码标签的个数以及后面页码标签的个数
    def get_page_data(self,is_pageinated,paginator,pageobj,show_pagenumber):
        # 如果没有分页，返回空字典
        if not is_pageinated:
            return {}
        """
        分页数据由 3 部分组成
        前面用 left 存页码，后面用 right 存页码，中间部分就是当前页 pageobj.number
        lefe，right 都初始化为空列表
        """
        left=[]
        right=[]
        # 当前页面数值的获取，得当前请求的页码号
        cur_page=pageobj.number
        # 取出分页中最后的页码
        total=paginator.num_pages
        # 得到显示页数的一半，“//”可以取得两数相除的商的整数部分
        # show_pagenumber 是页码标签的个数
        half=show_pagenumber//2
        # 取出当前页面前面(letf)显示页标签个数，注意 range()
        # 如 range(start, stop)用法,计数从 start 开始，计数到 stop 结束,但不包括 stop
        for i in range(cur_page - half,cur_page):
        # 数值大于等于 1 时，才取数值放到 left 列表中
            if i>=1:
```

```
            left.append(i)
        # 取出当前页面后面(right)显示页标签个数，再次提示注意 range()用法
        for i in range(cur_page+1, cur_page + half +1):
            # 数值小于等于页数的最大页数时，才取数值放到 right 列表中
            if i <= total:
                right.append(i)
        page_data={
            'left':left,
            'right':right,
        }
        return page_data
```

上述代码的相关说明如下。

（1）代码定义的视图 indexview 继承于 ListView 通用视图类，ListView 视图类主要用于获取数据模型的记录集合并以列表显示场景。通用视图类把一些代码进行了封装，因此有些地方通过设置视图类属性，就可以实现提取记录、指定模板文件、指定传递给模板文件的变量名等功能，这些功能原来都是通过代码实现。

（2）代码重写了父类的 get_context_data()方法，通过调用父类的 get_context_data()方法获得有关返回值，对应的代码是 context = super().get_context_data(**kwargs)，从 context 取出 paginator、page_obj、is_paginated 的值，这样我们就可设置页面导航条页码标签的数值。

提示：按照继承规则，重写父类方法一般要调用父类的同名方法，并且返回该方法要求的数据类型。

（3）视图函数代码中 context.update(page_data)语句用到 update()函数，这个 update()函数的语法形式如 dict.update(dict2)，实现的功能是将一个字典的内容添加到另一个字典中。如果字典中存在同名的键，那么作为参数的字典用同名的键的值替换原字典的同名键的值，举例如下。

```
dict1={'pageone': 'one', 'pagetwo': 'two', 'is_paginated': True, }
dict2={'pageone': 'one', 'title':'上有天堂，下有书房>'}
# dict1 和 dict2 两个字典无同名的键，因此 dict2 的各个键值对都添加到 dict1 中
#  dict1.update(dict2)执行后 dict1 的值是
# {'pageone': 'one', 'pagetwo': 'two', 'is_paginated': True, 'title': '上有天堂，下有书房>'}
dict1.update(dict2)
dict3={'pageone': 'one', 'pagetwo': 'two', 'is_paginated': True, }
dict4={'pageone': '1','pagetwo': '2', 'title':'上有天堂，下有书房>'}
# dict3 和 dict4 两个字典的两个键 pageone、 pagetwo 的键名相同
# 所以用 dict4 的 pageone、 pagetwo 值替换
# dict3.update(dict4)执行后 dict3 的值是
# {'pageone': '1', 'pagetwo': '2', 'is_paginated': True, 'title': '上有天堂，下有书房>'}
```

```
dict3.update(dict4)
```

（4）视图函数代码中自定义了一个函数 get_page_data()，主要生成前端页面分页所需的数据。我们想实现一页显示 7 个页码标签，当前页码放在中间，分页样式如图 9.6 所示。

«	3	4	5	6	7	8	9	»

图9.6 分页样式

- 图 9.6 所示为一个常见的导航条，组成部分不复杂，可以分成三部分，一个是当前页码，一个是当前页码前面的页码标签，一个是当前页码后面的页码标签。当前页码可以从通用类视图的 page_obj 属性中得到（page_obj. number），因此我们只需知道当前页码前面与后面的页码个数与列表。
- 在自定义函数 get_page_data()中我们定义了 left、right 两个列表类型的变量，分别存储当前页码标签前面 3 个页面标签和后面 3 个页面标签的数值。当然 3 个页码是默认情况，还需要判断前面是否存在 3 个标签等情况，就是说 left 存放当前页码前面的页码列表，最多为 3 个，也可以没有，同理 right 存放当前页码后面的页码列表，最多为 3 个，最少为 0 个。
- 在函数 get_page_data()中，我们通过 for i in range(cur_page - half,cur_page):这句代码循环取得页码列表，注意 range()函数的用法，如 range(1,4)返回值为[1, 2, 3]，不会取最后一个值 4，这就是常说的 range()函数“取头不取尾”。
- 函数 get_page_data()返回一个包含 left、right 键值对的字典类型变量，这个变量传给 get_context_data()方法，并通过代码将它添加到模板变量字典中，然后向模板文件传递。

9.6.2 博客首页模板文件

首页 index.html 模板文件继承于母版文件 base.html，

```
<!--  指定该文件继承于 base.html 文件-->
{% extends 'base.html' %}
<!--  代码只能写在 main 块中，也就是只有这个块的内容与母版不同，其他的内容是相同的-->
{% block main %}
<!--  如果传入的参数 error_msg 有值则显示其中的内容，视图把错误信息放在这个变量中 -->
{% if error_msg %}
<p>{{ error_msg }}</p>
{% endif %}
<!--  通过 for 循环从 blog_list 中取出每个 Blog 实例对象，存到 blog -->
{% for blog in blog_list %}
<!--  引用 Bootstrap 框架的媒体组件，这是开头-->
<div class="media">
    <div class="media-left">
    <!--  指定单击头像重定向到的路径-->
        <a href="{% url 'blog:authorindex' blog.author.id %}">
            <!--<img>标签的 src 属性值，注意/media/的前缀，这个前缀会根据 settings.py
的配置进行解析-->
```

```
                <img class="media-object" src="/media/{{ blog.author.head_img }}"
 style="width:100px;height:100px;"alt="单击头像显示此作者的博客文章列表">
            </a>
        </div>
        <div class="media-body">
            <!-- 指定了文章的标题，并指定单击标题重定向到的 URL-->
            <h3 class="media-heading"><a href="{{ blog.get_absolute_url }}">
{{ blog.title }}</a></h3>
            <!-- 文章的摘要，用了 safe 过滤器 -->
            <p>{{ blog.excerpt|safe }}...</p>
            <div class="entry-meta">
             <!-- 以下 5 个<span>标签分别显示文章的分类、发表时间、作者、评论数、阅读数 -->
                <span class="blog-category"><a href="#">{{ blog.category.name }}
</a></span>
                <span class="blog-date"><a href="#"><time class="entry-date"
                                                      datetime="{{ blog.
created_time }}">{{ blog.created_time }}</time></a></span>
                <span class="blog-author"><a href="#">{{ blog.author.nikename }}
</a></span>
                <span class="comments-link"><a href="#">{{ blog.comment_set.
count }} 评论</a></span>
                <span class="views-count"><a href="#">{{ blog.views }} 阅读
</a></span>
            </div>
        </div>
        {% empty %}
        <div class="no-post">暂时还没有发布的文章！</div>
        {% endfor %}
        <!-- 引用 Bootstrap 框架的媒体组件的结尾-->
        <!-- 判断是否分页-->
        {% if is_paginated %}
        <!-- 引用 Bootstrap 框架的分页组件，分页组件开始-->
        <nav aria-label="Page navigation">
            <ul class="pagination">
                {% if left %}
                <li>
        <!-- 上一页的 URL、页码符（<<）的设置-->
                    <a href="?page={{ page_obj.previous_page_number }}" aria-
label="Previous">
            <!-- &laquo;在 HTML 文件中表示<<，是两个左角括号，为了避免与 HTML 符号混淆所以用字符表示-->
                        <span aria-hidden="true">&laquo;</span>
```

```
                </a>
            </li>
            {% else %}
            <li class="disabled">
                <a href="#" aria-label="Previous">
                    <span aria-hidden="true">&laquo;</span>
                </a>
            </li>
            {% endif %}
           <!--  把当前页码前面的页码通过循环从 left 变量中取出来-->
            {% for i in left %}
            <li><a href="?page={{ i }}">{{ i }}</a></li>
            {% endfor %}
           <!--  当前页 URL、页码设置-->
            <li class="active"><a href="?page={{ page_obj.number }}">{{ page
_obj.number }} <span class="sr-only">(current)</span></a>
            </li>
            {% for i in right %}
            <li><a href="?page={{ i }}">{{ i }}</a></li>
            {% endfor %}
            {% if right %}
            <li>
            <!-- &raquo;在 HTML 文件中表示>>，是两个右角括号，为了避免与 HTML 符号混淆
所以用字符表示-->
                <a href="?page={{ page_obj.next_page_number }}" aria-label
="Next">
                    <span aria-hidden="true">&raquo;</span>
                </a>
            </li>
            {% else %}
            <li class="disabled">
                <a href="#" aria-label="Next">
                    <span aria-hidden="true">&raquo;</span>
                </a>
            </li>
            {% endif %}
        </ul>
    </nav>
    <!--  分页组件结尾-->
    {% endif %}
    {% endblock main %}
```

上述代码的相关说明如下。

（1）根据 Django 规则，继承模板标签必须放在第一行，因此{% extends 'base.html' %}必须放在首行。

（2）由于博客文章与简介都包含 HTML 格式，如通过{{ blog.excerpt }}显示简介，其中的格式会被 Django 转义，把格式符号以字符串形式显示，但{{ blog.excerpt|safe }}用了 safe 过滤器，Django 会认为 blog.excerpt 的文本安全，会按照 HTML 格式在页面上显示。

（3）以上文件中的分页根据传入的 left、right 变量进行设置，相关介绍如下。

- 先判断 left 是否有值，如果有值，说明当前页码前面是有页码的。首先给“上一页”（<<）链接 URL 赋值，然后通过循环从 left 变量中取出页码，依次放在“上一页”页码之后，并给每一个页码设置 URL，再把当前页码放上，设置当前页码为激活状态（class="active"），并设置当前页码、URL，最后判断 right 是否有值，根据情况来确定当前页码后面页码的排列。如果 left 无值，首先把“上一页”（<<）页码设为不可用（class="disabled"），其后放置当前页码，后面判断 right 是否有值，根据情况来确定当前页码后面页码的排列。
- 变量 right 是否有值决定当前页码后面页码的排列。如果 right 有值，通过循环从 right 变量中取出页码，依次放在当前页码之后，并给每一个页码设置 URL，最后放置“下一页”（>>）页码并给其链接 URL 赋值。如果 right 无值，则在当前页码后面直接放置“下一页”（>>）页码并设置为不可用（class="disabled"）。

到这里，我们已编写完成了首页 index 的代码，可以进行测试了。启动程序，在浏览器地址栏上输入 http://127.0.0.1:8000/并按 Enter 键，首页如图 9.7 所示，说明程序代码编写正确。

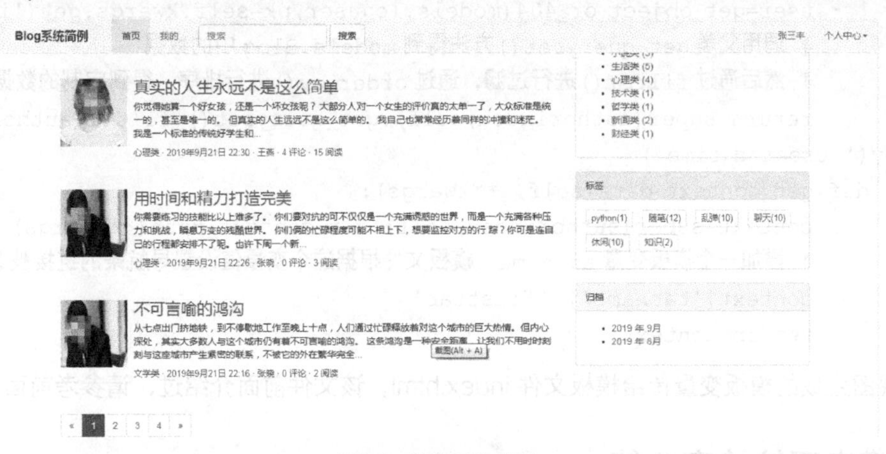

图9.7　博客系统首页

9.6.3　头像链接功能

在 index.html 模板文件中，在每篇博客文章左侧有个头像，这是用户注册时上传的头像。在首页上，用户的头像就放在其发布的文章的左侧。

我们在每个头像上建立了一个链接，单击这个头像，列表显示这个作者发表的所有文章。

```
<!--  通过{% url %}根据URL配置项名、URL参数，反向解析出URL-->
<a href="{% url 'blog:authorindex' blog.author.id %}">
          <!--  注意<img>标签的src属性中的/media/是URL的前缀，在settings.py
中设置-->
          <img class="media-object" src="/media/{{ blog.author.head_img }}"
style="width:100px;height:100px;"  alt="单击头像显示此作者的博客文章列表">
</a>
```

在/test_blog/blog/urls.py中的配置项如下，可以推导出对应视图为authorindex。

```
path('authorindex/<int:id>/',views.authorindex.as_view(),name='authorindex'),
```

视图authorindex继承于ListView，因此可通过属性设置获取数据的数据模型、模板文件、模板变量；可以通过重写get_queryset()方法，从数据模型中获取定制的数据或者过滤数据，可以通过重写get_context_data()方法增加模板变量。

```
class authorindex(ListView):
    model = models.Blog
    template_name = 'blog/index.html'
    context_object_name = 'blog_list'
    def get_queryset(self):
        根据URL参数从loguser中选择用户对象
        user=get_object_or_404(models.loguser,pk=self.kwargs.get('id'))
        # 调用父类get_queryset()方法得到models.Blog中的数据
        # 然后通过filter()进行过滤，通过order_by()进行排序，得到定制的数据记录
        return super(authorindex,self).get_queryset().filter(author=user).
order_by('-created_time')
    def get_context_data(self, **kwargs):
        context=super(authorindex,self).get_context_data(**kwargs)
        # 增加一个模板变量tabname，模板文件根据这个变量值设置导航条的链接被选中
        context['tabname']='firsttab'
        return context
```

本视图生成的模板变量传给模板文件index.html，该文件前面介绍过，请参考前面的介绍。

9.7 博客系统检索功能

母版有一个导航条，导航条上有一个查询文本框，通过输入字符串可以查询到包含该字符串的文章，这个功能相当于一个简单的搜索引擎。本项目将实现的检索功能是：能够根据用户输入的搜索关键词对文章进行列表显示，并在文章中高亮显示搜索关键词。

9.7.1 安装 Django Haystack

Django Haystack 是一个提供搜索功能的 Django 模块，本项目中我们给 Haystack 配置上 Whoosh 搜索引擎，配合著名的中文自然语言处理库 jieba 分词，实现博客系统检索功能。

应用这些模块，首先要安装它们，在命令行终端输入以下命令。

```
pip install whoosh django_haystack jieba
```

9.7.2 更改 Django Haystack 分词器

Haystack 默认使用 Whoosh 作为搜索引擎，Whoosh 的分词器是英文分词器，中文搜索效果不好。这个项目中我们把 Haystack 的分词器更换成 jieba，这个分词器是专门针对中文环境的。

首先找到 Haystack 安装目录，这个目录一般是 Python 安装目录下的/Lib/site-packages/haystack/目录。把 haystack/backends/whoosh_backends.py 文件复制到 blog/下，重命名为 whoosh_backends_cn.py。

打开/test_blog/blog/ whoosh_backends_cn.py，进行如下修改。

```
# encoding: utf-8
…
# 加入以下语句，导入 jieba 中文分词器相关模块
from jieba.analyse import ChineseAnalyzer
…
else:
        """
        以下是原代码语句
        schema_fields[field_class.index_fieldname]=TEXT(stored=True, analyzer=S
temmingAnalyzer(), field_boost=field_class.boost, sortable=True)
        """
        # 以下是修改后的语句
        # analyzer=StemmingAnalyzer()改成 analyzer=ChineseAnalyzer()
                schema_fields[field_class.index_fieldname]=TEXT(stored=True,
 analyzer=ChineseAnalyzer(), field_boost=field_class.boost, sortable=True)
```

以上代码相比于源码更改了两处，如下。

（1）增加 from jieba.analyse import ChineseAnalyzer 语句，导入 jieba 中文分词器相关函数模块。

（2）找到 chema_fields[field_class.index_fieldname]=TEXT(stored=True, analyzer=Stemming Analyzer(),field_boost=field_class.boost,sortable=True)这句代码，把其中的 analyzer=Stemming Analyzer()改成 analyzer=ChineseAnalyzer()。

9.7.3 配置 Django Haystack

在 settings.py 文件中把 Django Haystack 加入 INSTALLED_APPS 列表项中，代码如下。

```
INSTALLED_APPS = [
    …
    'haystack',
    ]
```

在 settings.py 中增加如下配置项。

```
HAYSTACK_CONNECTIONS = {
    'default': {
        # 指定了 Django Haystack 要使用的搜索引擎，whoosh_backend_cn 就是我们修改的文件
        'ENGINE': 'blog.whoosh_backend_cn.WhooshEngine',
        # 指定索引文件存放的位置
        'PATH': os.path.join(BASE_DIR, 'whoosh_index'),
    },
}
# 指定搜索结果分页方式为每页 6 条记录
HAYSTACK_SEARCH_RESULTS_PER_PAGE = 6
# 指定实时更新索引，当有数据改变时，自动更新索引
HAYSTACK_SIGNAL_PROCESSOR = 'haystack.signals.RealtimeSignalProcessor'
```

9.7.4 建立索引类

数据处理主要是建立一个索引类，这个类必须写在文件名为 search_indexes.py 的文件中。而且对哪个应用程序中的数据进行检索，该文件就放在哪个应用程序目录下，因此本项目中的这个文件放在/test_blog/blog 文件夹下。该文件写法比较固定，其代码如下。

```
# 导入 haystack 中的相关模块 indexes
from haystack import indexes
# 导入数据模型
from .models import Blog
"""
建立索引类名，名字规定，为“modelnameIndex”形式,其中 modelname 是数据模型名
要为哪个数据模型建立索引类就用哪个数据模型名
类必须继承 indexes.SearchIndex、indexes.Indexable
"""
class BlogIndex(indexes.SearchIndex, indexes.Indexable):
    """
    定义一个字段，字段名约定为 text，设置这个字段的 document=True
    设置 Django Haystack 和搜索引擎将使用此字段的内容作为索引进行检索
    use_template=True 允许我们使用数据模板去建立搜索引擎要用到的索引文件
    数据模板的路径形式一般为 templates/search/indexes/yourapp/modelname_text.txt
    templates 是在 settings.py 中设定的模板文件目录
    yourapp 指的是要检索数据的应用程序
```

```
    modelname_text.txt 中的 modelname 指的是要检索数据的数据模型
    """
    text = indexes.CharField(document=True, use_template=True)
    # 重写 get_model()方法，返回相应的数据模型，这个方法必须有
    def get_model(self):
        return Blog
    # 重写 index_queryset()方法，返回数据模型需要检索的记录
    def index_queryset(self, using=None):
        return self.get_model().objects.all()
```

以上代码的相关说明如下。

（1）根据 Django Haystack 的规定，在哪个应用程序进行数据检索，就要在该应用程序下新建一个 search_indexes.py 文件，然后在这个文件中创建一个 modelnameIndex 类（modelname 为被检索数据模型的名字），这个类要继承 SearchIndex、Indexable。

（2）建立一个字段，字段名一般为 text（一贯的命名），设置字段的 document=True，指定搜索引擎将使用此字段的内容作为索引进行检索；设置字段的 use_template=True，这样就允许我们可建立搜索引擎要用到的索引文件，也就是说我们可以在这个文件中放置数据模型需要检索的字段，搜索引擎索引的文件一般为 templates/search/indexes/yourapp/modelname_text.txt，templates 是在 settings.py 中设定的模板文件目录，yourapp 指的是要检索数据的应用程序，modelname_ text.txt 中的 modelname 指的是要检索数据的数据模型的名字。

（3）通过重写父类的 get_model()方法返回要检索的数据模型，这是指定从哪个数据模型进行检索，必须有这个方法。也可以重写 index_queryset()方法定制检索范围。

（4）这个类中代码大部分是固定的，基本上是 get_model()函数中的 return 语句中返回的数据模型名有变化，如 return Blog。

根据 BlogIndex 类中的 text 字段的 use_template=True 设定，我们需要创建/test_blog/templates/search/indexes/blog/blog_text.text 文件，其内容如下。

```
{{ object.title }}
{{ object.body }}
```

以上内容设定在数据模型 Blog 中，在 title、body 两个字段中进行关键词检索。

9.7.5　URL 配置

Django Haystack 搜索的视图函数和 URL 表达式的对应关系是封装好的，只需在 urls.py 中导入即可，代码如下。

```
from django.urls import path,include
urlpatterns = [
    …
    # 导入 Haystack 配置项
```

```
    path('search/',include('haystack.urls')),
]
```

附上母版文件中的 URL 内容，供读者对照，注意表单的 action 属性为{% url 'haystack_search' %}，其中 haystack_search 是 Django Haystack 封装的 URL 配置项的名称，直接调用即可，代码如下。

```
<form class="navbar-form navbar-left" method="get" action="{% url 'haystack
_search' %}">
    <div class="form-group">
        <input type="text" class="form-control" name="q" placeholder="搜索"
required>
    </div>
    <button type="submit" class="btn btn-default">搜索</button>
</form>
```

9.7.6 创建 search.html

由于 Django Haystack 对视图函数与 URL 配置做了封装，其视图函数将搜索结果默认传递给/templates/ search/search.html，其中/templates 文件夹由 settings.py 中的 TEMPLATES 配置项设定，因此我们需要在固定的路径上创建这个模板文件，其代码如下。

```
<!--  继承母版-->
{% extends 'base.html' %}
<!--  导入 Django Haystack 自定义模板标签-->
{% load highlight %}
{% block main %}
     <!--  query 变量保存搜索关键词，如果存在 query 就循环取出每条记录对象 -->
    {% if query %}
    <!--  page.object_list 保存 BlogIndex 类传给每页的对象集合  -->
        {% for result in page.object_list %}
            <article class="blog ">
                <header class="entry-header">
                    <h1 class="entry-title">
    <!--  文章标题如有搜索关键词则高亮显示-->
                        <a href="{{ result.object.get_absolute_url }}">{%
highlight result.object.title with query %}</a>
                    </h1>
                    <div class="entry-meta-detail">
                    <span class="blog-category">
                        <a href="{% url 'blog:category' result.object.
category.pk %}">
                            {{ result.object.category.name }}</a></span>
```

```
                        <span class="blog-date"><a href="#">
                            <time class="entry-date" datetime="{{ result.
object.created_time }}">
                                {{ result.object.created_time }}</time>
</a></span>
                        <span class="blog-author"><a href="#">{{ result.object
.author }}</a></span>
                        <span class="comments-link">
                        <a href="{{ result.object.get_absolute_url }}
#comment-area">
                            {{ result.object.comment_set.count }} 评论
</a></span>
                      <spanclass="views-count"><ahref="{{ result.object.get_
absolute_url }}">{{ result.object.views }} 阅读</a></span>
                    </div>
                </header>
                <div class="entry-content clearfix">
    <!--  文章内容如有搜索关键词则高亮显示-->
                    <p>{% highlight result.object.body with query %}</p>
                </div>
            </article>
        {% empty %}
            <div class="no-blog">没有搜索到你想要的结果! </div>
        {% endfor %}
    <!--  Django Haystack 自动对搜索结果进行分页处理，并将其传给模板一个 page 对象，下面
是一个简单分页的代码-->
        {% if page.has_previous or page.has_next %}
            <div>
                {% if page.has_previous %}
                 <a href="?q={{ query }}&amp;page={{ page.previous_page_
number }}">{% endif %}&laquo; Previous
                {% if page.has_previous %}</a>{% endif %}        |
                {% if page.has_next %}<a href="?q={{ query }}&amp;page={{
page.next_page_number }}">{% endif %}Next
                &raquo;{% if page.has_next %}</a>{% endif %}
            </div>
        {% endif %}
    {% else %}
        请输入搜索关键词
    {% endif %}
  {% endblock main %}
```

上述代码的相关说明如下。

（1）Django Haystack 自动对搜索结果进行分页，并将其传给模板的变量是一个 page 对象。因此我们可以通过{% for result in page.object_list %}循环语句取出本页包含记录信息的对象，其中 result.object 代表一条记录，然后通过模板变量显示文章相关的数据，如标题（result.object.title）、内容（result.object.body）。

（2）在这个文件中利用{% highlight result.object.title with query %}和{% highlight result.object.body with query %}对文章的标题和内容中的关键词进行高亮处理，{% highlight %}是 Django Haystack 自定义模板标签，query 是它设置的模板变量，用来保存搜索关键词，这些都是封装好的，我们直接拿来用即可。Django Haystack 高亮处理的方式是给文本中的搜索关键词外面加上一个<span>标签并且为其添加 highlighted 样式。

（3）在 base.html 我们已添加了 highlighted 样式，供读者参考。

```
<style>
   span.highlighted {
          color: red;
        }
 </style>
```

9.7.7 创建索引文件

相关代码编写完成后，需要建立索引文件，在命令行终端上运行以下命令生成索引文件。

```
python manage.py rebuild_index
```

这时可以测试一下搜索功能。启动程序后，在系统首页的搜索框中输入“后来”单击“搜索”按钮，页面会列出包含搜索关键词的文章，并把搜索关键词设置成其他颜色，如图 9.8 所示。

图9.8　搜索结果页

9.8 文章发布

本项目中所有发布的文章都是通过 Django Admin 管理后台输入的，由于在数据模型 Blog 中定义的一个字段是 RichTextUploadingField，因此可以在后台使用富文本编辑器。

访问 http://127.0.0.1:8000/admin/，进入 Django Admin 后台登录页面，在“用户登录”页面中输入用户名和密码就可以登录到后台。

打开文档管理表页面，单击“增加”按钮就可以开始输入相关数据，单击“保存”就完成了一篇文章的发布，如图 9.9 所示。

文章发布功能充分利用 Django Admin 管理后台的功能，不涉及程序编码，这里不再详细介绍。

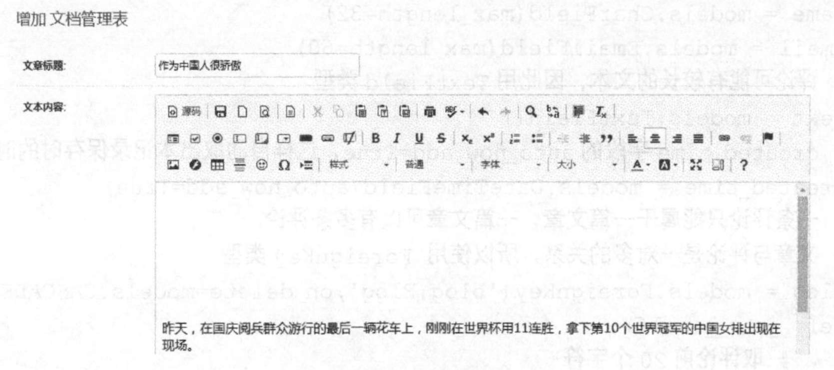

图9.9 文章发布

9.9 文章评论

博客文章后面一般都有评论，这样便于博客作者与读者进行交流。文章评论一般由登录用户发表，未登录用户只能查看文章与评论，不能发表意见，这主要是基于安全考虑。

9.9.1 创建评论应用程序

本项目中我们创建应用程序，将评论的相关程序代码写这个应用程序中，我们把这个应用程序命名为 comments。

在命令行终端输入以下命令创建 comments 应用程序。

```
python manage.py startapp comments
```

生成的 comments 应用程序目录结构和 blog 应用程序的目录相似。创建新的应用程序后，一定要在 settings.py 文件中注册这个应用程序，代码如下。

```
INSTALLED_APPS = [
```

```
    'ckeditor',
    'ckeditor_uploader',
    # 注册 comments 应用程序
    'comments',
]
```

9.9.2 评论系统的数据模型

打开/test_blog/comments/models.py 文件，输入以下代码。

```
# 导入数据模型相关模块
from django.db import models
class Comment(models.Model):
    name = models.CharField(max_length=32)
    email = models.EmailField(max_length=60)
    # 评论可能有较长的文本，因此用 TextField 类型
    text = models.TextField()
    # created_time 字段的 auto_now_add=True，这样自动取出本记录保存时的时间
    created_time = models.DateTimeField(auto_now_add=True)
    # 一条评论只能属于一篇文章，一篇文章可以有多条评论
    # 文章与评论是一对多的关系，所以使用 ForeignKey 类型
    blog = models.ForeignKey('blog.Blog',on_delete=models.CASCADE,)
    def __str__(self):
        # 取评论前 20 个字符
        return self.text[:20]
```

create_time 字段定义为 DateTimeField 类型并设置 auto_now_add=True，主要作用是当登录用户提交评论数据时，created_time 字段自动保存当前时间。

创建了数据模型就要把数据模型生成为数据库表，在命令行终端输入以下命令。

```
python manage.py makemigrations
python manage.py migrate
```

9.9.3 文章评论表单

在/test_blog/comments 下新建文件 forms.py，在文件中输入以下代码。

```
from django import forms
from .models import Comment
# 继承于 forms.ModelForm
class CommentForm(forms.ModelForm):
    class Meta:
        # 指定数据模型
        model = Comment
```

```
        fields = ['text']
```

在表单中我们仅指定了一个字段，数据模型 comment 中的其他字段可以从登录用户传过来的信息中取得，因此不在表单中定义。

9.9.4 文章评论 URL 配置

在/test_blog/comments/文件夹下新建 urls.py 文件，输入以下代码。

```
from django.urls import path
from . import views
# 指定命名空间
app_name = 'comments'
urlpatterns = [
    path('comment/post/<int:blog_pk>/', views.blog_comment, name='blog_comment'),
]
```

以上代码通过 app_name = 'comments'语句规定了 URL 配置模式命名空间。

以上的 urls.py 文件是二级 URL 配置文件，还需在一级 URL 配置文件中包含并指向这个文件。打开/test_blog/test_blog/urls.py 文件，加入一条配置项，代码如下。

```
from django.urls import path,include
urlpatterns = [
    …
    path('comments/', include('comments.urls')),
  ]
```

9.9.5 文章评论视图函数

打开/test_blog/comments/views.py，输入以下代码。

```
from django.shortcuts import render, get_object_or_404, redirect
from blog.models import Blog
from . forms import CommentForm
# blog_pk 是 URL 实名参数
def blog_comment(request, blog_pk):
    # get_object_or_404()函数的作用是当要获取的文章（Blog）存在时，则获取该文章
    # 否则返回 404 页面给用户
    blog = get_object_or_404(Blog, pk=blog_pk)
    #  HTTP 请求使用最多的是 GET 和 POST 两种
    # 如果是 POST 请求，说明是前端页面提交数据
    # 因此当请求为 POST 时才需要处理表单数据
    if request.method == 'POST':
        # request.POST 是一个字典类型的对象，表单提交的数据也保存在这个对象中
        # 因此可用 request.POST 给 CommentForm 对象赋值
```

```
        form = CommentForm(request.POST)
         # form.is_valid() 方法检查表单的数据是否符合格式要求
        if form.is_valid():
            # 由于 form 是 ModelFormo 类型，可以直接调用 save() 方法保存数据到数据库表中
            # commit=False 的作用是生成 Comment 类的实例对象
            # 但不立刻保存数据到数据库表中
            comment = form.save(commit=False)
            # 用户登录后，request.user 保存用户的 nikename、email 等值
            comment.name=request.user.nikename
            comment.email=request.user.email
            # 通过外键关系将评论和被评论的文章关联起来
            comment.blog = blog
            # 真正保存到数据库表中
            comment.save()
            # redirect(blog)调用数据模型 Blog 的实例对象 blog 的 get_absolute_url()方法
            # 然后重定向到 get_absolute_url()方法返回的 URL
            return redirect(blog)
        else:
            # 数据校验不通过，需要重新渲染页面
            # 需要传递 3 个模板变量给 detail.html，文章(blog)、评论列表、表单对象(form)
            comment_list = blog.comment_set.all()
            context = {'blog': blog,
                       'form': form,
                       'comment_list': comment_list
                       }
            return render(request, 'blog/detail.html', context=context)
    # 如果请求方法不是 POST，说明是第一次打开页面
    # 重定向到实例对象 blog 的 get_absolute_url()方法返回的地址
    return redirect(blog)
```

上述代码的相关说明如下。

（1）数据提交方式常用的有两种：POST 和 GET。POST 请求表示前端要提交数据，GET 一般是前端请求数据，在视图函数编程时，要熟悉这两种提交方式的应用。

（2）视图函数调用了 CommentForm 表单，该表单是 ModelForm 类型，是数据模型与 Django 表单结合最紧密的表单类型，应用 ModelForm 表单减少了代码量，如可以通过 is_valid()函数对字段进行校验、直接调用 save()存储数据到数据库表。

（3）视图函数应用了 redirect() 函数，它的作用是对 HTTP 请求进行重定向。redirect()既可以接收一个 URL 作为参数，也可以接收一个数据模型的实例对象作为参数。当参数是数据模型的实例对象时，那么这个实例对象所继承的类必须包含 get_absolute_url()方法，这样 redirect()会根据 get_absolute_url()方法返回的 URL 值进行重定向。

（4）视图函数通过 blog.comment_set.all()语句取得博客文章对应的全部评论。Comment 和 Blog 是通过外键关联的，按照 Django ORM 查询语句的规则，要获取和 Blog 数据模型关联评论列表，可以用 comment_set 属性来获取一个类似于 objects 的模型管理器，然后调用其 all()方法来返回这个 Blog 关联的全部评论，其中 modelname_set 中的 modelname 为关联数据模型的小写类名。

9.9.6 文章评论模板

文章的评论放置在模板文件/test_blog/templates/blog/detail.html 中，以下是文章评论部分的 HTML 代码。

```
<!--  判断用户是否登录，用户登录后才可以发表评论-->
{% if request.user.username %}
<section class="comment-area">
    <h3>发表评论</h3>
    <hr>
    <!--  页面表单，{% url 'comments:blog_comment' blog.pk %}反向解析成 URL，
blog.pk 作为参数传给 URL 表达式-->
    <form action="{% url 'comments:blog_comment' blog.pk %}" method="post">
        {% csrf_token %}
         <div class="form-group">
            <label class="col-md-2">名字：</label>
            {{ request.user.nikename }}
        </div>
         <div class="form-group">
             <label class="col-md-2">邮箱：</label>
             {{ request.user.email }}
        </div>
        <div class="form-group">
            <label for="{{ form.text.id_for_label }}" class="col-md-2">评论：</label>
           <!--  {{ form.text }}等表单有关变量自动转换成 HTML 标签-->
            {{ form.text }}
           <!--   {{ form.text.errors.0 }} 将生成表单对应字段的错误-->
            {{ form.text.errors.0 }}
        </div>
        <div class="form-group">
            <div class="col-md-offset-2">
                <button type="submit" class="btn btn-default">发表</button>
            </div>
        </div>
        {% endif %}
        <div class="panel panel-default">
            <div class="panel-heading">
```

```
                <h5>评论列表，共 <span>{{comment_list|length}}</span> 条评论</h5>
            </div>
            <div class="panel-body">
                <ul class="comment-list list-unstyled">
            <!--    通过 for 循环取出每一条记录-->
                    {% for comment in comment_list %}
                    <li>
                        <span style="color: #777;font-size: 14px;">
{{ comment.name }} · </span>
                        <time style="color: #777;font-size: 14px;">
{{ comment.created_time }}</time>
                        <div style="padding-top: 5px;font-size: 16px;">
                            {{ comment.text }}
                        </div>
                    </li>
                    {% empty %}
                    暂无评论
                    {% endfor %}
                </ul>
            </div>
        </div>
    </section>
```

9.9.7 文章评论部分页面

文章评论部分显示在文章详情页面，可显示评论数和评论列表，用户登录后可以对文章发表评论，如图 9.10 所示。

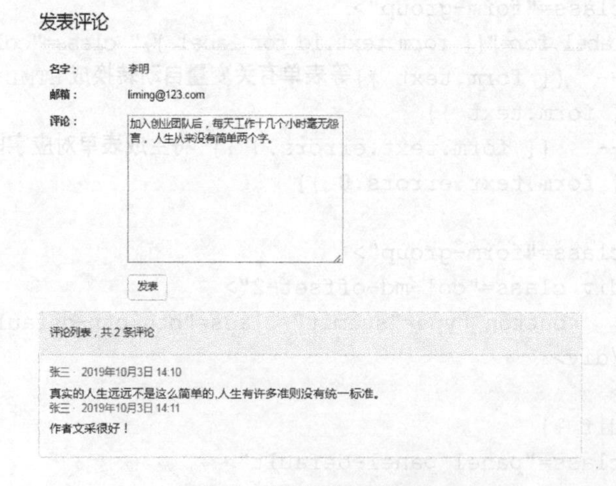

图9.10　文章评论部分页面

9.10 文章详细页面

博客系统首页展示的是所有文章的列表，当单击文章的标题后会跳转到文章的详细页面，下面我们将介绍文章详细页面的代码。Django Web 开发流程是：首先配置 URL，URL 与视图函数绑定在一起，建立对应关系；然后在视图函数编写逻辑代码，视图函数把模板变量传给模板文件，对模板文件进行渲染显示。

9.10.1 文章详细页面 URL 配置

在项目首页 HTML 代码中每个文章标题是一个链接，单击标题可进入文章详细页面，相关代码如下。

```
<a href="{{ blog.get_absolute_url }}">{{ blog.title }}</a>
```

上面 href 属性值是 blog（blog 是 Blog 数据模型的实例对象）的 get_absolute_url()方法返回的 URL，其代码如下，可以看到 get_absolute_url()返回的 URL 是通过反向解析名字为 detail 的配置项得到的。

```
def get_absolute_url(self):
    return reverse('blog:detail', kwargs={'pk': self.pk})
```

在/test_blog/blog/urls.py 文件中的配置项代码如下，URL 参数为实名参数 pk。

```
app_name = 'blog'
…
re_path('blog/(?P<pk>[0-9]+)/',views.blogdetailview.as_view(),name='detail'),
```

这个配置项命名为detail，由这3段代码可以得知文章标题的链接地址对应的视图为blogdetailview。

9.10.2 文章详细页面视图

视图 blogdetailview 继承于通用类视图 DetailView，这个类返回单条记录，以下是视图代码。

```
from django.shortcuts import render,redirect,HttpResponse,get_object_or_404
from . import models
# 导入 CommentForm 表单
from comments.forms import CommentForm
from django.views.generic import ListView,DetailView
class blogdetailview(DetailView):
    # 指定数据模型
    model = models.Blog
    # 指定模板文件
    template_name = 'blog/detail.html'
```

```
    # 指定模板变量名
    context_object_name = 'blog'
    # 指定主键，'pk'为配置文件中的 URL 参数名
    pk_url_kwarg = 'pk'
    # 重写父类的 get_object()方法，这个方法可以返回主键等于 URL 参数值的记录对象
    # 可以进一步对这个记录对象进行操作，如调用该对象的方法
    def get_object(self,queryset=None):
        # 调用父类 get_object()取得一条记录，主键等于 URL 参数 pk 的值
        blog=super(blogdetailview,self).get_object(queryset=None)
        # 调用这条记录对象的 increase_views()方法，把 views 字段值加 1
        blog.increase_views()
        return blog
    def get_context_data(self,**kwargs):
        # 通过调用父类方法得到一个包含模板变量的字典
        context=super(blogdetailview,self).get_context_data(**kwargs)
        # 初始化 CommetnForm 表单
        form=CommentForm()
        # 取得本条记录对象的所有评论
        comment_list=self.object.comment_set.all()
        # 在模板变量字典中加入新的字典项
        context.update({
            'form':form,
            'comment_list':comment_list
        })
        return context
```

上述代码的相关说明如下。

（1）视图代码中 pk_url_kwarg 指定从哪个 URL 参数中取值，pk_url_kwarg 属性与 model 属性共同确定一条记录。如当 model = models.Blog 和 pk_url_kwarg = 'pk'时，网页地址为 http://127.0.0.1:8000/blog/19/，视图函数则会通过 models.Blog.objects.get(id=19)取得一条记录，并把这条记录保存在模板变量 blog 中（context_object_name = 'blog'）。

（2）代码重写了父类 get_object()方法，这个方法返回指定主键值的记录对象。由于可以得到数据模型对象实例，我们可以在这个方法里对实例对象进行操作，包括调用它的方法，如调用 increase_views()方法把 views 字段值加 1 并保存在数据库表中。

（3）代码重写了 get_context_data()方法，一般利用这个方法增加模板变量，以上代码增加了 from、comment_list 两个模板变量，分别保存 CommentForm 表单对象、文章评论记录。

9.10.3 文章详细页面模板文件

文章详细页面的模板文件 detail.html 存在/test_blog/templates/blog 文件夹下，代码如下。

```
<!--  继承于母版文件-->
{% extends 'base.html' %}
{% block main %}
<article class="blog blog-{{ blog.pk }}">
    <header class="entry-header">
        <h1 class="entry-title">{{ blog.title }}</h1>
        <div class="entry-meta-detail">
      <!--  用5个<span>标签显示文章类别、发布时间、作者、评论数、阅读数-->
            <span class="blog-category"><a href="#">{{ blog.category.name }}
</a></span>
            <span class="blog-date"><a href="#"><time class="entry-date"
datetime="{{ blog.created_time }}">{{ blog.created_time }}</time></a></span>
            <span class="blog-author"><a href="#">{{ blog.author.nikename }}
</a></span>
            <span class="comments-link"><a href="#">共 <span>{{ comment_
list | length }}</span> 条评论</a></span>
            <span class="views-count"><a href="#">{{ blog.views }} 阅读
</a></span>
        </div>
    </header>
    <div class="entry-content clearfix">
        <!--  文章内容，用safe过滤器防止文章的样式被转义-->
        {{ blog.body| safe }}
    </div>
</article>
<!--  文章评论部分，前面有介绍-->
{% if request.user.username %}
<section class="comment-area">
    <h3>发表评论</h3>
    <hr>
    <form action="{% url 'comments:blog_comment' blog.pk %}" method="post">
        {% csrf_token %}
        <div class="form-group">
            <label class="col-md-2">名字：</label>
            {{ request.user.nikename }}
        </div>
        <div class="form-group">
            <label class="col-md-2">邮箱：</label>
            {{ request.user.email }}
        </div>
```

```
            <div class="form-group">
                <label for="{{ form.text.id_for_label }}" class="col-md-2">评论:
</label>
                {{ form.text }}
                {{ form.text.errors.0 }}
            </div>
            <div class="form-group">
                <div class="col-md-offset-2">
                    <button type="submit" class="btn btn-default">发表</button>
                </div>
            </div>
            {% endif %}
            <div class="panel panel-default">
                <div class="panel-heading">
                    <h5>评论列表，共 <span>{{comment_list|length}}</span> 条评论
</h5>
                </div>
                <div class="panel-body">
                    <ul class="comment-list list-unstyled">
                        {% for comment in comment_list %}
                        <li>
                            <span style="color: #777;font-size: 14px;">
{{ comment.name }} · </span>
                            <time style="color: #777;font-size: 14px;">
{{ comment.created_time }}</time>
                            <div style="padding-top: 5px;font-size: 16px;">
                                {{ comment.text }}
                            </div>
                        </li>
                        {% empty %}
                        暂无评论
                        {% endfor %}
                    </ul>
                </div>
            </div>
    </section>
    {% endblock main %}
```

这个模板文件分为两部分，一部分用于显示文章的详细内容，另一部分用于显示文章评论，结构比较明了。

9.10.4 文章详细页面显示

文章详细页面继承于母版样式，中间区域分为上下两部分，上半部分为文章内容，下半部分为评论区，如图 9.11 所示。

图9.11 文章详细页面

9.11 小结

本章介绍了一个博客系统开发的全过程，对博客系统开发环境配置、富文本编辑器引入、数据库连接、数据模型设计、博客各类功能、模板样式、关键字检索、博客评论、后台管理等都进行了较为详细的介绍，可以说是一个综合案例，读者可以认真研读以提高编程的综合能力。

Django

第三篇 进阶篇

进阶篇包含第 10 章至第 16 章。第 10 章介绍分页组件的设计，使读者了解将通用、常用的功能代码提取、封装成组件的过程；掌握 AJAX 是 Web 开发人员必备的技能，因此第 11 章介绍了 Django 调用 AJAX 编程的方法；第 12 章介绍中间件代码的编写方式和运行顺序，使读者了解中间件的主要作用和使用场景。

第 13 章和第 14 章介绍了实现权限管理的两种方式。一种是基于 Django 认证系统建立的权限管理，这种方式可以充分利用 Django 原生的管理后台和认证系统的资源，减少开发工作量。另一种是基于 RBAC 的通用权限管理，这个是完全自定义开发，优点是可定制性好、应变能力强。第 15 章介绍了一个车费管理系统的开发，该系统功能模块较多，引用的技术也较多，是一个综合开发案例，并且该系统引用了 RBAC 权限管理模块。第 16 章介绍了应用项目在生产环境中的部署过程。

第 10 章

分页组件的设计

在Web应用系统中，很多时候需要在页面列出数据库表中的记录。如果表中记录很多，一方面会导致检索数据时间很长，另一方面在一个页面列出全部记录会使页面变得很长。这种情况下，用户体验较差，因此一般在数据记录数较多时要进行分页。本章将介绍分页组件的设计过程。

10.1 样例8：普通分页编写

本节介绍如何实现分页功能。为了方便，我们在test_orm项目上建立一个test_page应用，用来介绍如何在一个页面上增加分页功能。

10.1.1 URL配置

首先在命令行终端输入python manage.py startapp test_page建立应用，然后在settings.py的INSTALLED_APPS列表中加入test_page。

在/test_orm/test_orm/urls.py中加入一条配置，代码如下。

```
path('test_page/',include('test_page.urls')),
```

在/test_orm/test_page/下新建urls.py，在其中输入以下代码。

```
from django.urls import path,include
from . import views
urlpatterns = [
    # 普通分页页面
    path('person_page/',views.person_page),
     # 用分页组件的页面
    path('person_pagenew/',views.person_pagenew)
    ]
```

10.1.2 数据模型

在models.py输入以下代码，生成一张分页要用的数据库表。

```
from django.db import models
# 员工数据模型（员工数据表）
class person(models.Model):
    # 员工姓名
    name=models.CharField(max_length=32,verbose_name='姓名')
    # 员工的邮箱
    email=models.EmailField(verbose_name='邮箱' )
    # 员工的部门，Foreignkey类型，形成一对多的关系
    dep=models.ForeignKey(to="department",to_field="id",on_delete=models.CASCADE)
    # 薪水，数值类型
```

```
    salary=models.DecimalField(max_digits=8,decimal_places=2)
    def __str__(self):
        return self.name
# 部门数据模型（部门数据表）
class department(models.Model):
    # 部门名称
    dep_name=models.CharField(max_length=32,verbose_name='部门名称',unique=
True, blank=False)
    # 部门备注说明
    dep_script=models.CharField(max_length=60,verbose_name='备注',null=True)
    def __str__(self):
        return self.dep_name
```

通过 python manage.py makemigrations、python manage.py migrate 命令生成数据库表，然后输入一定数量的记录，供分页测试使用。

10.1.3 视图函数

首先在视图函数中实现一个普通的分页功能，代码如下。

```
from django.shortcuts import render,HttpResponse
from . import models
# 在此处编写视图函数代码
def person_page(request):
    # 从 URL 中取出参数 page，这个参数是"?page=1"形式
    # 在视图函数生成的 HTML 代码片段中设置，可参考本视图函数后半部分代码
    cur_page_num = request.GET.get("page")
    # 取得 person 中的记录总数
    total_count = models.person.objects.all().count()
    # 设定每一页显示多少条记录
    one_page_lines = 10
    # 页面上总共展示多少页码标签
    page_maxtag = 9
    """
    根据总记录数，计算出总的页数
    通过 divmod()函数取得商和余数，有余数时，总页数是商加上 1
    同时判断当前页的页码是否大于总页数，如果大于总页数，设置当前页码等于最后一页的页码
    """
    total_page, remainder = divmod(total_count, one_page_lines)
    if remainder:
        total_page += 1
```

```
    try:
        # 参数page传递进来的是字符类型数值，因此需要转化为整数类型
        cur_page_num = int(cur_page_num)
        # 如果输入的页码超过了最大的页码，设置当前页码是最后一页的页码
        if cur_page_num > total_page:
            cur_page_num = total_page
    except Exception as e:
        # 当输入的页码不是正整数或者不是数字时，设置当前页码是第一页的页码
        cur_page_num = 1
    # 定义两个变量，指定表中当前页的记录开始数，以及当前页的记录结束数
    rows_start = (cur_page_num-1)*one_page_lines
    rows_end = cur_page_num * one_page_lines
    # 如果页数小于每页设置的页码标签数，设置每页页码标签数为总页数
    if total_page < page_maxtag:
        page_maxtag = total_page
    # 把当前页码标签放在中间，前面放一半页码标签，后面放一半页码标签
    # 因此先把设置的页码标签数除以2
    half_page_maxtag = page_maxtag // 2
    # 页面上页码标签的开始数
    page_start = cur_page_num - half_page_maxtag
    # 页面上页码标签的结束数
    page_end = cur_page_num + half_page_maxtag
    """
    如果计算出的页码标签开始数小于1，页面中页码标签设置为从1开始
    设置页面中页码标签结束数等于前面设置的页码标签总数page_maxtag
    """
    if page_start <= 1:
        page_start = 1
        page_end =  page_maxtag
    """
    如果计算出的页码标签数比总页码数大，设置最后的页码标签数为总页数
    设置页面中页码标签开始数等于总页数减掉前面设置的页码标签数（page_maxtag）加1
    """
    if page_end >= total_page:
        page_end = total_page
        page_start = total_page -  page_maxtag +1
        if page_start <= 1:
            page_start = 1
    # 对person表中的记录进行切片，取出属于本页的记录
    per_list = models.person.objects.all()[rows_start:rows_end]
```

```
        # 初始化一个列表变量，用来保存拼接分页的 HTML 代码
        html_page = []
        # 首页代码
        html_page.append('<li><a href="/test_page/person_page/?page=1">首页</a>
</li>')
        # 上一页页码标签的 HTML 代码，如果当前是第一页，设置上一页页码标签为非可用状态
        if cur_page_num <= 1:
            html_page.append('<li class="disabled"><a href="#"><span aria-hidden=
"true">&laquo;</span></a></li>'.format(cur_page_num-1))
        else:
            # 上一页页码标签的 HTML 代码
            html_page.append('<li><a href="/test_page/person_page/?page={}">
<span aria-hidden="true">&laquo;</span></a></li>'.format(cur_page_num-1))
        # 依次取页码标签，注意切片函数的用法
        for i in range(page_start, page_end+1):
            # 如果等于当前页就加一个 active 样式类
            if i == cur_page_num:
                html_temp = '<li class="active"><a href="/test_page/person_
page/?page={0}">{0}</a></li>'.format(i)
            else:
                html_temp = '<li><a href="/test_page/person_page/?page={0}">
{0}</a></li>'.format(i)
            html_page.append(html_temp)
        # 下一页页码标签的 HTML 代码
        # 判断，如果是最后一页，下一页设为 disabled
        if cur_page_num >= total_page:
            html_page.append('<li class="disabled"><a href="#"><span aria-
hidden="true">&raquo;</span></a></li>')
        else:
            html_page.append('<li><a href="/test_page/person_page/?page={}">
<span aria-hidden="true">&raquo;</span></a></li>'.format(cur_page_num+1))
        # 最后一页页码标签的 HTML 代码
        html_page.append('<li><a href="/test_page/person_page/?page={}">尾页
</a></li>'.format(total_page))
        # 把 HTML 连接起来
        page_nav = "".join(html_page)
        return render(request,'test_page/list_person.html',{'person_list':per_
list,'page_nav':page_nav})
```

以上代码主要生成一个分页的HTML 代码片段，存在变量中发送给模板文件，代码主要分为以下5步。

（1）从 URL 取得当前页码，对应代码 cur_page_num=request.GET.get("page")。

（2）取得总记录数，指定每页要显示的记录数、每页要显示的页码标签数。

（3）计算出总页数，计算出当前页中记录从第几条开始，到第几条结束，并取出这些记录。

（4）计算出页码标签的起始值和结束值。

（5）生成分页的 HTML 代码，存在变量中，通过 render()函数发送到模板文件。

render()函数向模板文件/test_orm/templates/test_page/list_person.html 传递变量，代码如下。

```
{% load static %}
<html lang="en">
<head>
    <meta http-equiv="Content-Type" content="text/html; charset=UTF-8">
    <meta http-equiv="X-UA-Compatible" content="IE=edge">
    <meta name="viewport" content="width=device-width, initial-scale=1">
    <!-- 上述 3 个<meta>标签必须放在最前面，任何其他内容都必须跟随其后！ -->
    <meta name="description" content="">
    <meta name="author" content="">
    <title>模板样例</title>
    <!-- Bootstrap core CSS -->
    <link href="{% static 'bootstrap/css/bootstrap.min.css'%}" rel="stylesheet">
</head>
<body>
<div class="col-sm-4 col-sm-offset-4 col-md-6 col-md-offset-3 main">
    <br>
    <br>
    <div class="panel panel-primary">
        <div class="panel-heading">
            <h3 class="panel-title">员工列表</h3> <!--这里加标题 //-->
        </div>
        <div class="panel-body"> <!--将表格放在这个<div class="panel-body">
的标签中 //-->
<!--给表格增加 Bootstrap 样式 //-->
            <table class="table table-bordered table-condensed table-striped
 table-hover">          <thead>
                <tr>
                    <th>姓名</th>
                    <th>邮箱</th>
                    <th>薪水</th>
                    <th>部门</th>
```

```
                    </tr>
                    </thead>
                    <tbody>
                    {% for per in person_list %}
                    <tr>
                        <td>{{ per.name }}</td>
                        <td>{{ per.email }}</td>
                        <td>{{ per.salary }}</td>
                        <td>{{ per.dep.dep_name }}</td>
                    </tr>
                    {% empty %}
                    <tr>
                        <td colspan="7">无相关记录！</td>
                    </tr>
                    {% endfor %}
                    </tbody>
                </table>
                    <!--   分页代码  -- >
                <nav aria-label="Page navigation">
                    <ul class="pagination">
                      <!--  用模板过滤标签，防止对 HTML 代码转义 - >
                        {{ page_nav|safe }}
                    </ul>
                </nav>

        </div>
    </div>
</div>
<script src="{% static 'jquery-3.4.1.min.js' %}"></script>
<script src="{% static 'bootstrap/js/bootstrap.min.js'%}"></script>
</body>
</html>
```

以上代码可以重点关注分页部分的代码，页面把视图函数传过来的有关分页的变量以模板标签{{ page_nav|safe }}的形式放在页面上，这样在相应位置会显示页码标签。

10.2 分页组件

如果每个视图函数遇到分页的情况都要写一遍分页代码，重复代码太多且效率不高。因此，有必要写一个分页组件，这样网页上的记录需要使用分页功能时，只需调用这个组件即可。

10.2.1 分页组件

由于分页组件是独立的，可以被任何应用程序引用，因此我们用一个单独的目录存放分页组件。在/test_orm/文件夹下建立一个文件夹 utils，在这个文件夹下新建一个文件 paginater.py，输入以下代码。

```
    class Paginater():
    # 初始化函数
        def __init__(self, url_address,cur_page_num, total_rows,  one_page_lines=
10, page_maxtag=9):
            """
            参数说明如下
            url_adress: 需要分页功能的网页 URL
            cur_page_num: 当前页码数
            total_rows:  数据模型的记录总数
            one_page_lines: 每页要显示多少条记录
            page_maxtag: 页面上要显示页码标签的个数
            """
            self.url_address = url_address
            self.page_maxtag=page_maxtag
            """
            根据总记录数计算出总页数
            通过 divmod()函数取得商和余数，有余数时，总页数是商加上 1
            同时判断当前页的数值是否大于总页数
            如果大于总页数，设置当前页数等于最后一页的页数
            """
            total_page, remainder = divmod(total_rows, one_page_lines)
            if remainder:
                total_page += 1
            self.total_page = total_page
            try:
                # 参数 page 传递的值是字符类型，因此需要转化为整数类型
                cur_page_num = int(cur_page_num)
                # 如果当前页码超过了最大的页码，设置当前页码是最后一页的页码
                if cur_page_num > total_page:
                    cur_page_num = total_page
                # 避免出现当前页码为 0
                if cur_page_num == 0:
```

```
            cur_page_num=1
        except Exception as e:
            # 当输入的页码不是正整数或不是数字时，设置当前页码是第一页的页码
            cur_page_num = 1
        self.cur_page_num = cur_page_num
        # 定义两个变量，指定当前页的记录开始数，以及当前页的记录结束数
        self.rows_start = (cur_page_num - 1) * one_page_lines
        self.rows_end = cur_page_num * one_page_lines
        # 如果总页数小于每页设置的页码标签数，设置每页页码标签数为总页数
        if total_page < page_maxtag:
            page_maxtag = total_page
        # 把当前页码标签放在中间，前面放一半页码标签，后面放一半页码标签
        # 因此先把页面上设置的页码标签数除以 2
        half_page_maxtag = page_maxtag // 2
        # 当前页面上页码标签的开始数
        page_start = cur_page_num - half_page_maxtag
        # 当前页面上页码标签的结束数
        page_end = cur_page_num + half_page_maxtag
        """
        如果计算出的页码标签开始数小于 1，页面中页码标签设置为从 1 开始
        设置页面中页码标签结束数等于前面设置的页码标签总数 page_maxtag
        """
        if page_start <= 1:
            page_start = 1
            page_end = page_maxtag
        """
        如果计算出的页码标签数比总页码数大，设置最后的页码标签数为总页数
        设置页面中页码标签开始数等于总页数减掉前面设置的页码标签数（page_maxtag）加 1
        """
        if page_end >= total_page:
            page_end = total_page
            page_start = total_page - page_maxtag + 1
            if page_start <= 1:
                page_start = 1
        self.page_start=page_start
        self.page_end=page_end
    # 生成分页的 HTML 代码
    def html_page(self):
        # 初始化一个列表变量，用来保存拼接分页的 HTML 代码
```

```
            html_page = []
            # 首页代码
            html_page.append('<li><a href="{}?page=1">首页</a></li>'.format
(self.url_address))
            # 上一页页码标签的HTML代码，如果当前是第一页，设置上一页页码标签为非可用状态
            if self.cur_page_num <= 1:
                html_page.append('<li class="disabled"><a href="#"><span aria-
hidden="true">&laquo;</span></a></li>'.format(
                    self.cur_page_num - 1))
            else:
                # 上一页页码标签的HTML代码
                html_page.append('<li><a href="{}?page={}"><span aria-hidden="
true">&laquo;</span></a></li>'.format(self.url_address, self.cur_page_num-1))
            # 依次取页码标签，注意切片函数的用法
            for i in range(self.page_start, self.page_end + 1):
                # 如果等于当前页就加一个active样式类
                if i == self.cur_page_num:
                    tmp = '<li class="active"><a href="{0}?page={1}">{1}</a>
</li>'.format(self.url_address, i)
                else:
                    tmp = '<li><a href="{0}?page={1}">{1}</a></li>'.format(self.
url_address, i)
                html_page.append(tmp)
            # 下一页页码标签的HTML代码
            # 判断，如果是最后一页，下一页设为disabled
            if self.cur_page_num >= self.total_page:
                html_page.append('<li class="disabled"><a href="#"><span aria-
hidden="true">&raquo;</span></a></li>')
            else:
                html_page.append('<li><a href="{}?page={}"><span aria-hidden="
true">&raquo;</span></a></li>'.format(self.url_address, self.cur_page_num+1))
            # 最后一页页码标签的HTML代码
            html_page.append('<li><a href="{}?page={}">尾页</a></li>'.format
(self.url_address, self.total_page))
            # 把HTML连接起来
            page_nav = "".join(html_page)
            return page_nav
    # 把data_satrt()方法当作属性来用
    @property
    def data_start(self):
```

```
            return self.rows_start
        @property
        def data_end(self):
            return self.rows_end
```

以上代码通过 Paginater 类对分页逻辑代码进行了封装，主要包括初始化、生成 HTML 代码片段、生成两个属性等内容，相关说明如下。

（1）类中__init__()函数接收 URL、当前页码、记录总数、每页显示的记录数、每页页码标签数等参数，计算出总页数、当前页中记录从第几条开始并且到第几条结束，当前页面上的页码标签的开始数和结束数。

（2）类中 html_page()函数通过__init__()接收参数以及计算出的值生成分页相关的 HTML 代码。

（3）类中 data_start()、data_end()两个函数分别返回当前页面从哪条记录开始、到哪条记录结束，这两个函数通过@property 装饰器变成类属性。

10.2.2 调用分页组件

视图函数 person_pagenew()调用了分页组件，实现 person 表中记录的分页显示功能，代码如下。

```
    # 引入分页组件类 Paginater，该类保存在 utils 文件夹下的 pageinanter.py 文件中
    from utils.paginater import Paginater
    # 视图函数
    def person_pagenew(request):
        # 从 URL 中取参数 page，这个参数与 pageinanter.py 生成的 HTML 代码片段有关
        cur_page_num = request.GET.get("page")
        if not cur_page_num:
            cur_page_num="1"
        # 取得 person 中的记录总数
        total_count = models.person.objects.all().count()
        # 设定每一页显示多少条记录
        one_page_lines = 6
        # 页面上共展示多少页码标签
        page_maxtag = 9
        # 生成 Paginater 类的实例化对象
        page_obj=Paginater( url_address='/test_page/person_pagenew/',
         cur_page_num=cur_page_num, total_rows=total_count, one_page_lines=one_
page_lines,
         page_maxtag=page_maxtag)
        # 对 person 表中的记录进行切片，取出属于本页的记录
        per_list = models.person.objects.all()[page_obj.data_start:page_obj.data_end]
        return render(request, 'test_page/list_person.html', {'person_list': per_list,
        'page_nav': page_obj.html_page()})
```

上述代码的相关说明如下。

（1）视图函数代码通过传递相关参数来实例化 Paginater 类，生成该类的实例化对象 page_obj。

（2）调用 page_obj 的两个属性 data_start、data_end 对 person 表中的记录进行切片，取出当前页需要显示的记录，对应的代码语句是 per_list = models.person.objects.all()[page_obj.data_start:page_obj.data_end]。

（3）通过 render()函数将当前页的记录数以及分页 HTML 代码传递给模板文件。

视图函数调用分页组件的代码量明显减少，而且提高了开发效率。视图函数渲染的模板文件与前面的是一个文件，员工列表页面显示结果如图 10.1 所示。

员工列表

姓名	邮箱	薪水	部门
曹操	cac@163.com	8765.00	财务部
刘忠	liuz@163.com	7632.00	科技部
李静	lijing@126.com	1236.00	经营管理部
魏民	weim@126.com	6782.00	科技部
刘小夫	lxf@163.com	3567.00	财务部
马玲	maling@126.com	6666.00	经营管理部

首页 « 1 2 3 » 尾页

图10.1　员工列表页面分页显示结果

10.3 小结

本章介绍了从一个实现分页功能的普通代码中提取出共性的内容，加以封装生成一个可以被各个系统调用的分页组件的过程或方法，旨在让读者形成一个理念：尽量把重复、常用、通用的功能加以分析并设计、形成组件，供他人使用，避免“重复造轮子”。

Django

第11章 Django调用AJAX编程

AJAX（Asynchronous Java Script And XML）的意思是异步的 JavaScript 和 XML，也就是使用 JavaScript 语言与服务器进行异步交互，传输的数据为 XML，实际上现在传输的数据大多是 JSON 格式的。AJAX 最大的优点是在不重新加载整个页面的情况下，可以与后端服务器交换数据并更新部分网页内容。Web 开发需要经常调用 AJAX 进行业务功能开发，本章将介绍 Django 调用 AJAX 编程的方法。

11.1 AJAX 基本知识

本节介绍与 AJAX 关系紧密的 JSON 的基本知识以及 AJAX 的简单应用样例，使读者了解 AJAX 编程的要点及方法。

11.1.1 JSON 基本知识

AJAX 交换数据类型用得最多的是 JSON 数据格式，在这里主要介绍 JSON 在 Python 和 JavaScript 中的应用。

Python 提供了一个 json 模块，主要有 4 个函数。

（1）json.dumps()把一个字典对象转换成 JSON 字符串，举例如下。

```
# 导入 json 模块
import json
person = {
    'name': 'zhangsan',
    'age':18,
}
# 把一个 Python 数据结构转换为 JSON 字符串
json_str = json.dumps(person)
print(json_str)
```

以上代码通过 json.dumps()将一个字典对象转换成字符串，字符串形式如下。

```
{"name": "zhangsan", "age": 18}
```

json.dumps()函数有一个可选参数是 ensure_ascii，ensure_ascii 默认为 True，保证转换后的 JSON 字符串中全部是 ASCII（American Standard Code for Information Interchange，美国信息交换标准代码）字符，非 ASCII 字符都会被转义。如果数据中存在中文或其他非 ASCII 字符，最好将 ensure_ascii 设置为 False，保证输出结果正常，举例如下。

```
import json
person = {
    '姓名': '张三',
    '年龄':18,
}
```

```
# 一个 Python 数据结构转换为 JSON 字符串
json_str1 = json.dumps(person)
print(json_str1)
json_str2 = json.dumps(person,ensure_ascii=False)
print(json_str2)
```

第一个 print()函数打印出以下代码。

```
{"\u59d3\u540d": "\u5f20\u4e09", "\u5e74\u9f84": 18}
```

第二个 print()函数打印出以下代码。

```
{"姓名": "张三", "年龄": 18}
```

（2）json.loads()将 JSON 字符串转换成字典，举例如下。

```
import json
# str 是一个字符串，注意两边的单引号
str= '{"name":"Tom", "age":23}'
dic =json.loads(str)
print(type(dic))
```

print()函数打印出以下的代码。

```
<class 'dict'>
```

（3）json.dump()将一个 Python 字典写入文件中，举例如下。

```
import json
person = {
    'name': 'zhangsan',
    'age':18,
}
with open('person.txt','w') as f:
    json.dump(person,f)
```

文件 person.txt 中的内容是{"name": "zhangsan", "age": 18}。

（4）json.load()将一个 Python 文件中的内容转换成 Python 字典，举例如下。

```
with open('person.txt', 'r') as f:
    person = json.load(f)
print(person)
```

JavaScript 关于 JSON 的操作有两个函数，JSON.parse()和 JSON.stringify()。

JSON.parse()将字符串转换成对象，举例如下。

```
var Object= JSON.parse(jsonstr);
```

JSON.stringify()将对象转换成字符串，举例如下。

```
var jsonstr =JSON.stringify(jsonObject);
```

11.1.2 AJAX简单使用

首先在命令行终端输入python manage.py startapp test_ajax命令建立应用，然后在settings.py的INSTALLED_APPS列表中加入test_ajax。

在/test_orm/test_orm/urls.py中加入一条配置，代码如下。

```
path('test_ajax/',include('test_ajax.urls')),
```

在/test_orm/test_ajax/下新建urls.py，在其中输入以下代码。

```
from django.urls import  path
from . import views
urlpatterns = [
    # 显示唐诗页面
    path('tangshi/', views.tangshi),
    # 补全唐诗
    path('tangshi_ret/',views.tangshi_ret),
    # 唐诗诗配图
    path('tangshi_img/',views.tangshi_img),
        ]
```

在test_ajax应用的urls.py文件中编写以下3个视图函数，代码如下。

```
from django.shortcuts import render,HttpResponse
from . import models
from . import forms
import json
# 在此处编写视图函数代码
def tangshi(request):
    return render(request,'test_ajax/tangshi.html')
def tangshi_ret(request):
    ts1 = request.GET.get('ts1')
    ts2 = request.GET.get('ts2')
    if ts1=='床前明月光':
        ts3='举头望明月'
        ts4='低头思故乡'
        # 生成一个字典
        dic={'ts3':ts3,'ts4':ts4}
        # 把字典转换成JSON字符串
        data_ret=json.dumps(dic)
```

```
    return HttpResponse(data_ret)
def tangshi_img(request):
    # 图片地址
    src = "/media/month.jpg"
    return HttpResponse(src)
```

上述代码的相关说明如下。

（1）视图函数 tangshi()的作用是打开模板文件 tangshi.html。

（2）视图函数 tangshi_ret()的功能主要是生成一个字典，并通过 json.dumps()函数把字典转换成 JSON 字符串，然后通过 HttpResponse()返回一个包含这个字符串的 HTTP 响应。

（3）视图函数 tangshi_img()返回一个包含图片地址字符串的 HTTP 响应。

视图函数对应的模板文件为/test_orm/templates/test_ajax/tangshi.html，代码如下。

```
{% load static %}
<!DOCTYPE html>
<html lang="en">
<head>
    <meta charset="UTF-8">
    <title>AJAX 测试</title>
</head>
<body>
<div align="center">
    <br>
    <label>静夜思</label>
    <hr>
    <div><input type="text" id="ts1" value="床前明月光"></div>
    <div><input type="text" id="ts2" value="疑是地上霜"></div>
    <div><input type="button" id="btn1" value="补全唐诗"></div>
    <div><input type="text" id="ts3"></div>
    <div><input type="text" id="ts4"></div>
    <div><input type="button" id="btn2" value="诗配图"></div>
    <br>
    <div id="img"></div>
</div>
<!--   调用的是 JQuery 的 AJAX，因此必须引用 JQuery 的脚本 -- >
<script src="{% static 'jquery-3.4.1.min.js' %}"></script>
<script>
  $("#btn1").on("click", function () {
      var ts1 = $("#ts1").val();
      var ts2 = $("#ts2").val();
```

```
        // 用AJAX往后端发数据
        $.ajax({
            // URL
            url: "/test_ajax/tangshi_ret/",
            // 请求方式
            type: "get",
            // 数据字典形式
            data: {"ts1": ts1, "ts2": ts2},
            // 接收响应的函数
            success: function (arg) {
                // 把JSON字符串转换成JavaScritp对象
                data=JSON.parse(arg)
                // 给id=ts3的<input>标签赋值
                $("#ts3").val(data['ts3']);
                 $("#ts4").val(data['ts4']);
            }
        })
    });
     $("#btn2").on("click", function () {
        $.ajax({
            url: "/test_ajax/tangshi_img/",
            type: "get",
            success:function (imgsrc) {
                // 在页面上创建一个标签
                 var img = document.createElement("img");
                 img.src = imgsrc;
                // 把创建的<img>标签添加到文件中
                $("#img").after(img);
                $("#btn2").attr("disabled",true)
            }
        })
    })
</script>
</body>
</html>
```

上述代码的相关说明如下。

（1）首先介绍一下JQuery的AJAX的用法，主要是在$.ajax()中加入参数、方法，这里只介绍常用的内容。

- url：String类型的参数，表示向这个地址发送请求，默认为当前页的地址。

- type：String 类型的参数，请求方式主要是 post、get，默认为 get。

提示：在 JQuery 或 JavaScript 中，请求方式可以用小写字母表示。

- async：Boolean 类型的参数，默认设置为 true，所有请求均为异步请求。如果需要发送同步请求，需将此选项设置为 false。
- data：String 或其他类型的参数，发送到服务器的数据。如果不是字符串将自动转换为字符串格式。
- success：Function 类型的参数，是请求成功后调用的回调函数。该函数有两个参数，一个是服务器发回的数据，另一个是包含成功代码的字符串，形如 function(data, textStatus){ ... }。
- error：Function 类型的参数，是请求失败时被调用的函数。该函数有 3 个参数，即 XMLHttpRequest 对象、错误信息、捕获的错误对象（可选），形如 function(XMLHttpRequest, textStatus, errorThrown){ ...}。

（2）按钮“补全唐诗”的 onclick 事件中调用了 AJAX。代码写法比较固定，主要设置了 url、type、data、success，需要注意的是 url 的值与 URL 配置项相对应，根据 url 的值可以推导出 AJAX 向视图函数 tangshi_ret()发送的请求、提交的数据。由于视图函数 tangshi_ret()返回的数据转换成了 JSON 字符串，所以在 success 指定的函数中通过 data=JSON.parse(arg)语句把字符串转换回字典类型。

（3）按钮“诗配图”的 onclick 事件也调用了 AJAX，根据 url 指定的值推导出 AJAX 向视图函数 tangshi_img()发送的请求、传送的数据。视图函数返回的数据是字符串，因此在 success 指定的函数中可以直接使用。

启动程序后，单击“补全唐诗”按钮会补全唐诗，单击“诗配图”会在页面插入一张图片，页面不会出现“刷新”现象，如图 11.1 所示。

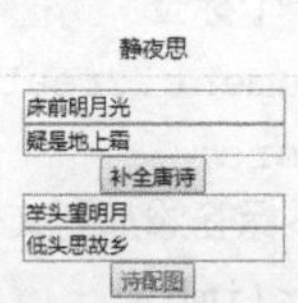

图11.1 诗配图页面

11.2 样例9：AJAX应用开发

本节开发一个简单样例以实现记录删除、增加、注册校验等功能，这些功能是在Web开发中经常用到的，在样例中我们调用JQuery的AJAX来实现这些功能。

11.2.1 URL配置

在/test_orm/test_ajax/urls.py中加入4条配置项，代码如下。

```
# 员工列表
path('list_person/',views.list_person),
# 删除员工记录
path('del_row/',views.del_row),
# 增加员工
path('add_person/',views.add_person),
# 注册时进行姓名校验
path('test_name/',views.test_name),
```

11.2.2 数据模型

在/test_orm/test_ajax/models.py文件中建立一个数据模型person，代码如下。

```
from django.db import models
# 员工数据模型（员工数据表）
class person(models.Model):
    # 员工姓名
    name=models.CharField(max_length=32,verbose_name='姓名')
    # 员工邮箱
    email=models.EmailField(verbose_name='邮箱')
    # 薪水，数值类型
    salary=models.DecimalField(max_digits=8,decimal_places=2)
    def __str__(self):
        return self.name
```

通过python manage.py makemigrations和python manage.py migrate命令生成person数据库表。

11.2.3 员工列表及记录删除

在test_ajax应用的views.py文件中新建两个视图函数，代码如下。

```
# 员工列表视图函数
def list_person(request):
    per_list=models.person.objects.all()
    return render(request,'test_ajax/list_person.html',{'person_list':per_list})
# 删除记录
def del_row(request):
    id = request.GET.get("id")
    # 删除记录
    models.person.objects.filter(id=id).delete()
    # 返回响应
    return HttpResponse("操作成功！")
```

模板文件/test_orm/templates/test_ajax/list_person.html 的主要代码如下。

```
{% load static %}
…
<body>
<div class="col-sm-4 col-sm-offset-4 col-md-6 col-md-offset-3 main">
    <br>
    <br>
    <div class="panel panel-primary">
        <div class="panel-heading">
            <!--这里加标题 //-->
            <h3 class="panel-title">员工列表</h3>
        </div>
        <!--将表格放在<div class="panel-body">标签中 //-->
        <div class="panel-body">
        <!--给表格增加 Bootstrap 样式 //-->
            <table class="table table-bordered table-condensed table-striped
table-hover">                <thead>
                <tr>
                    <th>ID</th>
                   <th>姓名</th>
                   <th>邮箱</th>
                   <th>薪水</th>
                   <th>操作</th>
                </tr>
                </thead>
                <tbody>
                {% for per in person_list %}
                <tr>
```

```
                    <td>{{ per.id }}</td>
                    <td>{{ per.name }}</td>
                    <td>{{ per.email }}</td>
                    <td>{{ per.salary }}</td>
                      <td><a  class="btn btn-danger delete"><i
                                 class="fa fa-trash-o fa-fw"
                                 aria-hidden="true"></i> 删除</a>
                           </td>
                </tr>
                {% empty %}
                <tr>
                    <td colspan="7">无相关记录！</td>
                </tr>
                {% endfor %}
                </tbody>
            </table>
        </div>
    </div>
</div>
<script src="{% static 'jquery-3.4.1.min.js' %}"></script>
<script src="{% static 'bootstrap/js/bootstrap.min.js' %}"></script>
<!--  引用SweetAlert组件   -- >
<link rel="stylesheet" href="{% static 'sweetalert/sweetalert.min.css' %}">
 <script src="{% static 'sweetalert/sweetalert.min.js' %}"></script>
<script>
    // 找到“删除”按钮绑定的事件
    $(".delete").on("click", function () {
         // 取得“删除”按钮所在行
         var $row = $(this).parent().parent();
         var Id = $row.children().eq(0).text();
        swal({
          // 提示框的标题
          title: "是否真的要删除该记录？",
          // 提示框的内容
          text: "正在删除id为"+Id +"的记录",
          // 提示框的图标样式
          type: "warning",
          // 是否显示“取消”按钮
          showCancelButton: true,
          // 设置“确认”按钮背景色为红色
```

```
            confirmButtonColor: '#d33',
            // 设置“确认”按钮的样式类
            confirmButtonClass: "btn btn-danger",
            // 设置“确认”按钮的文本
            confirmButtonText: "确认",
            // 设置“取消”按钮的文本
            cancelButtonText: "取消",
            // 单击“确认”按钮后模态窗口仍然保留就设置为 false
            closeOnConfirm: false,
            // showLoaderOnConfirm 默认为 false，
            // 当该参数设为 true 的时候，单击“确认”按钮显示正在加载的图标
            showLoaderOnConfirm: true
          },
          // 单击“确认”按钮后调用的函数
           function(){
              // 向后台发送删除的请求
              $.ajax({
                  url: "/test_ajax/del_row/",
                  type: "get",
                  data: {"id":Id},
                  success:function (arg) {
                      swal(arg, "删除成功！", "success");
                      $row.remove();
                  }
              });
          });
      })
  </script>
  </body>
  </html>
```

上述代码的相关说明如下。

（1）代码引用 SweetAlert 组件，这个组件我们只用到 sweetalert.min.css 和 sweetalert.min.js，把这两个文件存放在/test_orm/static/sweetalert 文件夹下，并且在模板文件中引用。

（2）模板文件通过 Bootstrap 表格把数据库表 person 中的记录列举出来，并在每一行记录后加了一个“删除”按钮，这个“删除”按钮的 onclick 事件引用了 SweetAlert 组件，形式为 swal({...})，相关代码我们已在文件中做了注释。需要注意的是 showLoaderOnConfirm 默认为 false，当该参数值设为 true 的时候，单击“确认”按钮会显示正在加载的图标。常用的情形是当用户单击“确认”按钮以后会提交 AJAX，这时在 AJAX 提交的过程中会显示正在加载的图标。

（3）swal({...})中的 function(){...}指明了单击“确认”按钮后要执行的函数，这个函数调用了 AJAX 来提交数据，根据$.ajax({ url: "/test_ajax/del_row/",... });中的 url 值可以推导出 AJAX 向后端 del_row()视图函数提交了数据，并接收该视图函数回传的数据。

程序运行后，当用户单击“删除”按钮后，会弹出提示框，等待用户进一步确认，如图 11.2 所示。

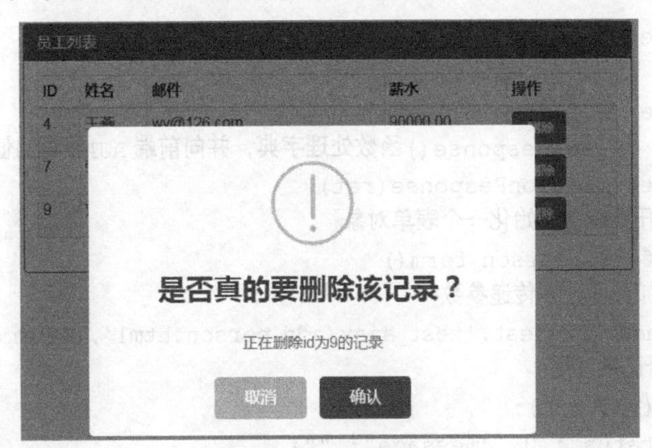

图11.2　删除记录前提示

11.2.4　员工信息增加

在 views.py 文件中增加两个视图函数。一个是 add_person()，员工信息增加的函数；另一个是 test_name()，员工姓名校验的函数。代码如下。

```
# 导入 JsonResponse
from django.http import JsonResponse
def add_person(request):
    # 因为前端 AJAX 提交方式是 POST
     if request.method=='POST':
          # 初始化一个字典
          ret = {"status": 0, "url_or_msg": ""}
          # 用 request.POST 实例化 person_form 表单并赋值
          form_obj=forms.person_form(request.POST)
          # 表单数据校验
          if form_obj.is_valid():
          # 在数据库表中新增一条记录
               person_obj=models.person.objects.create(
                    name=form_obj.cleaned_data['name'],
                    email=form_obj.cleaned_data['email'],
                    salary=form_obj.cleaned_data['salary']
               )
```

```
                # 把要跳转的地址赋值给字典的url_or_msg
                ret["url_or_msg"] = "/test_ajax/list_person/"
                # 用JsonResponse()函数处理字典，并向前端AJAX返回值
                return JsonResponse(ret)
            else:
                ret["status"] = 1
                # 把表单中出错信息赋值给字典的url_or_msg
                ret["url_or_msg"] = form_obj.errors
                # 用JsonResponse()函数处理字典，并向前端AJAX返回值
                return JsonResponse(ret)
        # 第一次打开页面，初始化一个表单对象
        form_obj=forms.person_form()
        # 定向到增加页面，并传递参数
        return render(request,'test_ajax/add_person.html',{'formobj':form_obj})
    # 校验用户名是否已被注册
    def test_name(request):
        ret = {"status": 0, "message": ""}
        name = request.GET.get("name")
        per_obj = models.person.objects.filter(name=name)
        if per_obj:
            ret["status"] = 1
            ret["message"] = "用户名已存在，请重新输入！"
        # 用JsonResponse()函数处理字典，并向前端AJAX返回值
        return JsonResponse(ret)
```

上述代码的相关说明如下。

（1）视图函数 add_person()的主要逻辑是接收 AJAX 通过 POST 请求提交到后端的数据，并且赋值给 person_form 的实例化对象 form_obj，同时在数据库表中增加一条记录。

（2）视图函数 add_person()通过 JsonResponse()函数向 AJAX 返回数据，这里对这个函数进行简单介绍，函数的形式如 JsonResponse(data, safe=True, json_dumps_params=None)，说明如下。

- data：默认是字典类型，当 data 类型是 list、tuple、set 等类型时，safe 设为 False 才不会报错。
- safe：默认为 True，这时 data 必须是字典类型才不会报错。
- json_dumps_params：是字典类型，默认为空值，设置 json_dumps_params={'ensure_ ascii': False}可使 JsonResponse()把含有中文的字典正常转换为 JSON 对象而不会报错。

（3）JsonResponse()函数执行后，Content-Type 默认设置为 application/json，因此前端 AJAX 可直接使用该函数返回的对象，不需要进行类型转换。

（4）视图函数 test_name()接收 AJAX 通过 GET 请求传过来的员工姓名，然后到数据库表中

检索是否重名，如果有重名则返回相关信息。

视图函数add_person()中用到的person_form表单代码如下，这里仅列出代码供读者参考以理解视图函数和模板文件中的代码，不再详细介绍。

```
    from django import forms
    class person_form(forms.Form):
        id=forms.IntegerField(label='',widget=forms.widgets.NumberInput(attrs=
{'hidden':'true'}), required=False)
        name=forms.CharField(
            label='姓名',
            error_messages={
                "required": "字段不能为空",
                "invalid": "格式错误"
            },
            widget=forms.widgets.TextInput(attrs={'class':'form-control',
"placeholder":"请输入姓名","autofocus":True}))
        email=forms.EmailField(
            label='邮箱',
            error_messages={
                "required": "字段不能为空",
                "invalid": "格式错误，请输入邮箱格式"
            },
            widget=forms.widgets.EmailInput(attrs={'class':'form-control',
"placeholder":"请输入邮箱"}))
        salary=forms.DecimalField(
            label='薪水',
            error_messages={
                "required": "字段不能为空",
                "invalid": "格式错误，请输入数字"
            },
            widget=forms.widgets.NumberInput(attrs={'class':'form-control',
"placeholder":"请输入薪水"}))
```

员工增加相关联的模板文件是/test_orm/templates/test_ajax/add_person.html，其主要代码如下。

```
    {% load static %}
    …
    <body>
    <div class="container">
        <div class="row">
```

```
            <div class="col-md-offset-3 col-md-6">
                <div class="page-header">
                    <h1>Django Form 及 AJAX 测试
                        <small>--增加</small>
                    </h1>
                </div>
                <div class="panel panel-primary">
                    <div class="panel-heading">
                            <!--这里加标题 //-->
                        <h3 class="panel-title">增加</h3>
                    </div>
                    <div class="panel-body">
                        <form action="/test_ajax/add_person/" method="post"
class="form-horizontal " novalidate>
                            {% csrf_token %}
                            {{ formobj.id }}
                            <div class="form-group">
                                <label for="{{ formobj.name.id_for_label }}"
class="col-md-2 control-label">
                                    {{ formobj.name.label }}</label>
                                <div class="col-md-8">
                                    {{ formobj.name }}
                                    <span class="help-block">{{ formobj.name.
errors.0 }}</span>
                                </div>
                            </div>

                            <div class="form-group">
                                <label for="{{ formobj.email.id_for_label }}"
class="col-md-2 control-label">
                                    {{ formobj.email.label }}</label>
                                <div class="col-md-8">
                                    {{ formobj.email }}
                                    <span class="help-block">{{ formobj.email.
errors.0 }}</span>
                                </div>
                            </div>
                            <div class="form-group">
                                <label for="{{ formobj.salary.id_for_label }}"
 class="col-md-2 control-label">
```

```
                                    {{ formobj.salary.label }}</label>
                                <div class="col-md-8">
                                    {{ formobj.salary }}
                                    <span class="help-block">{{ formobj.salary
.errors.0 }}</span>
                                </div>
                            </div>
                            <div align="center">
                                <!-- type='submit'会出错，请注意！！！  -->
                                <input type="button" class="btn btn-primary"
value="增加" id="add_button">
                            </div>
                        </form>
                    </div>
                </div>
            </div>
        </div>
    </div>
    <script src="{% static 'jquery-3.4.1.min.js' %}"></script>
    <script src="{% static 'bootstrap/js/bootstrap.min.js'%}"></script>
    <script>
    // 当表单中<input>标签得到焦点
     $("form input").focus(function () {
            // 删去当前<input>标签后面的<span>标签中的文本——text("")
            // 并删去当前<input>标签所在的<div class="form-group">的 has-error 样式
            $(this).next("span").text("").parent().parent().removeClass("has-error");
        });
    // 单击“增加”按钮
    $("#add_button").click(function () {
            // 取得用户填写的注册数据，向后端发送 AJAX 请求
            // 先初始化一个 FormData 对象，这个对象可以保存表单中各字段的值
            var formData = new FormData();
            formData.append("name", $("#id_name").val());
            formData.append("email", $("#id_email").val());
            formData.append("salary", $("#id_salary").val());
            // 取得 {% csrf_token %}的值，保存到 formData 对象，这一步必须做
            formData.append("csrfmiddlewaretoken", $("[name='csrfmiddlewaretoken']").val());
            // AJAX 提交注册的数据
            $.ajax({
                url: "/test_ajax/add_person/",
```

```
                type: "post",
                // 告诉 JQuery 不要对数据进行任何处理
                processData: false,
                // 告诉 JQuery 不要设置 contentType 类型
                contentType: false,
                data: formData,
                success:function (data) {
                    if (data.status){
                        $.each(data.url_or_msg, function (k,v) {
            // 有错误时，在<input>标签后面的<span>标签中设置错误信息——text(v[0])
            // 并为<input>标签所在的<div class="form-group">标签添加 has-error 样式
                                                    $("#id_"+k).next("span").text
(v[0]).parent().parent().addClass("has-error");
                        })
                    }else {
                        // 没有错误就跳转到指定页面
                        location.href = data.url_or_msg;
                    }
                }
            })
        });
    // 输入姓名的文本框 onblur 事件
     $("#id_name").on("blur", function () {
            // 取得用户填写的值
            var name = $(this).val();
            // 发送请求
            $.ajax({
                url: "/test_ajax/test_name/",
                type: "get",
                data: {"name": name},
                success: function (data) {
                    if (data.status){
        // 当用户名已被注册时，设置当前<input>标签后面的<span>标签中的提示文本——text
(data.message)
        // 并为当前<input>标签所在的<div class="form-group">标签添加 has-error 样式
                        $("#id_name").next("span").text(data.message).parent().
parent().addClass("has-error");
                    }
                }
            })
```

```
    })
</script>
</body>
</html>
```

上述代码的相关说明如下。

（1）在"增加"按钮的 onclick 事件中调用 AJAX 向后端提交数据。由于数据来自表单，这里需要建立一个 FormData 对象保存表单各字段，而且在$.ajax({..})中的 processData: false 设置提交时不对数据做任何处理，contentType: false 的意思是不设置 contentType 类型，这是 AJAX 针对表单数据提交的几个需要注意的地方。通过 url 属性值可推导出 AJAX 向视图函数 add_person() 提交了数据，并根据视图函数返回的值进行处理。如果有报错信息，就显示在相应的文本框下面；如果增加记录成功则通过 location.href = data.url_or_msg 返回列表页面。

（2）在要输入姓名的<input>标签的 onblur 事件中调用了 AJAX 对姓名进行了校验，通过 get 请求向后端视图函数 test_name()发送员工姓名，视图函数从数据库表中查询是否有重复姓名，然后返回相应的信息给 AJAX 的 success 指定的函数处理。

姓名校验时，如果有重复，在输入姓名的文本框下面显示相关信息，并将该文本框的边框、<label>标签设置成红色，如图 11.3 所示。

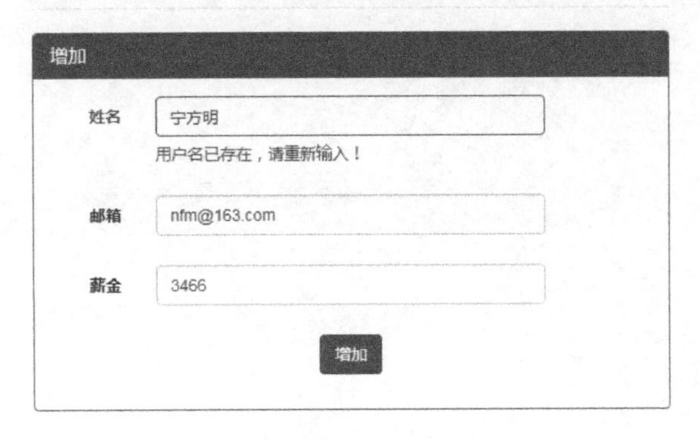

图11.3　姓名重复校验

11.3 小结

在 Web 开发中很多情况需要用到 AJAX，可以说每个 Web 开发人员都应能够熟练地调用 AJAX 进行编程。在本章学习中，请读者注意 AJAX 的格式以及它与后端的视图函数是如何交换数据的，掌握了这两点再加上实践，基本上可以顺利地运用 AJAX 进行开发了。

第12章

Django 中间件开发

中间件是一个轻量的、框架级别的插件系统，用来处理Django的请求和响应，在全局范围内改变Django的输入和输出。中间件本质上就是一个自定义类，负责实现一些特定的功能，类中定义了几个方法，Django会在请求的特定的时间去执行这些方法。这一章将介绍中间件的工作机制以及如何自定义编写中间件。

12.1 Django中间件基本知识

中间件限定在5个方法内写代码，这5个方法的执行顺序也遵守一定的规则，只有准确把握这两点，才能在中间件的开发工作中大大减少出错概率。

12.1.1 中间件配置

要想使用一个中间件，必须把它添加到配置文件settings.py的MIDDLEWARE列表里。MIDDLEWARE中的各个中间件用字符串设置，这个字符串表示的是中间件的路径，用.分隔。

```
MIDDLEWARE = [
    'django.middleware.security.SecurityMiddleware',
    'django.contrib.sessions.middleware.SessionMiddleware',
    'django.middleware.common.CommonMiddleware',
    'django.middleware.csrf.CsrfViewMiddleware',
    'django.contrib.auth.middleware.AuthenticationMiddleware',
    'django.contrib.messages.middleware.MessageMiddleware',
    'django.middleware.clickjacking.XFrameOptionsMiddleware',
]
```

上述代码的相关说明如下。

（1）没有任何中间件是必需的，在MIDDLEWARE列表中可以删除任何中间件，但建议至少保留CommonMiddleware中间件。

（2）中间件彼此之间可能存在依赖关系，因此MIDDLEWARE列表中的中间件要按照一定的顺序排列。

（3）在请求阶段调用视图之前，Django以MIDDLEWARE列表中定义的顺序（自上而下）调用中间件；在处理响应期间，调用中间件的顺序是倒序（自下而上）的。

12.1.2 中间件的方法

中间件有5个方法，说明如下。

1. process_request(self,request)

参数request是一个HttpRequest对象。

Django在执行URL配置之前调用process_request()。这个方法返回None或一个HttpResponse

对象。如果返回 None，Django 继续处理请求，程序向下进行；如果返回一个 HttpResponse 对象，Django 不再向下执行程序，直接返回这个 HttpResponse 对象。

2. process_view(self, request, view_func, view_args, view_kwargs)

参数 request 是一个 HttpRequest 对象；参数 view_func 是视图函数对象，注意不是视图函数名称的字符串形式；参数 view_args 是视图函数的位置参数列表；参数 view_kwargs 是视图函数的关键字参数字典。

提示：view_args 和 view_kwargs 中都不包含视图的第一个参数 request。

process_view()方法在 Django 调用视图之前调用。这个方法返回 None 或一个 HttpResponse 对象。如果返回 None，Django 继续处理请求，程序向下进行；如果返回一个 HttpResponse 对象，Django 不再向下执行程序，直接返回这个 HttpResponse 对象。

3. process_template_response(self,request,response)

参数 response 是一个 TemplateResponse 对象，由 Django 视图或其他中间件传递过来。

process_template_response() 在视图执行完毕后，如果响应实例有 render() 方法才会被调用。这个方法返回一个实现 render()方法的响应对象。因此可以修改传入的 response 的 response.template_name 和 response.context_data，也可以创建并返回全新的 Template Response 对象。

该方法很少用到。

4. process_response(self, request, response)

参数 request 是一个 HttpRequest 对象；参数 response 是 Django 视图或中间件传递过来的 HttpResponse 对象。

process_response()在所有响应返回给浏览器之前被调用。这个方法返回一个 HttpResponse 对象。因此可以修改传入的 response，或者创建并返回全新的 HttpResponse 对象。

5. process_exception(self, request, exception)

参数 request 是一个 HttpRequest 对象；参数 exception 是一个 Exception 对象，由视图函数抛出。

process_exception()在视图函数抛出异常时被调用。这个方法返回 None 或一个 HttpResponse 对象。如果返回 HttpResponse 对象，会经过响应中间件和模板文件渲染，把得到的响应返回给浏览器。否则，使用默认的方式处理异常。

提示：在中间件开发中，process_request()和 process_response()使用得较多，process_template_response()使用得最少。

12.1.3 中间件执行流程

在请求阶段调用视图之前，Django会按照MIDDLEWARE中定义的顺序，自上向下应用中间件的两个方法。先自上而下执行每个中间件的process_request()方法，然后自上而下执行每个中间件的process_view()方法。

在响应阶段调用视图之后，中间件会按照MIDDLEWARE中定义的顺序相反的方向，自下向上调用中间件的3个方法，正常情况下，一般自下向上执行每一个中间件的process_response()方法；如果视图出错或抛出异常，自下向上执行每一个中间件的process_exception()方法，然后自下而上执行每一个中间件的process_response()方法；如果响应实例有render()方法，自下向上执行每一个中间件的process_template_response()方法，然后自下而上执行每一个中间件的process_response()方法。

图12.1显示了正常情况下中间件方法的执行顺序，这是在视图函数正常执行情况下的流程。

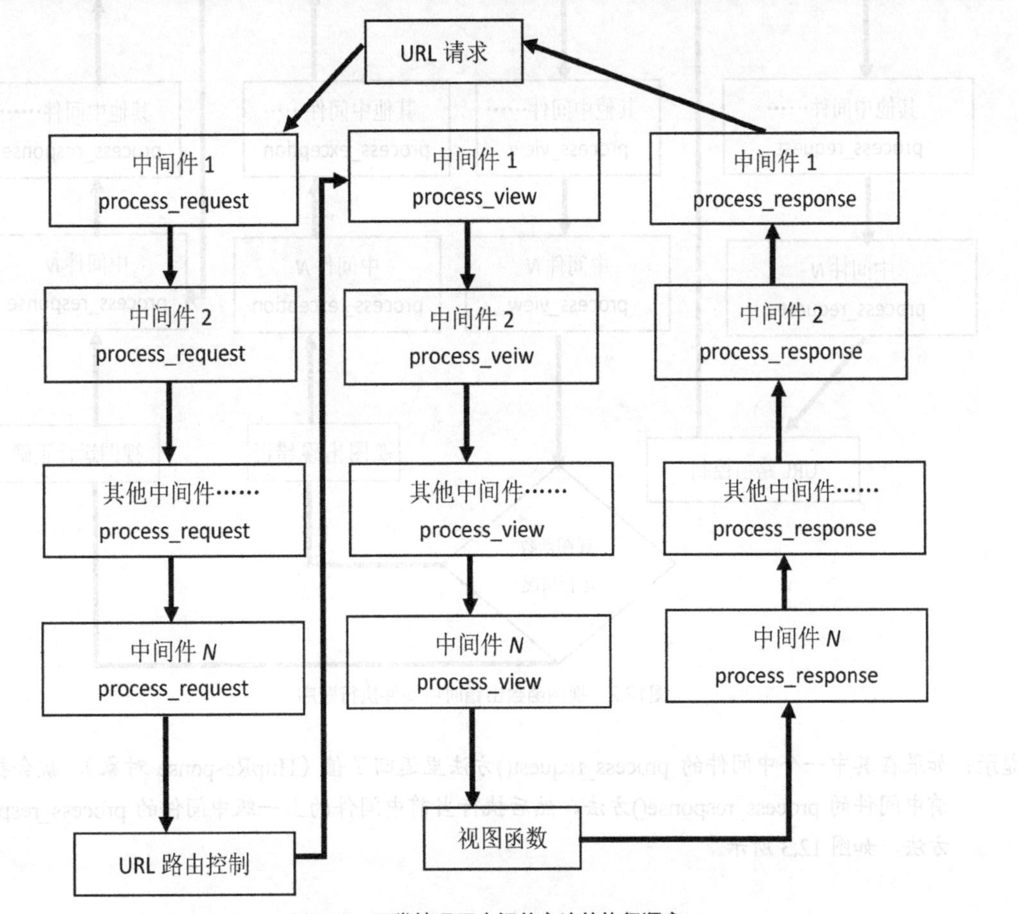

图12.1 正常情况下中间件方法的执行顺序

当视图函数抛出异常，Django 先自下而上执行各中间件的 process_exception()方法，然后自下而上执行各中间件的 process_response()方法，如图 12.2 所示。

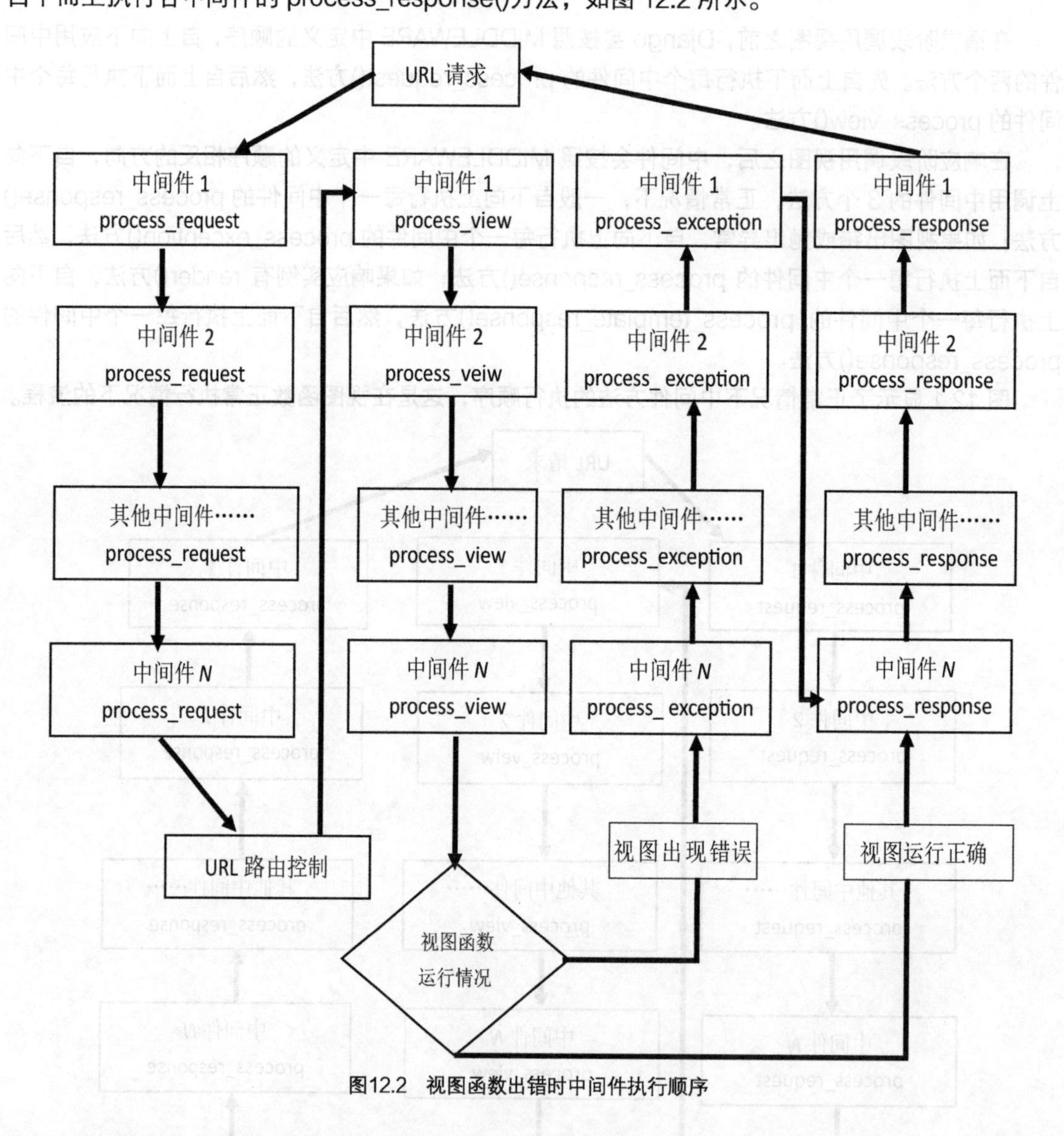

图12.2 视图函数出错时中间件执行顺序

提示： 如果在其中一个中间件的 process_request()方法里返回了值（HttpResponse 对象），就会执行当前中间件的 process_response()方法，然后执行当前中间件的上一级中间件的 process_response()方法，如图 12.3 所示。

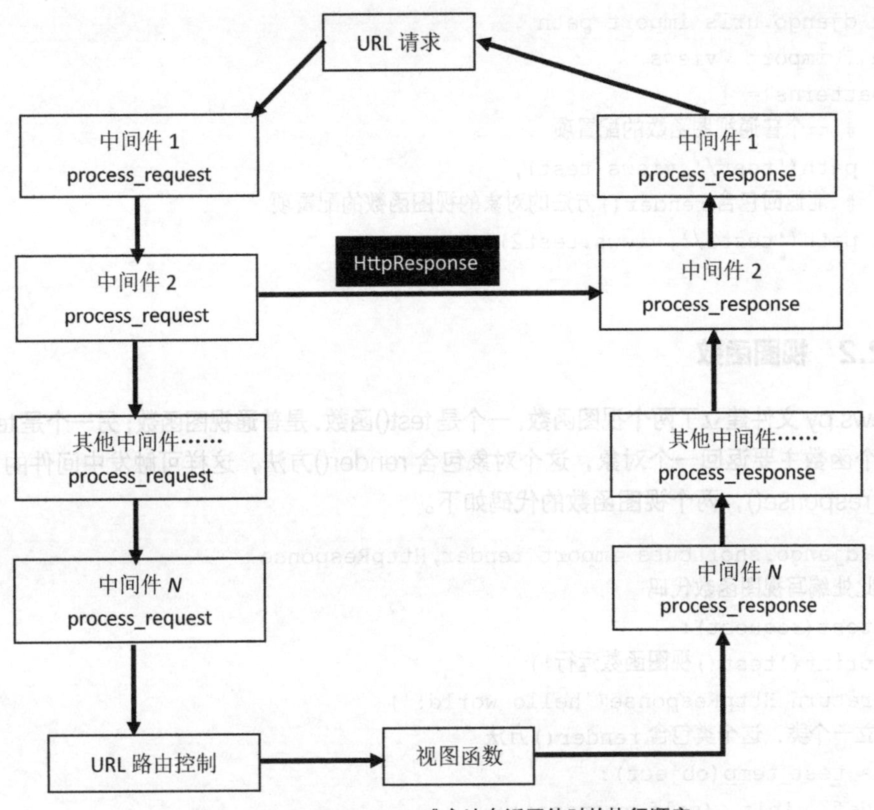

图12.3 process_request()方法有返回值时的执行顺序

12.2 样例10：Django中间件编程

本节编程样例没有实现实质性的功能，主要用于说明中间件的运行规则，让读者了解中间件的编程方法。第14章将介绍使用中间件实现权限、白名单的判断的功能。

12.2.1 URL配置

在test_orm项目中通过python manage.py startapp test_middleware建立一个test_middleware应用，并将此应用加入settings.py文件的INSTALLED_APPS列表。

在/test_orm/test_orm/urls.py中加入相关配置项，代码如下。

```
path('test_middleware/',include('test_middleware.urls')),
```

在/test_orm/test_middleware文件夹下，新建urls.py文件，并写入相关URL配置项，代码如下。

```
from django.urls import path
from . import  views
urlpatterns = [
      # 一个普通视图函数的配置项
      path('test/',views.test),
      # 能返回包含 render()方法的对象的视图函数的配置项
      path('test2/',views.test2),
]
```

12.2.2 视图函数

在 views.py 文件建立了两个视图函数，一个是 test()函数，是普通视图函数；另一个是 test_temp()函数，这个函数主要返回一个对象，这个对象包含 render()方法，这样可触发中间件的 process_template_response()，两个视图函数的代码如下。

```
from django.shortcuts import render,HttpResponse
# 在此处编写视图函数代码
def test(request):
    print('test()视图函数运行')
    return HttpResponse('hello world!')
# 建立一个类，这个类包含 render()方法
class test_temp(object):
    def __init__(self,response):
        self.response=response
    def render(self):
        return self.response
def test2(request):
    print('test2()函数运行,主要为了测试processing_template_response 中间件是否运行!')
    resp=HttpResponse('hello world,this is  test2')
    # 实例化 test_temp 类，并返回该类的实例化对象
    return test_temp(resp)
```

在/test_orm/test_middleware/下新建文件夹 middlewares，然后在这个文件夹新建文件 middlewaretest1.py，在文件中建立两个中间件，代码如下。

```
# 导入 MiddlewareMixin 类，中间件必须继承这个类
from django.utils.deprecation import MiddlewareMixin

class middle1(MiddlewareMixin):
    def process_request(self,request):
```

```
            print('中间件1的processs_request()运行,请求URL是：',request.path_info)
        def process_response(self,request,response):
            print('中间件1的process_response()进行响应,状态短语:',response.reason_
phrase)
            return response
        def process_view(self, request, view_func, view_func_args, view_func_
kwargs):
            print('中间件1的process_view()运行')
        def process_exception(self,request,exception):
            print('中间件1的process_exception()运行')
        def process_template_response(self, request, response):
            print("中间件1的process_template_response()运行")
            return response
    class middle2(MiddlewareMixin):
        def process_request(self, request):
            print('中间件2的processs_request()运行,请求主机IP:{}端口号:{}'.format
(request.META.get('REMOTE_ADDR'),request.META.get('SERVER_PORT')))
        def process_response(self, request, response):
            print('中间件2的process_response()进行响应,状态码:',response.status_code)
            return response
        def process_view(self,request,view_func,view_func_args,view_func_kwargs):
            print('中间件2的process_view()运行')
        def process_exception(self,request,exception):
            print('中间件2的process_exception()运行')
        def process_template_response(self, request, response):
            print("中间件2的process_template_response()运行")
            return response
```

两个中间件都在5个方法中写了代码，主要是打印相关信息，这样在运行视图函数时，就可以看到中间件各个方法运行的先后顺序。

12.2.3 注册自定义中间件

中间件只有加入settings.py文件MIDDLEWARE列表中才能被激活，代码如下。

```
MIDDLEWARE = [
    …
    'test_middleware.middlewares.middlewaretest1.middle1',
    'test_middleware.middlewares.middlewaretest1.middle2',
]
```

12.2.4 测试中间件

启动程序并在浏览器中输入 http://127.0.0.1:8000/test_middleware/test/，当网页正确打开后，可以看到命令行终端显示出中间件方法打印出的信息。

```
中间件 1 的 processs_request()运行，请求 URL 是： /test_middleware/test/
中间件 2 的 processs_request()运行，请求主机 IP:127.0.0.1 端口号：8000
中间件 1 的 process_view()运行
中间件 2 的 process_view()运行
test()视图函数运行
中间件 2 的 process_response()进行响应,状态码： 200
中间件 1 的 process_response()进行响应,状态短语： OK
```

由此看到中间件方法的执行顺利与我们介绍的一致。

我们把视图函数 test()中的 HttpResponse 修改成 HttpResponse22，故意形成一个错误，代码如下。

```
def test(request):
    print('test()视图函数运行')
    return HttpResponse22('hello world!')
```

再次运行程序，发现网页报错，命令行终端显示如下内容。

```
中间件 1 的 processs_request()运行，请求 URL 是： /test_middleware/test/
中间件 2 的 processs_request()运行，请求主机 IP:127.0.0.1 端口号：8000
中间件 1 的 process_view()运行
中间件 2 的 process_view()运行
test()视图函数运行
中间件 2 的 process_exception()运行
中间件 1 的 process_exception()运行
Internal Server Error: /test_middleware/test/
Traceback (most recent call last):
  File "E:\envs\virtualenv_dir\lib\site-packages\django\core\handlers\
exception.py", line 34, in inner
    response = get_response(request)
  File "E:\envs\virtualenv_dir\lib\site-packages\django\core\handlers\base
.py", line 126, in _get_response
    response = self.process_exception_by_middleware(e, request)
  File "E:\envs\virtualenv_dir\lib\site-packages\django\core\handlers\
base.py", line 124, in _get_response
    response = wrapped_callback(request, *callback_args, **callback_kwargs)
  File "E:\envs\test_orm\test_middleware\views.py", line 6, in test
```

```
    return HttpResponse1('hello world!')
NameError: name 'HttpResponse1' is not defined
中间件2的process_response()进行响应,状态码:  500
中间件1的process_response()进行响应,状态短语:  Internal Server Error
```

可以看到视图函数运行错误代码，process_exception()方法开始运行，运行报错后，最后运行 process_response()方法。

在浏览器中输入 http://127.0.0.1:8000/test_middleware/test2/，当网页打开后，可以看到命令行终端显示以下内容。

```
中间件1的processs_request()运行，请求URL是:  /test_middleware/test2/
中间件2的processs_request()运行，请求主机IP:127.0.0.1端口号: 8000
中间件1的process_view()运行
中间件2的process_view()运行
test2()函数运行,主要为了测试processing_template_response中间件是否运行!
中间件2的process_template_response()运行
中间件1的process_template_response()运行
中间件2的process_response()进行响应,状态码:  200
中间件1的process_response()进行响应,状态短语:  OK
```

可以看到 process_template_response()方法也运行了。

12.3 小结

本章介绍了中间件的5个方法的用法、触发时间、执行顺序等内容，这些内容为第14章中基于RBAC权限管理的模块设计开发打下了基础。

Django

第13章

基于 Django 认证系统的权限管理开发

当我们开发一个 Web 系统时，不可避免地要设计用户管理系统，实现用户注册与登录、用户认证、权限分配、密码修改等功能，这些功能是必须实现的，但是编写一个认证系统是烦琐和复杂的。Django 在框架中内置一个强大的认证系统，集成了用户登录、登出、验证、权限分配等模块，并实现了基于 cookie 的用户会话。开发人员可以直接使用这些功能，也可以进行定制和扩展，以满足不同的需求。

13.1 Django 认证系统简介

Django 认证系统既能验证身份，也能核准权限。简单来说，身份验证用于核实某个用户是否合法，而权限核准是指通过身份验证的用户能做什么，认证系统就是实现这两个任务的系统。

13.1.1 认证系统基本知识

Django 内置了强大的用户认证 auth 模块，系统默认使用 auth_user 表来存储用户数据。通过 from django.contrib import auth 可以导入 auth 模块，auth 模块提供了许多函数用于认证，主要有以下函数。

- authenticate(username='username',password='password')：提供了用户认证功能，即验证用户名以及密码是否正确，参数为 username 和 password；如果认证成功（用户名和密码正确有效），便会返回一个 User 对象。
- login(HttpRequest, user)：实现用户登录的功能，参数为 HttpRequest 对象和一个经过认证的 User 对象。

提示：使用 login()函数登录，request.user 就能取到当前登录的用户对象；如果未登录，request.user 得到的是一个匿名用户对象 AnonymousUser 对象。

- is_authenticated()：判断当前请求是否通过了认证。
- logout(request)：清除当前请求的全部 session。
- create_user()：创建新用户，至少提供用户名和用户密码，形如 user = User.objects. create_user（username='Tom',password='test',email='tom@163.com'）。
- set_password(password)：修改密码，形如 user_obj.set_password('test')。
- check_password(password)：检查密码是否正确，形如 user_obj.check_password('test')。

另外还有一个 login_required 装饰器，通过该装饰器能够使视图函数首先判断用户是否登录。如果未登录，网页会跳转到 settings.py 设置的 LOGIN_URL 参数对应的 URL，使用方法如下。

```
from django.contrib.auth.decorators import login_required
@login_required
def index(request):
```

13.1.2 默认权限设置

当我们为应用程序创建一个数据模型，并运行 python manage.py migrate 命令将其生成到数据库里之后，Django 认证系统默认给这个数据模型设置 4 个权限，分别是 view、add、change、delete 权限。图 13.1 是 Django Admin 管理后台的页面部分，显示了 employee 应用中的 department 数据模型的 4 个权限。

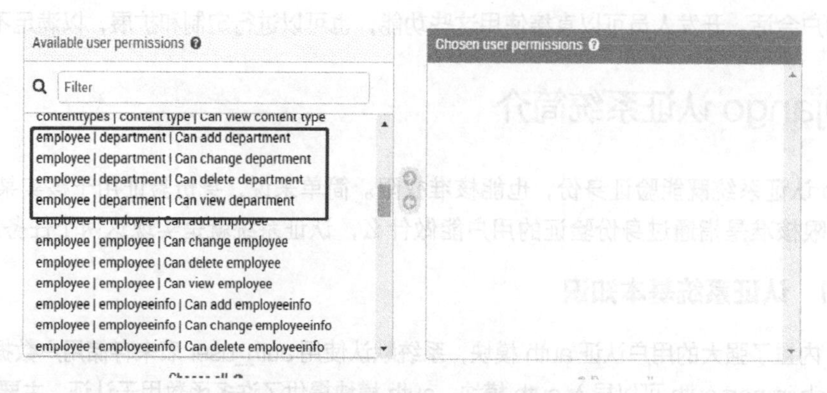

图13.1　数据模型department的4个权限

Django 用 User、Group 和 Permission 完成权限管理，实现方式是将属于数据模型的某个 Permission 对象赋予 User 或 Group。如果把权限赋予某个 User 对象，那么这个用户对象就有这个权限；如果把权限赋予某个 Group 对象，那么属于这个组的所有用户就拥有了这个权限。

13.1.3　创建自定义权限的方法

Django 中添加权限方式有两种，一种是通过数据模型，另一种是用代码创建，介绍如下。

（1）通过定义数据模型增加权限，在定义模型时，可以在 Meta 中定义权限，代码如下。

```
class test(models.Model):
    name = models.CharField(max_length=32)
    class Meta:
        permissions = [
            ('add_test','在 test 表中增加记录的权限'),
        ]
```

在执行 python manage.py makemigrations 和 python manage.py migrate 命令后，就会增加一条权限，权限的名字一般是 APP_name.Permission_name 的形式。假设我们在一个叫 myapp 的应用程序中建立以上数据模型，那么产生的权限名字就是 myapp.add_test。

（2）通过代码增加权限，权限是 django.contrib.auth.Permission 的实例对象，可理解为权限记录保存在 Permission 表中，它包含 name、codename、content_type3 个字段，其中的 content_type 与数据模型相关联，可以理解为 content_type 表示一个权限在哪个应用程序中的哪个数据模型中定义，增加权限的代码如下。

```
from django.http import  HttpResponse
```

```
from . import models
from django.contrib.auth.models import Permission,ContentType
# 在此处编写视图函数代码
def add_permission(request):
    content_type = ContentType.objects.get_for_model(models.test)
    # 生成一条权限记录并保存在 Permission 表中
    permission = Permission.objects.create(codename='add_test',name='在 test
表中增加记录的权限',content_type=content_type)
    return HttpResponse('ok')
```

13.2 基于Django认证系统的权限管理开发

我们想把基于Django认证系统的权限管理开发的代码放在一个目录下，因此在项目test_orm下建一个应用test_auth，把权限代码和测试都放在这个应用下。

13.2.1 创建能增加权限的数据模型

我们采用数据模型与代码生成相配合的方式增加权限，代码如下。

```
from django.db import models
from django.contrib.contenttypes.models import ContentType
from django.contrib.auth.models import Permission
# 在此处编写数据模型代码
class authority(models.Model):
    codename = models.CharField("权限代码", max_length=32)
    url = models.CharField('URL 配置项名称', max_length=128)
    name = models.CharField('权限描述', max_length=120)
    def save(self, *args, **kwargs):
        # 取得 content_type 对象，该对象与 test_auth 中的 authority 数据模型有关联
        content_type_obj = ContentType.objects.get(app_label='test_auth',
model='authority')
        # 增加一个权限，权限代码与字段 codename 的值相同，权限名与字段 name 的值相同
        permission = Permission.objects.create(codename=self.codename,
                                               name=self.name,
                                               content_type=content_type_obj)
        # 调用父类的 save()方法将数据记录保存到数据库中
        super(authority, self).save(*args, **kwargs)
    def delete(self, *args,**kwargs):
        # 取得 content_type 对象
        content_type_obj = ContentType.objects.get(app_label='test_auth',
```

```
model='authority')
            # 取出权限对象
            permission=Permission.objects.get(codename=self.codename,
                                              content_type=content_type_obj)
            # 删除权限
            permission.delete()
            # 调用父类的 delete()方法，删除这条记录
            super(authority, self).delete(*args, **kwargs)
        def __str__(self):
            return self.name
        class Meta:
            verbose_name = '权限表'
            verbose_name_plural = verbose_name
```

上述代码的相关说明如下。

（1）以上代码建立了数据模型 authority，该模型包含 3 个字段：codename、url、name。

（2）重写数据模型的 save()方法，实现了每增加一条记录，就增加一个权限。该权限的权限代码取当前记录的 codename 字段的值，权限名取 name 字段值。

（3）重写了数据模型的 delete()方法，实现了每删除一条记录，就删除权限代码，等于删除这条记录的 codename 字段值的权限。

以上代码较为巧妙地实现了每增加一条记录就会增加一条权限，删除一条记录同样删除一条权限，实现了让数据库表管理权限的效果。

13.2.2 注册数据模型

为了能让 Django Admin 管理数据模型 authority，我们在 admin.py 文件对该数据模型进行了注册，代码如下。

```
from django.contrib import admin
from . import models
class authorityadmin(admin.ModelAdmin):
    # 管理后列表页面上显示的字段
    list_display = ('codename','url','name')
# Register your models here.
admin.site.register(models.authority,authorityadmin)
```

13.3 建立测试系统

为了对权限设置、分配进行测试，我们先建立一个测试系统。首先对这个系统的 URL 进行梳

理，整理出权限信息记录并输入 authority，然后分配给用户组或用户，最后登录这个测试系统查看权限管理是否发挥作用。

13.3.1　测试系统视图函数

在 views.py 中输入如下代码。

```
from django.shortcuts import render,redirect
from django.contrib.auth import authenticate, login
# 在此处编写视图函数代码
def user_login(request):
    if request.method == "GET":
        return render(request, "test_auth/login.html")
    else:
        username = request.POST.get("username")
        password = request.POST.get("password")
        # 对用户认证
        user_obj = authenticate(username=username, password=password)
        if user_obj:
            # 让用户处于登录状态
            login(request, user_obj)
            return redirect("/test_auth/index/")
        else:
            return render(request, "test_auth/login.html")
def logout(request):
    request.session.clear()
    return redirect('/test_auth/user_login/')
def index(request):
    return render(request, "test_auth/index.html")
def userinfo(request):
    data_list = [
        {"id": 1, "name": "张三","work":"律师"},
        {"id": 2, "name": "李四","work":"教师"},
        {"id": 3, "name": "王五","work":"程序员"},
        {"id": 4, "name": "赵六","work":"医生"},
        {"id": 5, "name": "田七","work":"护士"},
    ]
    return render(request, "test_auth/userinfo.html", {"data_list": data_list})
def userinfo_add(request):
    if request.method == "GET":
        return render(request,"test_auth/useradd.html")
```

```
    else:
        return redirect("/test_auth/userinfo/")
def userinfo_del(request, nid):
    return HttpResponse("删除用户")
def userinfo_edit(request, nid):
    return HttpResponse("编辑用户")
def department(request):
    return render(request,"test_auth/department.html")
def department_add(request):
    return HttpResponse("添加部门")
def department_del(request, nid):
    return HttpResponse("删除部门")
def department_edit(request, nid):
    return HttpResponse("编辑部门")
```

以上代码比较简单，要注意视图函数 user_login()中的登录用户是系统认证用户，也就是该用户需要在 Django Admin 管理后台中生成。

13.3.2 测试系统母版

母版文件是/test_orm/templates/test_auth/base.html，代码如下。

```
{% load static %}
<html lang="en">
<head>
    <meta charset="UTF-8">
    <meta http-equiv="X-UA-Compatible" content="IE=edge">
    <meta name="viewport" content="width=device-width">
    <title>首页</title>
    <link href="{% static 'bootstrap/css/bootstrap.min.css' %}" rel="stylesheet">
    <script src="{% static 'jquery-3.3.1.js' %}"></script>
    </script>
</head>
<body>
<div >
    <div style="float: left;width: 20%;height: 900px;background-color: darkgrey">
    <h4 >  菜单栏</h4>
    <br>
     <ul class="nav nav-sidebar">
           <!-- 判断当前用户是否有“部门信息查看”的权限 -- >
               {% if perms.test_auth.department_list %}
               <li ><a href="/test_auth/department/">部门信息管理</a></li>
```

```
                {% endif %}
          <!--  判断当前用户是否有“用户信息查看”的权限 -- >
                 {% if perms.test_auth.userinfo_list %}
                <li><a href="/test_auth/userinfo/">用户信息管理</a></li>
                 {% endif %}
          </ul>
      <a type='button' href='/logout/' class='btn btn-primary'>退出</a>
   </div>
   <div style="float: left;width: 80%">
      {% block content %}
      {% endblock %}
   </div>
</div>
</body>
</html>
```

因为权限在Django认证系统中定义生成，所以在模板文件中可以直接通过perms来获取登录用户的所有权限，如{% if perms.test_auth.department_list %}可以判断当前用户是否有department_list权限。

13.3.3 用户列表页面

用户列表页面是/test_orm/templates/test_auth/userinfo.html文件，代码如下。

```
{% extends 'test_auth/base.html' %}
{% block content %}
<div align="center">
<h2>用户查看</h2>
    <p></p>
        <table border="1" width="600px">
            <thead>
                <th>编号</th>
                <th>姓名</th>
                <th>职业</th>
                <th>允许的操作</th>
            </thead>
            <tbody>
            {% for row in data_list %}
                <tr>
                    <td>{{ row.id }}</td>
                    <td>{{ row.name }}</td>
```

```
                    <td>{{ row.work }}</td>
                    <td>
            <!--  判断当前用户是否有"用户信息编辑"的权限 -- >
                        {% if perms.test_auth.userinfo_edit %}
                         <a href="/test_auth/userinfo/edit/12/">编辑</a>
                        {% endif %}
            <!--  判断当前用户是否有"用户信息删除"的权限 -- >
                        {% if perms.test_auth.userinfo_del %}
                        <a href="/test_auth/userinfo/del/12/">删除</a>
                        {% endif %}
                    </td>
                </tr>
            {% endfor %}
            </tbody>
        </table>
    <br>
    <!--  判断当前用户是否有"用户信息增加"的权限 -- >
      {% if perms.test_auth.userinfo_add %}
     <a href="/test_auth/userinfo/add/">添加用户</a>
    {% endif %}
    </div>
{% endblock %}
```

以上代码利用模板标签{% if perms.test_auth.×××%}判断当前用户是否有相应权限来控制链接标签是否显示，以达到权限控制的目标。

其他模板文件代码的形式与思路与此类似，不再列举。

13.3.4　测试系统 URL 配置

在/test_orm/test_orm/urls.py 中加入一条配置项，代码如下。

```
path('test_auth/',include('test_auth.urls')),
```

在/test_orm/test_auth 文件夹下新建 urls.py，加入 URL 配置项，代码如下。

```
from django.urls import path
from . import views
urlpatterns = [
    path('user_login/', views.user_login,name='user_login'),
    path('logout/', views.logout,name='logout'),
    path('index/', views.index,name='index'),
    # 用户信息查看
```

```
    path('userinfo/', views.userinfo,name='userinfo_list'),
    # 用户信息增加
    path('userinfo/add/', views.userinfo_add,name='userinfo_add'),
    # 用户信息删除
    path('userinfo/del/(\d+)/', views.userinfo_del,name='userinfo_del'),
    # 用户信息修改
    path('userinfo/edit/(\d+)/', views.userinfo_edit,name='userinfo_edit'),
    # 部门信息查看
    path('department/', views.department,name='department_list'),
    # 部门信息增加
    path('department/add/', views.department_add,name='department_add'),
    # 部门信息删除
    path('department/del/(\d+)/', views.department_del,name='department_del'),
    # 部门信息修改
    path('department/edit/(\d+)/', views.department_edit,name='department_edit'),
]
```

每个 URL 配置项对应一个视图函数，从权限管理的角度，每个配置项就是一个权限资源。

13.4 权限梳理与分配

我们采取直接简便的方法，把测试系统的 URL 配置项作为权限记录整理出来，输入 authority 表，然后建立用户、分配权限。

13.4.1 权限记录整理

根据 urls.py 中的配置项，我们整理出权限代码，并按照 authority 表字段格式形成表格，如表 13.1 所示。

表 13.1 权限代码表

权限代码	URL 配置项名	权限描述
department_del	department_del	部门信息删除
department_add	department_add	部门信息增加
department_list	department_list	部门信息查看
userinfo_edit	userinfo_edit	用户信息修改
userinfo_del	userinfo_del	用户信息删除
userinfo_add	userinfo_add	用户信息增加
userinfo_list	userinfo_list	用户信息查看

13.4.2 权限记录输入

通过 python manage.py createsuperuser 命令建立超级用户，我们用这个用户进行权限信息输入、建立用户组和用户、分配权限。

根据整理出来的权限代码表（见表 13.1）输入系统，用超级用户登录 Django Admin 管理后台，在 authority 表中输入权限记录，如图 13.2 所示。

图13.2 输入权限记录

13.4.3 权限分配

在 Django Admin 管理后台建立一个用户，并对该用户分配权限，如图 13.3 所示。

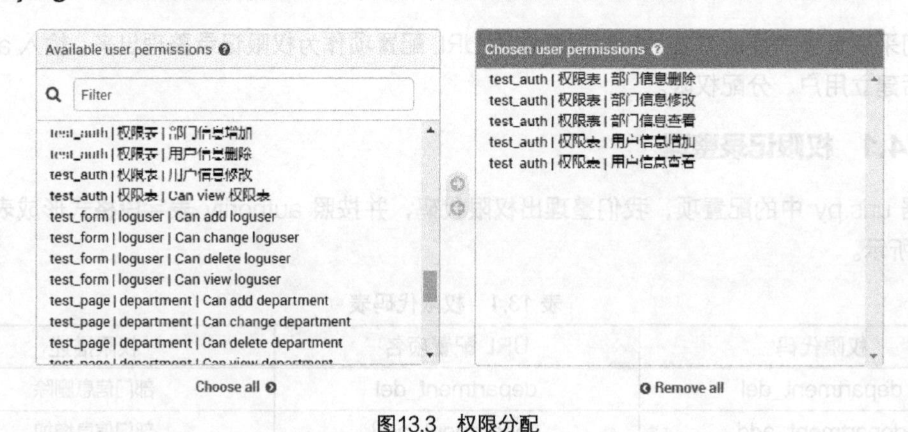

图13.3 权限分配

13.4.4 测试系统

用新建的用户登录测试系统，用户界面按照权限的设置进行了显示，达到预期效果，如图 13.4 所示。

本章介绍的基于 Django 认证系统的权限管理开发仅提供了解决方案与思路。其实可以进一步完善，如可以在用户登录后，在登录视图函数里把用户的权限放在 session 中，通过组合 session

中的数据，动态生成主页的菜单。

用户查看

编号	姓名	职业	允许的操作
1	张三	律师	
2	李四	教师	
3	王五	程序员	
4	赵六	医生	
5	田七	护士	

添加用户

图13.4　测试系统页面

13.5　小结

本章介绍了 Django 的认证系统的基本原理与知识，把 Django 数据库管理与认证系统的权限分配功能融合在一起，较为巧妙地建立了一个权限管理系统。通过本章学习，希望读者能够充分利用系统现有的一些功能，进行组合、扩展形成新的功能，避免“重复造轮子”。

第 14 章

Django 通用权限管理设计

基于 B/S（Browser/Server，浏览器/服务器）架构的 Web 程序通过 URL 切换不同的页面来实现不同的功能。所谓权限指的就是对 URL 的可访问性，权限控制可以理解为对网页信息资源访问的控制，这些信息资源本质上是一个个的链接，因此可通过对 URL 的控制决定用户是否可以访问。Django 通用权限管理设计的思路就是基于对 URL 的访问的控制。

14.1 基于 RBAC 的通用权限管理实现

RBAC(Role-Based Access Control)是指基于角色的权限访问控制，是信息系统应用最广泛的权限控制方式。在 RBAC 中有 3 个要素：用户、角色、权限。角色可以理解为权限的集合，信息系统把部分权限组合起来授予角色，用户通过成为角色成员取得相应的权限。在信息管理系统中，系统用户依据它的管理范围与职责被指派相应的角色而取得相应的权限，也可通过去除用户的角色方式回收用户权限，这种方式简化了权限的管理。

下面基于这种权限管理思路进行开发，设计开发过程介绍如下。

14.1.1 RBAC 权限管理模块文件目录结构

Django 程序通过生成项目和应用程序两步开始编程之路。项目结构主要包含项目主目录、应用程序目录、static 目录、templates 目录与一部分固定名字的文件，大致结构如图 14.1 所示，开发员可以根据开发的需求在相应目录下新建文件夹或文件。

图14.1 RBAC权限管理系统文件目录基本结构

图 14.1 所示的结构是本章 RBAC 权限管理模块的基本结构形式，这个结构大部分内容由以下命令生成。

```
django-admin  startproject  rbac_template
```

```
cd  rbac_template
python manage.py  startapp  rbac
```

第一行命令生成名称为 rbac_template 项目，这条命令执行后生成一个 rbac_template 目录和几个文件，以后所有程序文件都放在 rbac_template 目录下；第二行命令进入项目目录下；第三行命令生成应用程序 rbac，这个命令执行时也会建立一个 rbac 目录和一些文件。

我们的目标是把权限管理做成一个基于 RBAC 权限管理的公共组件，因此 rbac_template 项目目录结构中比较重要的部分就是 rbac 目录，权限管理代码就在存放在这个目录下。在这个目录下手动新建 3 个文件夹，一个文件夹为 middleware，再在文件夹下面新建一个文件 rbac.py，这是一个中间件文件，主要对登录用户进行权限判断，让用户在授权范围内访问信息系统资源。另一个文件夹为 service，在其下新建 init_permission.py，作用是把登录用户的权限、用户可访问的菜单存在 session 中，用户登录时需要调用这个文件中的 init_permission()函数。还有一个文件夹为 templatetags，这个文件夹固定存放 Django 的自定义模板标签文件，因此这个文件夹只能命名为 templatetags，不能改为其他名称，在这个文件夹下新建一个文件 custom_tag.py，用来生成 Web 页面主菜单所需的结构化数据。

rbac_template 目录下还有 template 文件夹，用来存放 Web 页面文件；static 目录主要存放 CSS、JavaScript 等静态文件，供 Web 页面引用。

一定要在配置文件中注册 rbac 应用模块，也就是在 settings.py 的 INSTALLED_APPS 代码块中注册 rbac 应用，下面代码中的'rbac.apps.RbacConfig'，就是注册 rbac 模块的语句，也可简写为'rbac',，注意不要漏掉句末的“,”。

```
INSTALLED_APPS = [
    'django.contrib.admin',
    'django.contrib.auth',
    'django.contrib.contenttypes',
    'django.contrib.sessions',
    'django.contrib.messages',
    'django.contrib.staticfiles',
    # 注册 rbac 应用
    'rbac.apps.RbacConfig',
]
```

如果用'rbac.apps.RbacConfig',注册应用模块，必须保证 rbac 应用目录下的 apps.py 中有以下代码，这个代码一般由 Django 默认生成。

```
# 导入应用程序配置相关的函数
from django.apps import AppConfig
# 定义一个配置类，继承于 AppConfig
class RbacConfig(AppConfig):
```

```
    # 指定应用程序名
    name = 'rbac'
```

14.1.2 数据库表结构设计

根据 RBAC 权限管理的需求，我们需要创建 5 个数据库表：角色表、用户表、菜单表、权限表、权限组表。菜单表存放一级菜单；权限表主要存放权限信息，这个表中的数据记录分两种类型，一种存放纯权限信息的记录，另一种存放既是权限、又可以作为二级菜单的记录，我们约定这样的记录为“权限菜单”。权限组表实现对权限分组管理，一般把对同一个数据库表进行操作的权限分为一组。

各表之间的关系是：角色表与用户表是多对多关系，角色表与权限表是多对多关系，权限组表与权限表是一对多关系，菜单表与权限组表是一对多关系。

按照 Django 的规则，一般在 models.py 文件中编写数据库表（数据模型）结构代码。

14.1.3 Role 表的构建

Role 表存放角色所拥有的权限记录，其中的 permissions 字段通过多对多关系与 Permission 权限表关联，实现一个角色可以拥有多个权限，一个权限也可授予不同的角色的功能。

```
# 代码段 1
# 导入数据模型相关模块
from django.db import models
# 角色表：应用项目可以根据需求在这个表中增加角色记录
class Role(models.Model):
    """
    角色名，字段类型为 CharField，unique=True 设置角色名不能重复
    verbose_name="角色名"设置在 Django Admin 管理后台字段名为角色名
    如果不设置 verbose_name，则管理后台中显示字段名为 title
    """
    title = models.CharField(max_length=32, unique=True,verbose_name="角色名")
    # 定义角色和权限的多对多关系，也就是一个角色可以有多个权限
    # 一个权限也可以被多个角色拥有
    permissions= models.ManyToManyField("Permission",blank=True,verbose_
name="拥有权限")
    # 定义数据模型实例对象名称
    def __str__(self):
        return self.title
    # 定义数据库表在管理后台的表名
    class Meta:
        verbose_name_plural="角色表"
```

上述代码的相关说明如下。

（1）建立数据模型类需要继承 models.Model，因此需要通过 from django.db import models 导入相关模块。

（2）角色是权限管理的单元，也就是说一个角色会根据应用需要被赋于一个或多个权限，隶属于这个角色的用户就拥有了这些权限，不用单独将权限分配给用户，原则上提高了效率，也使得权限管理层次清晰。

14.1.4 UserInfo 表的构建

UserInfo 表存放用户信息，通过 roles 字段与 Role 表形成多对多关系，表明一个角色可以分发给多个用户，一个用户也可以是多个角色。

```
# 代码段 2
# 用户表：应用项目的用户要放在这个表中
class UserInfo(models.Model):
        # 登录账号
        username = models.CharField(max_length=32)
        # 用户密码
        password = models.CharField(max_length=64)
        # 用户姓名
        nickname = models.CharField(max_length=32)
        # 用户邮箱，定义为 EmailField 类型，保存时会校验格式是否符合邮箱的格式
        email = models.EmailField()
        # 定义用户和角色的多对多关系
        roles = models.ManyToManyField("Role")
        def __str__(self):
            return self.nickname
        class Meta:
            verbose_name_plural="用户表"
```

上述代码的相关说明如下。

（1）在 RBAC 模式下，约定不直接对用户分配权限，而是先分配给角色，然后通过角色给用户授权。

（2）字段 username 被设定为登录用户，建议不要用中文，字段 nickname 被设定为保存用户姓名，这个字段可以保存中文。

14.1.5 Permission 表的构建

Permission 表存放权限信息，其代码如下。

```
# 代码段3
# 权限表，用户根据应用项目划分好权限，然后输入这张表
class Permission(models.Model):
    # 权限名称title，通过unique=True设置名称不能重复
    title = models.CharField(max_length=32, unique=True,verbose_name="权限名称")
    # url字段存放URL正则表达式，用来与URL配置项相对应
    url = models.CharField(max_length=128, unique=True,verbose_name="URL")
    # 权限代码字段perm_code，起到标识权限的作用，相当于权限的别名
    # 一般是list、add、del、edit
    perm_code=models.CharField(max_length=32,verbose_name="权限代码")
    """
    权限分组字段，主要作用为把一类权限分在一组中
    通过外键形式与PermGroup建立多对一的关系，一个权限组下有多个权限
    通过设置on_delete=models.CASCADE(Django规定外键的属性必须有on_delete设置)
    models.CASCADE起到的作用为
    当外键关联的PermGroup中的记录被删除时，本表中的相关联的记录也将被删除
    """
    perm_group=models.ForeignKey(to='PermGroup',blank=True,on_delete=models.
CASCADE,verbose_name="所属权限组")
    """"
    这个外键与本表中记录进行关联，可称作内联外键
    也就是pid字段与本表中的id字段形成多对一的关系，id是Django在建数据库表时生成的主键
    当pid字段值为空时，约定为二级菜单，这条记录就是前面介绍的“权限菜单”
    """
    pid=models.ForeignKey(to='Permission',null=True,blank=True,on_delete=
models.CASCADE,verbose_name="所属二级菜单")
    def __str__(self):
        # 显示带菜单前缀的权限
        return self.title
    class Meta:
        verbose_name_plural="权限表",
```

上述代码的相关说明如下。

（1）数据模型类Permission的url字段存放URL正则表达式，用来匹配web页面上的访问路径；perm_code用来存放list、add、edit、del中的一个类型，对应查看、增加、修改、删除操作权限；perm_group把权限进行分组管理，这个字段是关联PermGroup表的外键。为了使权限划分较为明晰，一般把对一个数据库表的操作划分到一个权限组。

（2）字段pid较为特殊，它可以称作内联外键。当一条记录的pid为空时，我们设定这条记录为二级菜单，该记录同时具有权限功能，我们称其为“权限菜单”；如果一条记录的pid有值，

该记录就是单纯权限记录，该记录与本表中的“权限菜单”记录形成多对一关系，这条记录的 pid 值保存本表中某条“权限菜单”记录的 id 值，也就是一条“权限菜单”下有多条权限记录，权限记录隶属于“权限菜单”。

提示：Django 在数据库中建表时，会为每个数据表自动生成一个 id 字段作为主键，外键字段 perm_group 在数据库表中的字段名为 perm_group_id，外键字段 pid 在数据库表中的字段名为 pid_id，在后面进行介绍时不再特别说明，我们仍以 perm_group 和 pid 表示这两个字段。

14.1.6 PermGroup 表的构建

PermGroup 表实现权限分组管理，menu 字段是关联 Menu 表的外键，形成多对一关系。

```
# 代码段 4
class PermGroup(models.Model):
    # 权限组名
    title = models.CharField(max_length=32,verbose_name="组名称")
    # 外键，与 Menu 表是多对一的关系，一个一级菜单可以有一个或多个权限组
    menu=models.ForeignKey(to="Menu",verbose_name=" 所 属 菜 单 ",blank=True,on_
delete= models.CASCADE)
    def __str__(self):
        return self.title
    class Meta:
        verbose_name_plural = "权限组"
```

上述代码的相关说明如下。

（1）权限组 PermGroup 表与一级菜单 Menu 表是多对一关系，这样可以实现一级菜单通过中间表 PermGroup 与二级菜单（Permission 表中的“权限菜单”）发生关联。这些二级菜单都属于一个权限组，可见权限组相当于一个连接一级菜单和二级菜单的桥梁。

（2）外键 menu 在数据库的字段名为 menu_id，我们介绍该字段时不特别说明，一般还是用 menu 表示。

14.1.7 Menu 表的构建

Menu 表存放一级菜单信息。

```
# 代码段 5
# 菜单表，可以根据应用系统所拥有的菜单，输入这个表中
class Menu(models.Model):
    # 菜单名称
    title = models.CharField(max_length=32, unique=True,verbose_name="一级菜单")
    def __str__(self):
```

```
        return self.title
    class Meta:
        verbose_name_plural="一级菜单表"
```

14.1.8 生成数据库表

本项目中我们应用 Django 自带的 sqlite3 数据库，这个数据库的配置已在 settings.py 中默认生成，代码如下。

```
DATABASES = {
    'default': {
        # 指定数据库引擎
        'ENGINE': 'django.db.backends.sqlite3',
        # 指定数据库文件的位置
        'NAME': os.path.join(BASE_DIR, 'db.sqlite3'),
    }
}
```

编写完成 models.py 中的数据模型代码后，要生成数据库表，需在命令行终端输入以下命令。

```
# 校验数据模型代码正确性，生成操作数据库的 SQL 语句、相关日志
python manage.py makemigrations
# 生成数据库表
python manage.py migrate
```

提示：代码段 1～5 合并起来就是 models.py 文件的完整内容。

14.1.9 补充说明

在 Permission 表中的 perm_code 字段，一般存放 list、add、del、edit 这 4 个对数据库表进行操作的动作，与权限资源 url 有对应关系，记录样例如表 14.1 所示。

表 14.1 Permission 表记录样例

id	title	url	perm_code	perm_group	pid
1	用户信息查看	/userinfo/	list	18	空
2	用户记录增加	/userinfo/add/	add	18	1
3	用户记录删除	/userinfo/del/(\d+)/	del	18	1
4	用户信息修改	/userinfo/edit/(\d+)/	edit	18	1

以上表格中的记录为 Permission 表中的 4 条记录，这些记录的 perm_group 是同一值，所以是属于同一个权限组。一个权限组一般包含对一个数据库表的操作权限，表 14.1 所示权限组 18 包含的权限是对 UserInfo 表进行查看、增加、删除、修改的权限。

Permission 表中某条记录的 pid 值为空，这条记录就是“权限菜单”，表 14.1 中 id 值为 1 的记录的 pid 值为空，因此“用户信息查看”可以作为二级菜单的标题。

Permission 表与 Role 表的记录是多对多关系，Django 在建表时会生第三个表：角色权限表。这个表包含 id、role_id、permission_id 共 3 个字段，role_id 对应角色表的 id，permission_id 对应权限表的 id，这个表包含了分配给角色的权限，如表 14.2 所示。

表 14.2　Role 表记录

id	role_id	permission_id
1	6	1
2	6	3
3	6	4

从表 14.2 中可以看到，Permission 表中 id 等于 1、3、4 的权限授予 Role 表 id 为 6 的角色记录，那么这个角色就有了对 UserInfo 的查看、增加、修改权限（参考表 14.2），在网页上表现为能对/userinfo/、/userinfo/add/、/userinfo/edit/112/等 URL 进行访问，/userinfo/edit/112/中的 112 指的是 UserInfo 数据表中的一个 id 字段值。

Role 表与 User Info 表的记录也是多对多关系，建表时也会生成第三个表：用户角色表。该表如表 14.3 所示。

表 14.3　用户角色表

id	userinfo_id	role_id
1	1	6
2	2	5
3	3	6

从表 14.3 中可以看到，第一条记录中，角色表中 id 等于 6 的角色记录授予用户表中 id 为 1 和 3 的用户记录，通过这个角色，id 为 1 和 3 的用户就有了对 UserInfo 的查看、增加、修改权限。

14.1.10　用户权限数据初始化配置

在 rbac 目录中创建一个 server 文件夹，在其下创建一个 init_permission.py 文件。这个文件主要有两个功能。一个功能是根据用户所属角色从数据库表中获取此用户的权限，然后按一定的数据格式存放在 request.session 中；另一个功能是把该用户涉及的菜单、权限组、权限等信息按数据表关联关系取出，按一定的数据格式也存放在 request.session 中。代码分段说明如下。

```
# 代码段 1
# 导入配置文件 settings.py
from django.conf import settings
```

```
    """
    这个函数一般在用户登录后接着调用，根据用户权限进行数据初始化
    初始化用户权限，写入 session 中
    参数 request 是 Request 请求对象
    参数 user_obj 是登录用户对象，取自 UserInfo 表
    """
    def init_permission(request, user_obj):
        """
        以下代码按照 Django ORM 查询语句语法取值
        首先通过 user_obj.roles 取得用户对象具有的所有角色对象
        roles 是 UserInfo 表中的字段，是多对多键，通过它关联到 Role 表
        values()通过外键字段加双下划线的方式取得关联表中的字段值
        例如，permissions__id 取得 Permission 表中的 id 字段值
        permissions 是 role 的字段，
        是个外键字段，关联 Permission 表
        permissions__pid_id中pid_id指的是Permission表的pid_id字段,对应的是数据模型的pid
        因为数据模型生成数据库表时，凡是外键字段会在数据库中字段名后加'_id'
        同理 permissions__perm_group_id 指的是 Permission 表的 perm_group_id 字段
        （这个字段是外键字段，对应的是数据模型中的 perm_group）
        permissions__perm_group__menu_id 先通过 Role 表中 permissions 字段关联到 Permission 表
        再通过 Permission 表中的 perm_group 字段关联到 PermGroup 表
        最后取得 PermGroup 表中的 menu_id 字段（这个字段是外键字段，对应数据模型中的 menu）
        同理 permissions__perm_group__menu__title 取得 Menu 表中的 title 字段
        最后用 distinct()删去重复的记录
        """
        permission_item_list = user_obj.roles.values('permissions__id',
                                                     'permissions__title',
                                                     'permissions__url',
                                                     'permissions__perm_code',
                                                     'permissions__pid_id',
                                                     'permissions__perm_group_id',
                                                     'permissions__perm_group__
menu_id',
                                                     'permissions__perm_group__
menu__title',
                                                     ).distinct()

        # print(permission_menu_list)
        # 初始化一个空字典变量
        permission_url_list = {}
        # 初始化一个列表变量
        permission_menu_list = []
```

以上代码通过 user_obj 变量传入的 UserInfo 对象，通过 UserInfo、Role、Permission、PermGroup、Menu 的关联关系，把用户拥有的权限、权限组、菜单等信息取出来，并通过 distinct()函数去重后存放在 permission_item_list 变量中。这段代码涉及 Django 的 ORM 操作语法，可参考前面章节。

```
# 代码段 2
    """
    通过循环取出 permission_item_list 中的值以填充 permission_url_list 字典
    字典以 perm_group_id 为分组标准，取得用户权限中的 url，code
    该字典的具体结构：以权限组的 id（perm_group_id）为键名
    键值由二级字典组成，二级字典有两个键值对，一个键名为 codes，其键值为列表
    列表项为权限代码（perm_code），另一个键名为 urls，键值为列表，列表项为 URL（url）
    """
    for item in permission_item_list:
          perm_group_id=item['permissions__perm_group_id']
          url=item['permissions__url']
          perm_code=item['permissions__perm_code']
          if perm_group_id in permission_url_list:
               permission_url_list[perm_group_id]['codes'].append(perm_code)
               permission_url_list[perm_group_id]['urls'].append(url)
          else:
               permission_url_list[perm_group_id]={'codes':[perm_code,],
                                                     'urls':[url,]}
    # 把 permission_url_list 存在 session 中
    # session 中的键名用的是 settings.py 文件中 PERMISSION_URL_KEY 变量的值
    # 前提是 settings.py 文件设有这个变量
    request.session[settings.PERMISSION_URL_KEY]=permission_url_list
    # print(permission_url_list)
```

以上代码把 permission_item_list 变量中与权限有直接关系的信息按照一定格式进行重新组合，形成字典格式的数据并保存在 request.session 中，数据结构如下。

```
  {
      1: {'codes': ['list', 'add', 'del', 'edit'],
           'urls': ['/userinfo/', '/userinfo/add/', '/userinfo/del/(\\d+)/',
 '/userinfo/edit/(\\d+)/']
        },
        2: {    'codes': ['list', 'add', 'edit', 'edit'],
          'urls': ['/department/', '/department/add/', '/department/edit/(\\
d+)/','/department/del/(\\d+)/']
        },
        3: {'codes': ['list', 'add', 'edit', 'del'],
```

```
        'urls': ['/order/', '/order/add/', '/order/edit/(\\d+)/', '/order/
del/(\\d+)/']
        }
    }
```

以上数据结构把权限代码整合在一个列表里，把 url 整合在一个列表里，然后按权限组进行分组存放。分析这个结构，可以看到 codes 中的项与 urls 中的项是一一对应关系。

```
# 代码段 3
    """
    通过循环取出 permission_item_list 中的值以填充 permission_menu_list 列表
    列表以权限 id 为分组标准，取得与菜单名、权限名、URL 相关的值
    该列表的具体结构：列表每项都是字典类型
    主要有权限 id、名称、url、pid、一级菜单 id 和名称等值
    """
    for item in permission_item_list:
    # 形成一个字典 tpl
        tpl={
            'id':item['permissions__id'],
            'title':item['permissions__title'],
            'url':item['permissions__url'],
            'pid_id':item['permissions__pid_id'],
            'menu_id':item['permissions__perm_group__menu_id'],
            'menu_title':item['permissions__perm_group__menu__title']
        }
        # 把字典加入列表中
        permission_menu_list.append(tpl)
    # print(permission_menu_list)
    request.session[settings.PERMISSION_MENU_KEY]=permission_menu_list
```

以上代码把 permission_item_list 变量中权限（id）、权限名称（title）、权限的 URL（url）、权限 pid（pid_id）、一级菜单 id（menu_id）、一级菜单名称（menu_title）等信息取出，按照一定格式进行组合，形成列表格式数据结构。列表中嵌套字典数据类型，并把数据保存在 request.session 中，数据结构如下。

```
    [{'id': 1, 'title': '用户查看', 'url': '/userinfo/', 'pid_id': None,
'menu_id':1, 'menu_title': '用户和部门管理'},
    {'id': 2, 'title': '用户增加', 'url': '/userinfo/add/', 'pid_id': 1,
'menu_id': 1, 'menu_title': '用户和部门管理'},
    {'id': 3, 'title': '用户删除', 'url': '/userinfo/del/(\\d+)/', 'pid_id':
1, 'menu_id': 1, 'menu_title': '用户和部门管理'}]
```

代码段 1～3 合并起来就是 init_permission.py 文件的完整内容。

与权限有关的数据存在 request.session 变量中，为了保持通用可移植性，我们在项目 rbac_template 文件夹下的配置文件 settings.py 中加入以下两行代码。

```
# 保存权限菜单
PERMISSION_URL_KEY = 'url_key'
PERMISSION_MENU_KEY = 'menu_key'
```

14.1.11 利用中间件验证用户权限

Django 中间件中的方法在客户端发出请求后、调用视图函数前或服务器发出响应后、到达客户端前等阶段运行。其中 process_request( )方法在浏览器发出请求后、调用视图函数前运行。

在 rbac 目录中创建一个 middleware 文件夹，在其下创建一个 rbac.py 文件。在这个文件编写 RbacMiddleware 类，这个类继承于 MiddlewareMixin，因此是一个中间件类。中间件类要让 Django 知道并调用，必须要在配置文件 settings.py 的 MIDDLEWARE 代码块中注册，代码如下，其中'rbac.middleware.rbac.RbacMiddleware'这一行代码注册了这个中间件。

```
MIDDLEWARE = [
    'django.middleware.security.SecurityMiddleware',
    'django.contrib.sessions.middleware.SessionMiddleware',
    'django.middleware.common.CommonMiddleware',
    'django.middleware.csrf.CsrfViewMiddleware',
    'django.contrib.auth.middleware.AuthenticationMiddleware',
    'django.contrib.messages.middleware.MessageMiddleware',
    'django.middleware.clickjacking.XFrameOptionsMiddleware',
    # 注册 RbacMiddleware 中间件，RbacMiddleware 类在 rbac/middleware/rbac.py 文件中
    'rbac.middleware.rbac.RbacMiddleware',
]
```

下面是 rbac.py 的具体代码，在这个文件中建立一个中间件类 RbacMiddleware，在这个类的 process_request( )方法中编写代码判断用户是否对某个 URL 有权限。

```
# 要用到 settings.py 文件中的配置，因此需要导入
from django.conf import settings
from django.shortcuts import HttpResponse, redirect
from django.utils.deprecation import MiddlewareMixin
# 导入正则表达式模块
import re
# 定义的中间件都继承于 MiddlewareMixin
class RbacMiddleware(MiddlewareMixin):
```

```
    """
    process_request()方法，是中间件原有的方法
    这个方法在客户端发出 request 请求后、执行视图函数前调用
    任何 request 请求都会先调用 process_request()方法
    该方法无返回、返回 None 或 HttpResponse 对象时，程序将继续执行其他中间件
    直到执行相应的视图
    如果它返回一个 HttpResponse 对象，程序中断执行，向客户端返回 HttpResponse
    我们重写这个方法，主要判断登录用户对当前要访问的 URL 是否有权限
    如果有权限则返回 None，程序继续向下执行，无权限则返回 HttpResponse 对象中止程序向下运行
    """
    def process_request(self, request):
        # 从请求中取得 URL，这个地址是用户请求地址
        # request.path_info 得到请求的路径
        # 如 http://127.0.0.1:8000/index/的 path_info 是/index/
        request_url = request.path_info
        # 从 sessoin 中取出 init_permission 中生成的字典,这个字典包含用户可以访问的 URL
        permission_url = request.session.get(settings.PERMISSION_URL_KEY)
        # print('访问 url', request_url)
        # print('权限--', permission_url)
        # 在 settings.py 文件中，SAFE_URL 保存无须权限、直接访问的 URL
        # 称为 URL 白名单
        # 如果请求 URL 在白名单，直接 return None 放行
        for url in settings.SAFE_URL:
               if re.match(url, request_url):
                      return None
        # 如果是超级用户，不进行权限审查
        if request.user.is_superuser:
            return None
        # 如果未取得 permission_url，说明用户没登录，重定向到登录页面
        if not permission_url:
            return redirect(settings.LOGIN_URL)
        flag = False
        """
        通过 for perm_group_id,code_url in permission_url.items()循环
        取出一级字典的键与值
        通过 for url in code_url['urls']循环取 URL
        用这个 URL 生成正则表达式（url_pattern = "^{0}$".format(url)）
        如果用户请求访问的地址与这个表达式匹配，说明用户有权限
        """
        for perm_group_id,code_url in permission_url.items():
            for url in code_url['urls']:
```

```
                    url_pattern = "^{0}$".format(url)
                    # print(url_pattern)
                    if re.match(url_pattern, request_url):
                        # 把权限代码放在 session 中
                        request.session['permission_codes']=code_url["codes"]
                        flag = True
                        break
                if flag:
                    return None
            if not flag:
                # 如果是调试模式，显示可访问 URL
                if settings.DEBUG:
                    info = '<br/>' + ('<br/>'.join(code_url['urls']))
                    return HttpResponse('无权限，请尝试访问以下地址：%s' % info)
                else:
                    return HttpResponse('无权限访问')
```

上述代码的相关说明如下。

（1）代码定义了中间件类 RbacMiddleware，这个类必须继承类 MiddlewareMixin，这段代码首先把 init_permission 程序存放在 session 中的权限数据取出来，存放在 permission_url 变量中。

（2）代码通过 request_url = request.path_info 语句取当前 URL，并判断当前 URL 是否在白名单中，在白名单的 URL 直接放行；如果当前 URL 不在白名单中，并且在 permission_url 中无数据，即没有相关权限数据，则重定向到登录页面，URL 白名单与登录页面均在 settings.py 中配置，以下代码是在 settings.py 中设置的 URL 白名单。

```
# 配置 URL 权限白名单
SAFE_URL = [
    r'/login/',
    '/admin/.*',
    '/index/',]
```

以下代码在 settings.py 中设置登录页面。

```
# 配置登录页面
LOGIN_URL = '/login/'
```

（3）代码后半部分根据 init_permission 中形成的数据结构，通过循环语句把数据中的 URL 与当前访问的 URL 进行正则表达式比对，当前访问的 URL 由代码中 request_url = request.path_info 这一个语句取得。比对成功后，把用户从权限代码(如 list、add、edit、del)取出存放在 equest.session['permission_codes']中备用，并允许进行下一步访问。如果循环结束仍未能比对成功，则提示“无权限访问”，并禁止进入下一步。

14.1.12　生成系统菜单所需数据

我们通过自定义模板标签的形式生成系统菜单所需要的数据，关于 Django 模板自定义标签的基本格式与编写方法请参考前面章节。

在 rbac 目录中创建一个 templatetags 文件夹，再在它的下面创建一个 custom_tag.py 文件，代码如下。

```
# 代码段 1
# 导入模板相关模块
from django import template
from django.conf import settings
import re,os
# 导入 mark_safe()函数
from django.utils.safestring import mark_safe
# 生成一个模板类库
register = template.Library()
"""
处理 init_permission 生成的数据结构，生成系统菜单的所需的数据结构
这个函数共有 3 个循环
第一个循环形成二级菜单字典
第二个循环把当前二级菜单设置为'active': True
第三个循环把一级菜单、二级菜单放在一个数据结构中，并分清层次
"""
def get_structure_data(request):
    # 取出当前请求的 URL
    current_url= request.path_info
    # 取出 init_permission 生成的数据，这是一个列表类型，每个列表项是字典类型
    perm_menu = request.session[settings.PERMISSION_MENU_KEY]
    # 初始化一个空字典
     menu_dict = {}
    """
    以下 for 循环的目的是
    获得权限菜单（二级菜单），判断依据，pid_id 为空即为二级菜单
    通过循环取出 perm_menu 的每一个列表项（字典类型），判断字典中的 pid_id 是否为空
    为空时，把该列表项（字典类型）加入 menu_dict 字典
    键名是列表项字典中的 id，键值是该列表项
    这样 menu_dict 形成一个包含两级的字典
    """
    for item in perm_menu:
        # not item["pid_id"]成立说明 pid_id 为空
```

```
        if not item["pid_id"]:
            menu_dict[item["id"]]=item.copy()
"""
以下 for 循环目的是
在 menu_dict 字典中
给当前（用户选中的）二级菜单所在的二级字典加一个键值对'active': True
判断依据为二级菜单记录的 URL 与用户请求地址匹配
通过循环取出 perm_menu 的每一个列表项（字典类型），用字典中的 url 值生成正则表达式
如果用户请求的 URL 与这个表达式匹配，再判断列表项字典中 pid_id 的值是否为空
如果为空，到 menu_dict 的二级字典中加一个键值对'active': True
当 pid_id 不为空时，找到 menu_dict 中 id 值等于 pid_id 值的二级字典
加一个键值对'active': True
这个流程就是：如果二级菜单被应用，这个二级菜单就被激活（'active': True）
如果隶属于二级菜单的权限被选中，这个二级菜单也被设为激活状态（'active': True）
"""
for item in perm_menu:
        regex="^{0}$".format(item["url"])
        if  re.match(regex,current_url):
            # print(current_url)
            if not item["pid_id"]:
                menu_dict[item["id"]]["active"]=True
            else:
            # 非权限菜单记录，把本记录隶属的二级菜单的 active 设置为 True
              menu_dict[item["pid_id"]]["active"]=True
menu_result={}
"""
以下 for 循环代码块目的是把一级菜单与二级菜单放在一起，并分出层次
通过循环 menu_dict 字典的键值项，获取每项键值（二级字典）
取出字典的 menu_id、active 值
开始给 menu_result 赋值，这个字典是多层的，一级是字典
键名是 menu_id 的值，键值是字典类型，包含了一级菜单的相关内容和一个 children 键
这个键值是一个字典类型，可以算是二级字典
在二级字典中，children 键值是一个列表，在列表中以字典形式加入二级菜单的信息
也就是每一个列表项是一个字典，这个二级菜单隶属于一级菜单
如果二级菜单的 active 等于 True，那么它隶属的一级菜单也设为'active': True
其他一级菜单二级菜单都设为'active': None
"""
for item in menu_dict.values():
    # 给 active 变量赋值，如果取不到值，则 active=None
     active=item.get("active")
```

```
            menu_id=item.get("menu_id")
            if menu_id in menu_result:
            # 如果menu_id已存在menu_result字典中
            # 则为二级字典中的children键值增加一个项（该项是字典类型）
                menu_result[menu_id]["children"].append({'title':item['title'],
'url':item['url'],'active':active})
                if active:
                    # 设置一级菜单的active为True
                    menu_result[menu_id]["active"]=True
        else:
            """
            如果menu_id在menu_result字典中不存在，先生成一级字典
            键名为一级菜单的id(menu_id)，一级字典的键值也是字典类型
            这算是二级字典，二级字典存放的是一级菜单信息和children键
            在二级字典中children的键值又是一个列表，在列表加入二级菜单信息
            这些信息以字典的形式存放，也就是每一个列表项是一个字典类型
            """
            menu_result[menu_id]={
                'menu_id':menu_id,
                'menu_title':item['menu_title'],
                'active':active,
                'children':[
                    {'title': item['title'], 'url': item['url'], 'active': active}
                ]
            }
    # print(menu_result)
    # 返回生成的数据结构
    return menu_result
```

以上代码中的函数通过 3 个 for 循环语句形成前端页面菜单所需的数据结构。第一个 for 循环语句从 request.session[settings.PERMISSION_MENU_KEY]中把二级菜单的记录筛选出来，判断依据是 pid_id 的值，值为空就是二级菜单。代码形成二级菜单信息组成的字典，字典的键用的是二级菜单的 id 值，数据结构如下。

```
    {
    1: {'id': 1, 'title': '用户查看', 'url': '/userinfo/', 'pid_id': None,
'menu_id': 1, 'menu_title': '用户和部门管理'},
    5: {'id': 5, 'title': '部门查看', 'url': '/department/', 'pid_id': None,
'menu_id': 1, 'menu_title': '用户和部门管理'}
    9: {'id': 9, 'title': '订单查看', 'url': '/order/', 'pid_id': None,
```

```
'menu_id': 2, 'menu_title': '订单信息的管理'}
    }
```

第二个 for 循环语句把 request.session[settings.PERMISSION_MENU_KEY]中存放的数据中的 URL 与当前访问的 URL 进行比对，当前访问的 URL 由代码中的 current_url= request.path_info 这一个语句取得。若比对成功，再判断这条记录是二级菜单还是纯权限记录。如果是二级菜单，说明用户在页面上选中了这个菜单，这个菜单处于激活状态，在包含这个二级菜单的字典中增加"active":True 键值对。如果是纯权限记录，找到权限记录所属的二级菜单字典项并增加"active":True 键值对，形成的数据结构如下。

```
    {
    1: {'id': 1, 'title': '用户查看', 'url': '/userinfo/', 'pid_id': None,
'menu_id': 1, 'menu_title': '用户和部门管理', 'active': True},
    5: {'id': 5, 'title': '部门查看', 'url': '/department/', 'pid_id': None,
'menu_id': 1, 'menu_title': '用户和部门管理'}
    9: {'id': 9, 'title': '订单查看', 'url': '/order/', 'pid_id': None,'menu_
id':2, 'menu_title': '订单信息的管理'}
    }
```

第三个 for 循环语句对数据继续整理，成父子结构的形式。字典中一级由一级菜单内容组成，通过 children 键值列表中嵌套子字典，内容包含二级菜单的信息。按照常理，二级菜单被选中，处于激活状态，那么它所隶属的一级菜单也应处于激活状态。因此第三个 for 循环判断只要二级菜单有一个键值对是'active': True，就设置它的一级菜单的'active': True。如果隶属于一级菜单的所有二级菜单没有'active'键，设置它的一级菜单的'active':None，并设置二级菜单的'active':None。形成的数据结构如下。

```
    {
    1: {'menu_id': 1, 'menu_title': '用户和部门管理', 'active': True,
    'children': [{'title': '用户查看', 'url': '/userinfo/', 'active': True },
     {'title': '部门查看', 'url': '/department/', 'active': True}]},
    2: {'menu_id': 2, 'menu_title': '订单信息的管理', 'active': None,
     'children': [{'title': '订单查看', 'url': '/order/', 'active': None}]}
    }
```

以上数据结构层次清晰，成为前端网页菜单结构与布局所需的数据结构。

```
    # 代码段 2
    # inclustion_tag 对一段 HTML 代码进行渲染改造后并返回
    @register.inclusion_tag("rbac_menu.html")
    def rbac_menu(request):
        menu_data = get_structure_data(request)
    return {'menu_result':menu_data}
```

以上代码是自定义模板标签，把get_structure_data()函数生成的数据结构传给templates文件夹下的rbac_menu.html。代码段1和代码段2合并起来就是custom.py文件的完整内容。

rbac_menu.html根据传入的数据进行菜单展示，其代码如下，这段代码仅说明了功能实现，没有对界面进行渲染，实际项目中可按这种思路制订适合自己项目的菜单展示效果。

```
{% for k,item in menu_result.items %}
 <div class="top_menu" >{{ item.menu_title }}</div>
    {% if item.active %}
            <div class="sub_menu " >
        {% else %}
            <div class="sub_menu nodisplay" >
        {% endif %}
        {% for v in item.children %}
            {% if v.active %}
                    <a href="{{ v.url }}" class="active"><h4>{{ v.title
}}</h4></a>
            {% else %}
                    <a href="{{ v.url }}">{{ v.title }}</a>
            {% endif %}
        {% endfor %}
    </div>
{% endfor %}
```

以上代码不但有HTML语法，也包含Django模板语法，通过模板语法对一级、二级菜单进行布局，并根据访问的权限状态，确定菜单是否显示、是否展开与收缩。

程序运行时能找到这个rbac_menu.html文件，是因为在settings.py文件的TEMPLATES代码块中设置了“'DIRS': [os.path.join(BASE_DIR,'templates')],”，代码如下。

```
BASE_DIR = os.path.dirname(os.path.dirname(os.path.abspath(__file__)))
…
TEMPLATES = [
    {
        'BACKEND': 'django.template.backends.django.DjangoTemplates',
        'DIRS': [os.path.join(BASE_DIR,'templates')],
        'APP_DIRS': True,
        'OPTIONS': {
            'context_processors': [
                'django.template.context_processors.debug',
                'django.template.context_processors.request',
                'django.contrib.auth.context_processors.auth',
                'django.contrib.messages.context_processors.messages',
```

```
            ],
        },
    },
]
```

上述代码的相关说明如下。

（1）由首行代码可以推出 BASE_DIR 值为/rbac_template/。

（2）在 TEMPLATES 的 DIRS 列表的 os.path.join(BASE_DIR,'templates') 的值可以推导出模板文件所在文件夹为/rbac_template/templates/，Django 会到这个文件夹下找模板文件。

14.2 样例 11：RBAC 权限管理在项目中的应用

权限管理设计开发完成后，其功能和通用性必须放到实际项目中进行测试，才能检验出其在权限管理方面是否达到设计要求。

14.2.1 引入 RBAC 权限管理的基本流程

要想在项目中应用 RBAC 权限管理模块，必须先将其加入项目。加入项目后首先根据项目的实际情况梳理项目菜单、规划权限资源；然后通过 Django Admin 管理后台的超级用户把这些信息输入菜单、权限等相关的数据表，划分好角色权限、确定好用户，并在角色表、用户表中输入相关信息；最后合理地把权限分配给角色，再把角色赋予用户。完成上述工作，RBAC 权限管理模块才能进行权限管理和控制。

14.2.2 RBAC 权限管理模块部署到新项目

举例说明，假如我们建立一个项目 project_01，在项目中建立一个应用程序 test_rbac，需要用到下面的命令进行构建。

```
django-admin  startproject  project_01
cd  project_01
python manage.py  startapp  test_rbac
```

这样项目 project_01 会自动生成项目的程序架构，并且都建立在 project_01 目录下，该目录下主要有 project_01、templates、static、test_rbac 共 4 个目录。

14.2.3 复制及新建相关文件

将本章前半部分介绍的项目 rbac_template 下的 rbac 目录整个复制到 project_01 目录下，在 project_01 下新建 static 目录。在 static 目录下新建文件夹 bootstrap，下载 Bootstrap 框架并解压，将解压后文件夹下面的 css、font、js 等 3 个文件夹复制到/project_01/static/bootstrap/下。下载 jquery-3.3.1.js 并复制文件夹到/project_01/static/下。

在 static 目录下新建 rbac 文件夹，在下面新建一个 rbac.css 文件，主要用于 rbac_menu.html 简单渲染，代码如下。

```
.top_menu{
    font-size:14pt;
    padding: 1px 6px;
}
.sub_menu{
    font-size:10pt;
    padding: 3px 26px;
}
.sub_menu a{
    display: block;
}
.sub_menu a.active{
    color: red;
}
.nodisplay{
    display: none;
}
```

以上代码 top_menu 修饰一级菜单、sub_menu 修饰二级菜单，供读者参考。

同时在 rbac 文件夹下建立 rbac.js 文件，代码如下。

```
$(function () {
        $(".top_menu").click(function () {
        $(this).next().toggleClass("nodisplay");
         })
    });
```

以上代码是 JavaScript 脚本，当单击一级菜单时，实现二级菜单显示与隐藏。

14.2.4 配置参数

在/project_01/project_01/settings.py 中的 INSTALLED_APPS 代码块中注册 rbac、test_rbac 应用。

```
INSTALLED_APPS = [
    …
    # 注册 rbac 应用
    'rbac',
    # 注册 test_rbac 应用
    'test_rbac',
    ]
```

在/project_01/project_01/settings.py 中增加 PERMISSION_URL_KEY、PERMISSION_MENU_KEY 两个变量。

```
# 定义保存用户权限 URL 相关信息 session 的键名（url_key）
PERMISSION_URL_KEY = 'url_key'
# 定义保存菜单相关信息 session 的键名（menu_key）
PERMISSION_MENU_KEY = 'menu_key'
```

在/project_01/project_01/settings.py 中的 MIDDLEWARE 代码块中注册 RbacMiddleware 中间件。

```
MIDDLEWARE = [
    …
    'rbac.middleware.rbac.RbacMiddleware',
]
```

在/project_01/project_01/settings.py 中配置 URL 白名单，加入白名单的 URL，实现不检查权限也可进入这些页面，如登录页面、登出页面等，而且可以根据实际需要增加新的 URL。

```
# 配置 URL 权限白名单
SAFE_URL = [
# 登录页面 URL
    '/login/',
    # 退出页面 URL
    '/index/',
    # 后台管理页面 URL
    '/admin/.*',
    # 登出页面 URL
    '/logout/',
  …
]
```

在/project_01/project_01/settings.py 中的 TEMPLATES 代码块中设置'DIRS'的值。

```
TEMPLATES = [
    {
        'BACKEND': 'django.template.backends.django.DjangoTemplates',
        'DIRS': [os.path.join(BASE_DIR,'templates')],
```

以上配置指定项目程序到/project_01/templates 文件夹中找模板文件，BASE_DIR 指的是当前目录，本项目的 BASE_DIR 就是/project_01 文件夹。

在/project_01/project_01/settings.py 中增加以下两行代码。

```
STATIC_URL = '/static/'
STATICFILES_DIRS=(os.path.join(BASE_DIR,'static'),)
```

以上配置指定项目到/project_01/static 文件夹中查找静态文件。

14.2.5 测试项目的结构

这里的代码示例只是为了将测试项目调用 RBAC 模块的方法介绍明白，因此这个项目没有用到后台数据库，也没有对页面进行美化。

1. 路由设置

Django 架构通过 urls.py 文件对所有的 URL 进行配置，这样程序就可以根据路由规则选择不同的业务处理函数以进行处理。

```
from django.contrib import admin
from django.urls import path
from django.conf.urls import url
# 导入相关视图函数
from test_rbac import views
urlpatterns = [
    path('admin/', admin.site.urls),
    path('login/', views.login),
    path('logout/', views.logout),
    path('index/', views.index),
    # 对 UserInfo 表操作，可以分在一个权限组
    path('userinfo/', views.userinfo),
    path('userinfo/add/', views.userinfo_add),
    path('userinfo/del/(\d+)/', views.userinfo_del),
    path('userinfo/edit/(\d+)/', views.userinfo_edit),
    # 对 order 表操作，可以分在一个权限组
    path('order/', views.order),
    path('order/add/', views.order_add),
    path('order/del/(\d+)/', views.order_del),
    path('order/edit/(\d+)/', views.order_edit),
    # 对 department 表操作，可以分在一个权限组
    path('department/', views.department),
    path('department/add/', views.department_add),
    path('department/del/(\d+)/', views.department_del),
    path('department/edit/(\d+)/', views.department_edit),
]
```

以上为/project_01/project_01/url.py 中的代码，我们设置了 userinfo、order、department 共 3 种表的 URL 配置，后面将分别归类于 3 个权限组。

2. 基本权限页面类代码编写

在/project_01/test_rbac/view.py 中编写业务逻辑代码，我们首先写一个页面的基本权限类 BasePermPage，这个类有 3 个方法，主要判断页面是否有增加、删除、修改权限。这里没有查看权限判断，因为我们把查看权限当作二级菜单记录，这个二级菜单权限在初始化菜单过程时已设定好，读者可以查看 custom_tag.py 文件的代码。

```
# 导入 HttpResponse 对象相关模块
from django.shortcuts import render, redirect, HttpResponse
# 导入 settings.py 文件配置
from django.conf import settings
# 导入权限管理应用中的数据模型
from rbac import models
# 导入权限管理应用的初始化模块
from rbac.service.init_permission import init_permission
# 建立一个基本页面，判断用户在该页面上是否有增加、删除、修改权限
class BasePermPage(object):
    # 类的初始化函数，code_list 参数是接收 request.session['permission_codes']的值
    # request.session['permission_codes']的值在 RBAC 模块的中间件 RbacMiddleware 中赋予
    def __init__(self, code_list):
        self.code_list = code_list
    def has_add(self):
        if "add" in self.code_list:
            return True
    def has_del(self):
        if "del" in self.code_list:
            return True
    def has_edit(self):
        if "edit" in self.code_list:
            return True
```

以上代码建立一个类，这个类被实例化并传给页面后，BasePermPage 实例化对象根据传入的权限代码，判断用户对当前页面是否有增加、删除、修改权限。

3. 母版文件

在/project_01/templates 中新建文件夹 test_rbac，为了层次清楚，项目中编写的 HTML 模板文件都放置在 test_rbac 文件夹中；编写母版文件的目的是让项目中大部分页面继承于这个母版，达到统一页面的效果，其代码如下。

```
{% load static %}
```

```
{% load custom_tag %}
<html lang="en">
<head>
    <meta charset="UTF-8">
    <meta http-equiv="X-UA-Compatible" content="IE=edge">
    <meta name="viewport" content="width=device-width">
    <title>首页</title>
     <link href="{% static 'bootstrap/css/bootstrap.min.css' %}" rel=
"stylesheet">
    <link rel="stylesheet" href="{% static 'rbac/rbac.css' %}">
     <script src="{% static 'jquery-3.3.1.js' %}"></script>
     <script src="{% static 'rbac/rbac.js' %}"></script>
    </script>
</head>
<body>
<div >
    <div style="float: left;width: 20%;height: 900px;background-color:
darkgrey">
    <h4 >  菜单栏</h4>
    <br>
    <!--   调用自定模板标签   //-- >
        {% rbac_menu request %}
        <a type='button' href='/logout/' class='btn btn-primary'>退出</a>
    </div>
    <div style="float: left;width: 80%">
    <!--   模板文件的块，继承页从这里写自己的 HTML 代码   //-- >
        {% block content %}
        {% endblock %}
    </div>
</div>
</body>
</html>
```

上述代码的相关说明如下。

（1）因为此处主要为了说明如何调用 RBAC 权限管理模块，所以 HTML 代码写得较为简单，没有过多渲染。

（2）代码开头的{% load static %}导入静态管理模块，这样就可以引用静态文件，如 CSS、JavaScript、图形等文件；引用方式用{% static '×××/×××/×××.css' %}形式的模板标签，这里 static 是路径前缀，在 settings.py 中设置，关于静态文件引用可参考前面章节的介绍。

（3）代码中的{% load custom_tag %}是为了导入自定义模板标签文件，这样就可以调用文件中定义的方法，{% rbac_menu request %}这个模板标签的作用是调用 cutsom_tag 中的 rbac_menu (request)方法，把/templates/rbac_menu.html 文件渲染后，生成菜单放在页面上。

4. 用户登录代码

首先建立登录视图函数 login()，代码如下。

```
# 导入权限管理应用的初始化函数
from rbac.service.init_permission import init_permission
def login(request):
    # 请求方式是 GET 说明是第一次打开页面，重定向到 login 页面
    if request.method == "GET":
        return render(request, "test_rbac/login.html")
    else:
        # 当请求方式是 POST 时，从提交数据中取出 username、password
        username = request.POST.get("username")
        password = request.POST.get("password")
        # 取得一个用户对象
        user = models.UserInfo.objects.filter(username=username, password=
password).first()
        if user:
            # 对用户权限进行数据初始化
            init_permission(request,user)
            return redirect("/index/")
        else:
            return render(request, "test_rbac/login.html")
```

代码开头通过 from rbac.service.init_permission import init_permission 导入 RBAC 模块中的 init_permission()，它是初始用户权限的功能函数，然后登录视图函数用这个函数对用户权限进行初始化，把该用户权限从数据库表中取出来并放在 session 中。

根据 URL 配置，视图函数 login()对应的模板文件为/templates/test_rbac/login.html，其主要代码如下。

```
<body>
<div align="center">
    <br>
    <h2>用户登录</h2>
<form method="post" action="/login/">
    {% csrf_token %}
    <p>姓名：<input type="text" name="username"></p>
```

```
        <p>密码：<input type="password" name="password"></p>
        <p><input type="submit" value="提交"></p>
</form>
        </div>
</body>
```

5. 首页代码

首页的视图函数 index()的代码如下。

```
def index(request):
    return render(request, "test_rbac/index.html")
```

与视图函数 index()对应的模板文件是 index.html，其主要代码如下。

```
{% extends 'test_rbac/base.html' %}
{% block content %}
<div  align="center">
 <br>
 <br>
  <h1>你好，这是一个简单首页</h1>
 <br>
<h5>本页面主要为测试基于 RBAC 通用权限管理的功能，</h5>
<br>
<h5>所以本页面没有进行渲染和美化。</h5>
 </div>
 {% endblock %}
```

上述代码的相关说明如下。

（1）代码开头通过{% extends 'test_rbac/base.html' %}设置本页面继承于母版文件，这里需注意的是，这句代码必须放在页面代码首行。

（2）继承母版的模板文件的 HTML 代码一定要写在块内，在块外的代码不被 Django 解析。如本页面中的 HTML 代码必须写在{% block content %}…{% endblock %}。

6. userinfo 相关代码

视图函数 userinfo()的代码如下。

```
def userinfo(request):
    # 实例化 BasePermPage，pagepermission 成为实例化对象
    # 传给模板文件后，在模板文件上可以控制用户相应的权限
    pagpermission =BasePermPage(request.session.get('permission_codes'))
    # 这里生成测试数据
```

```
        data_list = [
            {"id": 1, "name": "张三","work":"律师"},
            {"id": 2, "name": "李四","work":"教师"},
            {"id": 3, "name": "王五","work":"程序员"},
            {"id": 4, "name": "赵六","work":"医生"},
            {"id": 5, "name": "田七","work":"护士"},
        ]
        return render(request, "test_rbac/userinfo.html", {"data_list": data_list, "pagpermission": pagpermission})
```

视图函数代码实例化了 BasePermPage，生成一个对象 pagpermission，这个对象存储着登录用户在该页面上的权限代码。通过 render()函数把 pagepermission 对象传递给模板文件，模板文件会根据权限代码，控制用户对页面的访问行为。

与 userinfo() 对应的模板文件是 userinfo.html，其代码如下。

```
    {% extends 'test_rbac/base.html' %}
    {% block content %}
    <div align="center">
    <h2>用户查看</h2>
        <p></p>
            <table border="1" width="600px">
                <thead>
                    <th>编号</th>
                    <th>姓名</th>
                    <th>职业</th>
                    <th>允许的操作</th>
                </thead>
                <tbody>
                {% for row in data_list %}
                    <tr>
                        <td>{{ row.id }}</td>
                        <td>{{ row.name }}</td>
                         <td>{{ row.work }}</td>
                        <td>
        <!--  判断用户是否有修改权限，决定“编辑”链接是否显示// -- >
                            {% if pagpermission.has_edit %}
                             <a href="/userinfo/edit/12/">编辑</a>
                            {% endif %}
        <!--  判断用户是否有删除权限，决定“删除”链接是否显示// -- >
                           {% if pagpermission.has_del %}
```

```
                    <a href="/userinfo/del/12/">删除</a>
                  {% endif %}
                </td>
            </tr>
        {% endfor %}
        </tbody>
    </table>
    <br>
    <!--  判断用户是否有增加权限，决定“添加用户”链接是否显示// -- >
      {% if pagpermission.has_add %}
     <a href="/userinfo/add/">添加用户</a>
    {% endif %}
    </div>
{% endblock %}
```

上述代码的相关说明如下。

（1）代码第一行的{% extends 'test_rbac/base.html' %}设置本页面继承于base.html，注意test_rbac前面一定不要加“/”分隔符。

（2）本模板文件的主要部分是一个表格控件。

（3）代码通过模板语言判断传入的pagpermission对象是否有相关权限，来确定相关操作链接是否显示。

与userinfo()有关的其他视图函数代码如下，这些是涉及增加、删除、修改的视图函数，供读者参考。

```
def userinfo_add(request):
    if request.method == "GET":
        return render(request,"test_rbac/useradd.html")
    else:
        return redirect("/userinfo/")
def userinfo_del(request, nid):
    return HttpResponse("删除用户")
def userinfo_edit(request, nid):
    return HttpResponse("编辑用户")
```

以下是/useradd.html的代码，供读者参考。

```
{% extends "test_rbac/base.html" %}
{% block content %}
<div align="center">
    <br>
    <br>
```

```
        <h2>增加用户</h2>
        <form action="" method="post">
            {% csrf_token %}
            <p>编号：<input type="text" name="bianhao"></p>
            <p>姓名：<input type="text" name="name"></p>
            <input type="submit" value="提交">
        </form>
    </div>
    {% endblock %}
```

7. 其他视图函数、模板文件

其他视图函数代码如下。

```
    def department(request):
    # 实例化 BasePermPage
        pagpermission = BasePermPage(request.session.get('permission_codes'))
        return ender(request,"test_rbac/department.html",{"pagpermission":
pagpermission})
    def department_add(request):
        return HttpResponse("添加部门")
    def department_del(request, nid):
        return HttpResponse("删除部门")
    def department_edit(request, nid):
        return HttpResponse("编辑部门")
    def order(request):
        # 实例化 BasePermPage
        pagpermission = BasePermPage(request.session.get('permission_codes'))
        return render(request,"test_rbac/order.html",{"pagpermission":
pagpermission})
    def order_add(request):
        return HttpResponse("添加订单")
    def order_del(request, nid):
        return HttpResponse("删除订单")
    def order_edit(request, nid):
        return HttpResponse("编辑订单")
```

以上代码定义访问网页的业务逻辑，重点部分是实例化 BasePermPage 类，并把实例化后的对象传给页面，通过页面上的模板语言对权限进行控制，即有权限的链接显示在页面、无权限的链接不显示。

department.html 文件代码如下。

```
    {% extends 'test_rbac/base.html' %}
```

```
{% block content %}
<div align="center">
<h2>部门查看</h2>
    <p></p>
        <table border="1" width="300px">
            <thead>
                <th>允许的操作</th>
            </thead>
            <tbody>
                <tr>
                    <td>
                        <!--  判断用户权限，决定“编辑”链接是否显示// -- >
                         {% if pagpermission.has_edit %}
                          <a href="/department/edit/66/">编辑</a><br>
                         {% endif %}
                        <!--  判断用户权限，决定“删除”链接是否显示// -- >
                        {% if pagpermission.has_del %}
                         <a href="/department/del/66/">删除</a><br>
                        {% endif %}
                         <!--  判断用户权限，决定“添加”链接是否显示// -- >
                           {% if pagpermission.has_add %}
                         <a href="/department/add/">添加</a><br>
                           {% endif %}
                    </td>
                </tr>
            </tbody>
        </table>
    <br>
  </div>
{% endblock %}
```

其他视图函数、模板文件代码与此相似，不再一一列举。

14.2.6 权限分配管理

我们利用 Django Admin 管理后台完成输入用户信息、输入角色、输入权限信息、分配权限等功能。

1. 数据模型注册

数据模型只有在 Django Admin 上注册了，才能被管理后台管理。数据模型注册时，还能设置自定义样式，这是后台管理系统的强大之处。

首先需要把数据表注册到后台管理系统，在/project_01/rbac/admin.py 写入以下代码。

```
# 导入 Django Admin 管理后台的相关模块
from django.contrib import admin
# 导入 RBAC 权限管理中创建的数据模型
from rbac import models
# 将数据模型 Menu 注册到管理后台
admin.site.register(models.Menu)
# 自定义样式
class PermissionAdmin(admin.ModelAdmin):
    # 指定列表页面显示的字段
    list_display = ['title','url','perm_code','perm_group','pid']
# 注册数据模型到管理、第二个参数传入后，管理后台将采用第二个参数指定的样式
admin.site.register(models.Permission,PermissionAdmin)
class PermGroupAdmin(admin.ModelAdmin):
    # 指定列表页面显示的字段
    list_display = ['title','menu']
admin.site.register(models.PermGroup,PermGroupAdmin)
admin.site.register(models.Role)
class UserInfoAdmin(admin.ModelAdmin):
    list_display = ['username','password','nickname','email']
admin.site.register(models.UserInfo,UserInfoAdmin)
```

以上代码使 models.py 中建立的数据表纳入 Django Admin 管理后台进行管理，通过自定义样式可以使管理后台用自定义样式管理数据。UserInfo 数据表应用自定义样式，在管理后台的显示样式如图 14.2 所示。

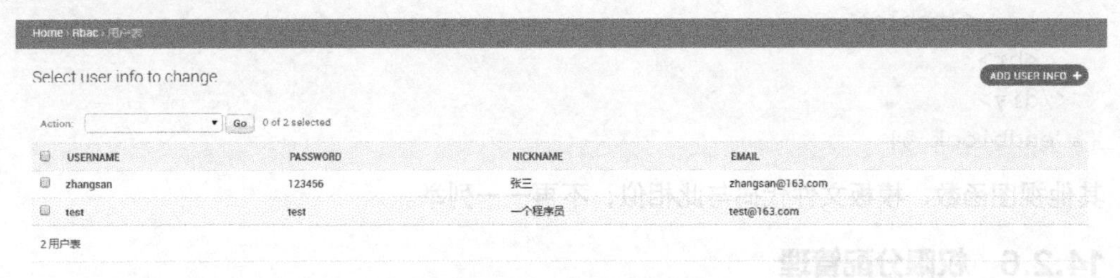

图14.2　自定义样式

2. 生成数据库表

这一步在数据库中生成数据表，在命令行终端输入以下命令。

```
python manage.py makemigrations
python manage.py migrate
```

创建超级用户，用这个用户进行权限分配，在命令行终端输入以下命令。

```
python manage.py createsuperuser
```

发出创建超级用户的命令后，按照提示逐步输入相关信息，就在管理后台建立了一个超级用户，该用户在 Django Admin 管理后台具有最高权限。

3．基础数据输入

首先要启动程序才能进行数据输入，在命令行终端输入以下命令。

```
python manage.py runserver
```

在浏览器地址栏中输入 http://127.0.0.1:8000/admin/，出现登录窗口。以超级用户登录并进入系统，可以看到角色、用户、菜单、权限等数据库表排列在页面，单击相应数据库表名，就可以进行数据输入。

用户信息输入，在 Rbac administration 页面，单击“用户表”链接，打开用户表增加与修改页面进行数据输入。用户表的 roles 字段可以多选，也可单击“+”建立新的角色，操作非常方便。

一级菜单信息输入，单击“一级菜单表”链接，进入增加与修改页面进行输入和修改，输入的信息要根据项目实际情况确定。

权限信息输入时，要注意合理划分权限，合理设置二级菜单。规划权限时，参考项目的 URL 配置是有必要的，因为 Web 系统中权限主要表现在某个 URL 资源是否可访问、可修改。本项目中有 16 个 URL 配置项，其中 1 个是管理后台的 URL，3 个属于白名单的 URL，可以推出有 12 个 URL 可以设为权限，因此根据配置项与权限表字段要求，我们输入的权限记录如图 14.3 所示。

权限名称	URL	权限代码	所属权限组	所属二级菜单
订单删除	/order/del/(\d+)/	del	订单管理组	订单查看
订单修改	/order/edit/(\d+)/	edit	订单管理组	订单查看
订单增加	/order/add/	add	订单管理组	订单查看
订单查看	/order/	list	订单管理组	-
部门删除	/department/del/(\d+)/	del	部门管理组	部门查看
部门修改	/department/edit/(\d+)/	edit	部门管理组	部门查看
部门增加	/department/add/	add	部门管理组	部门查看
部门查看	/department/	list	部门管理组	-
用户修改	/userinfo/edit/(\d+)/	edit	用户管理组	用户查看
用户删除	/userinfo/del/(\d+)/	del	用户管理组	用户查看
用户增加	/userinfo/add/	add	用户管理组	用户查看
用户查看	/userinfo/	list	用户管理组	-

图14.3　权限表中的记录

在实际输入过程中，要注意输入 url 字段时不要忘记分隔符，即前后都要加上分隔符“/”。举例说明如何输入权限信息，例如：在项目的 urls.py 文件中的“url(r'^userinfo/del/(\d+)/$', views.userinfo_del),”，我们对应在权限表 URL 的 url 字段中输入/userinfo/del/(\d+)/，在权限名称字段 title 中输入“用户删除”，权限代码字段 perm_code 中输入“del”等，输入界面如图 14.4 所示。

图14.4 Permmission表数据输入界面

权限组数据的输入，同样也要合理划分，一般把操作同一个数据库表的权限放在一个组中。

角色数据输入，角色名字要与角色所拥有的权限相对应，让人看到角色名，大致能分析出这个角色拥有的权限，这样增加了从角色向用户授权的直观性。

需要说明一下，在本例中我们把权限表中权限菜单“用户查看”以及与用户管理相关的权限归属于“用户管理组”，权限菜单“部门查看”以及与部门管理相关的权限归属于“部门管理组”，权限菜单“订单查看”及与订单管理相关的权限归属于“订单管理组”。把“用户管理组”和“部门管理”归属于一级菜单“用户和部门管理”，“订单管理组”归属于一级菜单“订单信息的管理”，这样读者就理解后面介绍的系统测试结果。

菜单、权限组、权限、角色的信息输入完成后，最后一步就是把角色授予用户，可以把多个角色授予同一个用户，这样用户就拥有了相应角色的权限，用户在登录后就可以在权限规定范围内使用应用系统了。

4. 系统测试

用 python manage.py runserver 命令重新启动程序，输入网址 http://127.0.0.1:8000/login/（这里假设本机上测试），登录系统进行测试。我们单击“用户和部门管理”，这个菜单展开后显示“用户查看”“部门查看”两个菜单，单击“用户查看”菜单，左侧出现用户查看页面，如图 14.5 所示。

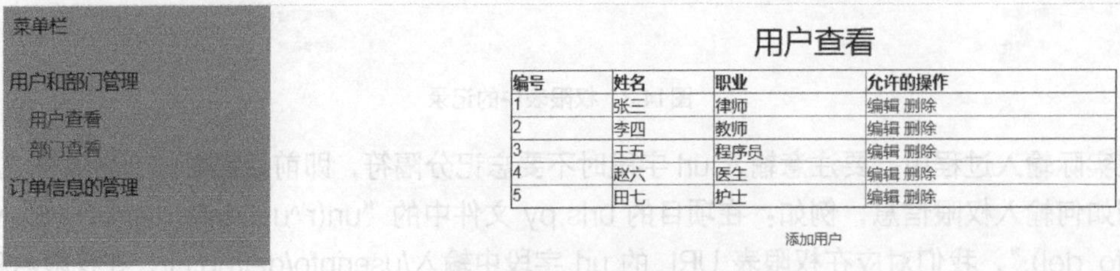

编号	姓名	职业	允许的操作
1	张三	律师	编辑 删除
2	李四	教师	编辑 删除
3	王五	程序员	编辑 删除
4	赵六	医生	编辑 删除
5	田七	护士	编辑 删除

图14.5 程序测试中的“用户查看”页面

图 14.5 是一个拥有查看、编辑、删除、添加权限的用户登录后，单击“用户查看”菜单后的页面样式。首先左侧菜单上的“用户查看”菜单变成红色，表示为当前激活菜单；右侧显示了用户的列表，列表每一行上的编辑、删除以及表格下方的添加用户按钮都显示出来并能访问，是因为该用户拥有这些权限。

14.3 小结

本章讲述了基于 RBAC 的通用权限管理模块的设计开发，介绍了权限管理数据库的设计、利用中间件进行权限校验、利用组件进行权限初始化、利用自定义模板标签生成主菜单、页面权限判断类的编写、权限规划分配等内容，让读者了解设计开发一个通用权限管理模块的过程。本章最后介绍了如何将 RBAC 权限管理模块运用到项目中。

第 15 章

基于权限管理的车费管理系统开发

本章主要介绍车费管理系统的开发，包括车辆信息维护、部门信息维护、用户分配、车费上报、车费审批、车费统计等功能。该系统实行车费“日清日结”，并通过车费审批对车费合理性进行管理，系统提供了统计分析功能让管理者随时可以得到各个部门的每月公车消费情况。企业可采用本系统管理不同部门、不同人员的车费，有效掌握车费成本支出情况，这对于企业有效控制车费、减少成本有一定作用。

车费管理系统开发过程分成两部分，首先进行车费管理业务的程序开发，然后导入 RBAC 权限模块进行车费管理中各业务的权限分配。

15.1 开发准备

由于导入了 RBAC 模块，要使这个权限管理模块与车费管理系统融合，需要进行一些简单的配置。目的是让程序运行测试时不会报错，以便在车费管理系统开发过程中不会因报错而影响开发设计的思路与进度。等到完成车费管理系统主体代码的编写后，我们再进行权限分配，也就是调用 RBAC 模块。

15.1.1 生成项目和应用

开始一个新的项目，首先在命令行终端生成项目和应用，命令如下。

```
django-admin startproject fare_management
cd  /fare_management
python manage.py startapp fare
```

第一行命令生成项目 fare_management，这条命令会生成一个目录 fare_management，以后项目的代码都放在这个目录下。第二行命令进入项目根目录。第三行命令生成一个应用 fare，这条命令运行后会在项目目录下生成一个 fare 文件夹，我们会在这个文件夹下编写车费管理系统相关的程序代码。

在配置文件中注册应用程序 fare，打开/fare_management/fare_management/settings.py，在 INSTALLED_APPS 列表中加入 fare 应用程序名，代码如下。

```
INSTALLED_APPS = [
…
# 注册应用程序 fare，调用 fare 目录下 apps.py 中的设置
# 也可以直接用'fare',进行注册
    'fare.apps.FareConfig',
    ]
```

设置系统语言为中文，主要在 setting.py 中修改 LANGUAGE_CODE 和 TIME_ZONE 的值，代码如下。

```
# LANGUAGE_CODE = 'en-us'，这是原值，以下为修改后的值
```

```
LANGUAGE_CODE = 'zh-hans'
# TIME_ZONE = 'UTC'，这是原值，以下为修改后的值
TIME_ZONE = 'Asia/Shanghai'
```

在 settings.py 中设置项目静态文件的路径，为了让程序知道 JavaScript 文件、CSS 文件、图像文件等静态文件的存放位置，Django 寻找静态文件的规则请查阅前面章节的介绍，代码如下。

```
# 静态文件(CSS 文件 JavaScript 文件图像文件等)路径设置
STATIC_URL = '/static/'
STATICFILES_DIRS=(
    os.path.join(BASE_DIR,'static'),
    )
```

在 settings.py 中设置模板文件的路径，Django 设置模板文件路径的规则请查阅前面章节的介绍，代码如下。

```
TEMPLATES = [
    {
        'BACKEND': 'django.template.backends.django.DjangoTemplates',
        # 设置模板文件的路径
        'DIRS': [os.path.join(BASE_DIR, 'templates')],
        'APP_DIRS': True,
       …
]
```

15.1.2 导入 RBAC 模块

导入 RBAC 模块很简单，把第 14 章介绍的 RBAC 模块中的 rbac 文件夹复制到/fare_management/目录下。

在/fare_management/目录下新建一个文件夹 static，把 RBAC 模块中的 static 文件夹下的 rbac 文件夹复制到/fare_management/static/下。

RBAC 模块导入后，要在配置文件中注册，才能让 Django 知道有新的应用程序加入，代码如下。

```
INSTALLED_APPS = [
 …
    'rbac',
]
```

RBAC 模块定义了两个 session 键，这两个键的定义代码可以参阅前面的介绍。注册了 RBAC 模块后，在运行程序时，Django 会寻找这两个 session 键的定义，如果找不到会报错，因此要在 settings.py 文件定义这两个键，代码如下。

```
# 定义 session 键
# 保存用户权限 URL 列表
PERMISSION_URL_KEY = 'url_key'
# 保存权限菜单与权限记录
PERMISSION_MENU_KEY = 'menu_key'
```

15.2 建立数据模型

一个应用系统首先建立数据模型，也就是生成数据库表；然后以数据模型为中心进行逻辑代码设计与编写，实现相应功能。

15.2.1 数据模型设计

本项目建立 4 个数据模型：carinfo 保存车辆相关信息，department 保存部门信息，这个两数据模型相当于字典信息表；loguser 保存人员信息，这个数据模型通过一对一键与 RBAC 模块中的 UserInfo 关联，这样 loguser 中的记录与权限模块中的用户形成一对一关系，可以成为登录用户，也可以进行授权；fare 主要保存车费相关信息。

数据模型定义在/fare_management/fare/models.py 中，代码如下。

```
from django.db import models
# loguser 与 RBAC 模块中的 UserInfo 是一对一关系，所以要导入 rbac 中的 models.py
# 为了防止名字重复，通过 as 给导入的模块起别名
from rbac import models as rbac_models
# 车辆信息数据模型
class carinfo(models.Model):
    plate_number=models.CharField(max_length=7,verbose_name='车牌号',unique=True)
    driver=models.CharField(max_length=10,verbose_name='司机')
    # 设置每公里的单价，保留两位小数（decimal_places=2）
    price=models.DecimalField(max_digits=8,decimal_places=2,verbose_name='单价')
    remarks=models.CharField(max_length=32,verbose_name='备注说明',blank=
True,null=True)
    def __str__(self):
        return self.plate_number
# 人员数据模型（人员数据表）
class loguser(models.Model):
    # user_obj 是一对一键，与 RBAC 模块中的数据模型 UserInfo 产生关联
    user_obj=models.OneToOneField(to=rbac_models.UserInfo,
                on_delete=models.CASCADE,null=True,blank=True)
    # 头像
    head_img = models.ImageField(upload_to='headimage',blank=True,
```

```
                  null=True, verbose_name='头像')
        # 人员的部门，Foreignkey 类型
        dep=models.ForeignKey(to="department",to_field="id",on_delete=models.CASCADE,
                  blank=True,null=True)
        def __str__(self):
            return self.user_obj.username
    #  部门数据模型（部门数据表）
    class department(models.Model):
        # 部门名称，设置为不能重复（unique=True）、不能为空（blank=False）
        dep_name=models.CharField(max_length=32,verbose_name='部门名称',unique=
True, blank=False)
        # 部门备注说明
        dep_script=models.CharField(max_length=60,verbose_name='备注',null=True)
        def __str__(self):
            return self.dep_name
    # 车费信息数据模型
    class fare(models.Model):
        # 部门，Foreignkey 类型，与 department 形成多对一关系
        dep=models.ForeignKey(to="department",to_field="id",on_delete=models.
CASCADE)
        passenger=models.CharField(max_length=32,verbose_name='乘车人')
        # 乘坐的车辆，Foreignkey 类型，与 carinfo 形成多对一关系
        car=models.ForeignKey(to='carinfo',on_delete=models.CASCADE)
        driver = models.CharField(max_length=10, verbose_name='司机')
        price=models.DecimalField(max_digits=8,decimal_places=2,verbose_name=
'单价')
        distance=models.IntegerField(verbose_name='公里数')
        # 车费，保留两位小数
        fare=models.DecimalField(max_digits=8,decimal_places=2,verbose_name='车费')
        # drive_date 字段，用增加记录时的时间赋值（auto_now_add=True）
        drive_date=models.DateField(auto_now_add=True,verbose_name='乘车时间',
blank=True,null=True)
        remark=models.CharField(max_length=100,verbose_name='乘车说明')
        oprator=models.CharField(max_length=32,verbose_name='输入人员')
        # auto_now 在记录增加时用当时的时间赋值，在记录修改时用修改时的时间赋值
        # 也就是 approve_date 保存最后一次操作这条记录的时间
        approve_date=models.DateField(verbose_name='审批时间',auto_now=True,blank=
True,null=True)
        # approve_status 通过 choices 限制字段值的选择
```

```
    approve_status=models.CharField(max_length=1,choices=(('0','未审批'),
('1','通过审批')),verbose_name='审批状态',blank=True,null=True)
```

15.2.2　生成数据库表

设计完成数据模型后，在命令行终端输入以下命令，在数据库中生成表。

```
python manage.py makemigrations
python manage.py migrate
```

以上两行命令执行完成后，我们在数据库生成了 RBAC 和 fare 两个模块中设计的数据库表。本项目中我们使用 Django 自带的 sqlite3 数据库建表，在实际开发中可以根据应用场景选择合适的数据库。

15.3　用户登录和注销

用户登录和注销是每个系统都有的功能，应用程序一般在用户登录功能模块中进行身份识别和权限初始化。用户注销是把登录用户相关的 session 和 cookie 清空，防止非系统用户或其他用户在非登录状态下就能访问系统。

15.3.1　用户登录

在/fare_management/fare_management/urls.py 中进行登录视图函数 login()与 URL 的配置，代码如下。

```
from django.contrib import admin
from django.urls import path,include
from fare import views
urlpatterns = [
path('login/',views.login),
…
  ]
```

在/fare_management/fare/views.py 中编写登录视图函数 login()，代码如下。

```
# 导入相关模块
from django.shortcuts import render,redirect,HttpResponse
from . import models
from rbac import models as rbac_models
def login(request):
    if request.method == "GET":
        return render(request, "fare/login.html")
```

```
    else:
            username = request.POST.get("username")
            password = request.POST.get("password")
            # 利用 RBAC 模块中 UserInfo 的数据记录判断用户名与密码是否正确
            user = rbac_models.UserInfo.objects.filter(username=username,
password=password).first()
            if user:
                # 用 session 保存用户名称与部门代码，供其他视图函数使用
                request.session['user_nickname']=user.nickname
                request.session['user_dep'] = user.loguser.dep_id
                return redirect("/fare/index/")
            else:
                return render(request, "fare/login.html")
```

上述代码的相关说明如下。

（1）视图函数通过 request.method == "GET"判断数据提交方式，根据不同情况进行相应处理。

（2）利用 session 保存相关的变量值，在会话保持状态可以随时取得这些值。

登录页面是/fare_management/templates/fare/文件下的 login.html，代码如下。

```
    {% load static %}
    <html lang="en">
    <head>
        <meta http-equiv="Content-Type" content="text/html; charset=UTF-8">
        <meta http-equiv="X-UA-Compatible" content="IE=edge">
        <meta name="viewport" content="width=device-width, initial-scale=1">
        <!-- 上述 3 个<meta>标签必须放在最前面，任何其他内容都必须跟随其后！ -->
        <meta name="description" content="">
        <meta name="author" content="">
        <title>登录页面</title>
        <link href="{% static 'bootstrap/css/bootstrap.min.css'%}" rel="stylesheet">
    </head>
    <body>
    <div class="container">
         <div class="row">
            <div align="center" style="margin-top:80px"><h2 class="form-signin
-heading">请登录</h2></div>

            <form method="post" action="/login/" class="form-horizontal col-
md-6 col-md-offset-3 login-form" >
                {% csrf_token %}
                <div class="form-group">
```

```
                        <label for="username" class="col-sm-2 control-label">用户名</label>
                        <div class="col-sm-10">
                            <input type="text" class="form-control" id="username" name="username" placeholder="用户名">
                        </div>
                    </div>
                    <div class="form-group">
                        <label for="password" class="col-sm-2 control-label">密码</label>
                        <div class="col-sm-10">
                            <input type="password" class="form-control" id="password" name="password" placeholder="密码">
                        </div>
                    </div>
                    <div class="form-group">
                        <div class="col-sm-offset-2 col-sm-10">
                            <button class="btn btn-lg btn-primary btn-block" type="submit">登录</button>
                            <span style="color:red">{{ error }}</span>
                        </div>
                    </div>
                </form>
            </div>
        </div> <!-- /container -->
        <script src="{% static 'jquery-3.4.1.min.js' %}"></script>
        <script src="{% static 'bootstrap/js/bootstrap.min.js'%}"></script>
        </body>
        </html>
```

上述代码的相关说明如下。

（1）用到 Bootstrap 框架相关组件，因此需要下载 Bootstrap 框架相关的 JavaScript、CSS 静态文件，并存放在 static 目录下。

（2）注意{% load static %}、{% csrf_token %}的用法，可参考前面章节的介绍。

15.3.2 用户注销

在/fare_management/fare_management/urls.py 中建立注销视图函数 logout()与 URL 的配置，代码如下。

```
path('logout/', views.logout, name='logout'),
```

在/fare_management/fare/views.py 中编写注销视图函数 logout()，代码如下。

```
def logout(request):
    # 清除 session 中的值
     request.session.clear()
     rep=redirect('/login/')
     # 清除 cookie 中的值
     rep.cookies.clear()
     return rep
```

上述代码的相关说明如下。

（1）session 的值保存在 HttpRequest 请求对象中，这个请求对象就是视图函数中的 request，因此可以通过 request.session.clear()清除所有值。

（2）cookie 的值保存在 HttpResponse 对象中，因此代码先通过 rep=redirect('/login/')取得响应对象，然后通过 rep.cookies.clear()清除 cookie 中的值。

提示：render()、redirect()、HttpResponse()这 3 个函数的返回值都是 HttpResponse 对象。

15.4 建立母版文件

建立母版文件的目的让应用程序的页面一致，另一方面让模板文件的代码量减少、提高编写效率。

15.4.1 母版文件

母版文件存放在/fare_management/templates/文件夹下，名字为 base.html，其代码如下。

```
{% load static %}
<html lang="zh-CN">
<head>
    <meta http-equiv="Content-Type" content="text/html; charset=UTF-8">
    <meta http-equiv="X-UA-Compatible" content="IE=edge">
    <meta name="viewport" content="width=device-width, initial-scale=1">
    <!-- 上述 3 个<meta>标签必须放在最前面，任何其他内容都必须跟随其后！ -->
    <meta name="description" content="">
    <meta name="author" content="">
    <title>车费管理系统</title>
    <!-- Bootstrap core CSS -->
    <link rel="icon" href="{% static 'favicon.ico'  %}"   >
    <link href="{% static 'bootstrap/css/bootstrap.min.css' %}" rel="stylesheet">
    <!-- Custom styles for this template -->
```

```
        <link href="{% static 'dashboard.css' %}" rel="stylesheet">
        <link rel="stylesheet" href="{% static 'fontawesome/css/font-awesome.
min.css' %}">
        <script src="{% static 'jquery-3.4.1.min.js' %}"></script>
        <script src="{% static 'bootstrap/js/bootstrap.min.js' %}"></script>
        <link rel="stylesheet" href="{% static 'rbac/rbac.css' %}">
         <script src="{% static 'rbac/rbac.js' %}"></script>
    </head>

    <body>
    <div class="container-fluid">
        <div class="row">
            <div>
        <!--  导入页面头部 HTML 片段    -- >
                {% include 'header.html' %}
            </div>
        </div>
        <div class="row" style="margin-top: 60px">
        <!--  左侧菜单栏  -- >
            <div class="col-sm-3 col-md-2 sidebar">
                <ul class="nav nav-sidebar">
                    <li ><a href="/fare/carlist/">车辆信息管理</a></li>
                    <li ><a href="/fare/deplist/">部门信息列表</a></li>
                    <li ><a href="/fare/userlist/">用户分配到部门</a></li>
                    <li ><a href="/fare/farelist/">当日车费上报</a></li>
                    <li ><a href="/fare/farecheck/">车费审批</a></li>
                    <li ><a href="/fare/farecheck2/">取消审批</a></li>
                    <li ><a href="/fare/annotate/">车费统计</a></li>
                </ul>
            </div>
            <div class=" col-sm-8 col-sm-offset-4 col-md-10 col-md-offset-2
main  main">
                {# block 块 page_content 写继承页面特有的内容，即不同于母版的内容 #}
                {% block page_content %}
                {% endblock %}
            </div>
        </div>
    </div>
    </body>
    </html>
```

上述代码的相关说明如下。

（1）母版文件引用 Bootstrap 组件，引用的基本方法是复制组件代码，然后根据需要进行简单改造。

（2）通过 {% include 'header.html' %}导入页面头部代码。{% include '×××.html' %}形式为模板标签，这个模板标签在文件中的位置就是相应代码导入的位置。

15.4.2 页面头部

base.html 文件导入的 header.html 存放在/fare_management/templates 文件夹下，代码如下。

```
<nav class="navbar navbar-inverse navbar-fixed-top">
    <div class="container-fluid">
        <div class="navbar-header">
            <button type="button" class="navbar-toggle collapsed" data-
toggle="collapse" data-target="#navbar"
                    aria-expanded="false" aria-controls="navbar">
                <span class="sr-only">Toggle navigation</span>
                <span class="icon-bar"></span>
                <span class="icon-bar"></span>
                <span class="icon-bar"></span>
            </button>
            <a class="navbar-brand">车费管理系统</a>
        </div>
        <ul class="nav navbar-nav navbar-right">
            <li><a href="/logout/">注销</a></li>
        </ul>
        </ul>
    </div>
</nav>
```

上述代码的相关说明如下。

（1）代码中主要引用 Bootstrap 的反色导航条组件并进行简单的改造。

（2）在导航条中增加一个“注销”链接，让用户可以随时从系统注销，提高了安全性。

15.4.3 首页

首页 index.html 存放在/fare_management/templates/文件夹下，首页继承于母版文件 base.html，代码如下。

```
{% extends 'base.html' %}
{% block page_content %}
<div class="jumbotron">
```

```
        <h3>你好，朋友!</h3>
        <p>这是车费管理系统样例的首页 index.html，它继承于母版 base.html</p>
        <p>本样例主要包括系统字典管理、车费上报、查询、审批与统计等功能模块</p>
        <p></p>
        <p></p>
        <p><a class="btn btn-primary btn-lg" href="#" role="button">确定</a></p>
    </div>
    {% endblock %}
```

上述代码的相关说明如下。

（1）模板标签{% extends 'base.html' %}表示该文件继承于 base.html，这个模板标签必须写在文件的首行，这是 Django 的规则所定。

（2）继承文件的代码必须写在{% block blockname %}...{% endblock %}代码块中，写在代码块外是无效的。

首页在浏览器的样式如图 15.1 所示，这里还没有进行权限设置，所以显示全部菜单。

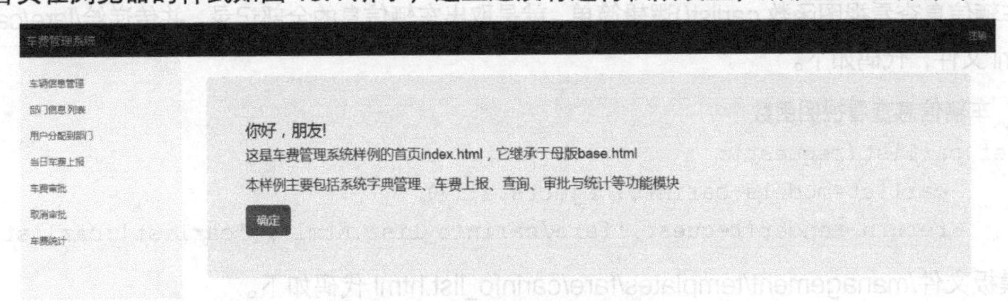

图15.1　车费管理系统首页样式

15.5　车辆信息维护

车辆信息维护主要包括车辆信息增加、修改、删除等功能，车费管理系统的许多业务会用到车辆信息，因此车辆信息表相当于字典数据表。

15.5.1　URL 配置

在/management/management/urls.py 中增加一个配置，导入二级配置，代码如下。

```
path('fare/',include('fare.urls')),
```

在 fare 目录下新建一个文件 urls.py，这个文件是二级 URL 配置文件，在 urlpatterns 中加入与车辆信息增、删、改、查等有关的配置项，代码如下。

```
from django.urls import path
from . import views
```

```
urlpatterns = [
    #首页
    path('index/',views.index),
    # 车辆信息查看
    path('carlist/',views.carlist),
    # 车辆信息增加
    path('caradd/',views.caradd),
    # 车辆信息修改
    path('caredit/<int:id>/',views.caredit),
    # 车辆信息删除
    path('cardel/<int:id>/',views.cardel),
```

提示：二级 URL 配置项要与一级 URL 配置项结合起来才能算是完整的配置项。

15.5.2 车辆信息查看

车辆信息查看视图函数 carlist()逻辑简单，就是取出车辆信息的全部记录，并传递给/fare/carinfo_list.html 文件，代码如下。

```
# 车辆信息查看视图函数
def carlist(request):
    carlist=models.carinfo.objects.all()
    return render(request,'fare/carinfo_list.html',{'carlist':carlist})
```

模板文件/management/templates/fare/carinfo_list.html 代码如下。

```
{% extends 'base.html' %}
{% block page_content %}
        <div class="panel panel-primary">
            <div class="panel-heading">车辆信息列表</div>
            <div class="panel-body">
                <div class="row">
                    <div class="col-md-offset-6 col-md-4" style="margin-
bottom: 15px;">
                        <a href="/fare/caradd/" type="button" class=
"btn btn-primary " style="float:right;"><i class="fa fa-plus" aria-hidden="true"
 style="margin-right: 6px;"></i>增加</a>
                    </div>
                </div>
                <table class="table table-striped table-hover table-bordered" >
                    <thead>
                    <th class="bg-info text-center" >车牌号</th>
                    <th class="bg-info text-center" >司机</th>
```

```
                            <th class="bg-info text-center" >单价</th>
                             <th class="bg-info text-center" >备注说明</th>
                            <th class="bg-info text-center"  >允许的操作</th>
                            </thead>
                            <tbody>
                            {% for row in carlist %}
                                <tr>
                                    <td>{{ row.plate_number }}</td>
                                    <td>{{ row.driver }}</td>
                                    <td>{{ row.price }}</td>
                                    <td>{{ row.remarks }}</td>
                                    <td>
                                        <a href="/fare/caredit/{{ row.id }}/"
class="btn btn-info"> <i class="fa fa-pencil-square-o"
            aria-hidden="true" style="margin-right: 6px;"></i>编辑</a>
                                        <a href="/fare/cardel/{{ row.id }}/"
class="btn btn-danger"><i class="fa fa-trash-o fa-fw"
            aria-hidden="true" style="margin-right: 6px;"></i>删除</a>
                                    </td>
                                </tr>
                            {% endfor %}
                            </tbody>
                        </table>
                </div>
            </div>
    {% endblock %}
```

上述代码的相关说明如下。

（1）文件中引入了 Bootstrap 框架的面板组件，并在其中放置表格组件。

（2）通过{% for row in carlist %}…{% endfor %}循环把每条记录放到表格中。

15.5.3　车辆信息增加

车辆信息增加视图函数 caradd()代码如下。

```
def caradd(request):
    if request.method == 'POST':
        # 依次取出前端页面表单中提交到后端的数据
        plate_number=request.POST.get('plate_number')
        driver=request.POST.get('driver')
        price=request.POST.get('price')
        remarks=request.POST.get('remarks')
```

```
            models.carinfo.objects.create(plate_number=plate_number,
                                         driver=driver,price=price,remarks=
remarks)
            return redirect('/fare/carlist')
        return render(request,'fare/carinfo_add.html')
```

逻辑代码主要是先判断提交方式，如果是 POST 就在数据库表中生成一条新记录，如果不是就打开车辆信息增加页面。

车辆信息增加视图函数对应的模板文件为/management/templates/fare/carinfo_add.html，代码引用了 Bootstrap 框架的表单组件，主要代码如下。

```
    {% extends 'base.html' %}
    {% block page_content %}
      <div class="col-md-offset-1 col-md-9">
      <div class="panel panel-primary">
      <div class="panel-heading">车辆信息增加</div>
      <div class="panel-body">
       <form class="form-horizontal" method="post" action="">
           {%  csrf_token %}
      <div class="form-group">
        <label for="plate_number" class="col-md-2 control-label">车牌号</label>
        <div class="col-md-8">
          <input type="text" class="form-control" id="plate_number" name="plate
_number" placeholder="车牌号">
        </div>
      </div>
           <div class="form-group">
        <label for="driver" class="col-md-2 control-label">司机</label>
        <div class="col-md-8">
          <input type="text" class="form-control" id="driver" name="driver"
placeholder="司机">
        </div>
      </div>
            <div class="form-group">
        <label for="price" class="col-md-2 control-label">单价</label>
        <div class="col-md-8">
          <input type="number" class="form-control" id="price" name="price"
placeholder="单价">
        </div>
      </div>
       <div class="form-group">
```

```
        <label for="remarks" class="col-md-2 control-label">备注说明</label>
        <div class="col-md-8">
          <input type="text" class="form-control" id="remarks" name="remarks"
placeholder="备注说明">
        </div>
      </div>
      <div class="form-group">
        <div class="col-md-offset-2 col-md-8">
          <button type="submit" class="btn btn-primary">增加</button>
        </div>
      </div>
    </form>
      </div>
    </div>
    </div>
    {% endblock %}
```

15.5.4 车辆信息修改

车辆信息修改视图函数 caredit ()代码如下。

```
def caredit(request,id):
    if request.method == 'POST':
        # 取出前端提交的 id 值
        obj_id=request.POST.get('id')
        # 根据 id 值从数据库表取出记录
        car_obj=models.carinfo.objects.get(id=obj_id)
        # 依次从前端表单中取出数据
        plate_number=request.POST.get('plate_number')
        driver=request.POST.get('driver')
        price=request.POST.get('price')
        remarks=request.POST.get('remarks')
        # 依次给记录的每个字段赋值
        car_obj.plate_number=plate_number
        car_obj.driver=driver
        car_obj.price=price
        car_obj.remarks=remarks
        # 保存到数据库表
        car_obj.save()
        # 重定向到车辆信息查看页面
        return redirect('/fare/carlist')
```

```
        # 如果提交方式不是POST，从数据库表中取出记录
        car_obj=models.carinfo.objects.get(id=id)
        # 把记录传给车辆信息修改页面
        return render(request,'fare/carinfo_edit.html',{'obj':car_obj})
```

车辆信息修改视图函数对应的模板文件为/management/templates/fare/ carinfo_edit.html，代码如下。

```
    {% extends 'base.html' %}
    {% block page_content %}
        <div class="col-md-offset-1 col-md-9">
        <div class="panel panel-primary">
      <div class="panel-heading">车辆信息修改</div>
      <div class="panel-body">
       <form class="form-horizontal" method="post" action="">
           {%  csrf_token %}
    <!--  用type为hidden的<input>保存记录的id值。修改时，用来定位要修改表中的哪条记录 -- >
           <input type="hidden" name='id' value="{{ obj.id }}">
      <div class="form-group">
        <label for="plate_number" class="col-md-2 control-label">车牌号</label>
        <div class="col-md-8">
          <input type="text" class="form-control" id="plate_number" name="plate
_number"  value="{{ obj.plate_number }}">
        </div>
      </div>
           <div class="form-group">
        <label for="driver" class="col-md-2 control-label">司机</label>
        <div class="col-md-8">
          <input type="text" class="form-control" id="driver" name="driver"
value="{{ obj.driver }}">
        </div>
      </div>
             <div class="form-group">
        <label for="price" class="col-md-2 control-label">单价</label>
        <div class="col-md-8">
          <input type="number" class="form-control" id="price" name="price"
value="{{ obj.price }}">
        </div>
      </div>
         <div class="form-group">
        <label for="remarks" class="col-md-2 control-label">备注说明</label>
```

```
        <div class="col-md-8">
          <input type="text" class="form-control" id="remarks" name="remarks"
value="{{ obj.remarks }}">
        </div>
      </div>
      <div class="form-group">
        <div class="col-md-offset-2 col-md-8">
          <button type="submit" class="btn btn-primary">保存</button>
        </div>
      </div>
    </form>
      </div>
    </div>
    </div>
    {% endblock %}
```

以上代码与车辆信息增加页面不同的地方是，这个文件用模板变量把要修改的车辆信息记录字段的原值显示在页面上。

15.5.5　车辆信息删除

车辆信息删除函数 cardel ()代码如下，代码较为简单不再详述。

```
def cardel(request,id):
     car_obj = models.carinfo.objects.get(id=id)
     car_obj.delete()
     return redirect('/fare/carlist')
```

15.6　部门信息维护

部门信息维护代码与车辆信息维护代码相似，这里不再详细介绍，仅把主要代码列举出来供读者参考。

15.6.1　URL 配置

在/fare_management/fare/urls.py 中增加部门信息维护相关的 URL 配置项，代码如下。

```
    # 部门信息
    path('deplist/',views.deplist),
    path('depadd/',views.depadd),
    path('depedit/<int:id>/',views.depedit),
    path('depdel/<int:id>/',views.depdel),
```

15.6.2 部门信息列表

部门信息列表视图函数 deplist()的代码如下。

```
# 部门信息列表
def deplist(request):
    dep_list=models.department.objects.all()
    return render(request,'fare/dep_list.html',{'deplist':dep_list})
```

部门信息列表视图函数对应的模板文件为/fare_management/templates/fare/dep_list.html，代码如下。

```
{% extends 'base.html' %}
{% block page_content %}
<div class="col-md-offset-1 col-md-8">
    <div class="panel panel-primary">
        <div class="panel-heading">部门信息列表</div>
        <div class="panel-body">
            <div class="row">
                <div class="col-md-offset-1 col-md-8" style="margin-
bottom: 15px;">
                    <a href="/fare/depadd/" type="button" class="btn
btn-primary " style="float:right;"><i
                        class="fa fa-plus" aria-hidden="true" style
="margin-right: 6px;"></i>增加</a>
                </div>
            </div>
            <div class="row">
                <div class="col-md-offset-1 col-md-10">
                    <table class="table table-striped table-hover table-
bordered">
                        <thead>
                        <th class="bg-info text-center" >部门名称</th>
                        <th class="bg-info text-center" >备注说明</th>
                        <th class="bg-info text-center" colspan="2">
允许的操作</th>
                        </thead>
                        <tbody>
                        {% for row in deplist %}
                            <tr>
                                <td>{{ row.dep_name }}</td>
                                <td>{{ row.dep_script }}</td>
```

```
                                        <td>
                                             <a href="/fare/depedit/{{ row.
id }}/" class="btn btn-info"> <i
                                                     class="fa fa-pencil-
square-o"
                                                     aria-hidden="true"
style="margin-right: 6px;"></i>编辑</a>
                                        </td>
                                        <td>
                                            <a href="/fare/depdel/{{ row.
id }}/" class="btn btn-danger"><i    class="fa fa-trash-o fa-fw"
                                                 aria-hidden="true" style=
"margin-right: 6px;"></i>删除</a>
                                        </td>
                                    </tr>
                                {% endfor %}
                                </tbody>
                            </table>
                        </div>
                    </div>
                </div>
            </div>
    </div>
    {% endblock %}
```

15.6.3 部门信息增加

部门信息增加视图函数 depadd ()的代码如下。

```
    def depadd(request):
        if request.method == 'POST':
            dep_name=request.POST.get('dep_name')
            dep_script=request.POST.get('dep_script')
            models.department.objects.create(dep_name=dep_name,dep_script=dep
_script)
            return redirect('/fare/deplist')
        return render(request,'fare/dep_add.html')
```

部门信息增加视图函数对应的模板文件为/management/templates/fare/ dep_add.html，主要代码如下。

```
    {% extends 'base.html' %}
```

```
{% block page_content %}
    <div class="col-md-offset-1 col-md-9">
    <div class="panel panel-primary">
  <div class="panel-heading">部门信息增加</div>
  <div class="panel-body">
   <form class="form-horizontal" method="post" action="">
       {%  csrf_token %}
       <input type="hidden" name='id' value="{{ obj.id }}">
  <div class="form-group">
    <label for="dep_name" class="col-md-2 control-label">部门名称</label>
    <div class="col-md-8">
      <input type="text" class="form-control" id="dep_name" name="dep_name" >
    </div>
  </div>
       <div class="form-group">
    <label for="dep_script"    driver" class="col-md-2 control-label">备注说明</label>
    <div class="col-md-8">
      <input type="text" class="form-control" id="dep_script" name="dep_script"  >
    </div>
  </div>
  <div class="form-group">
    <div class="col-md-offset-2 col-md-8">
      <button type="submit" class="btn btn-primary">保存</button>
    </div>
  </div>
</form>
  </div>
</div>
</div>
{% endblock %}
```

15.6.4 部门信息修改

部门信息修改视图函数 depedit ()的代码如下。

```
def depedit(request,id):
    if request.method == 'POST':
        obj_id=request.POST.get('id')
        dep_name = request.POST.get('dep_name')
```

```
            dep_script = request.POST.get('dep_script')
             # 利用 update()对相关字段进行修改
            models.department.objects.filter(id=obj_id).update(dep_name=dep_name,
                                                  dep_script=dep_script)
            return redirect('/fare/deplist')
        dep_obj=models.department.objects.get(id=id)
        return render(request,'fare/dep_edit.html',{'obj':dep_obj})
```

部门信息修改视图函数对应的模板文件为/management/templates/fare/ dep_edit.html，代码如下。

```
{% extends 'base.html' %}
{% block page_content %}
    <div class="col-md-offset-1 col-md-9">
    <div class="panel panel-primary">
  <div class="panel-heading">部门信息修改</div>
  <div class="panel-body">
   <form class="form-horizontal" method="post" action="">
        {%  csrf_token %}
        <input type="hidden" name='id' value="{{ obj.id }}">
  <div class="form-group">
    <label for="dep_name" class="col-md-2 control-label">部门名称</label>
    <div class="col-md-8">
      <input type="text" class="form-control" id="dep_name" name="dep_name"
value="{{ obj.dep_name }}">
    </div>
  </div>
        <div class="form-group">
    <label for="dep_script"    driver" class="col-md-2 control-label">备注
说明</label>
    <div class="col-md-8">
      <input type="text" class="form-control" id="dep_script" name="dep_
script"  value="{{ obj.dep_depscript }}">
    </div>
  </div>
  <div class="form-group">
    <div class="col-md-offset-2 col-md-8">
      <button type="submit" class="btn btn-primary">保存</button>
    </div>
  </div>
</form>
  </div>
```

```
</div>
</div>
{% endblock %}
```

15.6.5 部门信息删除

部门信息删除视图函数 depdel ()的代码如下。

```
def depdel(request,id):
    dep_obj = models.department.objects.get(id=id)
    dep_obj.delete()
    return redirect('/fare/deplist')
```

15.7 用户分配

loguser 数据模型通过一对一键关联到 RBAC 模块中的 UserInfo 数据模型，这样 UserInfo 中的用户授权后，loguser 中的用户也就有了相应的权限，等于我们把用户放在 RBAC 模块中管理。在这个模块中只实现把用户分配到一个部门的功能，用户可以代表这个部门进行车费上报。

15.7.1 URL 配置

在 URL 配置中，有两个配置项，一个是用户列表的配置项，另一个是用户分配到部门的配置项。

```
# 用户列表的配置项
path('userlist/',views.userlist),
# 用户分配到部门的配置项
path('useredit/<int:userid>/',views.useredit),
```

15.7.2 用户列表

用户列表视图函数 userlist()较为简单，代码如下。

```
def userlist(request):
    user_list=rbac_models.UserInfo.objects.all()
    return render(request,'fare/userinfo_list.html',{'user_list':user_list})
```

用户列表视图函数 userlist()对应的模板文件为/management/fare/userinfo_list.html，代码如下。

```
{% extends 'base.html' %}
{% block page_content %}
<div class="panel panel-primary">
    <div class="panel-heading">登录用户列表</div>
    <div class="panel-body">
<!--  Bootsrtap 表格组件  -- >
```

```
        <table class="table table-striped table-hover table-bordered">
            <thead >
            <th class="bg-info text-center" >账号</th>
            <th class="bg-info text-center" >姓名</th>
            <th class="bg-info text-center" >邮箱</th>
            <th class="bg-info text-center" >所在部门</th>
            <th class="bg-info text-center" >操作</th>
            </thead>
            <tbody>
          <!--   模板标签中循环 -- >
            {% for row in user_list %}
            <tr>
                <td>{{ row.username }}</td>
                <td>{{ row.nickname }}</td>
                <td>{{ row.email }}</td>
                <td>{{ row.loguser.dep.dep_name }}</td>
                <td>
                    <a href="/fare/useredit/{{ row.id }}/" class="btn
btn-primary"> <i class="fa fa-pencil-square-o"
           aria-hidden="true"
           style="margin-right: 6px;"></i>编辑（分配到部门）</a>
                </td>
            </tr>
            {% endfor %}
            </tbody>
        </table>
    </div>
</div>
{% endblock %}
```

以上代码采用 Bootstrap 的表格组件，通过模板标签{% for row in user_list %}…{% endfor %}依次把表记录放到页面。模板文件在浏览器的样式如图 15.2 所示。

登录用户列表

账号	姓名	邮箱	所在部门	操作
test	张三	zhangsan@126.com	经营部	编辑（分配到部门）
lisi	李四	lisi@126.com	财务部	编辑（分配到部门）

图15.2　登录用户列表

15.7.3 用户分配到部门

用户分配到部门视图函数 useredit()的代码如下。

```
from django.db import models
# 用到 RBAC 模块的数据模型，as 起别名
from rbac import models as rbac_models
# 导入抛出对象不存在错误的相关模块
from django.core.exceptions import ObjectDoesNotExist
def useredit(request,userid):
    if request.method=='POST':
        id=request.POST.get('id')
        # 从 UserInfo 中取出记录
        user_obj=rbac_models.UserInfo.objects.get(id=id)
        dep_id = request.POST.get('dep_id')
        try:
            loguser_id = user_obj.loguser.id
            # 如果记录不存在，也就是 filter()检索不出记录，update()会报错
            # 所以要把语句放在 try 块中
            models.loguser.objects.filter(id=loguser_id).update(dep_id=dep_id)
        except ObjectDoesNotExist:
            # 当 loguser 没有记录时，新建一条记录
            models.loguser.objects.create(dep_id=dep_id,user_obj_id=id)
        return redirect('/fare/userlist')
    user_obj=rbac_models.UserInfo.objects.get(id=userid)
    dep_list = models.department.objects.all()
    return render(request, 'fare/userinfo_edit.html', {'obj': user_obj,
'deplist': dep_list})
```

上述代码的相关说明如下。

（1）通过 if request.method=='POST':判断提交方式是否为 POST，如果是则从 UserInfo 中取出记录存在 user_obj 变量中。由于 UserInfo 与 loguser 是一对一关系，所以通过 user_obj.loguser 反向查询可以取得 Userinfo 记录对应的 loguser 记录，因此可以通过 user_obj.loguser.id 取出 loguser 一对一关联的记录的 id 值，然后通过 models.loguser.objects.filter(id=loguser_id).update(dep_id=dep_id)把部门 id 值赋给这条记录的 dep_id 字段。

（2）在系统运行时存在一种可能，那就是当 RBAC 模块的 UserInfo 中新增了一条记录，loguser 还未生成对应的记录，这时调用 update()函数修改一个不存在的记录会抛出异常而终止程序。为了防止异常终止，我们运用 try...except...代码块进行异常处理。我们把 models.loguser.objects.filter(id=loguser_id).update(dep_id=dep_id)放在 try 块中，当这条语句抛出异常时，通过 except Object

DoesNotExist 捕获异常。ObjectDoesNotExist 是对象不存在的异常，因此我们在 except 块中新建对应的 loguser 记录，对应的代码是 models.loguser.objects.create(dep_id=dep_id,user_obj_id=id)。

（3）当提交方式不是 POST 时，从 RBAC 模块的 UserInfo 表中取出全部记录保存在变量 user_obj 中，从 department 表中取出全部记录保存在变量 dep_list 中，通过 render()函数传递给模板文件 userinfo_edit.html。

useredit()函数要渲染的模板文件是/faremangement/templates/fare/userinfo_edit.html，代码如下。

```
{% extends 'base.html' %}
{% block page_content %}
<div class="col-md-offset-1 col-md-9">
    <div class="panel panel-primary">
        <div class="panel-heading">登录用户分配到部门</div>
        <div class="panel-body">
            <form class="form-horizontal" method="post" action="">
              <!--  防止 CSRF  -- >
                {% csrf_token %}
             <!--  保存记录 id 值,用于唯一标识这条记录,作为 update()的 where 条件  -- >
                <input type="hidden" name='id' value="{{ obj.id }}">
                <div class="form-group">
                    <label for="username" class="col-md-2 control-label">
账号</label>
                    <div class="col-md-8">
                        <input type="text" class="form-control" id="username"
name="username"value="{{ obj.username }}" disabled>
                    </div>
                </div>
                <div class="form-group">
                    <label for="nickname" class="col-md-2 control-label">
姓名</label>
                    <div class="col-md-8">
                        <input type="text" class="form-control" id="nickname"
name="nickname"
                               value="{{ obj.nickname }}" disabled>
                    </div>
                </div>
                <div class="form-group">
                    <label for="email" class="col-md-2 control-label">邮箱
```

```
</label>
                        <div class="col-md-8">
                            <input type="text" class="form-control" id="email"
 name="email"value="{{ obj.email }}" disabled>
                        </div>
                    </div>
                    <div class="form-group">
                        <label for="dep_id" class="col-md-2 control-label">部
门名称</label>
                        <div class="col-md-8">
                            <select class="form-control" id="dep_id" name="dep_id">
    <!--  通过 for 循环给<option>标签赋值-- >
                                {% for dep in deplist %}
    <!--  当 loguser 记录的 dep_id 等于 department 记录的 id 值时，
    设置<option>标签为 selected-- >
                                {% if obj.loguser.dep_id == dep.id %}
                                <option value={{ dep.id }} selected>{{ dep.dep
_name }}</option>
                                {% else %}
                                <option value={{ dep.id }}>{{ dep.dep_name }}
</option>
                                {% endif %}
                                 {% endfor %}
                            </select>
                        </div>
                    </div>
                    <div class="form-group">
                        <div class="col-md-offset-2 col-md-8">
                            <button type="submit" class="btn btn-primary">保存
</button>
                        </div>
                    </div>
                </form>
            </div>
        </div>
    </div>
    {% endblock %}
```

上述代码的相关说明如下。

（1）以上代码引用了 Bootstrap 的表单组件，每个表单字段用形如{{ name }}的模板变量赋值。

（2）部门字段设置为<select>标签，通过 {% for dep in deplist %}...{% endfor %}模板标签块给<select>标签的<option>赋值，当 loguser 记录的 dep_id 字段值等于 department 的 id 值（{% if obj.loguser. dep_id == dep.id %}）时，设置该<option>标签为选中状态。

userinfo_edit.html 模板文件在浏览器中的样式如图 15.3 所示。

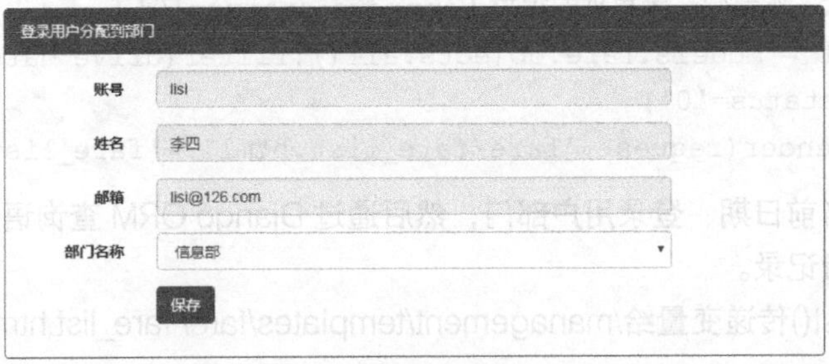

图15.3　登录用户分配到部门页面

15.8　车费上报

制定的车费上报规则是当日上报，因此在 models.py 文件的 fare 数据模型中定义 drive_date 字段的属性 auto_now_add=True，在输入页面设置该字段自动提取上报日期，不允许用户自己输入。

15.8.1　URL 配置

在二级 URL 配置文件/faremangement/fare/urls.py 中加 4 个配置项，代码如下。

```
# 当日车费上报
# 本部门当日车费信息列表
path('farelist/',views.farelist),
# 车费信息增加
path('fareadd/',views.fareadd),
# 车费信息修改
path('fareedit/<int:fareid>/',views.fareedit),
# 车费信息删除
path('faredel/<int:fareid>/',views.faredel),
```

15.8.2　车费信息列表

车费信息列表仅显示当日车费记录，视图函数 farelist()代码如下。

```
# 因为用到日期和时间，所以先导入时间模块
import datetime
```

```
def farelist(request):
    # 取得系统当前日期
    tday=datetime.datetime.now().date()
    # 从 session 中取出登录用户的部门，用户部门的值是在 login()视图函数中存入的
    cur_dep=request.session.get('user_dep')
    # 取出当天、本部门、未审批的记录（approve_status='0'）
    fare_list = models.fare.objects.all().filter(drive_date=tday,dep_id=
cur_dep,approve_status='0')
    return render(request,'fare/fare_list.html',{'fare_list':fare_list})
```

视图函数取得当前日期、登录用户部门，然后通过 Django ORM 查询语句取得当前日期、部门、未经审核的车费记录。

视图函数 farelist()传递变量给/management/templates/fare/ fare_list.html 文件，其代码如下。

```
{% extends 'base.html' %}
{% block page_content %}
<div class="panel panel-primary">
    <div class="panel-heading">当日车费上报</div>
    <div class="panel-body">
        <div class="row">
            <div class="col-md-offset-1 col-md-10" style="margin-bottom:
15px;">
                <a href="/fare/fareadd/" type="button" class="btn btn-primary "
 style="float:right;"><i
                    class="fa fa-plus" aria-hidden="true" style="margin
-right: 6px;"></i>增加</a>
            </div>
        </div>
          <!--   Bootstrap 表格组件   -- >
        <table class="table table-striped table-hover table-bordered">
            <thead>
            <th class="bg-info text-center">用车部门</th>
            <th class="bg-info text-center">乘车人</th>
            <th class="bg-info text-center">车牌号</th>
            <th class="bg-info text-center">司机</th>
            <th class="bg-info text-center">单价</th>
            <th class="bg-info text-center">公里数</th>
            <th class="bg-info text-center">车费</th>
            <th class="bg-info text-center">乘车时间</th>
            <th class="bg-info text-center">乘车说明</th>
```

```
            <th class="bg-info text-center">输入人员</th>
            <th class="bg-info text-center" colspan="2">允许的操作</th>
            </thead>
            <tbody>
            {% for row in fare_list %}
            <tr rowid="{{ row.id }}">
                <td>{{ row.dep.dep_name }}</td>
                <td>{{ row.passenger}}</td>
                <td>{{ row.car.plate_number }}</td>
                <td>{{ row.car.driver }}</td>
                <td class="text-right">{{ row.car.price }}</td>
                <td class="text-right">{{ row.distance }}</td>
                <td class="text-right">{{ row.fare }}</td>
                <td>{{ row.drive_date|date:'Y-m-d' }}</td>
                <td>{{ row.remark }}</td>
                <td>{{ row.oprator }}</td>
                <td>
                    <a href="/fare/fareedit/{{ row.id }}/" class="btn btn-
info"> <iclass="fa fa-pencil-square-o"aria-hidden="true" style="margin-right:
6px;"></i>编辑</a>
                </td>
                <td>
                  <!--  在<button>标签中设置了 data-rowid 属性以存放要删除记录的
id值 -->
                    <button class="btn btn-danger" data-toggle="modal"data
-target="#delModal" data-rowid="{{ row.id }}"><iclass="fa fa-trash-o fa-fw"aria
-hidden="true" style="margin-right: 6px;"></i>删除
                    </button>
                </td>
            </tr>
            {% endfor %}
            </tbody>
        </table>
    </div>
</div>
<!-- 模态框，Bootstrap模态框代码改造-->
<div class="modal fade" id="delModal" tabindex="-1" role="dialog" aria-
labelledby="myModalLabel" aria-hidden="true">
    <div class="modal-dialog" role="document">
        <div class="modal-content">
```

```
                <!--<div class="modal-header"> -->
                <div class="alert alert-danger" role="alert">
                    <button type="button" class="close" data-dismiss="modal"
 aria-label="Close"><span aria-hidden="true">&times;</span>
                    </button>
                    <h4 class="modal-title">删除记录</h4>
                </div>
                <div class="modal-body">
                    <p>将要删除这条记录，你确认要删除? </p>
    <!--    用不隐含的<input>标签保存删除记录的 id 值   -->
                    <input type="hidden" id="rowid">
                </div>
                <div class="modal-footer">
                    <button type="button" class="btn btn-default" data-dismiss
="modal">取消</button>
                    <button type="button" class="btn btn-primary" onclick="del
_ok()">确认删除</button>
                </div>
            </div><!-- /.modal-content -->
        </div><!-- /.modal-dialog -->
    </div><!-- /.modal -->
    <script>
    <!--  模态框显示事件  -->
    $('#delModal').on('show.bs.modal', function (event) {
      # 取得触发模态的按钮对象，保存到 button 变量中
      var button = $(event.relatedTarget);
      # 取出按钮对象中属性为 data-rowid 的值，这个取值方法由 Bootstrap 规则设定
      var vrowid = button.data('rowid');
      # 取出当前模态框对象，保存在 modal 变量中
      var modal = $(this);
      # 在模态框中找到 id=rowid 的标签，这个标签是一个<input>标签
      # 要把删除记录的 id 字段值赋给它
      modal.find('#rowid').val(vrowid)
    })
    # 这个函数被模态框中的“确认删除”按钮调用
    function del_ok()
    {
        var rowid= $("#rowid").val();
        # alert(rowid);
        # 调用 AJAX
```

```
        $.ajax({
          # 调用的 URL
            url:"/fare/faredel/"+rowid+"/",
          # 设置提交方式
            type:"GET",
            success:function(data){
                var dic=JSON.parse(data);
                # alert(dic.status);
                if(dic.status){
                # 成功后，返回车费信息列表页面
                window.location.href='/fare/farelist/';
                # 隐藏模态框
                $('#myModal').modal('hide');
                        }
                    }
          })
    }
    </script>
    {% endblock %}
```

上述代码的相关说明如下。

（1）以上代码引用 Bootstrap 的表格组件，通过{% for row in fare_list %}…{% endfor %}依次把当日上报的车费记录信息在表格中。

（2）每个表格每行中加入“编辑”“删除”两个按钮，其中“删除”按钮按照 Bootstrap 模态框触发按钮代码规范编写代码（复制代码并简单定制），增加 data-rowid 属性。按照 Bootstrap 规则，data-rowid 中的值在模态框显示事件中，可以通过 button.data('rowid')的形式取得，其中 button 是触发模态框的按钮。

（3）JavaScript 脚本中，在模态框的显示（show.bs.modal）事件中取得要删除记录的 id 字段值，然后存放在模态框的一个 type="hidden"的<input>标签中。当单击模态框中“确认删除”按钮时，通过 AJAX 调用 URL 对应的视图函数 faredel()删除相关记录，并接收视图函数返回值，如果成功就重定向到车费信息列表页面。

以下是视图函数 faredel()的代码。

```
# 导入 json 模块
import json
def faredel(request,fareid):
    ret={'status':False}
    try:
        obj = models.fare.objects.get(id=fareid)
```

```
        obj.delete()
        ret['status']=True
    except Exception:
        ret['status'] = False
    #json.dumps()函数将字典转换为字符串
    return HttpResponse(json.dumps(ret))
```

上述代码的相关说明如下。

（1）首先定义一个用于返回的字典 ret，字典有一个项 status 初始化为 False。当删除成功后设置 status=True，最后将字典 ret 转换为字符串后返回前端 AJAX。

（2）代码用了 try...except 代码块来捕获异常。成功删除记录后，设置字典的 status 为 True；当删除不成功时，设置字典的 status 为 False。

在模板文件中用表格列举出当日车费上报情况，并且通过 AJAX 实现删除功能。为了防止误删除，在删除前弹出提示对话框（Boostrap 模态框）。在浏览器中的显示效果如图 15.4 所示。

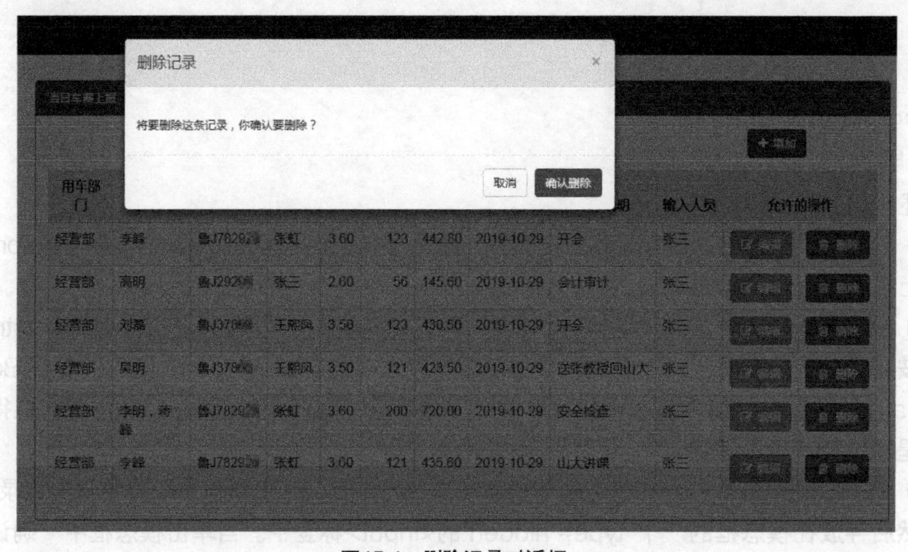

图15.4 删除记录对话框

15.8.3 车费信息增加

当用户在车费信息列表页面上，单击“增加”按钮，会进入车费信息记录增加页面。视图函数 fareadd()代码如下。

```
def fareadd(request):
    # 按照一定格式取出当前日期
    tday = datetime.datetime.now().strftime('%Y-%m-%d')
    # 从 session 中取出登录用户的部门
```

```
        # 用户部门记录的 id 值是在 login()视图函数中存入的
        cur_dep = request.session.get('user_dep')
        # 取出部门对象
        dep_obj = models.department.objects.get(id=cur_dep)
        # 取出车辆信息记录
        car_list = models.carinfo.objects.all()
        # 从 session 中取出用户的姓名，姓名是在 login()视图函数中存入的
        user_nickname = request.session.get('user_nickname')
        if request.method=='POST':
            passenger=request.POST.get('passenger')
            carid=request.POST.get('car_id')
            driver=request.POST.get('driver')
            price = request.POST.get('price')
            distance = request.POST.get('distance')
            fare = request.POST.get('fare')
            remark = request.POST.get('remark')
            # 把当前日期值赋给 drive_date
            drive_date=datetime.datetime.now().date()
            # 新建一条车费记录
            models.fare.objects.create(dep_id=cur_dep,passenger=passenger,
                                       car_id=carid,driver=driver,price=price,
distance=distance,
                                       fare=fare,drive_date=drive_date,remark=remark,
                                        oprator=user_nickname,approve_status='0')
            return redirect('/fare/farelist/')
        # 向模板文件传递变量
        return render(request,'fare/fare_add.html',
                  {'dep_obj':dep_obj,'carlist':car_list,'tday':tday,'nickname'
:user_nickname})
```

上述代码的相关说明如下。

（1）以上代码首先取出当前日期、登录用户姓名、登录用户所属的部门作为新增记录的初始值，这些字段自动生成，不允许用户输入。

（2）代码 if request.method=='POST'判断提交方式，如果是 POST，则取得前端页面传递过来的字段值，通过 models.fare.objects.create()函数生成一条新的记录。

（3）如果请求方式不是 POST，则把当前日期、登录用户姓名、登录用户部门传递给模板文件，给模板文件上相应的表单字段赋值。

车费信息增加页面模板文件是/fare_management/templates/fare/fare_add.html，代码如下。

```
{% extends 'base.html' %}
{% block page_content %}
<div class="col-md-offset-1 col-md-9">
   <!--   应用Bootstrap面板组件  -- >
    <div class="panel panel-primary">
        <div class="panel-heading">车费上报</div>
        <div class="panel-body">
          <!--   应用Bootstrap表单组件  -- >
            <form class="form-horizontal" method="post" action="">
                {% csrf_token %}
                <!--   用type="hidden"的<input>标签保存车费记录的id  -- >
                <input type="hidden" name='id' value="{{ obj.id }}">
                <!--   用type="hidden"的<input>标签保存部门记录的id  -- >
                <input type="hidden" name='dep_id' id='dep_id' value="{{ dep
_obj.id }}">
                <!--   用 type="hidden"的<input>标签保存用户选择车辆后该车辆记录
的id值，通过JavsScript语句进行赋值  -- >
                <input type="hidden" name='car_id' id='car_id' value=" ">
                <div class="form-group">
                    <label class="col-md-2 control-label">部门名称</label>
                    <div class="col-md-8">
                <!--   保存登录用户的部门名称，由视图函数传过来，设置为不可修改  -- >
                        <input type="text" class="form-control" value=
"{{ dep_obj.dep_name }}" disabled>
                    </div>
                </div>
                <div class="form-group">
                    <label for="dep_id" class="col-md-2 control-label">车牌
号</label>
                    <div class="col-md-8">
                <!--   车牌号设置为只读，可以通过在模态框中选择记录给车牌号赋值  -- >
                        <input type="text" class="form-control" id="plate_
number" name="plate_number" readonly>
                    </div>
                    <div class="col-md-1">
               <!-- 按钮触发模态框，data-target="#myModal"指定模态框的id="#myModal" -->
                        <button type='button' class="btn btn-default btn-
md " data-toggle="modal" data-target="#myModal">
                            <i class="fa fa-search" aria-hidden="true"></i>
</button>
```

```
                    </div>
                </div>
                <div class="form-group">
                    <label for="driver" class="col-md-2 control-label"> 司
机</label>
                    <div class="col-md-8">
        <!--    司机姓名设置为只读，可以通过在模态框中选择记录后，通过脚本给司机姓名赋值  -- >
                        <input type="text" class="form-control" id="driver"
 name="driver"  readonly>
                    </div>
                </div>
                <div class="form-group">
                    <label for="price" class="col-md-2 control-label">单价
</label>
                    <div class="col-md-8">
        <!--    单价设置为只读，可以通过在模态框中选择记录后，通过脚本给单价赋值   -- >
                        <input type="number" class="form-control" id="price"
 name="price"  readonly>
                    </div>
                </div>
                <div class="form-group">
                    <label for="distance" class="col-md-2 control-label">
公里数</label>
                    <div class="col-md-8">
                    <!--  设置 onblur 事件调用 getfare()以计算车费  -->
                        <input type="number" class="form-control" id=
"distance" name="distance"  onblur="getfare()" >
                    </div>
                </div>
                <div class="form-group">
                    <label for="fare" class="col-md-2 control-label"> 车 费
</label>
                    <div class="col-md-8">
                        <input type="number" class="form-control" id="fare"
name="fare" readonly>
                    </div>
                </div>
                 <div class="form-group">
                    <label for="remark" class="col-md-2 control-label">乘车
人</label>
```

```
                        <div class="col-md-8">
                            <input type="text" class="form-control" id="passenger"
 name="passenger">
                        </div>
                    </div>
                     <div class="form-group">
                        <label for="remark" class="col-md-2 control-label">乘车
说明</label>
                        <div class="col-md-8">
                            <input type="text" class="form-control" id="remark"
 name="remark">
                        </div>
                    </div>

                    <div class="form-group">
                        <label for="drive_date" class="col-md-2 control-label">
乘车时间</label>
                        <div class="col-md-8">
                          <!--   保存乘车日期，设置为只读，值为当天日期  -- >
                            <input type="date" class="form-control" id="drive_
date" name="drive_date" value={{ tday }} readonly>
                        </div>
                    </div>
                    <div class="form-group">
                        <label for="oprator" class="col-md-2 control-label">输
入人员</label>
                        <div class="col-md-8">
                            <!--  输入人员，设置为不可修改，指定为登录人员姓名  -- >
                            <input type="text" class="form-control" id="oprator"
 name="oprator" value="{{ nickname }}" disabled>
                        </div>
                    </div>
                    <div class="form-group">
                        <div class="col-md-offset-2 col-md-8">
                            <button type="submit" class="btn btn-primary">上报
</button>
                        </div>
                    </div>
                </form>
```

```
            </div>
        </div>
    </div>
    <!--模态框，复制 Bootstrap 模态框代码并进行简单改造-->
    <div class="modal fade" id="myModal" tabindex="-1" role="dialog" aria-
labelledby="myModalLabel" aria-hidden="true">
        <div class="modal-dialog">
            <div class="modal-content">
                <div class="modal-header">
                    <button type="button" class="close" data-dismiss="modal"
aria-hidden="true">&times;</button>
                    <h4 class="modal-title" id="myModalLabel">请选择乘坐的车辆</h4>
                </div>
                <div class="modal-body">
       <table class="table table-striped table-hover table-bordered" >
                        <thead>
                        <th class="bg-info text-center" >选择</th>
                        <th class="bg-info text-center" >车牌号</th>
                        <th class="bg-info text-center" >司机</th>
                        <th class="bg-info text-center" >单价</th>
                        <th class="bg-info text-center" >备注说明</th>
                        </thead>
                        <tbody >
                        {% for car in carlist %}
                    <!--   设置 onclick 事件来调用函数，该函数设置某行记录为选中状态-->
                            <tr onclick="tr_click(this)">
                                <td><input  class="radiott" type="radio" id=
{{ car.id }} name="radio1"></td>
                                <td>{{ car.plate_number }}</td>
                                <td>{{ car.driver }}</td>
                                <td>{{ car.price }}</td>
                                <td>{{ car.remarks }}</td>
                            </tr>
                        {% endfor %}
                        </tbody>
                    </table>
                   </div>
                <div class="modal-footer">
                    <button type="button" class="btn btn-default" data-dismiss=
```

```
"modal">关闭</button>
                    <button type="button" class="btn btn-primary" id="select_ok"
 onclick="select_ok()">确定</button>
                </div>
            </div><!-- /.modal-content -->
        </div><!-- /.modal -->
    </div>
    <script>
    # 单击表格行时调用的函数
    function tr_click(e)
    {
        # 为选中项添加样式类（添加背景色）
        # 去除其他项的样式类，不再为选中状态
         $(e).addClass('info').siblings().removeClass('info').end();
         $('.radiott').removeAttr('checked');
         $(e).find('.radiott').attr('checked',true);
    }
    # 根据单价和行车里程计算出车费的函数
    function getfare()
    {
        # 当单价和行车里程都不为空时才计算
        if( ($("#price").val()!='') & ($("#distance").val()!=''))
            {
                vprice=parseFloat($("#price").val());
                vdistance=parseFloat($("#distance").val());
                vfare=vprice * vdistance;
                # 保留两位小数
                vfare=vfare.toFixed(2);
                $("#fare").val(vfare);
            }
    };
    # 单击模态框的"确定"按钮，调用这个函数
    function select_ok()
    {
        # 取出第二个单元格的文本，索引从 0 开始
         var vtds=$(".radiott:checked").parent().parent().children();
         if ($(".radiott:checked").length == 0)
         {
           alert('请先选择！');
```

```
        return false;
    }
    # 取出选中记录的 class="radiott"的<input>标签属性 id 的值
    var vcarid=$(".radiott:checked").attr('id');
    # 取出第二个单元格的文本，索引从 0 开始
    var vplate_number=vtds.eq(1).text();
    var vdriver=vtds.eq(2).text();
    var vprice=vtds.eq(3).text();
    # 赋值，给 id=car_id 的<input>标签赋值
    $("#car_id").val(vcarid);
    # 赋值，给 id= plate_number 的<input>标签赋值
    $("#plate_number").val(vplate_number);
    # 赋值，给 id= driver 的<input>标签赋值
    $("#driver").val(vdriver);
    # 赋值，给 id= price 的<input>标签赋值
    $("#price").val(vprice);
    # 调用 getfare()计算车费
    getfare();
    # 隐藏模态选择框
    $('#myModal').modal('hide')
};
</script>
{% endblock %}
```

上述代码的相关说明如下。

（1）模板文件代码用 Bootstrap 框架中的表单组件显示车费信息增加页面，视图函数取出当前日期、登录用户名、部门传递给模板文件，这些字段都不允许用户填写，从前端角度看就是自动生成的。

（2）车牌号输入框附近放了一个“放大镜”图标，这个图标设置成一个触发模态框的按钮，该按钮通过 data-target="#myModal"属性确定要触发 id=myModal 的模态框。

（3）模态框（id=myModal）是用 Bootstrap 框架中的模态框代码改造而成的，在其中放置了一个表格组件，列举出全部车辆记录。在表格的每一行设置 onclick 事件以调用 function tr_click(e)函数，使得单击每条记录所在的表格行，该行背景色会改变。

（4）在模态框上的“确定”按钮设置 onclick 事件以调用 select_ok()函数，该函数取出选中行上车辆记录的 id、车牌号、司机、单价，并把这些值赋给表单上相应的字段，最后调用 getfare()函数计算出车费。

车费信息增加页面如图 15.5 所示，乘坐车辆通过模态框进行选择。

图15.5　车费信息增加页面

15.8.4　车费信息修改

车费信息修改视图函数与模板文件和车费信息增加的相似，不同之处是先通过视图函数取出要修改的记录的各字段值，通过 render()函数传递给模板文件，在模板文件上显示字段原值，供用户修改，这里不再详细介绍，仅列出相关代码供读者参考。

车费信息修改视图函数 fareedit()的代码如下。

```
def fareedit(request,fareid):
    # 按照一定格式取出当前日期
    tday = datetime.datetime.now().strftime('%Y-%m-%d')
    # 从 session 中取出登录用户的部门，
    # 用户部门记录的 id 值是在 login()视图函数中存入的
    cur_dep = request.session.get('user_dep')
    # 取出部门对象
    dep_obj = models.department.objects.get(id=cur_dep)
    car_list = models.carinfo.objects.all()
    user_nickname = request.session.get('user_nickname')
    if request.method=='POST':
        fareid=request.POST.get('id')
        cur_dep=request.POST.get('dep_id')
        passenger=request.POST.get('passenger')
        carid=request.POST.get('car_id')
        driver=request.POST.get('driver')
```

```
            price = request.POST.get('price')
            distance = request.POST.get('distance')
            fare = request.POST.get('fare')
            remark = request.POST.get('remark')
            drive_date=request.POST.get('drive_date')
            # 修改记录
            models.fare.objects.filter(id=fareid).update(dep_id=cur_dep,passenger=
passenger,
            car_id=carid,driver=driver,price=price,distance=distance,fare=fare,
            drive_date=drive_date,remark=remark,oprator=user_nickname)
            # 重定向到车费信息列表页面
            return redirect('/fare/farelist/')
        fare_obj = models.fare.objects.get(id=fareid)
        car_list = models.carinfo.objects.all()
        return render(request,'fare/fare_edit.html',{'obj':fare_obj,'carlist':
car_list})
```

车费信息修改页面模板文件是/fare_management/templates/fare/fare_edit.htm，代码如下。

```
    {% extends 'base.html' %}
    {% block page_content %}
    <div class="col-md-offset-1 col-md-9">
        <div class="panel panel-primary">
            <div class="panel-heading">车费上报</div>
            <div class="panel-body">
                <form class="form-horizontal" method="post" action="">
                    {% csrf_token %}
                    <!--  用type="hidden"的<input>标签保存车费记录的id  -- >
                    <input type="hidden" name='id' value="{{ obj.id }}">
                    <!--  用type="hidden"的<input>标签保存部门记录的id  -- >
                    <input type="hidden" name='dep_id' id='dep_id' value="{{ obj.
dep_id }}">
                    <!--  用type="hidden"的<input>标签保存车辆记录的id  -- >
                    <input type="hidden" name='car_id' id='car_id' value="{{ obj.
car_id }}">
                    <div class="form-group">
                        <label class="col-md-2 control-label">部门名称</label>
                        <div class="col-md-8">
                    <!--  保存登录用户的部门名称，由视图函数传过来，设置为不可修改  -- >
                        <input type="text" class="form-control" value="{{ obj.
dep.dep_name }}" disabled>
```

```
                    </div>
                </div>
                <div class="form-group">
                    <label for="dep_id" class="col-md-2 control-label">车牌
号</label>
                    <div class="col-md-8">
                <!--   保存乘坐车辆的车牌号，设置为只读，可以通过模态框选择车辆  -- >
                        <input type="text" class="form-control" id="plate_
number"  name="plate_number"  value="{{ obj.car.plate_number }}" readonly>
                    </div>
                    <div class="col-md-1">
                        <!-- 按钮触发模态框，触发选择车辆的对话框 -->
                        <button type='button' class="btn  btn-default btn-
md " data-toggle="modal"   data-target="#myModal">
                            <i class="fa fa-search" aria-hidden="true"></i>
</button>
                    </div>
                </div>
                <div class="form-group">
                    <label for="driver" class="col-md-2 control-label">司机
</label>
                    <div class="col-md-8">
        <!--   保存乘坐车辆的司机，设置为只读，通过模态框选择车辆带来相关值  -- >
                        <input type="text" class="form-control" id="driver"
 name="driver"  value="{{ obj.driver }}" readonly>
                    </div>
                </div>
                <div class="form-group">
                    <label for="price" class="col-md-2 control-label">单价
</label>
                    <div class="col-md-8">
        <!--   保存乘坐车辆的单价，设置为只读，可以通过模态框选择车辆时带来  -- >
                        <input type="number" class="form-control" id="price"
 name="price"  value={{ obj.price }} readonly>
                    </div>
                </div>
                <div class="form-group">
                    <label for="distance" class="col-md-2 control-label">
公里数</label>
                    <div class="col-md-8">
```

```
                        <!--  设置onblur事件调用getfare()计算车费 -->
                            <input type="number" class="form-control" id="distance"
 name="distance" value={{ obj.distance }} onblur="getfare()" >
                        </div>
                    </div>
                    <div class="form-group">
                        <label for="fare" class="col-md-2 control-label"> 车 费
</label>
                        <div class="col-md-8">
                            <input type="number" class="form-control" id="fare"
 name="fare" value={{ obj.fare }} readonly>
                        </div>
                    </div>
                     <div class="form-group">
                        <label for="remark" class="col-md-2 control-label">乘车
人</label>
                        <div class="col-md-8">
                            <input type="text" class="form-control" id="passenger"
 name="passenger" value="{{ obj.passenger }}" >
                        </div>
                    </div>
                     <div class="form-group">
                        <label for="remark" class="col-md-2 control-label">乘车
说明</label>
                        <div class="col-md-8">
                            <input type="text" class="form-control" id="remark"
 name="remark"  value="{{ obj.remark }}">
                        </div>
                    </div>
                    <div class="form-group">
                        <label for="drive_date" class="col-md-2 control-label">
乘车时间</label>
                        <div class="col-md-8">
                          <!--    保存乘车日期，设置为只读，值为当天日期  -- >
                            <input type="date" class="form-control" id="drive_
date" name="drive_date" value={{ obj.drive_date|date:'Y-m-d' }} readonly>
                        </div>
                    </div>
                    <div class="form-group">
                        <label for="oprator" class="col-md-2 control-label">输
```

```
入人员</label>
                        <div class="col-md-8">
                          <!--  输入人员，设置为不可修改，指定为登录人员姓名  -- >
                            <input type="text" class="form-control" id="oprator"
 name="oprator" value="{{ obj.oprator }}" disabled>
                        </div>
                    </div>
                    <div class="form-group">
                        <div class="col-md-offset-2 col-md-8">
                            <button type="submit" class="btn btn-primary">上报
</button>
                        </div>
                    </div>
                </form>
            </div>
        </div>
    </div>
    <!--模态框，弹出车辆记录选择对话框 -->
    <div class="modal fade" id="myModal" tabindex="-1" role="dialog" aria-
labelledby="myModalLabel" aria-hidden="true">
        <div class="modal-dialog">
            <div class="modal-content">
                <div class="modal-header">
                    <button type="button" class="close" data-dismiss="modal" aria
-hidden="true">&times;</button>
                    <h4 class="modal-title" id="myModalLabel">请选择乘坐的车辆</h4>
                </div>
                <div class="modal-body">
       <table class="table table-striped table-hover table-bordered" >
                        <thead>
                        <th class="bg-info text-center" >选择</th>
                        <th class="bg-info text-center" >车牌号</th>
                        <th class="bg-info text-center" >司机</th>
                        <th class="bg-info text-center" >单价</th>
                        <th class="bg-info text-center" >备注说明</th>
                        </thead>
                        <tbody >
                        {% for car in carlist %}
    <!-- 在行上增加了onclick事件处理函数tr_click(this)  -- >
                            <tr onclick="tr_click(this)">
```

```
                                {% if car.id == obj.car_id %}
                                <td><input  class="radiott " type="radio" id=
{{ car.id }} name="radio1" checked></td>
                                {% else %}
                                 <td><input  class="radiott" type="radio" id=
{{ car.id }} name="radio1"></td>
                                {% endif %}
                                <td>{{ car.plate_number }}</td>
                                <td>{{ car.driver }}</td>
                                <td>{{ car.price }}</td>
                                <td>{{ car.remarks }}</td>
                            </tr>
                        {% endfor %}
                        </tbody>
                    </table>
                </div>
                <div class="modal-footer">
                    <button type="button" class="btn btn-default" data-dismiss
="modal">关闭</button>
                    <button type="button" class="btn btn-primary" id="select_ok"
 onclick="select_ok()">确定</button>
                </div>
            </div><!-- /.modal-content -->
        </div><!-- /.modal -->
    </div>
    <script>
    # 模态框显示事件
    $('#myModal').on('show.bs.modal', function (event) {
        var vcarid=$('#car_id').val();
        var modal = $(this);
        var vtr= modal.find('#'+vcarid).parent().parent();
        # 为选中项添加样式类（添加背景色）
        # 去除其他项的样式类，不再为选中状态
        vtr.addClass('info').siblings().removeClass('info').end();
        $('.radiott').removeAttr('checked');
        vtr.find('.radiott').attr('checked',true);
          })
    # 单击表格行时调用的函数
    function tr_click(e)
    {
```

```
        # 为选中项添加背景色样式
        # 去除同级其他项的选中样式
        $(e).addClass('info').siblings().removeClass('info').end();
        $('.radiott').removeAttr('checked');
        $(e).find('.radiott').attr('checked',true);
}
# 根据单价和行车里程计算出车费的函数
function getfare()
{
    # 当单价和行车里程都不为空时才计算
    if( ($("#price").val()!='') & ($("#distance").val()!=''))
        {
            vprice=parseFloat($("#price").val());
            vdistance=parseFloat($("#distance").val());
            vfare=vprice * vdistance;
            # 保留两位小数
            vfare=vfare.toFixed(2);
            $("#fare").val(vfare);
        }
};
# 单击模态框的“确定”按钮，调用这个函数
function select_ok()
{
    # 取出选中行的单元格集合
     var vtds=$(".radiott:checked").parent().parent().children();
     if ($(".radiott:checked").length == 0)
     {
       alert('请先选择！');
       return false;
     }
     var vcarid=$(".radiott:checked").attr('id');
     # 取出第二个单元格的文本，索引从 0 开始
     var vplate_number=vtds.eq(1).text();
     var vdriver=vtds.eq(2).text();
     var vprice=vtds.eq(3).text();
    # 赋值，给 id=car_id 的<input>标签赋值
     $("#car_id").val(vcarid);
     $("#plate_number").val(vplate_number);
     $("#driver").val(vdriver);
```

```
        $("#price").val(vprice);
        getfare();
        $('#myModal').modal('hide')
    };
    </script>
    {% endblock %}
```

以上代码中$('#myModal').on('show.bs.modal', function (event) {...}的应用场景是，当表单中已经有了车辆信息，如车牌号、司机、单价时，用户又想选择其他车辆，单击触发模态框的按钮，显示模态框时，首先在车辆信息列表中，先设置表单中已有的车辆为选中状态（设置背景色），然后等待用户选择其他车辆。

15.9 车费审批

车费审批包含通过车费审批、取消车费审批两个功能，主要对各部门上报的车费进行审批。这些记录会很多，因此引入了分页组件。

15.9.1 URL 配置

在/fare_management/fare/urls.py 文件中有关审批的 URL 配置有 4 条，其代码如下。

```
# 车费审批
    # 需要审批的记录列表
    path('farecheck/',views.farecheck),
    # 对选中的记录通过审批
    path('fareapprove/<str:ids>/', views.fare_approve),
    # 能够取消审批的记录
    path('farecheck2/', views.farecheck2),
    # 对选中的记录取消审批
    path('approvecancel/<str:ids>/', views.approve_cancel),
```

15.9.2 引入分页组件

由于审批的车费是一个时间段各部门上报的车费，可能有很多记录，这时分页显示很重要，有必要引入分页组件。方法很简单，在/fare_management/目录下新建 utils 文件夹，把第 10 章介绍的分页组件文件 paginater.py 复制到 utils 文件夹下，就可以在视图函数中引用了。

15.9.3 车费审批功能

车费审批的列表视图函数 farecheck()引入了分页组件，并增加了查询功能，代码如下。

```
# 导入分页组件
from utils.paginater import Paginater
def farecheck(request):
    # 取出部门记录
    dep_list = models.department.objects.all()
    if request.method == 'POST':
        # 取出查询值：部门、乘车时间
        dep_id = request.POST.get('department', None)
        drive_date1 = request.POST.get('drive_date1', None)
        drive_date2 = request.POST.get('drive_date2', None)
        # 初始化一个空字典，用来放置查询条件
        condition_dic = {}
        # 需要审批的记录应该是上报后未审批的记录，因此第一个条件是 approve_status=0
        # approve_status 值为 0 是未审批的，1 是审批通过的
        condition_dic['approve_status'] = '0'
        # 如果部门值不为空，设为查询条件
        if dep_id:
            condition_dic['dep_id'] =int(dep_id)
        # 设置乘车时间范围
        if drive_date1:
        # 设置字典键名为 drive_date__gte，与过滤条件中的双下划线查询形式一致
        # drive_date__gte 表示 drive_date 字段大于等于某值
            condition_dic['drive_date__gte'] = drive_date1
        if drive_date2:
            condition_dic['drive_date__lte'] = drive_date2
        # 如果字典项不为 0，则生成过滤条件进行查询，字典项为空时，查询全部记录
        if len(condition_dic) > 0:
            # 取得记录总数
            total_count = models.fare.objects.filter(**condition_dic).count()
        else:
            # 取得记录总数
            total_count = models.fare.objects.all().count()
        cur_page_num = request.GET.get("page")
        if not cur_page_num:
            cur_page_num = "1"
        # print(cur_page_num, type(cur_page_num))
        # 设定每一页显示多少条记录
        one_page_lines = 10
        # 页面上总共展示多少页码标签
        page_maxtag = 7
```

```
            # 生成一个分页对象
            page_obj = Paginater(url_address='/fare/farecheck/',
                                 cur_page_num=cur_page_num, total_rows=total_count,
                                 one_page_lines=one_page_lines, page_maxtag=page
_maxtag)
            if len(condition_dic) > 0:
                # 对记录进行切片，取出属于当前页的记录
                fare_list = models.fare.objects.filter(**condition_dic).order_
by('drive_date')[page_obj.data_start:page_obj.data_end]
            else:
                # 当查询条件为空时，取出属于当前页的记录
                fare_list = models.fare.objects.all().order_by('drive_date')[page_
obj.data_start:page_obj.data_end]
            # print(condition_dic)
            return render(request, 'fare/farelist_check.html',
                                    {'fare_list':fare_list,'page_nav':
 page_obj.html_page(),
                                    'dep_list':dep_list,
'conditions':condition_dic})
        # 当提交方式不是 POST，说明是初次开页面，以下代码初始化新打开的页面
        # 从 URL 中取参数 page，这个参数存在分页组件生成的 HTML 代码片段中
        cur_page_num = request.GET.get("page")
        if not cur_page_num:
            cur_page_num = "1"
        # print(cur_page_num, type(cur_page_num))
        # 取得记录总数，首先选择未通过审核的记录
        total_count = models.fare.objects.filter(approve_status='0').count()
        # 设定每一页显示多少条记录
        one_page_lines = 10
        # 页面上总共展示多少页码标签
        page_maxtag = 7
        page_obj = Paginater(url_address='/fare/farecheck/',
                             cur_page_num=cur_page_num, total_rows=total_count,
                             one_page_lines=one_page_lines, page_maxtag=page_maxtag)
        # 对记录进行切片，取出属于当前页的记录
        fare_list = models.fare.objects.filter(approve_status='0').order_by('drive
_date')[page_obj.data_start:page_obj.data_end]
        return render(request, 'fare/farelist_check.html', {'fare_list': fare_list,
'page_nav':page_obj.html_page(),'dep_list':dep_list})
```

上述代码的相关说明如下。

（1）视图函数代码首先判断请求方式是否为 POST，如果是，则取出前端页面表单传递过来的值，这些值是查询条件。前端页面上用表单接收用户输入值以作为查询条件，通过 POST 提交给后端视图函数后，用字典保存这些查询条件，一般字典键名设为数据表的字段名，值为表单提交的对应的值。对于乘车时间，我们用了一个小技巧，设置键名为 drive_date__gte，其中 drive_date 是数据库表字段名，“drive_date__gte”与 Django ORM 查询语句双下划线查询条件（大于等于）字符串形式一样。

（2）对字典类型的变量，前面加**有特殊意义，会生成 key1=value1,key2=value2,...（键=值的形式）。视图函数代码中 models.fare.objects.filter(**condition_dic).count()可以生成 models.fare.objects.filter(approve_status="0",dep_id=18,drive_date__gte=2019-10-20, drive_date__lte=2019-10-30).count()，其中生成的过滤条件符合 Django ORM 查询语法。

（3）视图函数引用了分页组件，这个组件只需用模板文件地址、当前页、总记录数、每页的记录数、每页的页码标签数生成分页对象，对应语句为 page_obj = Paginater(url_address= '/fare/farecheck/', cur_page_num=cur_page_num, total_rows=total_count, one_page_lines= one_page_lines, page_maxtag=page_maxtag)。然后从这个分页对象中取出当前页要显示的记录集合（fare_list = models.fare.objects.filter(**condition_dic).order_by('drive_date')[page_obj.data_start:page_obj.data_end] 语句可以取出符合条件的记录），取出分页对象形成的 HTML 代码片段（由 html_page()方法生成），然后通过 render()函数把这两个值传递到模板文件以渲染分页组件。

提示：用 render()函数向模板文件传递变量，一要把保存查询条件的 condition_dic 中的值传递给模板文件进行渲染，这样用户输入的查询条件不会因为页面刷新而清空。

（4）当请求方式不是 POST 时，说明是初次打开页面，这时主要生成分页对象，用模板文件地址、当前页、总记录数、每页的记录数、每页的页码标签数生成分页对象，然后用 render()函数传递参数以初始化模板文件。

视图函数 farecheck()对应的模板文件是/fare_management/templates/fare/farelist_check.html，代码如下。

```
{% extends 'base.html' %}
{% block page_content %}
<div class="panel panel-primary">
    <div class="panel-heading">车费审批</div>
    <div class="panel-body">
        <div class="row">
            <div class="col-md-offset-1 col-md-10" style="margin-bottom: 15px;">
             <!--  用表单组件接收查询条件的输入  -- >
                <form class="form-inline" method="post" action="/fare/
farecheck/">
                    {% csrf_token %}
```

```
                    <div class="form-group">
                        <label for="drive_date1">乘车时间:从</label>
                        <input type="date" class="form-control" id="drive_
date1" name="drive_date1" value="{{ conditions.drive_date__gte }}">
                    </div>
                    <div class="form-group">
                        <label for="drive_date2">至</label>
                        <input type="date" class="form-control" id="drive_
date2" name="drive_date2" value="{{ conditions.drive_date__lte }}">
                    </div>
                    <div class="form-group">
                        <label for="department">用车部门</label>
                        <select class="form-control" id="department" name=
"department">
                            <option value="">--------</option>
    <!--  用 for 循环给<option>赋值  -- >
                            {% for dep in dep_list %}
                            <!--   首先两个变量的数据类型要一致,这两个变量都是整数
类型 //-->
                            {% if dep.id == conditions.dep_id %}
                            <option value={{ dep.id }}  selected>{{ dep.dep_
name }}</option>
                            {% else %}
                             <option value={{ dep.id }}>{{ dep.dep_name }}
</option>
                            {% endif %}
                            {% endfor %}
                        </select>
                    </div>
                           <button type="submit" class
="btn btn-primary"><i class="fa fa-search"aria-hidden="true"></i>
                    查询
                </button>
                            
    <!-- 按钮触发模态框 -->
                        <button type='button' class="btn btn-primary btn-md
 " data-toggle="modal"     data-target="#myModal">
                            <i class="fa fa-check" aria-hidden="true" ></i>
审批通过</button>
                </form>
```

```
            </div>
        </div>
        <table class="table table-striped table-hover table-bordered">
            <thead>
                <!--    设置 onclick 事件以调用函数 checkallrow()   -->
            <th class="bg-info"><input type="checkbox" id="allrow" onclick
="checkallrow()"  style= "height:20px;width:60px"></th>
            <th class="bg-info text-center">用车部门</th>
            <th class="bg-info text-center">乘车人</th>
            <th class="bg-info text-center">车牌号</th>
            <th class="bg-info text-center">司机</th>
            <th class="bg-info text-center">单价</th>
            <th class="bg-info text-center">公里数</th>
            <th class="bg-info text-center">车费</th>
            <th class="bg-info text-center">乘车时间</th>
            <th class="bg-info text-center">乘车说明</th>
            <th class="bg-info text-center">输入人员</th>
            </thead>
            <tbody>
            {% for row in fare_list %}
            <tr >
            <!--    <input>标签中增加了一个属性 rowid，设置 type="checkbox"   -->
            <td><input type="checkbox" name="farecheck" rowid="{{ row.id }}"
 style= "height:20px;width:60px"></td>
                <td>{{ row.dep.dep_name }}</td>
                <td>{{ row.passenger }}</td>
                <td>{{ row.car.plate_number }}</td>
                <td>{{ row.car.driver }}</td>
                <td class="text-right">{{ row.car.price }}</td>
                <td class="text-right">{{ row.distance }}</td>
                <td class="text-right">{{ row.fare }}</td>
                <td>{{ row.drive_date|date:'Y-m-d' }}</td>
                <td>{{ row.remark }}</td>
                <td>{{ row.oprator }}</td>
            </tr>
            {% endfor %}
            </tbody>
        </table>
        <!--    分页组件的固定写法    -->
         <!--    分页组件开始    -->
```

```
            <nav aria-label="Page navigation">
                <ul class="pagination">
                    {{ page_nav|safe }}
                </ul>
            </nav>
             <!--    分页组件结束    -->
        </div>
    </div>
    <!-- 模态框 -->
    <div class="modal fade" id="myModal" tabindex="-1" role="dialog" aria-
labelledby="myModalLabel" aria-hidden="true">
        <div class="modal-dialog" role="document">
            <div class="modal-content">
                <!--<div class="modal-header"> -->
                <div class="modal-header" role="alert">
                    <button type="button" class="close" data-dismiss="modal"
aria-label="Close"><span aria-hidden="true">&times;</span>
                    </button>
                    <h4 class="modal-title">审核记录</h4>
                </div>
                <div class="modal-body">
                    <p id="mess">你确认要将选中的记录，审批通过？</p>
                   <!--    用这个type="hidden"的<input>标签保存选中的记录的id字段值    -->
                    <input type="hidden" id="rowid">
                </div>
                <div class="modal-footer">
                    <button type="button" class="btn btn-default" data-dismiss
="modal">取消</button>
                   <!--    给“确认”按钮设置onclick事件函数    -->
                    <button type="button" class="btn btn-primary" onclick=
"approve_ok()">确认</button>
                </div>
            </div><!-- /.modal-content -->
        </div><!-- /.modal-dialog -->
    </div><!-- /.modal -->
    <script>
    # 全选、全不选函数
    function checkallrow()
    {
        var rows=$('input[name="farecheck"]');
```

```
    if($('#allrow').is(':checked'))
    {
        for(i=0;i<rows.length;i++)
        rows[i].checked=true;
    }
    else
      {
        for(i=0;i<rows.length;i++)
        rows[i].checked=false;
    }
}
# 取得选中记录的 id 字段值
function ids_str()
{
    var ids = [];
    # 状态为已选中的<input>标签的集合
    var vchecks=$('tbody').find('input:checked');
    if (vchecks.length ==0){
        return 'no_row';
    }
    # 通过循环，取出<input>标签的 rowid 属性值，加入 ids 列表中
    $(vchecks).each(function(){
        ids.push($(this).attr('rowid'));
    });
    # 生成字符串，用,分隔各个值
    var id_string=ids.join(',');
    return id_string;
}
# 模态框显示事件
$('#myModal').on('show.bs.modal', function (event) {
   # 调用函数
   ids=ids_str();
   var modal = $(this);
   if (ids== 'no_row')
   {
       # 无记录选中时，提示“无记录选中！”
       modal.find('#mess').text('无记录选中！');
       modal.find('#rowid').val('');
   }
   else
```

```
        {
            modal.find('#mess').text('你确认要将选中的记录，审批通过? ');
            # 给 id=rowid 的<input>标签赋值
            modal.find('#rowid').val(ids);
        }
    })
    # 模态框中“确认”按钮的 onclick 事件调用的函数
    function approve_ok()
    {
        var rowid= $("#rowid").val();
        if (rowid=='')
        {
            # 隐藏模态框
          $('#myModal').modal('hide');
          return;
        }
        $.ajax({
            # url 的值设置要与 URL 配置一致
            url:"/fare/fareapprove/"+rowid+"/",
            type:"GET",
            success:function(data){
                var dic=JSON.parse(data);
                # alert(dic.status);
                if(dic.status){
                window.location.href='/fare/farecheck/';
                $('#myModal').modal('hide');
            }
         }
        })
    }
    </script>
    {% endblock %}
```

上述代码的相关说明如下。

（1）代码中利用表单组件提供查询页面，每个表单字段与视图函数建立的字典键名对应。

（2）通过表格组件列举出需要进行审批的记录，并利用第一列放置的 type="checkbox"的<input>标签供用户选择记录，并给<input>标签增加属性 rowid 用来保存 id 字段值。

（3）引入分页组件，只需在页面要显示分页的地方加入代码。这些代码是固定写法，可以通过复制、粘贴方法写分页代码。

（4）引入了模态框，当用户单击“审批通过”按钮的弹出模态框，激活模态框显示事件（show.

bs.modal)，在这个事件中把选中的记录的 id 字段值放在 type="hidden"且 id="rowid"的<input>标签中。

（5）给模态框的“确认”按钮的 onclick 事件设置 approve_ok()函数，该函数通过 AJAX 调用视图函数 fare_approve()以对车费记录进行审批。

车费审批页面如图 15.6 所示，该页面主要包括 3 部分，上部分是查询界面，中间部分是需要审批的记录列表，下部分是分页组件。

车费审批

乘车时间:从 2019/10/20 至 2019/10/29 用车部门 经营部 查询 审批通过

	用车部门	乘车人	车牌号	司机	单价	公里数	车费	乘车时间	乘车说明	输入人员
	经营部	李红	鲁J378[illegible]	刘玉凤	3.50	245	857.50	2019-10-20	检查安全	张三
	经营部	刘明中	鲁J376[illegible]	刘玉凤	3.50	100	350.00	2019-10-25	交资料	张三
	经营部	李峰	鲁J7829[illegible]	张虹	3.60	123	442.80	2019-10-29	开会	张三
	经营部	高明	鲁J292[illegible]	张三	2.60	56	145.60	2019-10-29	会计审计	张三
	经营部	刘磊	鲁J378[illegible]	刘玉凤	3.50	123	430.50	2019-10-29	开会	张三
	经营部	吴明	鲁J378[illegible]	刘玉凤	3.50	121	423.50	2019-10-29	送张教授回山大	张三
	经营部	李明，蒋峰	鲁J7829[illegible]	张虹	3.60	200	720.00	2019-10-29	安全检查	张三
	经营部	李峰	鲁J7829[illegible]	张虹	3.60	121	435.60	2019-10-29	山大讲课	张三

首页 « 1 » 尾页

图15.6　车费审批页面

车费审批视图函数 fare_approve()的代码如下。

```
def fare_approve(request,ids):
    # 形成 id 值列表，列表的每一项都是字符串形式
     vids=ids.split(',')
     int_ids=[]
     # 通过循环，把列表的每一项变成整类型，这样与数据表 id 字段类型一致
     for i in vids:
            ii=int(i)
            int_ids.append(ii)
     # 初始化返回值
     ret = {'status': False}
     try:
          # 对选中的记录（id 值在列表中）进行修改
          models.fare.objects.filter(id__in=vids).update(approve_status='1')
          ret['status'] = True
     except Exception:
          ret['status'] = False
```

```
# 利用json.dumps()函数将字典转换成字符串，并传递给模板文件的AJAX
    return HttpResponse(json.dumps(ret))
```

视图函数由 AJAX 调用，主要是取出车费记录的 id 字段值。根据 id 字段值把这些记录检索出来后，把审批状态设置为已审批，并把修改结果 ret['status']传给 AJAX 以进行后续处理。

用户单击“审批通过”按钮，会弹出对话框提示用户是否对选中的记录进行审批，如图 15.7 所示。

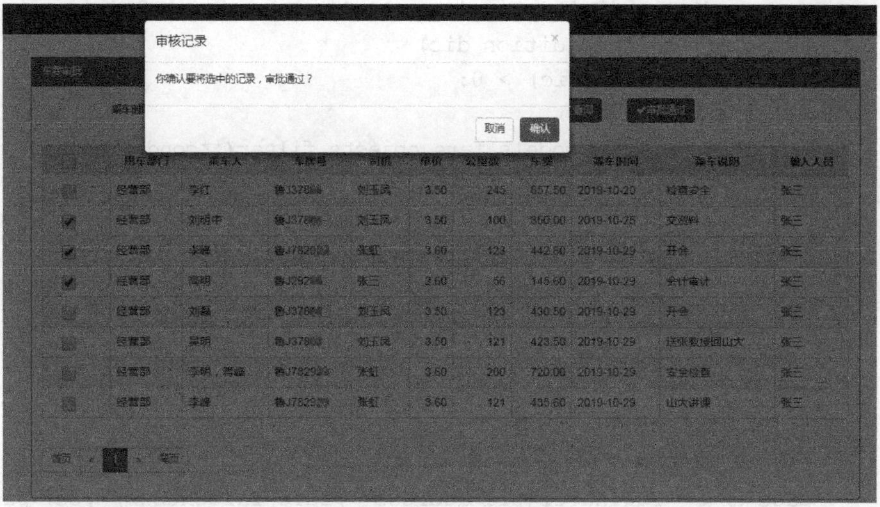

图15.7　车费审批提示页面

15.9.4　取消审批功能

已审批的车费记录是可以取消的，这就需要取消审批功能。取消审批功能主要是把已审批的记录列举出来，当然也可以通过输入查询条件查询出来，供用户选择；然后取消审批，车费记录状态变回未审批状态。

取消审批代码与审批代码相似，不同的是选择记录的条件不同，在页面上列举出来的是已审批通过的记录。

我们不对取消审批的相关代码进行详细介绍，仅列出主要代码供读者参考。

取消审批的列表视图函数 farecheckz()取出已审批通过的记录并传递给模板文件，部分代码如下。

```
def farecheck2(request):
    …
    if request.method == 'POST':
        dep_id = request.POST.get('department', None)
        drive_date1 = request.POST.get('drive_date1', None)
        drive_date2 = request.POST.get('drive_date2', None)
        condition_dic = {}
```

```
            condition_dic['approve_status'] = '1'
            if dep_id:
                condition_dic['dep_id'] =int(dep_id)
            if drive_date1:
                condition_dic['drive_date__gte'] = drive_date1
            if drive_date2:
                condition_dic['drive_date__lte'] = drive_date2
                # print(** condition_dic)
            if len(condition_dic) > 0:
                # 取得记录总数
                total_count = models.fare.objects.filter(**condition_dic).count()
            else:
                total_count = models.fare.objects.all().count()
            cur_page_num = request.GET.get("page")
            if not cur_page_num:
                cur_page_num = "1"
           # 设定每一页显示多少条记录
            one_page_lines = 10
            # 页面上总共展示多少页标签
            page_maxtag = 7
            page_obj = Paginater(url_address='/fare/farecheck2/',cur_page_num=
cur_page_num, total_rows=total_count,one_page_lines=one_page_lines, page_maxtag=
page_maxtag)
            if len(condition_dic) > 0:
                # 对记录进行切片，取出属于当前页的记录
                fare_list = models.fare.objects.filter(**condition_dic).order_
by('drive_date')[page_obj.data_start:page_obj.data_end]
            else:
                fare_list = models.fare.objects.all().order_by('drive_date')[page
_obj.data_start:page_obj.data_end]
            return render(request, 'fare/farelist_check2.html', {'fare_list':
fare_list, 'page_nav':page_obj.html_page(),'dep_list':dep_list,'conditions':
condition_dic})
```

取消审批的列表页面与审批列表页面的 HTML 代码相似，这里不再列出。

取消审批函数 approve_cancel()的代码如下。

```
def approve_cancel(request,ids):
    vids=ids.split(',')
    int_ids=[]
    for i in vids:
        ii=int(i)
```

```
            int_ids.append(ii)
        ret = {'status': False}
        try:
            models.fare.objects.filter(id__in=vids).update(approve_status='0')
            ret['status'] = True
        except Exception:
            ret['status'] = False
        return HttpResponse(json.dumps(ret))
         }
        })
    }
```

15.10 车费统计

统计分析是应用系统中比较重要的组成部分，一方面要提供可靠、可信息化的统计结果，另一方面要满足应用需求，能为决策提供依据。这里的车费统计只是给出一个简单的样例，主要为了介绍统计分析代码的编写方式。

15.10.1 URL 配置

有关车费统计的 URL 配置项如下。

```
path('annotate/',views.annotate_fare)
```

15.10.2 车费统计视图

车费统计主要按照年、月、部门、审批状态进行统计，主要利用 Django ORM 分组和聚合函数进行统计。

```
# 导入 Sum 模块
from django.db.models import Sum

def annotate_fare(request):
    # 通过 annotate()进行分组和聚合，这个查询语句的第一个 values()中的字段是分组函数
    # 第二个 values()中的字段是要显示值的字段
    # 注意字段可以通过双下划线形式进行联表查询
    farelist=models.fare.objects.values("dep__dep_name","drive_date__year",
    "drive_date__month","approve_status").annotate(sum_distance=Sum("distance"),
    sum_fare=Sum("fare")).values("dep__dep_name","drive_date__year","drive
_date__month",
    "approve_status","sum_distance","sum_fare")
```

```
        # 初始化一个字典
        faredic={}
        # 设置一个标志字段，表明是否循环刚开始的第一条记录
        begin=True
        # 初始化一个字段来保存部门名称
        depname=""
        # 保存未经审批的行车里程小计
        distance0_xj=0
        # 保存未经审批的费用小计
        fare0_xj=0
        # 保存经过审批的行车里程小计
        distance1_xj = 0
        # 保存经过审批的车费小计
        fare1_xj = 0
        # 行车里程（审批过的和未审批过的）小计
        distance_xj = 0
        # 车费（审批过的和未审批过的）小计
        fare_xj = 0
        # 未经审批的行车里程合计
        distance0_hj = 0
        # 未经审批的车费合计
        fare0_hj = 0
        # 经过审批的行车里程合计
        distance1_hj = 0
        # 经过审批的车费合计
        fare1_hj = 0
        # 行车里程（审批过的和未审批过的）合计
        distance_hj = 0
        # 车费（审批过的和未审批过的）合计
        fare_hj = 0
        # 通过 for 循环取得分组记录
        for fare in farelist:
            # 如果是第一条记录，把部门名称赋给 depname
            if begin:
                begin=False
                depname=fare["dep__dep_name"]
              # 在部门发生变化前，插入一条小计记录
            if depname!=fare["dep__dep_name"]:
                onefare = {'dep__dep_name': "小计", "sum_distance0":distance0_
xj,"sum_fare0":fare0_xj,
```

```
                    "sum_distance1": distance1_xj, "sum_fare1": fare1_xj,
                    "sum_distance": distance_xj, "sum_fare": fare_xj
                    }
                faredic[depname+'xj']=onefare
                # 把各个小计设为 0
                distance0_xj = 0
                fare0_xj = 0
                distance1_xj = 0
                fare1_xj = 0
                distance_xj =0
                fare_xj =0
                # 把新的部门名称赋给 depname
                depname = fare["dep__dep_name"]
            # 把每条记录对应的字段值加到对应小计值中
            distance_xj +=fare["sum_distance"]
            fare_xj += fare["sum_fare"]
            distance_hj += fare["sum_distance"]
            fare_hj += fare["sum_fare"]
            # 根据审批状态，把每条记录的字段值加到对应的小计、合计中
            if fare["approve_status"] == '0':
                 distance0_xj +=fare["sum_distance"]
                 fare0_xj += fare["sum_fare"]
                 distance0_hj += fare["sum_distance"]
                 fare0_hj += fare["sum_fare"]
            if fare["approve_status"] == '1':
                 distance1_xj +=fare["sum_distance"]
                 fare1_xj += fare["sum_fare"]
                 distance1_hj += fare["sum_distance"]
                 fare1_hj += fare["sum_fare"]
            # 生成一个唯一标识，用这个标识标志一条记录
            # 这里用部门名称、乘车日期的年、乘车日期的月组合成这个标识 vid
            vid=fare["dep__dep_name"]+str(fare["drive_date__year"])+str(fare
["drive_date__month"])
            # 判断字典是否有键名等于 vid 值的键
            if vid in faredic:
                 """循环每一条记录
                 根据记录的 approve_status 值，生成 faredic[vid]中不同的值
                 也就是说下面两个 if 代码块生成 faredic[vid]中不同的值
                 也就是二级字典键值对
                 """
```

```
            if fare["approve_status"]=='0':
                # 在faredi[cvid]的值中，增加一个项目是字典类型，它相当一个二级字典
                # 键名为 sum_distance0,值为当前记录中的 sum_distance 字段值
                faredic[vid]["sum_distance0"]=fare["sum_distance"]
                faredic[vid]["sum_fare0"]=fare["sum_fare"]
            if fare["approve_status"] == '1':
                faredic[vid]["sum_distance1"] = fare["sum_distance"]
                faredic[vid]["sum_fare1"] = fare["sum_fare"]
            # 当 sum_distance0 为键名的项在 faredic[vid]中
            # 说明当前记录是未经审批记录，把行车里程和车费取出并放在变量里
            if "sum_distance0" in faredic[vid]:
                distance0=faredic[vid]["sum_distance0"]
                fare0=faredic[vid]["sum_fare0"]
            else:
                distance0 = 0
                fare0 = 0
            # 当 sum_distance1 为键名的项在 faredic[vid]中
            # 说明当前记录是经过审批记录，把行车里程和车费取出并放在变量里
            if "sum_distance1" in faredic[vid]:
                distance1 = faredic[vid]["sum_distance1"]
                fare1 = faredic[vid]["sum_fare1"]
            else:
                distance1 = 0
                fare1 = 0
            # 在 faredic[vid]的项中增加两个键值对
            # sum_distance 为未经审批的行车里程与经过审批的行车里程的和
            # sum_fare 为未经审批的车费与经过审批的车费的和
            faredic[vid]["sum_distance"] = distance0 + distance1
            faredic[vid]["sum_fare"]=fare0 + fare1
        # 如果字典中不存在 vid 键，新增一个 vid 键值对
        else:
            # 先用当前记录的字段值生成一个字典
            onefare={'dep__dep_name': fare["dep__dep_name"],
                  'drive_date__year':fare["drive_date__year"],
                   'drive_date__month':fare["drive_date__month"] }
            # 根据 approve_status 值为 onefare 增加不同键值对
            if fare["approve_status"]=='0':
                onefare["sum_distance0"]=fare["sum_distance"]
                onefare["sum_fare0"]=fare["sum_fare"]
            if fare["approve_status"] == '1':
```

```
                        onefare["sum_distance1"] = fare["sum_distance"]
                        onefare["sum_fare1"] = fare["sum_fare"]
                    # 在 faredic 中加入一个键值对，键名等于 vid 变量的值，值为 onefare
                    faredic[vid]=onefare
                     # 当 sum_distance0 为键名的项在 faredic[vid]中
                    # 说明当前记录是未经审批记录，把行车里程和车费取出并放在变量里
                    if "sum_distance0" in onefare:
                        distance0 = onefare["sum_distance0"]
                        fare0 =  onefare["sum_fare0"]
                    else:
                        distance0 = 0
                        fare0 = 0
                    # 当 sum_distance1 为键名的项在 faredic[vid]中
                    # 说明当前记录是经过审批记录，把行车里程和车费取出并放在变量里
                    if "sum_distance1" in  onefare:
                        distance1 =  onefare["sum_distance1"]
                        fare1 =  onefare["sum_fare1"]
                    else:
                        distance1 = 0
                        fare1 = 0
                    # 在 faredic[vid]的项中增加两个键值对
                    # sum_distance 为未经审批的行车里程与经过审批的行车里程的和
                    # sum_fare 为未经审批的车费与经过审批的车费的和
                    onefare["sum_distance"] = distance0 + distance1
                    onefare["sum_fare"] = fare0 + fare1
                    faredic[vid]=onefare
        # 在循环外，在字典中加入最后一个部门的小计
        onefare = {'dep__dep_name': " 小 计 ", "sum_distance0": distance0_xj, "sum_
fare0": fare0_xj,
                        "sum_distance1": distance1_xj, "sum_fare1": fare1_xj,
                        "sum_distance": distance_xj, "sum_fare": fare_xj
                        }
        faredic[depname + 'xj'] = onefare
        # 在循环外，在字典中加合计项
        onefare = {'dep__dep_name': " 合 计 ", "sum_distance0": distance0_hj, "sum_
fare0": fare0_hj,
                    "sum_distance1": distance1_hj, "sum_fare1": fare1_hj,
                    "sum_distance": distance_hj, "sum_fare": fare_hj
                   }
        faredic[depname+'hj'] = onefare
```

```
    # 向模板文件传递记录
    return render(request,'fare/fare_addup.html',{'faredic':faredic})
```

以上代码通过分类和聚合函数把部门、年、月、审批状态作为分组条件对行车里程、车费进行求和。然后通过循环把每条记录取出来，然后把同一个部门、同年、同月的记录，以及不同审批状态（审批和未审批）的行车里程、车费小计归并到一条记录。这一条记录主要包含未审批的行车里程和车费、已审批的行车里程和车费、行车里程和车费等字段，再将每个部门记录中的各类行车里程和车费字段进行小计，最后对所有部门进行合计。程序流程思路简单，但逻辑代码较多。我们已在代码中加了注释，请读者参考注释查看代码。

视图函数传递参数给/fare_management/templates/fare/fare_addup.html 模板文件，其代码如下。

```
{% extends 'base.html' %}
{% block page_content %}
<div class="panel panel-primary">
     <div class="panel-heading">车费统计</div>
     <div class="panel-body">
          <table class="table table-striped table-hover table-bordered">
               <thead>
               <th class="bg-info text-center">用车部门</th>
                <th class="bg-info text-center">年月</th>
               <th class="bg-info text-center">公里数(未审)</th>
               <th class="bg-info text-center">车费（未审）</th>
               <th class="bg-info text-center">公里数（已审）</th>
               <th class="bg-info text-center">车费（已审）</th>
               <th class="bg-info text-center">公里数（小计）</th>
               <th class="bg-info text-center">车费（小计）</th>
               </thead>
               <tbody>
               {% for k,v in faredic.items %}
               <tr >
                   <td>{{ v.dep__dep_name }}</td>
                   <td>{{v.drive_date__year }}-{{ v.drive_date__month }}</td>
                   <td class="text-right">{{ v.sum_distance0 }}</td>
                   <td class="text-right">{{ v.sum_fare0 }}</td>
                   <td class="text-right">{{ v.sum_distance1 }}</td>
                   <td class="text-right">{{ v.sum_fare1 }}</td>
                   <td class="text-right">{{ v.sum_distance }}</td>
                   <td class="text-right">{{ v.sum_fare }}</td>
               </tr>
               {% endfor %}
               </tbody>
```

```
            </table>
        </div>
    </div>
    {% endblock %}
```

模板文件代码较为简单，通过循环把统计数据（字典类型）放到表格中以进行展示，这里不再详细介绍，可根据图 15.8 所示车费统计页面来查看并分析以上代码。

车费统计

用车部门	年月	公里数(未审)	车费（未审）	公里数（已审）	车费（已审）	公里数（小计）	车费（小计）
经营部	2019-10	1089	3805.50	680	2036.00	1769	5841.50
经营部	2019-11			220	590.00	220	590.00
小计	-	1089	3805.50	900	2626.00	1989	6431.50
财务部	2019-10	20	72.00			20	72.00
小计	-	20	72.00	0	0.00	20	72.00
合计	-	1109	3877.50	900	2626.00	2009	6503.50

图15.8　车费统计页面

15.11 增加权限管理

在 Web 系统中每个 URL 对应一项功能，也就是用户通过访问 URL 来对系统的信息进行处理，因此管理好 URL 就等于控制了权限。我们进行的权限规划、分配就是基于这种思路。

15.11.1　权限梳理

为了简单化问题，我们用超级用户管理、分配权限，生成超级用户用 python manage.py createsuperuser 命令。

用超级用户登录管理后台，可以看到 RBAC 模块中的 5 个数据库表，如图 15.9 所示，梳理、分配权限就是通过在这几个表中进行数据输入完成的。

RBAC

菜单表	✚ 增加	✎ 修改
权限组表	✚ 增加	✎ 修改
权限表	✚ 增加	✎ 修改
用户表	✚ 增加	✎ 修改
角色表	✚ 增加	✎ 修改

图15.9　RBAC模块中的数据库表

首先我们梳理权限表的记录，最常规的方法是让每一条 URL 配置生成一条权限记录，表 15.1 是我们根据车费管理系统的一级、二级 URL 配置文件整理出来的权限记录。

表 15.1　权限记录表

权限名称	url	权限代码	权限组	所属二级菜单
车辆信息管理	/fare/carlist/	list	carinfo 组	空
车辆信息增加	/fare/caradd/	add	carinfo 组	车辆信息管理
车辆信息修改	/fare/caredit/<int:id>/	edit	carinfo 组	车辆信息管理
车辆信息删除	/fare/cardel/<int:id>/'	del	carinfo 组	车辆信息管理
部门信息管理	/fare/deplist/	list	department 组	空
部门信息增加	/fare/depadd/	add	department 组	部门信息管理
部门信息修改	/fare/depedit/<int:id>/	edit	department 组	部门信息管理
部门信息删除	/fare/depdel/<int:id>/	del	department 组	部门信息管理
用户的部门管理	/fare/userlist/	list	loguser 组	空
用户分配到部门	/fare/useredit/<int:userid>/	edit	loguser 组	用户的部门管理
车费信息管理	/fare/farelist/	list	fare 组	空
车费信息增加	/fare/fareadd/	add	fare 组	车费信息列表
车费信息修改	/fare/fareedit/<int:fareid>/	edit	fare 组	车费信息列表
车费信息删除	/fare/faredel/<int:fareid>/	del	fare 组	车费信息列表
待审批车费信息	/fare/farecheck/	list	fare 审批组	空
车费信息审批	/fare/fareapprove/<str:ids>/	edit	fare 审批组	待审批车费
待取消审批车费	/fare/farecheck2/	list	fare 审批组	空
取消车费审批	/fare/approvecancel/<str:ids>/	edit	fare 审批组	待取消的审批
车费统计分析	/fare/annotate/	list	fare 汇总组	空

权限表格“所属二级菜单”字段设为空的，表示这个权限记录是“权限菜单”，它在页面上显示为二级菜单。

根据数据库表和车费业务划分出以下权限组，如表 15.2 所示，分组方式可以根据自己的理解进行，没有固定要求，最简单的方式是把针对一个数据库表的操作业务分在一组。

表 15.2　权限组表

权限组名	一级菜单
carinfo 组	系统基础字典维护
loguser 组	系统基础字典维护
department 组	系统基础字典维护
fare 组	车费管理业务
fare 审批组	车费管理业务
fare 汇总组	车费管理业务

在表 15.2 中已经列出一级菜单的名称，这里不再列出一级菜单的表格。

对于角色和用户，我们就根据系统的实际用户及权限情况进行设置，这里不再列出表格。角色的名称设置一般要求名称直观，让分配权限的用户一看到角色名称，大致了解这个角色的职责或权限。

15.11.2　权限数据输入及权限分配

整理出表格，我们就按照表格输入一级菜单、权限组、权限相关的信息记录。输入完成后，就根据实际情况，进行角色设置，角色输入工作的重点是分配好权限，角色输入页面如图 15.10 所示。

图15.10　角色输入

输入角色信息后，就可以维护用户信息。按照实际情况，把角色赋给用户，这里不再详细介绍。

15.11.3　权限管理源代码调整

由于在 URL 配置中，我们用的是 Django 2.0 以上版本的 path()函数，这个函数的 URL 表达式中角括号内的表达式需使用 Path Converter 来做转换，它不是真正的正则表达式，需要把这个 URL 表达式转换为正则表达式，使代码可以用正则表达式解析。

打开 RBAC 应用中的/service/init_permission.py 文件，加入如下转换代码。

```
# 取出用户的权限
    for item in permission_item_list:
        perm_group_id=item['permissions__perm_group_id']
        url=item['permissions__url']
        # 这里是加入的代码的开始
        # 针对 Django 2.0 path()中的 URL 表达式，修改成常规正则表达式
        # 把 url 变量中角括号内的值转换成正则表达式
        url = re.sub('<int:\w+>', '[0-9]+', url)
```

```
            url = re.sub('<str:\w+>', '[^/]+', url)
            url = re.sub('<slug:\w+>', '[-a-zA-Z0-9_]+', url)
            url = re.sub('<uuid:\w+>', '[0-9a-f]{8}-[0-9a-f]{4}-[0-9a-f]{4}-
[0-9a-f]{4}-[0-9a-f]{12}', url)
            url = re.sub('<path:\w+>', '.+', url)
            # 加入代码结束
            perm_code=item['permissions__perm_code']
            if perm_group_id in permission_url_list:
                permission_url_list[perm_group_id]['codes'].append(perm_code)
                permission_url_list[perm_group_id]['urls'].append(url)
            else:
                permission_url_list[perm_group_id]={'codes':[perm_code,],'urls'
:[url,]}
        request.session[settings.PERMISSION_URL_KEY]=permission_url_list
```

加入的代码把 URL 表达式中角括号内的值转换成正则表达式，主要针对 int、str、slug、uuid、path 等 5 种类型。

15.11.4 添加 URL 白名单

在 settings.py 文件中加入权限白名单，加入白名单的 URL 将不进行权限校验，可以直接访问，其代码如下。

```
# 配置 URL 权限白名单
SAFE_URL = [
    r'/login/',
    '/admin/.*',
    '/test/',
    '/fare/index/',
]
# 如果没有登录则自动跳转到页面
LOGIN_URL = '/login/'
```

最后一行用 LOGIN_URL 设置了：如果用户没有登录，页面将自动跳转到登录页面。注意/login/在这里是 URL 表达式。

另外在 settings.py 文件中引入 RBAC 中的中间件，代码如下。

```
MIDDLEWARE = [
    …
    # 加入中间件
    'rbac.middleware.rbac.RbacMiddleware',
]
```

15.11.5　视图函数代码调整

在项目视图文件 views.py 加入基本权限类 BasePermPage 代码。这个类有 3 个方法，主要判断页面是否有增加、删除、修改权限，请参考前面章节已有的介绍。

然后在每个需要权限的视图函数中实例化 BasePermPage 类，传递到模板文件。一般在二级菜单的 URL 所关联的视图函数中实例化 BasePermPage 类，因为实例化相关代码都是类似的，这里仅列举一个视图函数的代码。

```
def carlist(request):
    # 实例化基本权限类 BasePermPage
    pagpermission = BasePermPage(request.session.get('permission_codes'))
    carlist=models.carinfo.objects.all()
    # 向模板文件传递变量，并把保存 BasePermPage 实例化对象的变量传递过去
    return render(request,'fare/carinfo_list.html',{'carlist':carlist,
"pagpermission": pagpermission})
```

代码实例化 BasePermPage 类并传给页面后，这个 BasePermPage 实例化对象根据传入的权限代码，判断用户对当前页面是否有增加、删除、修改权限。

15.11.6　视图函数 login()代码调整

在视图函数 login()中加入 init_permission(request,user)，这句代码对登录用户的权限进行初始化，代码如下。

```
# 导入 RBAC 模块的 init_permission()函数
from rbac.service.init_permission import init_permission
def login(request):
  …
        if user:
            # 在这个位置加上以下代码，对用户权限初始化
            init_permission(request,user)
            request.session['user_nickname']=user.nickname
            request.session['user_dep'] = user.loguser.dep_id
            return redirect("/fare/index/")
        else:
            return render(request, "fare/login.html")
```

15.11.7　base.html 代码调整

首先改造 templates 文件夹下的 base.html，把左侧菜单代码替换成 RBAC 模块中的自定义标签。这个自定义标签是 rbac_menu，它在 RBAC 应用的 templatetags 文件夹下的 cutom_tag.py

中定义，我们只需写一个 rbac_menu.html 文件就可以，替换 base.html 的代码部分如下。

```
<div class="row" style="margin-top: 60px">
<!--    用自定义标签替换左侧菜单    -- >
        {% rbac_menu request %}
```

自定义标签 rbac_menu 接收参数 request，从中取出用户的权限，据此渲染 rbac_menu.html，rbac_menu.html 的代码如下。

```
<div class="col-sm-3 col-md-2 sidebar">
    <ul class="nav nav-sidebar top_menu">
    <!--    通过 for 循环取出菜单相关信息，menu_result 是自定义标签传来的变量 -- >
      {% for k,item in menu_result.items %}
        <!--  显示一级菜单    -- >
          <li class="top_menu"><a href="#">{{ item.menu_title }}</a></li>
            < !--   下面判断如果一级菜单是激活状态，即 active=True，显示其下的二级
菜单并展开。未激活则不显示二级菜单   -- >
              {% if item.active %}
              <ul class="nav nav-sidebar ">
              {% else %}
              <ul class="nav nav-sidebar nodisplay">
              {% endif %}
    <!--    通过 for 循环取出二级菜单相关信息 -- >
                    {% for v in item.children %}
                    <!--   下面判断如果二级菜单是激活状态，即 active=True，显示
其选中样式。未激活则显示一般样式    -- >
                    {% if v.active %}
                    <li  class="active sub_menu"><a href="{{ v.url }}">
{{ v.title }}</a></li>
                    {% else %}
                    <li class="sub_menu"><a href="{{ v.url }}">{{ v.title }}
</a></li>
                    {% endif %}
                    {% endfor %}
                </ul>
        {% endfor %}
      </ul>
</div>
```

以上代码已添加注释，供读者参考。

15.11.8 页面代码调整

视图函数代码实例化了 BasePermPage 以生成一个对象，这个对象存储登录用户在页面上的权限代码，通过 render()函数把这个对象传递给模板文件，模板文件会在页面上根据权限代码，控制用户对页面的访问行为。因此模板文件代码也需要略作调整，这里仅列出 farelist.html 相关代码，显示如下。

```
    <!--      如果有增加权限，就显示“增加”按钮 -- >
              {% if pagpermission.has_add %}
               <div class="row">
                     <div class="col-md-offset-1 col-md-10" style="margin-bottom:
15px;">
                         <a href="/fare/fareadd/" type="button" class="btn btn-
primary " style="float:right;"><i
                                class="fa fa-plus" aria-hidden="true" style=
"margin-right: 6px;"></i>增加</a>
                     </div>
                 </div>
               {% endif %}
    …
                         <!--      如果有修改权限，就显示“编辑”按钮 -- >
                             {% if pagpermission.has_edit %}
                                         <a href="/fare/fareedit/{{ row.id }}/"
class="btn btn-info"> <i
                                                      class="fa fa-pencil-square-o"
                                                      aria-hidden="true" style="margin-
right: 6px;"></i>编辑</a>
                             {% endif %}
                                    </td>
                                    <td>
    <!--      如果有删除权限，就显示“删除”按钮 -- >
                                  {% if pagpermission.has_del %}
                                         <button   class="btn btn-danger" data-
toggle="modal"
                                     data-target="#delModal" data-rowid="{{ row.
id }}"><i
                                                      class="fa fa-trash-o fa-fw"
                                                      aria-hidden="true" style=
"margin-right: 6px;"></i>删除</button>
```

```
                                        {% endif %}

                                    </td>
                    </tr>
                    {% endfor %}
```

其他页面设置方法与此类似，不再列举。

15.11.9 权限测试

我们定义了两个角色，一个角色叫“车费上报管理角色”，授予权限有“车费信息列表”“车费信息增加”“车费信息修改”，一个角色叫“系统字典维护角色”，授予“车辆信息管理”“车辆信息增加”“部门信息管理”“部门信息增加”“部门信息修改”。然后把这两个角色一并授予某用户。

用这个用户登录后，会发现仅显示了本人有权限的菜单与按钮，该用户没有“车费信息删除”权限，在车费信息管理页面没有“删除”按钮，用户操作页面如图 15.11 所示。

图15.11 用户操作页面

15.12 小结

本章讲述了一个车费管理系统的开发过程，该项目包含基础字典维护、车费上报、车费审批、车费统计等功能。项目综合各种技术进行功能实现，如逻辑代码编写过程中综合运用了 Django 提供的原生功能、引用了分页组件和权限管理模块，在前端页面上引入 Bootstrap 框架样式、应用了 Font Awesome 图标，在网页脚本程序中调用 AJAX 提交数据，这些特点表明车费管理系统已具备综合管理系统的基本特征。

第16章

应用项目部署

当一个应用项目经过开发人员的努力，完成了需求分析、程序设计、开发、测试，最后一步是把应用程序部署到生产环境中正式上线，也就是把应用程序安装到服务器上，让他人可以访问，发挥应用程序效用。本章介绍 myproject 项目部署到 Ubuntu 系统服务器的过程，使读者了解并掌握 Django 项目部署到生产环境中的方法。

本章的各个步骤都在真实环境中验证过，由于系统版本、环境的不同，有些步骤可能会略有差异。我们建议读者每一步都按照本章介绍的步骤来操作，这样较大概率上能完成部署。

16.1 准备工作

在开发测试阶段，python manage.py runserver 命令可使 Django 项目很便捷地在本地运行起来，但这种运行方式效率低，只允许少量用户访问。在生产环境中的应用系统要考虑系统安全、响应速度、运行效率、静态文件处理、动态页面性能等问题，一般在生产环境部署 Django 项目的方案大多基于 Linux+uWSGI+Nginx 组合方式进行部署，本项目采用的 Linux 操作系统是 Ubuntu，并且使用 MySQL 数据库。

16.1.1 基本知识

在部署前，我们先了解一下 Nginx、uWSGI 的相关知识与原理，以帮助我们更好地进行项目部署实战。

Nginx 是一款轻量级 HTTP 服务器，它能提供一个负载均衡器和一个 HTTP 缓存，具有占用内存少、稳定性高、并发服务能力强等优势；Nginx 最适合处理静态文件，如 CSS 文件、JavaScript 文件、HTML 文件、图片文件等，在生产环境中动态文件一般由 Nginx 转交给 uWSGI 进行处理。

uWSGI 是实现了 uWSGI、WSGI、HTTP 等协议的 Web 服务器，具有超强性能、低内存占用、多应用程序管理、高可定制性等优势。在生产环境中，uWSGI 可作为 Nginx 服务器部署的补充选项，它相当于一个中间桥梁，Nginx 服务器通过 HttpUwsgiModule 模块与 uWSGI 服务器进行数据交换，uWSGI 服务器通过在配置文件中指定 application 的地址能直接和应用框架（如 Django）中的 WSGI application 通信。

我们部署的系统架构如图 16.1 所示，这个架构充分利用 Nginx 服务器和 uWSGI 服务器各自的优势，静态文件由 Nginx 服务器处理，动态文件由 uWGSI 和应用程序共同高效处理。

图 16.1 说明，由浏览器根据 HTTP 协议发请求给 Nginx 服务器，Nginx 服务器从请求中分出对静态文件请求的部分进行处理，把对动态文件请求部分通过 Socket 接口传给 uWSGI 服务器，由 uWSGI 服务器和 Django 应用程序共同对动态文件请求进行处理，两者之间用 WSGI 协议进行数据交换，处理完后把响应结果通过 Socket 接口传给 Nginx 服务器，由 Nginx 服务器把响应结果通过 HTTP 协议传给浏览器，由浏览器对页面进行渲染呈现给用户。

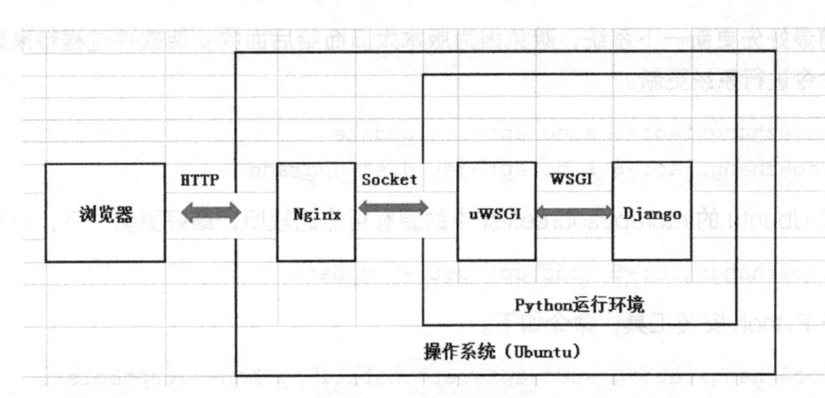

图16.1 服务器部署架构

16.1.2 安装环境简介

我们在Ubuntu操作系统上安装部署应用项目，安装环境的操作系统为Ubuntu 18.04.3 LTS、Nginx环境为Nginx 1.14.0、uWSGI版本为uWSGI 2.0.18、Python版本为Python 3.6.8、Django版本为Django 2.1.4、虚拟环境为virtualenv 16.7.7、数据库为MySQL 5.7.27。这些软件除了Python与Django版本有对应关系，其他软件版本当然是越新越好。

16.1.3 准备工作

与其他Linux操作系统不同，Ubuntu把系统管理员root收起，禁止了root直接登录。系统默认使用操作系统安装过程建立的用户进行登录，这个用户是系统使用者级别。需要进行系统管理时，只需用通过sudo–i命令，再输入密码后就可以使用root权限进行系统管理。切换到管理员的命令如下。

```
zhangxiao@zhangxiao:~$ sudo -i
[sudo] password for zhangxiao:
root@zhangxiao:~#
```

第一条命令发出后，系统提示输入本用户的密码，看到命令提示符由$变成#号，说明用户已拥有root权限。

退出root权限使用logout命令。

```
root@zhangxiao:~# logout
zhangxiao@zhangxiao:~$
```

当然也可用sudo后面加命令的方式进行系统管理，以下命令以系统管理员的身份重启MySQL数据库服务。

```
zhangxiao@zhangxiao:~$ sudo service mysql restart
```

在部署前最好先更新一下系统，避免因为版本太旧而给后面的安装软件过程带来麻烦，运行下面的两条命令进行系统更新。

```
zhangxiao@zhangxiao:~$ sudo apt-get update
zhangxiao@zhangxiao:~$ sudo apt-get dist-upgrade
```

操作系统 Ubuntu 的/etc/apt/source.list 中的源有可能比较旧，最好更新一下，命令如下。

```
zhangxiao@zhangxiao:~$ sudo apt-get -y update
```

更新一下 Python 安装工具，命令如下。

```
zhangxiao@zhangxiao:~$ sudo apt-get install python-setuptools
```

16.2 安装 MySQL 数据库

我们部署的 Django 项目 myproject 后台数据库为 MySQL，因此首先要在系统中安装并配置数据库。

16.2.1 安装 MySQL 数据库

安装数据库的命令如下。输入安装命令后可以根据提示，一步步完成数据库安装。

```
sudo apt-get install mysql-server
```

对数据库进行安全配置，主要针对数据库密码，命令如下。

```
sudo mysql_secure_installation
```

输入以上命令后，根据提示进行操作，主要信息列举如下。

```
# 要求输入两次 root 密码
New password:
Re-enter new password:
# 密码强度不够时，会显示你输入的密码的强度值
Estimated strength of the password: 25
# 是否更改 root 密码，如果输入 y 会要求设置新的密码，
Do you wish to continue with the password provided?(Press y|Y for Yes, any other key for No) :
# 是否移除匿名用户，可以输入 y 删除
Remove anonymous users? (Press y|Y for Yes, any other key for No) :y
# 是否禁止远程登录。
# 根据情况来，本项目的数据库和应用都在一个服务器上，为了安全考虑，设置为关闭，输入 y
Disallow root login remotely? (Press y|Y for Yes, any other key for No) :
# 是否移除 test 数据库，输入 y 移除
```

```
Remove test database and access to it? (Press y|Y for Yes, any other key for No) :
# 是否重新加载权限表，输入 y 重新加载
Reload privilege tables now? (Press y|Y for Yes, any other key for No) :
Success.
All done!
```

16.2.2 配置 MySQL 数据库

进入 MySQL 数据库配置文件所在的目录，用 vim 修改 my.cnf，命令如下。

```
zhangxiao@zhangxiao:~$ cd /etc/mysql
zhangxiao@zhangxiao:/etc/mysql$ sudo vim my.cnf
```

在 my.cnf 文件后面加入以下内容。

```
!includedir /etc/mysql/conf.d/
!includedir /etc/mysql/mysql.conf.d/
# 以下是新加入的内容
# 配置客户端
[client]
# 设置端口号
port = 3306
# 配置 Socket
socket = /var/lib/mysql/mysql.sock
#.配置 Mysql 默认字符集
default-character-set=utf8
# 配置服务端
[mysqld]
port = 3306
socket = /var/lib/mysql/mysql.sock
character-set-server=utf8
[mysql]
# 禁用 MySQL 命令自动补全功能
no-auto-rehash
default-character-set=utf8
```

上述代码的相关说明如下。

（1）MySQL 有两种连接方式：TCP/IP 和 Socket。当在同一台计算机连接数据库时，用 mysql.cock 发起连接，无须定义连接计算机的具体 IP，设置为空或 localhost 就可以。mysql.sock 是随每一次 MySQL 服务器启动生成的，即使在 my.ini 或 my.cnf 中改变 IP 与端口，重启 MySQL 时，mysql.sock 会重新生成一次，信息将跟着变更，不会影响连接。

（2）设置 auto-rehash 会开启 MySQL 命令自动补全功能，MySQL 命令行工具自带这个功能，

但是默认是禁用的。如果启用该功能，打开配置文件找到 no-auto-rehash，用符号#将其注释，另外增加 auto-rehash 即可。

安装完数据库后，配置一下权限，让系统用户不通过 sudo 命令就可使用和管理 MySQL，命令如下。

```
sudo chmod 775 /var/lib/mysql
```

重启数据库，让配置生效，命令如下。

```
sudo service mysql restart
```

登录命令如下，如果能正常登录，说明数据库安装成功。

```
sudo mysql -uroot -p
```

16.2.3 生成项目数据库

查看 myproject 项目的 settings.py 文件，可以看到数据库的名字与配置，代码如下。

```
DATABASES = {
    'default': {
     'ENGINE': 'django.db.backends.mysql',
     'HOST': '127.0.0.1',
     'PORT': '3306',
     'NAME': 'mytest',
     'USER': 'root',
     'PASSWORD': 'root',
    }
}
```

根据 settings.py 中关于数据库的配置，进入 MySQL 数据库管理界面，用以下命令生成 myproject 项目的数据库。

```
create database mytest default character set utf8 collate utf8_general_ci ;
```

16.3 Python 环境部署

16.3.1 关于 Python

Ubuntu 18.04.3 默认安装了 Python 3.6，查看 Ubuntu 版本的命令如下。

```
zhangxiao@zhangxiao:~$ cat /etc/issue
```

输入以上命令，显示结果如下，说明操作系统版本是 18.04.3，这个版本已安装 Python 3.6。

```
Ubuntu 18.04.3 LTS \n \l
```

我们可以用以下命令查看 Python 版本。

```
zhangxiao@zhangxiao:~$ python3 -V
```

操作系统显示 Python 3.6.8，这样我们可以不用安装直接应用 Python。

16.3.2 升级 pip

升级 pip 的命令如下。

```
zhangxiao@zhangxiao:~$ sudo pip install --upgrade pip
```

因为使用默认的 pip 源下载的速度很慢，最好更换成阿里云，更换方法如下。

在用户根目录下新建 .pip 目录，在该目录下新建 pip.conf 文件，命令如下。

```
zhangxiao@zhangxiao:~$ sudo mkdir ~/.pip
zhangxiao@zhangxiao:~$ sudo vim ~/.pip/pip.conf
```

在 pip.conf 文件中加入以下内容。

```
[global]
index-url = http://mirrors.aliyun.com/pypi/simple/
[install]
trusted-host=mirrors.aliyun.com
```

16.4 安装 uWSGI 服务器

16.4.1 安装 uWSGI

安装 uWSGI 需要一个 C 编译器，并且需要安装 gcc，命令如下。

```
zhangxiao@zhangxiao:~$ sudo apt-get install gcc
```

安装 uWSGI 过程中需要编译，要先安装 Python 开发相关工具模块，命令如下。

```
zhangxiao@zhangxiao:~$ sudo apt-get install python3-dev
```

安装 uWSGI 的命令如下，注意这里用的是 pip。

```
zhangxiao@zhangxiao:~$ sudo pip install uwsgi
```

运行 uWSGI 以测试安装是否成功，命令如下。

```
zhangxiao@zhangxiao:~ $ uwsgi
```

如果显示结果如下，说明安装成功。

```
*** Starting uWSGI 2.0.18 (64bit) on [Sat Nov  2 16:54:05 2019] ***
```

```
compiled with version: 7.4.0 on 02 November 2019 16:47:22
os: Linux-4.15.0-66-generic #75-Ubuntu SMP Tue Oct 1 05:24:09 UTC 2019
nodename: zhangxiao
machine: x86_64
clock source: unix
pcre jit disabled
detected number of CPU cores: 1
current working directory: /home/zhangxiao/uwsgi-2.0.18
detected binary path: /home/zhangxiao/uwsgi-2.0.18/uwsgi
*** WARNING: you are running uWSGI without its master process manager ***
your processes number limit is 3772
your memory page size is 4096 bytes
detected max file descriptor number: 1024
lock engine: pthread robust mutexes
thunder lock: disabled (you can enable it with --thunder-lock)
The -s/--socket option is missing and stdin is not a socket.
```

16.4.2 测试 uWSGI

建立一个文件 test.py，在文件中输入以下内容。

```
#-*-coding:utf-8-*-
def application(env, start_response):
     start_response('200 OK', [('Content-Type','text/html')])
     return [b'welcom,welcom!']
```

在测试前，我们先查看一下服务器的 IP 地址，命令如下。

```
zhangxiao@zhangxiao:/etc/mysql$ sudo ifconfig
```

显示结果如图 16.2 所示，可以看到 IP 地址为 192.168.0.106。

```
zhangxiao@zhangxiao:~$ ifconfig
ens33: flags=4163<UP,BROADCAST,RUNNING,MULTICAST>  mtu 1500
        inet 192.168.0.106  netmask 255.255.255.0  broadcast 192.168.0.255
        inet6 fe80::20c:29ff:febd:24f4  prefixlen 64  scopeid 0x20<link>
        ether 00:0c:29:bd:24:f4  txqueuelen 1000  (Ethernet)
        RX packets 36093  bytes 48199800 (48.1 MB)
        RX errors 0  dropped 0  overruns 0  frame 0
        TX packets 22587  bytes 1890941 (1.8 MB)
        TX errors 0  dropped 0 overruns 0  carrier 0  collisions 0

lo: flags=73<UP,LOOPBACK,RUNNING>  mtu 65536
        inet 127.0.0.1  netmask 255.0.0.0
        inet6 ::1  prefixlen 128  scopeid 0x10<host>
        loop  txqueuelen 1000  (Local Loopback)
        RX packets 259  bytes 21714 (21.7 KB)
        RX errors 0  dropped 0  overruns 0  frame 0
        TX packets 259  bytes 21714 (21.7 KB)
        TX errors 0  dropped 0 overruns 0  carrier 0  collisions 0
```

图16.2　显示结果

在命令行终端输入以下命令，命令指定 HTTP 协议端口号为 9000，启动的文件为 test.py。

```
zhangxiao@zhangxiao:~$ sudo uwsgi  --http :9000 --wsgi-file test.py
```

在浏览器地址栏中输入 http://192.168.0.106:9000/并按 Enter 键，如果页面如图 16.3 所示，说明 uWSGI 安装正确。

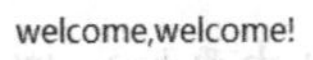

welcome,welcome!

图16.3 测试uWSGI运行的页面

16.5 安装 Nginx 服务器

16.5.1 安装 Nginx

我们在服务器上安装 Nginx 用来处理静态文件请求，安装命令如下。

```
zhangxiao@zhangxiao:~$ sudo apt-get install nginx
```

16.5.2 测试 Nginx

Nginx 服务器默认端口号为 80，我们重启一下 Nginx 服务器然后进行测试，重启命令如下。

```
zhangxiao@zhangxiao:~$  sudo service nginx start
```

打开浏览器，输入 http://192.168.0.106/，可以看到 Nginx 的测试页面，如图 16.4 所示。

Welcome to Nginx!

If you see this page, the Nginx web server is successfully installed and working. Further configuration is required.

图16.4 Nginx测试页面

16.6 项目部署前的工作

16.6.1 修改项目配置

（1）在 settings.py 文件中加入以下配置项。

```
# 加入一个配置项，为使用 Nginx 做准备
STATIC_ROOT = os.path.join(BASE_DIR, '/static/')
```

STATIC_ROOT 指明了静态文件的收集目录，这里设置收集目录为项目根目录（BASE_DIR）

下的 static 文件夹。

提示：一定要注意 static 两边都要加上 “/”，不然程序会报错。

（2）为了安全起见，在生产环境中需要关闭 DEBUG 选项以及设置允许访问的域名。打开 settings.py 文件，找到 DEBUG 和 ALLOWED_HOSTS 这两个选项，将它们设置成如下的值。

提示：一般情况下，在 ALLOWED_HOSTS 中要加入 '*'。

```
DEBUG = False
ALLOWED_HOSTS = ['127.0.0.1', 'localhost ', '192,168.0.106', '*']
```

（3）在每个应用程序的 migrations 文件夹下，把以数字开头的文件都删除，如图 16.5 中方框中的文件。

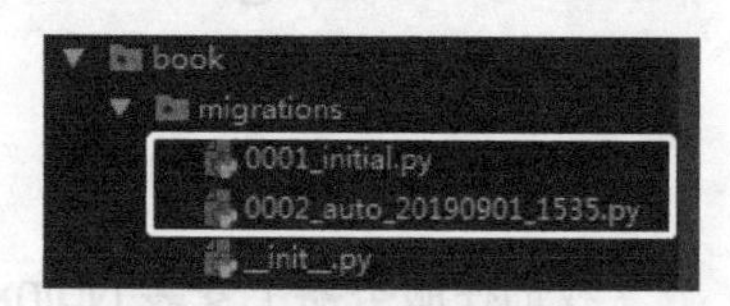

图16.5 要删除的文件

（4）将项目用到的静态文件复制到项目根目录下的 static 文件夹中，在命令行终端中输入以下命令进行复制，这一步很重要，在后面的 Nginx 配置中会用到这个静态文件的目录。

```
python manage.py collectstatic
```

（5）在项目开发中，我们会导入一些第三方 Python 库，为了方便在服务器上一次性安装，我们将项目中导入的第三方 Python 库的名字写入 requirements.txt 文本文件，命令如下。

```
pip freeze>requirements.txt
```

提示：以上操作都是在开发程序的计算机上进行的。

16.6.2 服务器上的目录设置

我们在服务器设置如下目录结构。

```
/home/zhangxiao
    myweb/
          myproject/
          myenv/
```

myproject 是放置项目程序的目录，myenv 是虚拟环境目录。

16.6.3 项目代码上传

通过以下命令建立 myweb 目录。

```
zhangxiao@zhangxiao:~$ mkdir myweb
```

我们用 Xmanager Enterprise 中的 Xftp 把 myproject 项目代码传到服务器的 myweb 目录下。

提示：Xmanager Enterprise是NetSarang出品的远程管理Linux服务器工具，Xmanager Enterprise是一个一站式解决方案，包括了常用的Xshell、Xftp和Xlpd等功能。

16.6.4 安装虚拟环境

virtualenv可以搭建虚拟且独立的Python运行环境，使得单个项目的运行环境与其他项目隔离，也就是安装在虚拟环境里的所有软件包均不会对环境外的其他软件包产生影响。反之，在虚拟环境中只能调用虚拟环境中安装的软件包，不能调用外部的软件包。

安装virtualenv的命令如下。

```
zhangxiao@zhangxiao:~$ sudo pip install virtualenv
```

安装完成后，就要建立虚拟目录。进入myweb目录，建立虚拟目录，命令如下。

```
zhangxiao@zhangxiao:~$ cd myweb
zhangxiao@zhangxiao:~/myweb$ sudo virtualenv --python=python3  myenv
```

提示：要用--python=python3来指定虚拟环境使用的Python3环境，因为Ubuntu操作系统可能会安装其他版本的Python。如果不特别指定的话，virtualenv可能使用其他版本的Python环境，导致不可预知的结果。

16.6.5 在服务器上配置项目

配置项目时，我们先激活虚拟环境，命令如下。

```
zhangxiao@zhangxiao:~/myweb$ source myenv/bin/activate
```

看到命令提示符前面多了(myenv)，说明我们已经成功激活了虚拟环境。

```
(myenv) zhangxiao@zhangxiao:~/myweb$
```

接下来就可以开始安装Django与应用项目用到的第三方Python库，这些可以按照requirements.txt中列出的软件包进行安装，命令如下。

```
(myenv) zhangxiao@zhangxiao:~/myweb/myproject$ sudo pip3 install -r requir
ements.txt
```

运行以下两个命令在Ubuntu中MySQL的mytest数据库中创建表。

```
(myenv) zhangxiao@zhangxiao:~/myweb/myproject$ python3 manage.py makemigrations
(myenv) zhangxiao@zhangxiao:~/myweb/myproject$ python3 manage.py migrate
```

生成Django Admin管理后台的管理员，命令如下。

```
(myenv) zhangxiao@zhangxiao:~/myweb/myproject$ python3 manage.py createsuperuser
```

16.7 配置 Nginx 和 uWSGI

16.7.1 配置 Nginx

首先进入 myproject 项目根目录，把/etc/nginx/下的 uwsgi_params 复制到项目根目录下，最后查看该目录下是否有了 uwsgi_params 这个文件。这 3 个命令如下。

```
(myenv) zhangxiao@zhangxiao:~$ cd myweb/myproject
(myenv) zhangxiao@zhangxiao:~/myweb/myproject$ cp /etc/nginx/uwsgi_params  .
(myenv) zhangxiao@zhangxiao:~/myweb/myproject$ ls
```

在项目根目录下用 sudo vim myproject_nginx.conf 建立一个文件，输入如下内容。

```
upstream django {
            server 127.0.0.1:8001;
    }
    server {
            # 监听端口号
            listen      8000;
              # 服务器 IP 或是域名
            server_name 192.168.0.106;
            charset     utf-8;
            # Django media
            location /media  {
                  # 媒体文件所在文件夹
                  alias /home/zhangxiao/myweb/myproject/image;
            }
            location /static {
                # 静态文件所在文件夹
                  alias /home/zhangxiao/myweb/myproject/static;
            }
             # 最大上传字节数（max upload size）
            client_max_body_size 75M;

           location / {
                  uwsgi_pass  django;
                  # uwsgi_params 路径，已复制到项目根目录
                  include    /home/zhangxiao/myweb/myproject/uwsgi_params;
            }
    }
```

上述代码的相关说明如下。

（1）以上代码第一行的 upstream 模块主要配置网络数据的接收、处理和转发等内容，这里命名为 django，花括号内通过 server 指定接收、转发的 IP 和端口，127.0.0.1:8001 这个地址与 uWSGI 的 socket 设置一致。

（2）在 server 块中的 server_name 指明提供 Nginx 的计算机的 IP 或者是域名。

（3）在 server 块中的 location /static{…}指定所有 URL 带有/static 的请求均由 Nginx 处理。花括号中的 alias 指明了静态文件的存放目录，Nginx 服务器根据请求到这个地址寻找对应的文件。同理 location /media{…}指定所有 URL 带有/media 的请求均由 Nginx 处理，花括号内的 alias 指定了上传图片等媒体文件的地址。

（4）在 server 块中的 location / { …}指定其他请求转发给 uWSGI 处理，由 proxy_pass 指定处理对象，这里的 django 就是命名为 django 的 upstream 块。

我们在项目根目录下配置完成 myproject_nginx.conf 后，需要把这个配置文件加入启用的网站列表中去，使 Nginx 能够使用它。Nginx 能启用的网站的目录存放在/etc/nginx/sites-enabled 文件夹下，我们可通过链接命令把该文件加入/etc/nginx/sites-enabled/，命令如下。

```
(myenv) zhangxiao@zhangxiao:~/myweb/myproject$ sudo ln -s myproject_nginx.conf   /etc/nginx/sites-enabled/
```

配置完成后，要重启 Nginx 才能使配置生效，命令如下。

```
(myenv) zhangxiao@zhangxiao:~/myweb/myproject$ sudo service nginx restart
```

16.7.2 配置 uWSGI

在项目根目录下用 sudo vim myproject_uwsgi.ini 创建配置文件，内容如下。

```
# uWSGI 配置文件
[uwsgi]
# Django 项目根目录，全路径
chdir=/home/zhangxiao/myweb/myproject
# Django 的项目中 wsgi.py 文件位置，以.分隔
module=myproject.wsgi
# master=True 表示以主进程模式运行
master          = true
# 运行进程数
processes       = 10
# 设置 Socket
socket          = 127.0.0.1:8001
chmod-socket    = 662
# 退出时清除 Python、Django 虚拟环境变量
vacuum          = true
```

以上配置文件中的 socket 值要与 myproject_nginx.conf 中的 uwsgi_pass 一致，这样 Nginx 和 uWSGI 两个服务器才能进行数据交换。

16.8 测试

经过前面一步步的部署工作，终于到了测试阶段，启动 uWSGI 服务器，命令如下。

```
(myenv) zhangxiao@zhangxiao:~/myweb/myproject$ uwsgi --ini myproject_uwsgi.ini
```

在浏览器地址栏中输入 http://192.168.0.106:8000/admin 并按 Enter 键，登录 Django Admin 管理后台，打开作者管理页面，输入作者信息、上传头像，不报错则说明部署成功。

图 16.6 是作者列表页面，显示正常，说明 Nginx 正确处理了静态文件和媒体文件，uWSGI 正确处理了动态网页。

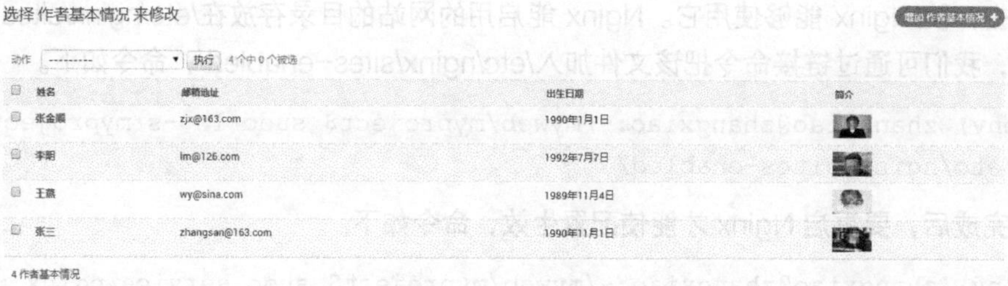

选择 作者基本情况 来修改　　增加 作者基本情况 +

动作 --------- 执行 4个中0个被选

姓名	邮箱地址	出生日期	简介
张金顺	zjx@163.com	1990年1月1日	
李明	lm@126.com	1992年7月7日	
王燕	wy@sina.com	1989年11月4日	
张三	zhangsan@163.com	1990年11月1日	

4 作者基本情况

图16.6　作者列表页面

16.9 小结

本章介绍了 Django 项目在生产环境中的部署原理，讲述了应用项目在 Ubuntu 上的部署过程。需要重点关注 Python 虚拟环境建立以及 Nginx 和 uWSGI 的安装与配置等环节。安装部署是实践性的工作，需要我们多实践、多思考才能够做好这项工作。